V · 1138
2·

7546

LA FIGURE
DE LA
TERRE,

Déterminée par les Observations de Messieurs BOUGUER, & DE LA CONDAMINE, de l'Académie Royale des Sciences, envoyés par ordre du Roy au Pérou, pour observer aux environs de l'Equateur.

Avec une Relation abregée de ce Voyage, qui contient la description du Pays dans lequel les Opérations ont été faites.

PAR M. BOUGUER.

A PARIS, QUAY DES AUGUSTINS,
Chez CHARLES-ANTOINE JOMBERT, Libraire du Roy pour l'Artillerie & le Génie, au coin de la rue Gist-le-Cœur, à l'Image Notre-Dame.

M. DCC. XLIX.

AVERTISSEMENT.

IL fuffit que les Lecteurs confultent la Table des matieres, pour voir ce que contient la Relation abregée qu'on publie actuellement, du voyage fait au Pérou pour déterminer la figure de la Terre. Mais à l'égard du compte même qu'on rend des obfervations Aftronomiques & des opérations Géodéfiques, on croit qu'il eft convenable, vû l'importance du fujet, de joindre ici une efpece d'extrait ou de fommaire qui puiffe en donner une idée plus diftincte. C'eft ce qui invite de remettre fous les yeux du Public le *Profpectus* qu'on divulga il y a quatre ou cinq mois, lorfqu'on vouloit expofer d'avance le plan de ce livre.

ON a divifé l'ouvrage qui concerne la figure de la Terre en fept Sections. Il s'agit dans la premiere de choifir entre les différentes Opérations, celle par laquelle il étoit plus à propos de commencer. On pouvoit mefurer d'abord quelques degrés de l'Equateur ou mefurer les premiers degrés de latitude. La chofe ne refta pas longtems au choix des Académiciens; car dès le mois de Mars 1737 M. Godin reçut ordre de ne s'attacher qu'à l'unique détermination des degrés du Méridien; & quoiqu'il n'eût pas communiqué cet ordre à fes Confreres, il ne fut pas moins obligé de s'y conformer, & de renoncer aux vûes, dont il paroiffoit uniquement occupé quinze jours ou trois femaines auparavant lorfqu'il écrivoit *à M. le Comte de Maurepas. Quoiqu'on ne vint à aucune délibération, l'Auteur fuppofe dans cet ouvrage qu'on eft fur le point de choifir; il examine la bonté de chaque opération, il marque fon degré d'importance, la précifion dont elle eft fufceptible, & l'influence qu'elle

*Le 17 Fév. 1737.

AVERTISSEMENT.

auroit fur la détermination de la figure de la Terre, ou fur le rapport des deux axes. Il avoit déja communiqué dans le Pérou un court écrit fur ce fujet qui eft très-fufceptible de difcuffions curieufes, mais il s'attacha à l'approfondir encore davantage; & ce qui l'y détermina, c'eft que malgré l'excellent ufage que faifoient de leur tems fes Confreres, dont chacun fuivoit fon goût dans fes recherches particulieres, il fe flattoit que cette matiere pourroit lui devenir propre. On doit même être obligé à l'Auteur de cette œconomie de travail, & le Public en profitera doublement lorfqu'il recueillira le fruit des veilles des autres Académiciens. L'Auteur n'a employé que la Synthéfe & l'Analyfe pure des Géométres, en évitant autant qu'il a pû dans cette occafion-ci comme dans toutes les autres, d'avoir recours aux calculs algébriques qui foulagent l'efprit par leurs fimboles, & qui le mettent en état d'aller plus loin, mais qui ne l'éclairent & ne le fatisfont pas autant que le fait l'analyfe fimple par la confidération immédiate des objets mêmes.

La feconde Section traite des Triangles de la Méridienne confiderés abfolument, ou dans tous les plans diverfement inclinés, dans lefquels ils fe trouvoient. On rend compte de la mefure de la premiere bafe choifie entre les deux chaînes de montagnes de la Cordelière dans la plaine d'Yarouqui. Ce travail fut fait en commun, comme il devoit l'être; l'Auteur de ce livre fe vit enfuite obligé de fe jetter dans diverfes recherches de Géométrie qu'on trouve ici, pour reduire à la ligne droite cette bafe dont toutes les parties ont différentes inclinaifons, & font à différentes hauteurs. Il paffe enfuite à l'examen du quart de cercle dont il s'eft fervi. Comme chaque Académicien étoit muni de fes inftrumens, il y a eu fouvent trois déterminations des mêmes angles. L'Auteur ne détaille ici que fon travail ou fa lifte particuliere de la grandeur des angles de tous les trian-

AVERTISSEMENT.

gles, quoique la communication qui s'est faite à cet égard ait été parfaitement réciproque; mais il n'a pas voulu, ainsi qu'il l'a déclaré ailleurs, priver le Public du plaisir d'entendre les deux autres Académiciens s'expliquer eux-mêmes. Il a seulement le soin de nous avertir que les différences qu'on trouvera entre les déterminations montreront que ce sont divers Observateurs qui ont travaillé à part dans cette rencontre; mais qui ont travaillé avec la plus grande attention, & en poussant le scrupule aussi loin qu'il étoit possible.

Une discussion qui sera peut-être particuliere à l'Auteur & qu'on trouvera dans la seconde Section, roule sur le choix qu'on peut faire entre différens systêmes de triangles pour déterminer par de grandes Opérations la longueur d'une Méridienne ou de tout autre intervalle. Tout devient matiere d'examen comme on le sçait, lorsque nous nous approchons d'un objet par notre attention: mais l'Auteur croit avoir épuisé ce sujet qui demandoit à être discuté. Il a déterminé la meilleure forme des triangles dans tous les cas possibles, il a distingué les circonstances dans lesquelles il faut multiplier les triangles, & celles dans lesquelles il faut en diminuer le nombre: Il a aprécié les avantages auxquels on peut prétendre, de même que les inconvéniens qu'on doit craindre. Il est vrai que lorsqu'il s'agit d'opérer sur le terrein, on est presque continuellement gêné par les circonstances locales: mais il est toujours utile d'avoir présentes à l'esprit les vrayes regles sur cette matiere, afin de ne les violer que le moins qu'il est possible, dans le tems même qu'on les viole le plus.

On fait dans la troisiéme Section les réductions nécessaires aux triangles dont on vient de parler. Il s'agit de les réduire à un certain niveau, & de rapporter leurs côtés à une certaine direction. Cette matiere seroit ici peu susceptible d'extrait, par la raison même qu'on y a examiné jusqu'aux moindres causes d'alteration dans la

AVERTISSEMENT.

forme des triangles. L'Auteur abrégea confidérablement le calcul en fubftituant dans fa partie la plus difficile la Trigonométrie fphérique à la rectiligne qu'on avoit employée jufqu'alors; & la plûpart des autres Obfervateurs adopterent cet expédient. On demêle les effets de la réfraction quant à la grandeur des angles reputés horifontaux, & quant à la hauteur apparente des objets. On a égard aux changemens de direction des lignes verticales, &c. Cette Section eft terminée par le détail des opérations que fit l'Auteur pour déterminer la hauteur abfolue des montagnes qui avoient fervi à appuyer les triangles. Il fit exprès pour cela un voyage vers la mer du Sud dans les déferts de la Province des Emeraudes.

La quatriéme Section nous offre toutes les précautions qu'il faut prendre, pour déterminer l'amplitude d'un arc du Méridien par voye aftronomique. On donne ici une efpéce de traité fur la maniere de faire réuffir les Obfervations par lefquelles on cherche la diftance du Zénith à un Aftre qui en eft peu éloigné. On ne trouve prefqu'aucune difficulté dans cette obfervation, lorfque l'Aftre n'eft qu'à une certaine hauteur, & lorfqu'il ne s'agit pas de pouffer la précifion jufqu'au dernier terme. La difficulté eft encore diminuée, lorfqu'on ne fe propofe d'appercevoir que les feules variations dans la fituation apparente d'une Étoile qui change de diftance au Zénith; la ftabilité tient alors lieu de prefque toutes les autres perfections dans la conftruction de l'Inftrument. Mais rien n'eft plus délicat, & on peut regarder l'opération, comme une des plus difficiles de l'Aftronomie pratique que de déterminer, non pas fimplement les différences des diftances au Zénith, mais les diftances abfolues mêmes ; principalement lorfqu'on veut porter l'exactitude affez loin, pour fe croire obligé de fe fervir d'un Secteur d'un très-grand rayon. L'Auteur ne donne pas les recherches qu'il publie fur ce fujet

AVERTISSEMENT.

comme difficiles, ce font des expériences fur la fléxion des regles de métal qui entrent dans la conftruction des inftrumens; ce font des remarques d'Optique, ce font toutes les circonftances des obfervations rigoureufement pefées, &c. Mais il croit qu'on ne trouve ces recherches nulle part; & outre qu'il y en a quelqu'unes de curieufes, elles ne peuvent pas manquer d'être de la plus grande importance, puifqu'elles perfectionnent une partie très-étendue de l'Aftronomie, & qu'elles affuroient le fuccès d'un voyage qui intéreffoit toute l'Europe fçavante.

La cinquiéme Section contient les Obfervations mêmes, & on les place après les réfléxions contenues dans la Section précédente, parce qu'elles les ont effectivement fuivies. Comme la féparation de M. Godin pouvoit faire craindre qu'on ne jettât de l'incertitude fur bien des faits, l'Auteur eut le foin dès les premieres Obfervations qu'il fit avec M. de la Condamine pour déterminer l'amplitude de l'arc de la Méridienne, de dreffer des Procès-verbaux de toutes les précautions qu'il avoit prifes dans la conftruction, & dans la difpofition du Secteur dont ils devoient fe fervir. M. de la Condamine a attefté la vérité de ces Procès-verbaux, de même que M. Verguin Ingénieur de la Marine qui y a auffi mis fon certificat, & le tout a été légalifé avec les formalités ufitées dans le pays. Un Mémoire raifonné fur le même fujet, & qui fert de fupplément aux Procès-verbaux deftinés fimplement à conftater les faits, a auffi été légalifé à Quito.

Il eft certain qu'on peut après cela compter fur les Obfervations qu'on nous préfente; fur tout fi elles ont été affez répetées, pour qu'on n'ait point à y craindre ces erreurs variables & accidentelles, dans lefquelles on tombe quelquefois, quoiqu'on ne péche point contre les regles que prefcrit la Théorie. L'Auteur nous donne les Obfervations particulieres qu'il fit à l'extrémité

AVERTISSEMENT.

Auſtrale de la Méridienne pendant la plus grande partie de 1741 en luttant contre les obſtacles que mettoient le Ciel & la Terre conjurés pour ainſi-dire enſemble, le Ciel par ſes nuages, & la Terre par ſes tremblemens. Il communique après cela les Obſervations ſimultanées par leſquelles l'ouvrage fut terminé. Ces Obſervations quoique faites à plus de 60 lieues de diſtance les unes des autres étoient relatives & devenoient comme communes dans cette rencontre ; & ſelon la remarque de l'Auteur, le Public n'a pû qu'y gagner de toutes manieres par l'attention ſcrupuleuſe qu'on ſçait que M. de la Condamine apporte dans toutes ſes Opérations.

Il n'eſt plus queſtion pour déterminer la figure de la Terre, après qu'on a découvert la grandeur du degré du Méridien aux environs de l'Equateur, qu'à comparer ce degré avec les autres qui ont été meſurés ailleurs. C'eſt l'objet de la ſixiéme Section, dans laquelle l'Auteur a donné la ſolution générale de tous les problêmes qu'on peut propoſer ſur cette matiere. Il avoit travaillé à ces problêmes pendant qu'il étoit au Pérou, & il lui a ſuffi en revenant de faire ſucceſſivement de nouvelles applications de ſes ſolutions générales, à meſure qu'il a été informé des diverſes opérations qu'on avoit faites en Europe pendant ſon abſence. Plus il a eû de *données* ou d'Elemens à faire entrer dans ſon calcul, plus la détermination de la figure de la Terre a reçu de traits qui l'ont perfectionnée. On voit dans le détail que fait l'Auteur, les différentes formes qu'il a ſucceſſivement attribuées à notre Globe, juſqu'à ce qu'il ſe ſoit à la fin arrêté à une derniere qui réſulte des quatre grandes Opérations faites par ordre du Roi. Il trouve que les accroiſſemens des degrés de latitude par rapport au premier ſont comme les quatriémes puiſſances des Sinus des latitudes ; & que l'axe proprement dit eſt au diamétre de l'Equateur comme 178 eſt à 179.

Il a ſupprimé toutes ſes réflexions ſur la Théorie de
la

AVERTISSEMENT.

la Terre; il a crû devoir exclure d'un Livre de l'espece du sien tout ce qui étoit hypothétique, & n'y pouvoir adopter que les seules conséquences nécessaires, ou celles qu'il faut absolument admettre, pour ne pas aller contre l'autorité des Observations, & des expériences. Tout ce qu'il a crû devoir faire de plus, c'est après avoir donné ce qui a rapport à la figure exterieure de notre Globe, de communiquer dans une septiéme & derniere Section les faits qui peuvent nous éclairer autant que cela est possible sur la conformation interieure de cette grande masse. On trouvera dans cette derniere Section les expériences sur la longueur du Pendule, & sur des effets qui ont rapport à la gravitation universelle. Il paroît par ces différentes Observations que la Terre est beaucoup plus dense à proportion dans son interieur qu'à sa surface. Elle l'est quatre ou cinq fois plus, indépendamment de ce qu'il faut distinguer au moins des densités de trois divers degrés. Il suit de-là que la Terre ne peut guere avoir été une masse fluide dans son origine, l'eau n'y étant pas en assez grande quantité : & il en résulte que les causes secondes dont nous avons connoissance, n'ont jamais pû seules donner à la masse entiere une figure aussi reguliere que celle qu'elle, a selon toutes les Observations.

TABLE

Des principales matieres contenues dans cet ouvrage.

Relation abregée du Voyage fait au Pérou par Messieurs de l'Académie Royale des Sciences.

I. Description de la partie du Pérou qui est comprise entre la Mer & la grande chaîne de montagnes connue sous le nom de Cordeliere. page vij

Observations faites à *Monte-Christi* & détermination de la situation de la partie la plus occidentale de la côte du Pérou. jx

De la forme qu'ont les maisons dans cette contrée. x

Observations de deux Soleils à l'horison. xij

Qu'il est peu vraisemblable que cette côte ait été aussi peuplée que le rapportent la plûpart des Historiens. xjv

Forêts qui sont au Nord du Golfe de Guayaquil. idem.

Oiseaux, animaux & insectes. xvjj

De la grande chaleur qu'on ressent dans ces contrées. xxj

Combien le pays est humide. idem.

Que le pays est tout diférent au Sud du golfe de Guayaquil. xxij

Pourquoi les pluyes sont si fréquentes au Nord de ce golfe & que c'est tout le contraire vers le Sud. xxiij

Rivieres qui traversent ces contrées. xxvij

II. *Description de la Cordelière du Pérou & du pays qu'elle renferme aux environs de Quito.* xxviij

De la difficulté qu'on trouve à monter la Cordelière. idem.

TABLE

Des environs de Quito & de l'interieur de la Cordelière. xxx

Bonnes qualités du pays. xxxiij

De la hauteur du sol de Quito au-dessus du niveau de la Mer. xxxvj

Accidens qu'y cause la subtilité de l'air. *idem.*

Que les deffaillances auxquelles les voyageurs sont sujets lorsqu'ils montent encore plus haut, ne viennent pas de la même cause, mais simplement de la lassitude. xxxvij

Observations faites avec le Thermométre & le Barométre sur le sommet de Pichincha, qui est élevé de 2434 toises au-dessus de la Mer. xxxjx

Regle pour trouver avec le Barométre dans la Cordelière la hauteur respective des montagnes. *idem.*

Explication d'une variation qui se fait chaque jour à certaines heures dans le Barométre à Quito. *idem.*

Raisons que nous avons eues de ne pas porter les triangles de notre Méridienne le plus haut qu'il étoit possible. xl

Tonnerres qu'on entend rouler lorsqu'on est sur les plus hautes montagnes. xlj

De la couleur différente que prennent les nuages, selon qu'on les regarde par dessus ou par dessous. xlij

Phénomène très-singulier qui se présente lorsque l'ombre de l'Observateur se projette sur un nuage. xliij

Du terme de la congélation ou du bas constant de la neige dans les montagnes de la Zone torride. xlvj

De la ligne ou surface courbe qui passe par le bas de la neige sur toutes les montagnes du globe terrestre. xlviij

Remarques sur la hauteur du Pic de Teneriffe déterminée par le P. Feuillée. *idem.*

Du terme supérieur de la neige dans les montagnes. xljx

Explication du froid qu'on ressent sur les plus hautes montagnes. 1

TABLE.

Pourquoi les alternatives du chaud & du froid indiquées par le Thermométre sont beaucoup plus grandes en haut qu'en bas. lij

Combien il est difficile à cause du froid auquel on est exposé sur les gorges des montagnes de sortir de la Cordelière & encore plus d'y entrer. ljv

Description du Pas de Goüanacas. lv

Deux des Academiciens montent plus haut que le terme inférieur constant de la neige. lvj

Epaisseur de la neige sur les plus hautes montagnes. lviij

III. *Remarques ou observations particulieres sur la nature du terrain, sur les tremblemens de terre, les volcans, &c.* ljx

Que la Cordelière dans un assez grand espace entre Pasto & Popayan n'a guere que le quart de la hauteur qu'elle a aux environs de Quito. idem

Que l'or en poudre ne se trouve ordinairement que dans les endroits très-bas. idem.

Maniere dont on lave la terre pour en tirer l'or en poudre, au Choco & aux environs de Popayan. lx

Qu'on ne trouve point d'or en aussi grande quantité aux environs de Quito, mais que le terroir de cette ville est de la plus grande fécondité. lxij

Qu'on ignore s'il ne seroit pas possible d'y rendre encore la terre d'un plus grand rapport. lxiij

Facilité qu'on a dans la Cordelière par le moyen des ravines de distinguer les différentes couches de terre jusqu'à une grande profondeur. lxv

Dénombrement de ces différentes couches au pied d'un volçan actuellement enflammé nommé Cotopaxi.

Carriere de pierres-ponces qui est 7 lieues au Sud de Cotopaxi dans la Cordelière, aux environs de la petite ville de Latacunga. lxviij

TABLE.

Des deux inondations que caufa Cotopaxi le 24 Juin
& le 9 décembre 1742. *idem.*

Explication de ces inondations & celle que caufa
Cargaviraço le 20 Juin 1698. lxx

De la part que peut avoir le flux de la Mer aux
tremblemens de terre. lxxji

Examen des tems de l'année où l'on eft au Pérou le
plus fujet aux tremblemens de terre. lxxiij

Que les mugiffemens des Volcans & les jets de fumée fe font par intervalles fenfiblement égaux. lxxvij

Rapport qu'il y a entre les mugiffemens des Volcans
& les plus violentes fecouffes des tremblemens. lxxviij

IV. *Retour de l'Auteur depuis Quito jufqu'à la Mer du
Nord par la riviere de la Magdeleine, obfervations fur
l'aiman, &c.*

Facilités qu'on a dans tous ces pays là pour en lever la Carte. lxxx

Plufieurs déterminations Géographiques lxxxij

Obfervation fur l'inclinaifon & la déclinaifon de
l'aiguille aimantée. lxxxiij

Irrégularités dans la déclinaifon de l'aiman caufées
par des pierres extérieurement noires répandues fur le
terrain en divers endroits. *idem.*

De quelques-unes de ces mêmes pierres que les
Efpagnols nomment *pierres-peintes.* lxxxjv

Obfervation & explication de l'égalité des forces
qu'ont les poles magnétiques Boreal & Auftral de la
terre. *idem.*

Que les montagnes aux environs de la Magdeleine
& de l'Orinoque font formées de couches parfaitement
horifontales & que le terrain paroît s'y être abaiffé. lxxxjx

Cataracte du Bogota au-deffous de Santa Fé. xcj

Diverfes fortes de ponts qui font en ufage dans ces
contrées. xcij

Ardoife & pierre nommée Schite converties en

TABLE.

marbre. xcjv
Pétrifications vraies ou apparentes qu'on trouve souvent dans ces pays là *idem.*
Araignée nommée *Coya* qu'on y regarde comme extrêmement dangereuse. xcv
Serpent nommé *Tatacua.* xcvij

V. *Des Habitans du Pérou & de leurs mœurs.* xcviij
Bonnes qualités des Espagnols Amériquains. *idem*
Bonnes qualités des Indiens qui vivent en bas au dehors de la Cordelière. xcjx
Que ceux de ces Indiens qui ne sont point exposés à un hâle violent, n'ont pas la couleur de cuivre des autres. cj
Mœurs des Indiens qui vivent en haut dans la Cordelière. cij
Mœurs des Métices qui résultent du mélange des Espagnols & des Indiens. ciij
Raisons du peu de progrès que font les Arts dans ces pays là. *idem.*
De divers monumens qu'ont laissé les anciens Indiens. cv
Plusieurs autres remarques qui restent à faire sur tous les sujets précedens & sur d'autres. cvj

Explication du profil & de la vûe de la Cordelière du Pérou aux environs de Quito. cvij

SUITE DE LA TABLE.

La figure de la Terre déterminée par les observations faites au Pérou par Messieurs de l'Académie Royale des Sçiences. pag. 1.

PREMIERE SECTION.

DU choix entre les opérations qui peuvent servir à déterminer la figure de la Terre.   page 2

Examen des erreurs qu'on est sujet à commettre dans la mesure des degrés du Méridien.   5

Examen des erreurs qu'on est sujet à commettre dans la mesure des degrés de longitude.   8

Remarques générales sur les propriétés qui sont communes aux Méridiens de différentes courbures, dans lesquels les degrés changent inégalement mais selon la même loi.   14

De la précision avec laquelle on peut obtenir le rapport qu'il y a entre les deux axes de la Terre par les diverses comparaisons des degrés de latitude & de longitude.   21

De la nature des Méridiens, dans lesquels l'excès ou le défaut des degrés par rapport au premier, est proportionel au Sinus des latitudes.   23

De la nature des Méridiens dans lesquels la longueur des degrés augmente ou diminue selon une progression arithmétique composée.   26

SECONDE SECTION.

Des triangles de la Méridienne de Quito considerés absolument, avec les précautions qu'on a prises pour en mesurer les angles & obtenir la longueur de leurs côtés.   37

De la base mesurée dans la plaine d'Yarouqui.   idem.

TABLE.

De la reduction à la ligne droite de la base mesurée actuellement. 45

Détail plus particulier de diverses circonstances de l'opération faite dans la plaine d'Yarouqui. 55

Description des quarts de cercles qui ont servi à la mesure géometrique de la Méridienne, avec les diverses précautions qu'on a prises pour reduire les angles au centre des stations. 60

Examen particulier du quart de cercle dont on s'est servi. 61

De la reduction des angles au centre de chaque station. 68

De la mesure des angles qui sont dans des plans fort inclinés. 74

Du choix qu'on doit faire entre les triangles afin de mesurer avec plus d'exactitude la longueur de la Méridienne. 78

Examen du divers degré de bonté des angles selon leurs différentes grandeurs 82

De la maniere de bien conditionner les triangles. 86

Examens des erreurs qu'on est sujet à commettre, lorsqu'on divise par parties la longueur qu'il s'agit de déterminer & qu'on decouvre successivement ces parties par des triangles qui se suivent. 91

De la marche que nous avons suivie pour mesurer les angles ; avec la liste de nos triangles depuis le Nord de Quito jusqu'au Sud de Cuenca. 98

Détermination particuliere des endroits où ont été faites les observations Astronomiques. 113

TROISIEME SECTION.

Dans laquelle on reduit les triangles au plan de l'horison, & on compare leurs côtés à la direction de la Meridienne. 116

Des hauteurs des stations les unes par rapport aux autres. 116

Méthode

TABLE.

Méthode de déterminer la hauteur relative des stations 117

Angles de hauteurs & de depressions apparentes observées à chaque station. 119

Hauteurs des stations de la Méridienne & de quelques autres montagnes au-dessus du niveau de Carabourou extrêmité Septentrionale de la premiere base. 124

De la reduction des côtés des triangles de la Méridienne à l'horison. 126

Liste des côtés occidentaux des triangles de la Méridienne reduits à l'horison & au niveau de Carabourou, exprimés en centièmes de toises. 130

De la reduction des angles des triangles de la Méridienne à l'horison. 131

Examen de l'erreur qu'on commet en reduisant les angles à l'horison par la méthode précédente. 132

Angles aux stations occidentales de la Méridienne, reduits à l'horison. 135

De la direction des côtés des triangles comparés au Méridien. 137

Directions des côtés occidentaux des triangles de la Méridienne. 138

Diverses observations Astronomiques pour vérifier la direction des côtés des triangles. 142

De l'exacte longueur de la Méridienne. 147

Différences en latitude & en longitude reduites au niveau de Carabourou, exprimées en centièmes de toises, entre toutes les stations occidentales consecutives des triangles de la Méridienne. 150

De la situation de Quito par rapport aux triangles de la Méridienne. 153

De la hauteur absolue des stations de la Méridienne par rapport au niveau de la Mer, & de la diminution qu'il faut faire en conséquence à la longueur du premier degré du Méridien mesuré dans la Cordelière. 157

Descente vers la Mer par la Province des Emeraudes. 159

***

TABLE.

Retour à Quito : Opérations pour placer plus exactement Ilinissa par rapport aux triangles de la Méridienne & conclure sa hauteur au-dessus de la Mer. 163

De la diminution qu'il faut faire à la longueur du degré du Méridien, pour le reduire au niveau de la Mer. 167

Qu'il n'y a aucune erreur à craindre dans la reduction précédente, quoique les lignes verticales ne soient pas droites. 168

QUATRIEME SECTION.

Des précautions qui ont été prises dans les observations Astronomiques faites aux deux extrêmités de la Méridienne. 172

De la forme générale du Secteur pour faire les observations Astronomiques. 176

De la suspension de l'instrument. 178

De la matiere dont on doit faire l'instrument. 182

De la longueur que doit avoir la lunette par rapport au rayon du Secteur. 187

De la nécessité de donner la même longueur à la lunette qu'au rayon de l'instrument, & d'attacher l'objectif au haut du rayon. 189

De la maniere de rendre l'axe optique de la lunette parallele au plan du Secteur. 199

De la maniere de mettre les soyes du Micromètre exactement au foyer de la lunette. 202

Que le foyer dans les grandes lunettes est différent selon la constitution des yeux de l'Observateur & selon aussi qu'on enfonce ou qu'on retire l'oculaire. 203

Moyens de se précautionner contre les variations que souffre le foyer dans les grandes lunettes. 208

De la maniere de graduer le Limbe. 214

De la maniere de donner au plan de l'instrument la direction qu'il doit avoir. 219

Examen de l'erreur qu'on a été sujet à commettre en ob-

TABLE.

servant la hauteur des Astres avec un instrument dont la lunette étoit déviée, lorsqu'on mettoit cet instrument exactement dans le plan du Méridien. 221

Examen de l'erreur qu'on a été sujet à commettre, lorsqu'au lieu de mettre l'instrument dans le plan du Méridien, on a fait passer l'Astre à l'instant de la mediation par le centre de la lunettre quoique deviée. 223

CINQUIEME SECTION.

Détail des observations Astronomiques faites pour déterminer l'amplitude de la Méridienne de Quito, & pour conclure la grandeur du premier degré de latitude. 227

Relation des observations faites à Quito pour déterminer l'obliquité de l'écliptique au dernier solstice de 1736 & au premier de 1737 avec un instrument de 12 pieds de rayon. 230

Additions au Mémoire précédent, premier éclaircissement. 241

Second éclaircissement sur les observations faites pour déterminer l'obliquité de l'écliptique. 249

Observations faites exprès aux deux extrêmités de la Méridienne de Quito, pour en déterminer l'amplitude. 258

Observations faites à Mama-Tarqui en 1741. 262

Autres observations faites un an après aux deux extrémités de la Méridienne. 267

De l'amplitude de l'arc de la Méridienne de Quito, & de la grandeur du premier degré de latitude. 272

SIXIEME SECTION.

Qui contient diverses recherches sur la figure de la Terre & sur les proprietés de cette figure. 276

Méthode générale d'assujettir la figure de la Terre à la grandeur particuliere de quel nombre on veut de divers degrés du Méridien. 277

Examen de plusieurs cas particuliers, & premierement de

*** ij

TABLE.

celui dans lequel les accroissemens des degrés du Méridien sur le premier, sont proportionels aux quarrés des Sinus des latitudes. 287

Examen de l'hypothèse particuliere dans laquelle les accroissemens des degrés du Méridien sont proportionels aux cubes des Sinus des latitudes. 287

De l'hypothèse dans laquelle l'accroissement des degrés est proportionel à la quatriéme puissance des Sinus des latitudes. 288

Détermination du rapport qu'il y a entre les deux axes de la Terre dans l'hypothèse précédente. 289

Autre solution du même problême. 291

Troisiéme solution du même problême sur d'autres données, avec des remarques sur le choix qu'on peut faire entre ces différentes déterminations. 295

Table de la longueur des degrés terrestres, dans la supposition que les accroissemens des degrés du Méridien à l'égard du premier, suivent le rapport des quarrés des Sinus des latitudes. 298

Table de la grandeur des degrés terrestres dans la supposition que les accroissemens des degrés du Méridien à l'égard du premier, suivent le rapport des quarrés quarrés des Sinus des latitudes. 305

Table des Co-ordonnées des Méridiens terrestres & de leur gravicentrique. 306

Diverses recherches sur les proprietés géometriques de la figure de la Terre, & premierement sur la rectification des Méridiens. idem

Rectification du Méridien lorsque les accroissemens de ses degrés sont proportionels aux quarrés des Sinus des latitudes. 307

Solution du même problême, lorsque les accroissemens des des degrés du Méridien par rapport au premier sont proportionels aux quarrés quarrés des Sinus des latitudes. 310

De la longueur des degrés terrestres considerés comme degrés de grands cercles, dans des directions différentes du

TABLE.

Méridien, & premierement dans la direction perpendiculaire. 311

De la longueur des degrés de grands cercles situés obliquement par rapport au Méridien. 314

De la longueur des degrés de petits cercles paralleles à l'Equateur. 316

Corrections pour la reduction des degrés de longitude. 319

De la construction des tables loxodromiques & de celles des parties méridionales ou des latitudes croissantes ou reduites. idem

Corrections dont ont besoin les tables ordinaires des latitudes croissantes. 326

SEPTIEME SECTION.

Détail des expériences ou observations sur la gravitation avec des remarques sur les causes de la figure de la Terre. 327

Détail des expériences faites pour déterminer la longueur du pendule à secondes. 329

Reductions qu'il faut faire aux longueurs du pendule trouvées immédiatement par l'expérience. 338

Longueurs reduites du pendule à secondes, ou telles quelles seroient si les pendules faisoient leurs oscillations dans le vuide. 342

Comparaison de la pesanteur & de la force centrifuge que contractent les graves par le mouvement de la terre autour de son axe, avec des remarques sur les effets de ces deux forces. 343

Table des accourcissemens causés aux pendules à secondes par la force centrifuge qui resulte du mouvement de la terre. 346

Que la force centrifuge produite par le mouvement de la terre autour de son axe ne suffit pas pour produire les différences observées dans la pesanteur. 347

Que la pesanteur primitive ne tend pas vers un point unique comme centre. 353

Remarques sur la diminution que reçoit la pesanteur à

différentes hauteurs au-dessus du niveau de la Mer. 357

Mémoire sur les attractions & sur la maniere d'observer si les montagnes en sont capables. 364

Examen des attractions sur Chimboraço. 379

Hauteurs méridiennes observées dans la premiere station au pied de la montagne. 382

Hauteurs méridiennes observées dans la seconde station. 385

Additions au Mémoire precédent. 390

Fin de la Table.

EXTRAIT DES REGISTRES
De l'Académie Royale des Sciences.

Des 16 & 29 Novembre 1748.

MOnsieur Bouguer ayant lû en plusieurs séances des années 1744 & 1745 le rapport des observations faites au Pérou pour déterminer la figure de la Terre, l'Académie a jugé cet ouvrage digne d'être donné au Public & a décidé qu'il seroit imprimé comme fait par son ordre. En foi de quoi j'ai signé le présent certificat. A Paris ce 30 Avril 1749.

Signé, GRANJEAN DE FOUCHY, *Secrétaire perpetuel de l'Académie Royale des Sciences.*

PRIVILEGE DU ROY.

LOUIS, par la grace de Dieu, Roi de France & de Navarre : A nos amés & féaux Conseillers, les Gens tenans nos Cours de Parlement, Maîtres des Requêtes ordinaires de notre Hôtel, grand Conseil, Prevôt de Paris, Baillifs, Sénéchaux, leurs Lieutenans Civils, & autres nos Justiciers qu'il appartiendra, SALUT. Notre ACADEMIE ROYALE DES SCIENCES Nous a très-humblement fait exposer, que depuis qu'il Nous a plû lui donner par un Réglement nouveau, de nouvelles marques de notre affection, Elle s'est appliquée avec plus de soin à cultiver les Sciences, qui font l'objet de ses exercices ; ensorte qu'outre les Ouvrages qu'elle a déja donnés au Public, Elle seroit en état d'en produire encore d'autres, s'il Nous plaisoit lui accorder de nouvelles Lettres de Privilége, attendu que celles que Nous lui avons accordées en date du six Avril 1693 n'ayant point eû de tems limité, ont été déclarées nulles par un Arrêt de notre Conseil d'Etat du 13 Août 1704. celles de 1713. & celles de 1717. étant aussi expirées ; & désirant donner à notredite Académie en corps, & en particulier à chacun de ceux qui la composent, toutes les facilités & les moyens qui peuvent contribuer à rendre leurs travaux utiles au Public, Nous avons permis & permettons par ces présentes à notredite Académie, de faire vendre ou débiter dans tous les lieux de notre obéissance, par tel Imprimeur ou Libraire qu'elle voudra choisir, Toutes les Recherches ou Observations journalieres, ou Relations annuelles de tout ce qui aura été fait dans les assemblées de notredite Académie Royale des Sciences ; comme aussi les Ouvrages, Mémoires, ou Traités de chacun des Particuliers qui la composent, & généralement tout ce que ladite Académie voudra faire paroître, après avoir fait examiner lesdits Ouvrages, & jugé qu'ils sont dignes de l'impression ; & ce pendant le tems & espace de quinze années consécutives, à compter du jour de la date desdites Présentes. Faisons défenses à toutes sortes de personnes de quelque qualité & condition qu'elles soient, d'en introduire d'impression étrangere dans aucun lieu de notre obéissance : comme aussi à tous Imprimeurs, Libraires, & autres d'imprimer, faire imprimer, vendre, faire vendre, débiter ni contrefaire aucun desdits Ouvrages ci-dessus spécifiés, en tout ni en partie, ni d'en faire aucuns extraits, sous quelque prétexte que ce soit, d'augmentation, correction, changement de titre, feuilles même séparées, ou autrement, sans la permission expresse & par écrit de notredite Académie, ou de ceux qui auront droit d'Elle, & ses ayans cause, à peine de confiscation des Exemplaires contrefaits, de dix mille liv. d'amende contre chacun des Contrevenans, dont un tiers à Nous, un tiers à l'Hôtel-Dieu de Paris, l'autre tiers au Dénonciateur, & de tous dépens, dommages & intérêts : à la charge que ces Présentes seront enregistrées tout au long sur le Registre de la Communauté des Imprimeurs & Libraires de Paris, dans trois mois de la date d'icelles; que l'impression desdits Ouvrages sera faite dans notre Royaume & non ailleurs, & que notredite Académie se conformera en tout aux Réglemens de la Librairie, & notamment à celui du 10 Avril 1725. & qu'avant que de les exposer en vente, les Manuscrits ou

Imprimés qui auront servi de copie à l'impression desdits Ouvrages, seront remis dans le même état, avec les Approbations & Certificats qui en auront été donnés, ès mains de notre très cher & féal Chevalier Garde des Sceaux de France, le sieur Chauvelin : & qu'il en sera ensuite remis deux Exemplaires de chacun dans notre Bibliotheque publique du Louvre, & un dans celle de notre très-cher & féal Chevalier Garde des Sceaux de France, le sieur Chauvelin, le tout à peine de nullité des Présentes : du contenu desquelles vous mandons & enjoignons de faire jouir notredite Académie, ou ceux qui auront droit d'Elle & ses ayans cause, pleinement & paisiblement, sans souffrir qu'il leur soit fait aucun trouble ou empêchement : Voulons que la Copie desdites Présentes qui sera imprimée tout au long au commencement ou à la fin desdits Ouvrages, soit tenue pour duement signifiée, & qu'aux Copies collationnées par l'un de nos amés & féaux Conseillers & Secrétaires, foi soit ajoutée comme à l'original : Commandons au premier notre Huissier, ou Sergent de faire pour l'exécution d'icelles tous actes requis & nécessaires, sans demander autre permission, non-obstant clameur de Haro, Charte Normande, & Lettres à ce contraires : Car tel est notre plaisir. Donné à Fontainebleau le douziéme jour du mois de Novembre, l'an de grace mil sept cent trente-quatre, & de notre Regne le vingtiéme. Par le Roi en son Conseil.

Signé, SAINSON.

Regiſtré ſur le Regiſtre VIII. de la Chambre Royale & Syndicale des Libraires & Imprimeurs de Paris. Num. 792. fol. 775. conformément aux Réglemens de 1723 qui font défenſes, art. IV. à toutes perſonnes de quelque qualité & condition qu'elles ſoient, autres que les Libraires & Imprimeurs, de vendre, débiter & faire diſtribuer aucuns Livres pour les vendre en leurs noms, ſoit qu'ils s'en diſent les Auteurs ou autrement ; à la charge de fournir les Exemplaires preſcrits par l'art. CVIII. du même Réglement. A Paris le 15 Novembre 1734. G. MARTIN, Syndic.

RELATION ABREGÉE
DU VOYAGE
FAIT AU PEROU

Par Messieurs de l'Académie Royale des Sciences, pour mesurer les Degrés du Méridien aux environs de l'Equateur, & en conclurre la Figure de la Terre.

'ACADEMIE a été si exacte à publier tout ce qu'elle a fait pour déterminer la grandeur & la figure de la Terre, que je puis supposer que l'Assemblée est parfaitement instruite de l'état de la question. * Tout concouroit à nous apprendre que la Terre n'étoit pas exactement sphérique, aussi bien les expériences qu'on avoit faites sur la pesanteur des corps, qui va en diminuant à mesure qu'on

---

* Une partie de ce Discours a été lûe dans l'Assemblée publique de l'Académie Royale des Sciences le 14 Novembre 1744.

avance vers l'Equateur, que les différentes opérations entreprises en France pour mesurer la grandeur des degrés tant de latitude que de longitude; mais on se trouvoit conduit à des conclusions tout opposées sur le sens dans lequel étoit le défaut de sphéricité. La Géométrie & la Physique paroissoient se trouver en contradiction, sans qu'on vît assez le moyen de les concilier; c'étoit une contestation suscitée entre les Philosophes, & non pas une de ces disputes purement spéculatives, qui ne sont d'aucune importance pour la pratique. L'Académie même se trouvoit indécise, & ses doutes ne pouvoient être entierement dissipés que par des voyages entrepris vers le Pole & vers l'Equateur. Tant qu'on ne compare que les seuls degrés de latitude mesurés dans un espace peu étendu, leur inégalité qui est trop petite, ne se manifeste pas assez au travers des erreurs auxquelles toutes nos opérations sont sujettes. Ce n'est plus la même chose, si l'on compare des degrés mesurés dans des régions fort éloignées les unes des autres, comme des degrés mesurés proche le Cercle polaire & proche l'Equateur. La différence qui est formée de toutes les petites différences reçûes de degré en degré, ou qui en est la somme, doit, parce qu'elle est beaucoup plus grande, se dégager beaucoup mieux des erreurs inévitables, & les conséquences qu'on en tire, acquierent une certitude qu'elles n'avoient pas.

S'il avoit été nécessaire pour la perfection de la Navigation de déterminer la grandeur de la Terre ou la grandeur moyenne de ses degrés, il n'étoit pas moins utile de connoître sa figure avec une certaine exactitude. On ne pouvoit pas distinguer si les accidens qui n'arrivent encore que trop souvent en Mer, devoient être imputés à la négligence des Pilotes qui n'observent pas assez scrupuleusement les préceptes de leur art, ou si le défaut ne vient pas de plus loin & de ce que l'Art même est trop imparfait, lorsqu'il fonde sur la sphéricité de la

Terre la plûpart des maximes qu'il propose. C'est ce qu'il falloit nécessairement vérifier, & dût-on apprendre que l'irrégularité de la figure étoit insensible, il ne falloit pas négliger de s'en assurer. Je laisse à part tous les autres avantages qui devoient se présenter chemin faisant : nous ne pouvions pas manquer de nous proposer diverses vérifications de conséquence sur différens sujets. Nous devions en traversant les Pays travailler à en faire la description & à en perfectioner les Cartes : nous devions faire des observations sur l'Aiman, examiner le poids de l'air, ses degrés de condensation, ses élasticités, les réfractions & diverses autres choses que l'occasion nous offriroit. Peut-être même que tous ces accessoires bien considerés ne seroient gueres moins importans, pris ensemble, que ce que nous regardions comme l'objet principal de notre mission.

Le voyage des Académiciens envoyés au Cercle polaire ne fut projetté qu'après le nôtre ; il a été beaucoup plus court, & le Public en a déja heureusement recueilli le fruit ; au moins autant que la chose étoit possible, en attendant qu'il se formât un résultat commun, dernier objet de tous les voyages entrepris. Pour nous qui devions aller vers le Midi, & qui étions destinés à éprouver tous les obstacles qu'on peut imaginer, nous devions nous rendre à l'Equateur ; & on voit clairement que nous ne devions pas aller au-delà, puisque les degrés du Méridien ne peuvent guere manquer de subir le même changement de l'autre côté, & que si on alloit assez loin, on les retrouveroit égaux à ceux de France. On ne peut pas douter qu'il n'y ait quelque sorte de conformité entre les deux hémispheres du Nord & du Sud : si les degrés augmentent d'un côté, ils doivent aussi augmenter de l'autre, quand même ils ne suivroient pas exactement la même loi. Il falloit donc nous arrêter à l'Equateur pour déterminer, comme cela étoit nécessaire, l'inégalité, soit en excès, soit en défaut, lorsqu'elle est la plus grande.

M. le Comte de Maurepas qui, par l'amour qu'il a pour les Sciences, saisit tout ce qui peut contribuer à leur avancement, ne perdit de vûe aucune des utilités qui pouvoient se concilier à notre voyage; il applanit toutes les difficultés, & nous avons senti aux extrêmités de la Terre, que nous voyagions sous ses auspices. Nous étions trois Académiciens, M. Godin, M. de la Condamine & moi, sans compter M. de Jussieu Docteur Régent de la Faculté de Médecine de Paris, qui est frere de deux Académiciens de même nom, & que la Compagnie ne s'est acquis que depuis notre départ. Il devoit travailler comme il l'a fait avec soin, à l'Histoire naturelle des contrées que nous parcourrions; M. Seniergues Chirurgien devoit l'aider, & pouvoit, outre cela, nous être quelquefois d'un grand secours. Nous avions besoin de plusieurs personnes, soit pour dessiner, soit pour vérifier des calculs, ou pour nous aider à reconnoître le pays: on nous joignit pour cela M. Verguin Ingénieur de la Marine, & Messieurs Couplet, Desodonnais, de Morainville & Hugot. Ce dernier qui est Horloger devoit prendre soin de nos Instrumens.

M. Godin avoit plus d'un titre pour se trouver à la tête de notre Compagnie. Outre qu'il étoit mon ancien, il avoit le mérite d'avoir proposé le voyage. Pour moi, je ne pensois nullement à prendre part à cette entreprise, lorsque tout étant disposé & le départ étant prochain, plusieurs des Mathématiciens ou Astronomes sur lesquels on comptoit, ne purent suivre les mouvemens de leur zéle, ou parce qu'ils se trouverent incommodés ou parce que le soin de leurs affaires qui avoient changé de face, les attachoit à Paris. Cette considération seule suffit pour me faire vaincre la répugnance que ma santé peu forte m'avoit toujours donnée pour les voyages sur Mer. Cependant, quoique notre absence soit devenue extrêmement longue par divers incidens auxquels je n'ai pas eu la moindre part, je ne me repentirai pas de m'être déterminé trop legerement, si j'ai eu le bonheur par mes efforts particuliers de faire quelque chose d'utile pour le Public.

On doit considérer que nous ne nous sommes pas bornés à mesurer l'étendue d'un seul degré du Méridien: l'arc que nous avons déterminé en a plus de trois ; de sorte que notre travail par ce seul endroit a été trois fois plus long & plus pénible que celui qui a été consommé en Laponie, & qui a reçû tant de justes aplaudissemens. D'un autre côté si nous avons eu à surmonter une infinité d'obstacles, il s'en est présenté plusieurs qui étoient comme inséparables de pareilles tentatives ; lorsqu'il s'agit de passer au-delà de l'Océan dans des Pays si reculés que la communication avec l'Europe en est rendue extrêmement difficile, & lorsque le succès de la mission dépend d'un grand nombre de circonstances & du concours de plusieurs personnes. Les difficultés morales se sont multipliées, & elles se sont jointes aux locales & aux Physiques. Celles-là ont été si grandes qu'il seroit comme impossible de les décrire, & on jugera de l'extrêmité où ont été portées les dernieres, quand on sçaura que la grande hauteur des montagnes qui en Europe a ordinairement contribué à la promptitude de ces sortes d'opérations, nous étoit au contraire tout à fait nuisible ; ou parce que postés trop haut nous étions presque toujours plongés dans les nuages, ou parce que les tempêtes enlevoient nos signaux, & nous réduisoient souvent à la fâcheuse nécessité de ne penser qu'à notre propre conservation. Il nous a quelquefois fallu acheter par un mois & demi de patience un seul quart-d'heure de beau tems; & telle de nos Stations, nous a plus arrêtés qu'on ne le seroit en Europe par le travail d'une Méridienne entiere. Nous opérions outre cela dans un Pays que ses propres Habitans ne connoissoient pas; & il nous falloit pénetrer presque continuellement dans des deserts où nous ne trouvions de sentiers que ceux des bêtes fauves.

Nous ne pouvions pas sans Passeport entrer sur les terres de la domination Espagnole, qui sont ordinairement interdites au-delà des Mers à tous les Etrangers: nous avions même besoin d'une permission spéciale. Sa Majesté Catholique ne consentit pas simplement que l'ouvrage se fît dans l'endroit du Pérou que nous voudrions choisir, Elle s'en déclara la protectrice, en donnant ses ordres à ses Vice-Roys & à son Audience de Quito; & elle nomma en même tems deux Officiers de Marine Lieutenans de Vaisseaux, Dom George Juan Commandeur d'Aliaga dans l'Ordre de Saint Jean de Jérusalem, & Dom Antonio de Ulloa, pour assister de sa part à toutes nos opérations. Nous les trouvâmes à Cartagène d'Amérique où ils étoient arrivés quelques mois avant nous, en y passant en droiture de Cadix. Il est bien flatteur pour les deux Nations unies d'avoir pû penser à l'examen de la figure de la Terre pendant que l'heureux succès de leurs armes rendoit l'Europe étonnée, & l'occupoit de tout autre soin. Cependant si nous avions le bonheur de réussir, l'utilité de notre voyage devoit être commune à toutes les Nations; toutes devoient en profiter également. Il est propre à nos Rois de ne pas borner l'avantage qui naît de leurs glorieuses entreprises, à une seule région ou à un seul siécle: en étendant d'une maniere si généreuse leurs bienfaits à toute l'humanité, ils se montrent les Rois ou comme les Peres de tous les Peuples. Tout ce qu'ordonne le Monarque chéri auquel nous obéissons, porte ce caractere de bonté & de sagesse.

Je partagerai ce discours en différens articles, afin de mieux décrire un pays que nous n'avons eu que trop d'occasions de bien connoître. Nos voyageurs François n'y ont guere pénétré; & l'idée qu'on s'en forme n'est ordinairement fondée que sur le rapport de personnes qui n'étoient pas à portée de se livrer à un examen suivi des choses. C'est ce qui m'a fait croire qu'un détail un peu circonstancié feroit plaisir, en attendant que je puisse donner une relation complette de tout le voyage. Ce détail peut d'ailleurs répandre quelque clarté sur les opérations de la mesure de la Terre dont j'ai à rendre compte.

I.

Description de la partie du Pérou qui est comprise entre la Mer & la grande chaîne de Montagnes connue sous le nom de Cordelière.

Nous nous embarquâmes à la rade de la Rochelle le 16 Mai 1735, sur un Vaisseau de Roi, & nous passâmes heureusement à Saint-Domingue, après avoir relâché à la Martinique, où nous restâmes quelques jours. Nous fîmes dans ces deux Isles diverses observations dont on a déja vû quelques-unes dans les Mémoires de l'Académie. Nous mesurâmes la hauteur de différentes montagnes sur lesquelles nous montâmes, en nous proposant quelques recherches particulieres; nous nous essayions sans le sçavoir, à escalader d'autres montagnes incomparablement plus hautes, celles qui forment cette fameuse chaîne connue sous le nom de *Cordelière*, & dont on ne connoît gueres en Europe que le nom. Nous fîmes un assez long séjour à Saint-Domingue, d'où nous partîmes le 30 d'Octobre pour nous rendre à Cartagène. Nous passâmes ensuite à Porto-Bello, & ayant traversé l'Isthme, nous nous embarquâmes à Panama sur la Mer du Sud, & nous touchâmes pour la premiere fois à la côte du Pérou le 9 Mars 1736, en mouillant dans la rade de Manta, où nous nous étions proposés de relâcher.

On a déja été informé ici que M. de la Condamine & moi nous nous séparâmes alors du reste de la compagnie, parce que nous crûmes pouvoir faire quelqu'usage de notre tems dans cette partie de la côte où les grandes pluyes avoient déja cessé, au lieu qu'on nous assuroit qu'elles continueroient encore long-tems plus loin ou plus vers le midi, & que le chemin de Quito seroit interdit jusqu'au mois de Juin.

Nous vîmes M. Godin remettre à la voile avec le reste de la compagnie, pour aller débarquer à Guayaquil, & nous n'eûmes pas lieu de nous repentir du parti que nous avions suivi; notre séjour nous valut une connoissance assez parfaite de cette côte, qui étant la partie la plus avancée vers l'Occident de l'Amérique méridionale, demandoit à être déterminée avec une exactitude particuliere. Nous examinâmes la longueur du pendule sous l'Equateur, & je m'y occupai beaucoup en mon particulier des réfractions astronomiques.

Ce fut le lendemain du départ de M. Godin que nous nous rendîmes au Village de *Monte-Christi* au pied de la montagne de même nom qui est fameuse dans toutes ces Mers & qui offre aux Navigateurs qui viennent de loin un point de reconnoissance. C'est la demeure des anciens habitans de Manta, qui pour se soustraire aux insultes des Pirates, se sont éloignés de la côte où ils demeuroient auparavant. Nous nous logeâmes dans la maison du Roi, * maison qu'on doit regarder comme une espece d'Hôtel de Ville, mais qui n'étoit construite que de roseaux, comme les autres cabanes. Elle étoit élevée sur des pieux hauts de sept à huit pieds; & on y montoit par un escalier qui n'étoit formé que de deux roseaux beaucoup plus gros, dans lesquels on avoit pratiqué des entailles propres à recevoir les pieds. Le Jeudi 15 au matin les Indiens vinrent nous trouver; ils avoient à leur tête leurs Alcades ou Magistrats tenant en main leur baguette, qui est la marque distinctive de leur autorité. Ils nous présenterent quelques fruits, & nous annoncerent que Dom Joseph de Olabès y Gamaroa Commandant de *Puerto-Viejo* leur avoit donné ordre par ses lettres d'avoir pour nous les mêmes attentions que pour lui-même. Nous choisîmes à environ un tiers de lieue

* La Casa Real.

AU PEROU.

lieue du Village un poste plus commode pour nous servir d'Observatoire. Nous nous y établîmes sous un toit que nos bons amis les Indiens nous éleverent avec facilité, vû l'extrême simplicité de l'Architecture qui est en usage dans le Pays. Nous tentâmes inutilement M. de la Condamine & moi d'employer la méthode que j'ai exposée dans les Mémoires de l'Académie de 1735 pour déterminer l'instant de l'Equinoxe. Le Soleil fut visible le soir, sans l'être le matin; ce qui joint à quelques accidens nous fit manquer les observations correspondantes dont nous avions besoin. Le Ciel couvert nous fit aussi manquer quelques Eclipses des satellites de Jupiter; mais il nous permit d'observer la fin de l'Eclipse de Lune du 26 Mars 1736 au soir. Observation qui devient extrêmement importante par ses circonstances, puisqu'elle fixe la situation de toute cette côte qui est la plus Occidentale de l'Amérique méridionale. * Elle nous apprend que Monte-Christi dont la latitude est Australe de $1^d 2'$ est 13 ou 14 lieues à l'Occident du méridien de Panama ou de Porto-Bello, & que le Cap *St. Lorenzo* qui est près de quatre lieues plus à l'Ouest, est environ $54'$ de degré à l'Occident du même Méridien.

Je fus en mon particulier plus heureux en fait d'observations à l'embouchure de la riviere de Jama, au Nord du Cap-passado, à $9'$ de l'Equateur du côté du Sud.

---

* La Lune quoique plongée dans l'ombre ne cessa pas d'être visible : on ne pouvoit observer que l'Emersion.

Tems vrais.

7^h	26'	40''	Premier instant de l'Emersion.
7	34	31	Aristarque sorti.
7	47	0	Platon sorti.
7	52	17	Tycho commence à sortir.
7	53	23	Tycho tout hors de l'ombre.
7	57	47	Manilius est sorti.
8	6	24	Mare *serenitatis* toute hors de l'ombre.
8	13	25	Mare *nect.* toute hors de l'ombre.
8	18	42	Mare *cris.* toute hors de l'ombre.
8	19	17	Petavius est sorti.
8	20	18	Langrenus est sorti.
8	23	27	Fin de l'Eclipse.

Nous ne nous y rendîmes qu'après avoir été paſſer quelques jours à *Puerto-viejo* chez Dom Joſeph de Olabès qui nous reçût parfaitement bien. Puerto-viejo eſt un des plus anciens établiſſemens des Eſpagnols au Pérou. Ce lieu conſerve le titre de Cité qu'il mérite auſſi peu que celui de port, puiſqu'il eſt retiré dans les terres & que la Riviere qui y paſſe eſt peu conſidérable. On y trouve néanmoins un aſſez grand nombre d'Eſpagnols mais très-pauvres. Ils ont de la cire & du coton, & ils cultivent aſſez de cacao & de tabac, pour en envoyer un peu au-dehors; mais la difficulté des chemins & le défaut de navigation rendent leur commerce très-languiſſant, & ce n'eſt même que par quelque eſpece de haſard qu'il ſe préſente des occaſions de vente.

Nous remarquâmes en cet endroit, comme dans tous les autres où nous paſſâmes, quelques maiſons fort jolies, qui ſous un toit couvert de paille ou de feuilles de Palmiers, contenoient un aſſez grand nombre de pieces & qui joignoient à leurs autres embelliſſemens, ſi l'on peut ſe ſervir de ce terme, des galeries & des balcons. Les roſeaux y ſervoient de poutres, de ſolives & même de planches. Ces roſeaux dont on tire tant d'utilités, ſont gros comme la jambe. On les fend ſur toute leur longueur d'un ſeul côté, lorſqu'on veut les faire ſervir de planches; on les ouvre, en rompant les diaphragmes qui ſont au-dedans, & on les étend; ce qui donne des planches toutes préparées, auſſi longues que les nôtres, & larges quelquefois de plus de 15 pouces. On s'en ſert pour faire les planchers, les cloiſons, & toute la fermeture exterieure; & on lie toutes les parties du bâtiment avec des racines d'arbres ou avec des cordes faites d'écorce; de ſorte qu'il n'entre pas un morceau de fer dans tout l'édifice. Rien ne s'accomode mieux avec l'éloignement qu'ont pour le travail tous les gens du pays, qui en ſe donnant un peu plus de peïne, trouveroient dans les forêts, des matériaux plus ſolides & plus durables. Il est vrai qu'en bâtissant leurs maisons avec plus de soin, elles coûteroient aussi beaucoup davantage; & d'ailleurs il ne s'agit toujours pour eux que de se garantir de la trop grande ardeur du Soleil, ou des pluyes qui sont fréquentes. Pour peu qu'on marche dans ces maisons ou qu'on s'y remue, tout l'édifice gémit. Les accidens du feu y sont aussi fort à craindre ; mais comme les ameublemens se ressentent de la simplicité du reste, le dommage ne peut jamais être considérable.

De Puerto-viejo, nous allâmes à Charapoto, autre établissement où il y a encore quelques Espagnols. Delà nous nous rendîmes à la Canoa & ensuite au Nord du Cap Passado. En allant à la Canoa nous passâmes par la Baye de Caracas, espece de Port dont la Nature a faite toutes les avances. Cette Baye à laquelle on a cru trouver apparemment quelque conformité avec Caracas qui est sur la mer du Nord, a une entrée assez étroite, & est néanmoins très-vaste; elle a dans le voisinage une infinité de bois propres à la construction des Navires. Aussi les Espagnols qui y avoient fondé une Ville dont on voit les ruines vers l'entrée, y établissent-ils encore de tems en tems des atteliers.

Nous trouvions pour ressource, dans tous les lieux qui n'étoient pas absolument deserts, des bananes, quelques autres fruits, du laitage, des œufs & quelques volailles. Dans les autres endroits, nous y subsistions de riz & de provisions que nous portions avec nous; les bananes & les galettes de mays, qui n'ont de défaut que d'être extrêmement seches, nous tenoient lieu de pain.

Les Indiens nous fournissoient les chevaux dont nous avions besoin; & ils nous faisoient profiter du flux & reflux de la Mer pour marcher en bas sur la plage, lorsqu'il n'y avoit pas de chemin pratiqué en haut sur la côte. Ce pays s'est trouvé très-propre pour la multiplication des chevaux; ils y sont en assez grand nombre, depuis que les Espagnols y en ont transportés d'Euro-

b ij

pe. Ce n'eſt pas au ſoin qu'on en prend, qu'on doit leur bonté; c'eſt à peu près comme dans nos Iſles. On les laiſſe toujours dehors, même pendant la nuit : on ne les ferre jamais ; & ils ſont quelquefois d'une maigreur qui excite la compaſſion du Cavalier ; mais tout cela n'empêche pas qu'ils ne ſoient d'un excellent ſervice. Nous avions encore, lorſqu'il s'agiſſoit de ſuivre la côte, un autre genre de voiture. Nous trouvions quelques Pirogues qui ſont des canots ou bateaux formés d'un ſeul tronc d'arbre, dans leſquels on ne laiſſe pas de s'éloigner aſſez conſidérablement de terre, & même d'entreprendre de doubler les Caps, lorſque la Mer n'eſt pas agitée.

Nous nous propoſions par toutes nos courſes de mieux connoître le Pays : mais en même tems que nous avions en vûe la perfection de la Géographie, nous ne négligions pas les autres remarques qui ſe préſentoient ; & c'étoit même pour en multiplier les occaſions, qu'étant dans l'Hemiſphére auſtral, nous nous acheminions peu à peu le long de la côte vers le Nord. Je cherchois principalement un endroit commode pour y obſerver les réfractions Aſtronomiques proche de l'horiſon. Je le trouvai à la fin cet endroit, à l'embouchure de la riviere de Jama, & je m'y arrêtai pendant près de quinze jours. Les obſervations que j'y fis, jointes à celles que j'avois déja faites à Saint Domingue, me fournirent un terme de comparaiſon qui me devint extrêmement utile lorſqu'arrivé à Quito, je remarquai que les réfractions y étoient moindres & que, contre ce qu'on avoit penſé juſqu'alors, elles alloient en diminuant à meſure qu'on s'éleve au-deſſus du niveau de la Mer. Pendant qu'en bas je m'occupois de cette matiere, je vis le 13 Avril 1736, un ſpectacle rare dont il n'y a que très-peu d'exemples. Deux Soleils bien diſtincts ſe coucherent le ſoir ſucceſſivement : ils ſe touchoient, & ils étoient exactement l'un au-deſſus de l'autre. Je ne crois pas devoir attribuer ce Phénomene à la reflexion de la ſurface de la

Mer qui m'eût renvoyé la seconde image : car dans ce cas les deux images eussent eu un mouvement contraire ; au lieu qu'elles descendoient toutes deux d'un pas égal. L'inférieure dont la lumiere étoit un peu moins forte, mais dont les bords n'étoient pas moins bien terminés que ceux de la supérieure, étoit déja coupée par l'horifon lorsque je l'apperçûe ; elle ne formoit même pas tout à fait un demi-cercle. Elle se coucha ; & elle fut immédiatement suivie par l'autre, qui ne me parut pas sujette à d'autre réfraction que celle que j'avois déja observée & que je continuai à observer les jours suivans.

La plûpart des endroits dont nous venons de parler sont fameux dans l'Histoire ancienne du Pérou. Manta étoit du tems des Incas la Métropole de toute cette contrée, qui étoit plongée dans une grossiere Idolâtrie. On y reconnoissoit une Divinité qui ne pouvoit faire aucun bien, mais qui aussi n'étoit pas malfaisante ; une Emeraude grosse comme un œuf d'Autruche, à laquelle on avoit consacré un Temple, & attaché un College de Prêtres pour prendre soin de son culte. Toutes les Emeraudes d'une grosseur ordinaire participoient un peu à sa Divinité, puisqu'elles étoient réputées ses filles ; & on en apportoit souvent de très-loin pour les déposer dans le même lieu, afin qu'elles rendissent hommage à la Déesse leur mere. Cette derniere se perdit à l'arrivée des Espagnols : apparemment que les Indiens la cacherent. On a cherché depuis fort inutilement les mines dont on tiroit ces pierres ; & on n'a pas mieux réussi dans les perquisitions qu'on a faites dans une autre contrée voisine, qui est plus au Nord sur la même côte, & dont le nom pouvoit faire bien augurer. On prétend connoître dans cette Province qui est celle des Emeraudes, la petite montagne qui contient la plus riche de ces mines ; elle n'est éloignée de la Mer que de 5 lieues & elle est sur le bord méridional de la riviere de même nom que la Province ; mais outre que le pays est impénetrable presque par tout, à cause de ses bois épais, les Indiens sont assez sages pour ne se prêter que médiocrement à ces sortes de recherches. Ils sentent assez que s'ils avoient le malheur d'y réussir, ils ouvriroient une carriere à des travaux infiniment pénibles dont ils porteroient eux seuls tout le poids, pendant qu'ils n'auroient que très-peu de part aux profits.

Il est peu vraisemblable que cette côte, malgré ce que rapportent les premiers voyageurs qui l'ont parcourue, ait jamais été très-peuplée. Les Villages y sont éloignés de 10 ou 12 lieues les uns des autres; en plusieurs endroits de deux fois davantage; & il n'y en a qu'à peu de distance de la Mer. On peut sans rien hazarder, assurer que ç'a toujours été à peu près la même chose. Des forêts immenses ne sont pas propres à faire subsister un grand nombre d'habitans. C'est une contradiction que n'ont pas senti quelques Ecrivains d'ailleurs très-habiles, qui ont cru, par exemple, que les Gaules du tems des Romains étoient beaucoup plus peuplées que ne l'est maintenant la France; quoique presque tout le pays fut alors rempli de bois. Nous sçavons d'ailleurs qu'on ne doit pas regarder les forêts comme une production nouvelle dans les contrées éloignées dont il s'agit. Le commerce seul par l'abondance qu'il tire quelquefois du dehors, eût pû y fournir à l'entretien d'un grand peuple: mais on ne nous a pas laissé ignorer non plus qu'il n'y avoit que très-peu de communication entre cette côte & le reste du continent; & c'est ce que l'inspection des lieux rend outre cela très-vraisemblable, comme on ne tardera pas de s'en convaincre.

Il ne faut chercher dans ces forêts ni nos chênes ni nos ormes, ni tous les autres arbres qu'on voit communement dans nos bois. Cependant on y en remarque quelques-uns que les Espagnols, à cause de quelque leger rapport, ont pris pour l'yeuse ou chêne vert. On y verroit aussi peu d'orangers, de citroniers, d'oliviers;

ces arbres ont été transportés d'Espagne & ne doivent par cette raison se trouver en Amerique de même que les figuiers & les grenadiers, que dans les seuls endroits cultivés. On peut même dire à l'égard des oliviers que le climat y est un peu trop chaud, & qu'ils profitent beaucoup mieux au-delà de l'autre Tropique dans les parties du Chili les plus voisines de la Zone torride. On y remarque un grand nombre d'arbustes & de plantes que nous n'avons point en Europe & d'autres qui croissent beaucoup mieux dans ces pays là que dans ceux-ci, & que leur grandeur pourroit aisément faire méconnoître. Des acacia, des genêts, des fougeres d'un grand nombre d'especes, des cierges épineux, des opuntia, différentes especes d'aloès, sans parler des mangliers, qui croissent dans la Mer même & qui se multiplient prodigieusement par le moyen de leurs branches qui en se repliant deviennent à leur tour, troncs & racines. On ne trouveroit que du bois pesant dans toutes ces forêts, si ce n'est que certaines plantes s'y convertissent réellement en arbres par la bonté du sol. La plûpart des especes, par exemple, de férule s'élevent fort haut dans les parties méridionales de l'Europe, principalement dans la Pouille : mais cette plante devient encore beaucoup plus grande dans les Régions ardentes du Pérou ; & elle fournit un bois blanc qui, quoiqu'il pese quatre ou cinq fois moins que le sapin le plus leger, est cependant capable d'une assez grande force. On ne peut rien trouver de plus propre pour former les radeaux dont l'usage n'est quelquefois que trop nécessaire, lorsqu'on voyage dans ces déserts. *

Il suffit de pénétrer dans les endroits plus épais pour y voir des cèdres de deux ou trois especes ; des cotoniers, divers genres d'ebenne ou de bois de fer, des gayacs, divers autres bois précieux par leur aromat ou par leur couleur & par le poli parfait qu'ils peuvent re-

* Les Espagnols nomment ce bois, bois de *Balsa*.

cevoir. On y distingue par la blancheur de leur écorce & par leur extrême hauteur des arbres très-droits qu'on nomme des *Maria*; ce sont les seuls qu'on puisse employer au Pérou pour faire des mâts de Navires; ils ont une assez grande flexibilité, & outre cela ils n'ont pas cette pesanteur excessive de presque tous les autres bois. Je ne dois pas oublier les palmiers dont j'ai compté plus de 10 ou 12 especes, & il y en a plusieurs autres. Cet arbre est singulier consideré de toutes les manieres: ses branches ou plûtôt ses feuilles placées au haut de sa tige lui font prendre, malgré sa hauteur, plûtôt la forme d'une grande plante que celle d'un arbre. On remarque que dans tous les pays chauds de la Zone torride les arbres n'étendent leurs racines qu'à la surface du sol: mais celles de plusieurs palmiers sortent même de terre, & le bas du tronc s'éleve à mesure que l'arbre vieillit; on le voit quelquefois élevé en l'air de plus de 6 ou 7 pieds, & les racines qui en partent forment au-dessous une espece de blinde ou de pyramide, dans le creux de laquelle on pourroit se retirer.

Ces forêts ne forment presque toujours qu'une espece de taillis proche de la Mer. A mesure qu'on avance dans les terres, on remarque que les arbres deviennent plus grands: on parvient dans des futayes de plus hautes en plus hautes; & ce n'est gueres qu'à 7 ou 8 lieues de la côte qu'on les trouve dans leur plus grande hauteur. Ce *maximum* se soutient. Il occupe un espace qui est très-considérable, mais qui est cependant plus ou moins large selon les divers endroits: car si l'on continue d'avancer, les arbres redeviennent moins hauts, soit parce que la qualité du terrain n'est plus la même; ou parce que le sol s'éleve trop en s'aprochant de la Cordelèire, & qu'il n'y a pas la même profondeur de bonne terre. L'intervalle entre les arbres est rempli d'une quantité prodigieuse de plantes & d'arbustes parasites. Les uns environnent les troncs & les branches;

les

les autres descendent verticalement en ligne droite, comme des cordages qui seroient attachés en haut. Les derniers vuides sont occupés par des roseaux de toutes les grosseurs: il y en a de hauts de 20 ou 30 pieds & la plûpart des gros sont épineux. Lorsque je dis que tous les arbres y sont eux-mêmes chargés de plantes & d'arbustes, je parle généralement. Il faut excepter, à ce que je crois, les acomas qui sont beaucoup plus grands que ceux qu'on trouve dans nos Isles, & qui de même que quelques autres arbres m'ont même parus exempts de mousse. Ils doivent apparemment cette distinction au suc laiteux de leur écorce, dont grand nombre de plantes parasites ne s'accommodent pas.

On reconnoît en entrant dans ces bois la vérité d'une observation déja faite par les autres Voyageurs, que si les oiseaux de l'Amérique l'emportent beaucoup sur les nôtres par la couleur de leur plumage, les nôtres en récompense ont le ramage infiniment plus varié & plus doux. Au lieu de chant, on n'entend presque toujours dans les forêts qu'un bruit discordant qui étourdit. Le cri des perroquets qu'on voit à grandes troupes, est tout à fait incommode. Ces oiseaux ne fréquentent pas ordinairement le bord de la Mer; il faut aller quelques lieues dans les terres pour les trouver. J'en ai souvent mangé de petits qui étoient verts, & que je trouvois fort bons, à cela près que leur chair étoit toujours un peu dure. Les singes aiment pareillement à s'éloigner de la côte en suivant les rivieres ou les ruisseaux. On voit aussi le toucan qu'on nomme Prédicateur dans le pays, quoiqu'il ne dise mot. Il ne ressemble à aucun autre oiseau par la grandeur monstrueuse de son bec qui est presque aussi grand que tout son corps. Les ramiers y sont très-communs & fort bons, de même que les canards, principalement ceux que les Espagnols nomment *patos reales*, lesquels sont ornés d'une crête. On y trouve en divers endroits le galinasso, espece de corbeau singulier, à la chair duquel on attribue différentes propriétés, mais dont il est rare qu'on fasse usage, à cause de sa mauvaise odeur. Il différe du nôtre en ce qu'il est plus gros, & que sa tête au lieu d'être revêtue de plumes, n'est couverte que d'une simple peau noire, qui forme comme un casque.

Le nombre des animaux terrestres malfaisans y est très-grand, sur tout si l'on s'éloigne du bord de la Mer & qu'on passe dans ces endroits où la forêt est beaucoup plus épaisse, & les arbres plus hauts. Le lion qu'on y voit n'en est pas un, à proprement parler; il a beaucoup plus de rapport avec le loup, & il n'attaque pas les hommes. Mais les tigres y sont grands & aussi féroces que ceux d'Afrique: on en a de tems en tems de terribles preuves. Lorsque je retournai de Quito en 1740 vers la Mer, mais en allant plus vers le Nord, pour mesurer la hauteur absolue des montagnes qui avoient servi à notre Méridienne, je passai par Nigouas, qui est comme au centre de la Province des Emeraudes, où je vis plusieurs personnes qui avoient été estropiées par ces terribles animaux. Deux ou trois ans auparavant ils avoient déchiré dix ou douze Indiens. J'allai plus loin; & je m'établis dans une petite Isle que forme la rencontre des rivieres des Emeraudes & de l'Inca. Nous croyons dans cette Isle être à couvert de toute insulte; mais dès les premieres nuits, les tigres vinrent à la nage nous disputer nos provisions; ils nous en enleverent une partie; & nous fûmes obligés chaque soir de prendre pour nous mêmes des précautions, en allumant de grands feux. C'est un bonheur que ces animaux, de même que tous ceux qui sont très-nuisibles par leur voracité, ne soient guere féconds. Les tigres sont en petit nombre au Pérou; mais il n'en faut qu'un ou deux pour désoler toute une contrée. Les Indiens qui ne marchent jamais dans ces deserts sans être armés d'une lance & d'un coutelas s'assemblent de tems en tems pour faire des chasses générales, mais presque toujours lorsque divers accidens leur en ont déja fait sentir le besoin. On a aussi tout à y craindre des serpens qui y sont très-communs, & dont il y a plusieurs especes dangereuses, & même le serpent à sonette, qui n'évite pas la rencontre des hommes comme la plûpart des autres. On y trouve des lezards gros comme le bras, qui ne font point de mal. On peut rapporter à ce genre divers animaux dont quelques-uns sont amphibies. L'iguana a une crête épineuse sur la tête & tout le long du dos : sa forme est hideuse par sa maigreur apparente & par ses rides. Je soupçonne qu'elles lui servent à prendre un plus grand volume ou à s'enfler, lorsqu'il veut nager; & que c'est ce qui le rendant comme plus leger, a donné lieu de croire qu'il marchoit sur la surface des eaux comme sur la terre. On le mange & on le trouve excellent; de même qu'une espece particuliere de sanglier qui a la hure moins allongée que le nôtre & qui a comme un nombril sur le dos. Je crois que ce dernier animal qui ne se trouve que dans les bois est particulier à l'Amérique; mais le tatou ou l'armadille est commun aux deux Continens: il est singulier par les écailles ou armures distinctes qui lui couvrent séparement le corps, la tête, la queue & les jambes.

La plûpart des insectes que nous avons ici se trouvent aussi là, & y sont ordinairement beaucoup plus grands, & quelquefois d'une grandeur qui nous paroît monstrueuse à nous autres Européens. On y voit, par exemple, des vers de terre parfaitement semblables aux nôtres, mais qui sont plus longs que le bras & plus gros que le pouce. Certaines araignées sont couvertes de poil & sont grosses comme un œuf de pigeon. On y voit différentes especes de fourmis souvent beaucoup plus grandes que les nôtres & il en est quelques-unes qui sont vénimeuses. Les scorpions sont aussi fort communs, mais le mal qu'ils causent n'est pas considérable; il se termine par un leger sentiment de fiévre. Cependant il est arrivé à quelques personnes de ma connoissance d'éprouver outre cela un épaississement de langue qui leur donnoit de la peine à parler. J'ai vû piquer plusieurs fois un petit chien qui ne faisoit que de naître : les piqueures se firent principalement dans cette partie tendre du ventre qui n'est pas couverte de poil : le petit chien n'en parût nullement indisposé.

Rien après tout n'est plus à charge dans ces forêts que les moustiques & les maringouins ; parce qu'ils causent une incommodité ou plûtôt un mal qui ne cesse pas & dont il coûte davantage de se garantir. Les premiers sont des moucherons presque imperceptibles qui vous affectent autant que le feroit un fer ardent. Les seconds sont de deux especes différentes, & les plus petits ne différent pas sensiblement de nos cousins. On connoît en Europe l'effet de leur piqueure : le venin des maringouins est néanmoins encore plus actif. Il cause de plus grosses ampoules, principalement aux personnes qui sont nouvellement arrivées d'Europe & dont le sang est aparemment plus fluide. On ne sçauroit représenter l'opiniâtreté avec laquelle ces insectes persécutent ces mêmes étrangers. Ils obscurcissent souvent l'air par leur multitude, on est obligé d'être sans cesse en mouvement pour s'en défendre ; ils réussissent à s'introduire par la plus petite ouverture qu'ils trouvent dans le vêtement, & la nuit il est absolument impossible de reposer, à moins de se renfermer sous un pavillon fait exprès. Ce pavillon est fait ordinairement de toile de coton, il a la forme d'un tombeau; on l'attache par les deux extrêmités ou par les quatre angles à quelques arbres, si l'on couche dans les forêts; & c'est un meuble si nécessaire, que le plus pauvre Indien en est toujours muni & ne manque jamais de le porter lorsqu'il voyage. Comme les maringouins évitent le vent & le Soleil, ils ne fréquentent pas volontiers les lieux découverts ; on trouve plusieurs endroits qui en sont absolument exempts. L'incommodité est toujours moins grande dans les bourgades & dans tous les lieux défrichés.

Il ne paroîtra pas extraordinaire que le pays que je décris soit très-chaud, puisqu'il est comme de niveau avec la Mer & qu'il est placé dans le milieu de la Zone torride. Cependant le Thermométre de M. de Reaumur n'y montoit l'après-midi qu'à 26, 27 ou 28 degrés; le matin un peu avant le lever du Soleil, il se trouvoit ordinairement à 19, 20 ou 21. C'est sans doute la continuité de la chaleur qui la fait paroître si grande dans la Zone torride, puisque nous voyons assez souvent en France le même Thermométre monter considérablement plus haut. Les forces s'épuisent par la transpiration violente & par les sueurs. La chaleur diminuant peu pendant la nuit, on est fatigué le matin même en se levant. Jusqu'aux facultés de l'ame se trouvent comme embarassées, la paresse du corps se communiquant à l'esprit; & on est plongé dans une indolence qui non-seulement empêche d'agir, mais qui ne permet pas même de s'appliquer aux choses qui demandent quelque contention. Aparemment que tous les Voyageurs qui passent dans la Zone torride ne sont pas également sensibles à cet effet du grand chaud. Il y a lieu de croire aussi qu'on reprend à la longue la plus grande partie de son premier état; supposé que le rétablissement se fasse assez vîte & que d'autres causes n'ayent pas le tems d'y mettre obstacle.

Mais ce qui surprendra sans doute, c'est que ces mêmes pays où la chaleur est toujours si grande, sont en même tems d'une humidité excessive; & c'est la même chose de tous les lieux situées entre les deux Tropiques où il y a des bois. Sur le haut même des éminences d'où il semble que l'eau devroit plûtôt s'écouler, on enfonce dans la boue jusqu'à mi-jambe. J'ai déja insinué que les maisons y étoient élevées sur des pieux; mais céla n'empêche pas que l'humidité continuellement excitée par la chaleur n'y gâte tout. On a dans certaines faisons toutes les peines du monde à conserver du papier, à empêcher une selle ou une valise de se pourrir. Il est inutile de vouloir tirer un fusil lorsqu'il y a seulement trois ou quatre heures qu'il est chargé, & on ne sçait pas d'autre moyen pour y conserver la poudre, que de recourir de tems en tems à l'expédient de la faire secher à quelque distance du feu.

Ce pays dont je marquerai plus bas la longueur, a 40 ou 45 lieues de largeur de l'Est à l'Ouest, étant compris entre la côte & la Cordelière, lesquelles sont dirigées l'une & l'autre à peu près Nord & Sud. Quelquefois la côte change subitement de direction; & comme si la chaîne de montagnes avoit senti ce détour, quoique de si loin, elle semble s'y conformer; mais ordinairement elle suit son chemin plus en ligne droite; de sorte qu'elle se trouve à moins de distance de la Mer lorsque quelque golfe comme celui de Guayaquil, par exemple, avance considérablement dans les terres. Au delà de ce dernier golfe en allant au Sud vers Lima, le pays est tout différent; ce ne sont que des sables qu'il semble que la Mer y a déposés, ou auxquels on pourroit attribuer une origine toute contraire, en supposant qu'ils sont tombés de la Cordelière même : le pays est découvert, il n'y a point de bois comme il y en a en deçà du golfe. Mais ce qui distingue encore plus cette partie du Pérou qui est au-delà de Guayaquil, c'est qu'il n'y pleut jamais, quoique le Ciel y soit souvent nébuleux. Cette particularité donne lieu à un problême de Physique qui est d'autant plus embarassant que sa solution dépend d'une connoissance plus parfaite de la nature des nuages. Il n'est pas surprenant qu'Augustin de Zarate qui s'est le premier, à ce que je crois, proposé cette difficulté n'en ait pas donné une bonne explication; mais je ne sçache pas que personne y ait mieux réussi, quoique la chose ait attiré l'attention de plusieurs Physiciens.

Il s'agit d'un Phenomene dont les effets réguliers & constans ne sont pas renfermés dans l'enceinte d'un espace de peu d'étendue. Le pays dans lequel il pleut s'étend jusques vers Panama & il a plus de 300 lieues de longueur. La pluye est même si forte & si continuelle, principalement dans le Choco, Province qui est située vers le milieu de cet espace, que les gens les plus avides de gain n'y vont demeurer qu'avec la plus extrême répugnance, quoique ce soit le pays du monde où la Nature a montré, pour ainsi-dire, le plus de profusion, en répandant l'or en pailletes dans le sein de la terre. On est comme sûr d'y faire sa fortune en peu de tems; mais il y a encore plus de certitude qu'on succombera sous les mauvaises qualités du climat; ce qui vient sans doute de ce que l'humidité continuellement appliquée intercepte la transpiration, & suspend la sueur qui est provoquée sans cesse par une chaleur accablante. L'autre pays dans lequel il ne pleut jamais & qui est au Sud du golfe de Guayaquil s'étend jusques au-delà d'Arica vers les deserts d'Atacama, ou vers les confins de la Zone torride & de la Zone temperée méridiole, & il a plus de 400 lieues de longueur sur 20 & 30 de largeur. On n'y entend jamais le tonnerre ; on n'y est jamais exposé à aucun orage. La terre y est toujours seche, ou pour mieux dire, on ne voit que des sables arides; & il n'y a de verdure que sur le seul bord des rivieres, qui en tombant des montagnes, traversent ce pays avec une extrême vitesse. On est si sûr qu'on n'a point de pluye à y craindre, que les maisons à Arica de même qu'à Lima n'ont point de toit; on se contente de les couvrir de quelques nates sur lesquelles on jette une legere couche de cendre, pour absorber la rosée & l'humidité de la nuit.

On ne sçauroit révoquer en doute que ces extrêmes différences & dans la constitution de l'Atmosphére & dans la qualité du sol de ces deux contrées, ne tiennent l'une à l'autre : la nature du terrain influe sur la région baſe de l'air. Les forêts dans les pays chauds ſont preſque toujours pleines d'un air épais, quoique le Ciel ſoit ſerein & l'air pur au dehors. Le fait eſt certain, parce qu'il eſt viſible ; & que d'ailleurs il n'eſt pas difficile de l'expliquer. Les arbres doivent être ſujets à une diſſipation continuelle, de même que le terrain qui eſt couvert de matieres végetales & même animales pourries & qui ſont toujours expoſées à une forte chaleur. L'évaporation paroît comme un brouillard qui ne s'éleve que très-peu & qui ne ſurmonte gueres la forêt, ſi on ne regarde que ſa partie la plus denſe, mais qui doit monter fort haut d'une maniere moins ſenſible. C'en eſt aſſez pour faire une eſpece de communication entre la forêt & les nuages qui paſſent au-deſſus ; & il ſemble que la forêt a une vertu attractive. Les parties exhalées vont s'attacher aux vapeurs qui forment le nuage, & les rendant plus peſantes tout à coup, elles rompent leur équilibre avec la couche d'air dans laquelle elles ſont ſuſpendues. On eſt en bas dans le brouillard, & il pleut en même tems. C'eſt-à-dire que la pluye ne tombe pas ordinairement comme ici, où elle ſe détache d'un nuage qui paroît élevé : le plus ſouvent dans les forêts de la Zone torride, toutes les parties ſupérieures & inférieures de l'Atmoſphére ſont également priſes, ou également chargées.

Tout ce qui peut contribuer aux progrès de la Phyſique n'eſt point étranger à la relation d'un voyage qui a été entrepris pour la perfectionner. Ainſi je ne crains point de joindre au récit des faits quelques réflexions, auſſi-tôt qu'il en peut naître quelque utilité. Il y a tout lieu de penſer que les petites molécules d'eau dont les brouillards & les nuages ſont formés, ne ſont pas de petites ſphéres ſolides, mais plûtôt de ſimples bulles remplies d'air. Il ne ſeroit pas poſſible ſans cela, & que les nuages s'élevaſſent, & qu'ils montaſſent à une plus grande de hauteur en Eté qu'en Hyver, lorsque l'air moins condensé est moins capable de les soutenir. L'attention à toutes les autres circonstances & jusqu'à la maniere dont se fait l'évaporation des liqueurs, confirment ce même sentiment. En effet, quelque agitation intestine qu'on suppose dans un liquide qui s'évapore, les petites parties qui sont lancées au dehors, perdroient bientôt tout leur mouvement par la résistance de l'air, si elles n'étoient simplement que lancées & si elles n'avoient une legereté qui les rendît propres à floter & à s'élever.

Ces petites bulles suspendues en l'air peuvent se résoudre en pluye de diverses manieres. Le vent en les poussant les unes contre les autres, les confondra & les rompra. La chaleur peut devenir si grande, que les bulles en se dilatant trop, soient sujettes à se crever. Une cause toute contraire produira un effet équivalent, lorsque l'air contenu dans les petites sphéres creuses souffrira une trop grande condensation; ce qui fera que les petites sphéres diminuant de volume ne seront plus assez soutenues. Lorsque le vent en venant de la Mer, transporte un nuage & le fait passer sur une côte couverte de bois, il ne doit guere se faire de changement par la chaleur. Une forêt ne refléchit que peu les rayons du Soleil; & il est certain qu'à une certaine hauteur au-dessus la chaleur ne doit pas être plus grande qu'au-dessus de la Mer. Mais l'évaporation continuelle des bois procure comme nous l'avons dit la descente des nuages & leur dissolution : au lieu qu'il ne doit arriver rien de semblable aux environs de Lima & au Sud de Guayaquil. Le vent qui regne sur cette partie de la côte vient ordinairement de la Mer & du Sud-Ouest. Mais lorsqu'un nuage poussé par ce vent, parvient au-dessus de la terre, il se trouve exposé à une nouvelle chaleur, sçavoir à celle qu'il ne recevoit pas sur la Mer & qui vient de la reflexion & du voisinage d'un sol qui n'est que du sable. Ainsi le nuage doit être moins disposé à tomber par son propre poids, puisque le volume de chacune de ses petites bulles doit augmenter. Il est vrai que si la dilatation étoit déja trop grande, par la facilité que doit avoir à prendre de la chaleur la petite portion d'air renfermé, le voisinage d'une côte échauffée ne feroit qu'accelerer la rupture des bulles, & la pluye ne seroit que plus certaine. Aussi pleut-il quelquefois assez dans le pays dont il s'agit, pour mouiller la terre. Mais ordinairement on verra le nuage passer plus loin & ne former de la pluye qu'à 25 ou 30 lieues de distance, lorsqu'il rencontrera la Cordelière, qui, comme une haute muraille, arrête tout ce qui n'est pas assez élevé, pour passer par-dessus.

* Le 23 Avril 1736.

Il y avoit un mois & demi que nous visitions ces déserts: * il nous fallut penser à nous rendre à Quito dont les chemins devoient commencer à devenir praticables par la cessation des pluyes. Nous convîmes M. de la Condamine & moi de nous separer & de prendre différentes routes ; nous étions alors à l'embouchure de la riviere de Jama qui est presque sur le même parallele que Quito. M. de la Condamine suivit la côte en allant chercher vers le N. la riviere des Emeraudes & il la remonta en continuant à faire la carte du pays qu'il traversoit. Pour moi en retournant en partie sur mes pas, je dirigeai mon chemin vers le Sud pour aller à Guayaquil, & je pénétrai des forêts dont le terrain étoit encore tellement noyé qu'on avoit souvent de l'eau jusqu'aux genoux lorsqu'on étoit monté sur le plus haut cheval: ce n'étoit qu'un marais ou qu'un bourbier continuel. Les efforts violens que faisoient les mules pour s'en dégager, exposoient à chaque instant à se briser contre quelques arbres.

Arrivé à Guayaquil, j'en partis le même jour ; ainsi je ne pû guere par moi-même connoître cette ville, qui est considérable & une des plus florissantes de tout le pays. Sa situation avantageuse la rend l'entrepôt du commerce de Panama & de Lima, & elle est à proprement parler le port de Quito, quoiqu'elle en soit considérablement éloignée. Elle eft affez grande; partagée en villes ancienne & nouvelle; fes maifons ne font féparées que par de fimples cloifons, & elle eft toute bâtie en bois. Elle eft fituée à cinq lieues de la Mer fur la rive occidentale d'une riviere large & profonde, immédiatement au-deffous de la rencontre de la riviere de Daule qui eft auffi très-belle. Prefque toutes les rivieres qui tombent de la Cordelière dans la Mer pacifique ne font que des torrens impetueux, malgré la grande quantité d'eaux qu'elles roulent. Elles defcendent d'une trop grande hauteur & elles n'ont pas le tems de fe groffir en parvenant trop promptement à la Mer. Les unes font contenues dans des lits affez étroits, comme la plûpart de celles qui ont des terres à traverfer & qui tombent en-deçà du Golfe de Guayaquil; les autres qui coulent fur un terrain fabloneux fe font étendues davantage; elles forment fouvent de grandes napes, quoiqu'elles conferverent toujours la premiere viteffe que leur a imprimé leur chute. Mais la riviere de Guayaquil en fe jettant dans le Golfe de même nom, a un cours plus paifible; ce qui vient de ce qu'elle marche prefque parallelement à la Cordelière. Elle a moins de pente; elle eft fujette au flux & reflux, elle reçoit grand nombre d'autres rivieres. Toutes ces différences la rende navigable & très-poiffonneufe; mais en même tems elle eft pleine de caymans ou de ces crocodiles qui font fi communs dans l'Amérique.

Je m'embarquai fur cette riviere, je la fuivis en montant, & je parvins le 19 Mai 1736, trois jours après que M. Godin en étoit parti, à Caracol qui eft au pied de la Cordelière. M. Godin quoiqu'il eût à fon fervice toutes les mules de la Province, avoit été obligé de laiffer dans ce même endroit, près de la cinquiéme partie de nos équipages, parce qu'on eft obligé par la difficulté des chemins de rendre les charges très-médiocres. Il continua fa route, & entra à Quito le 29 Mai, un an &

quelques jours de plus, après notre depart d'Europe. On a déja fçû ici la maniere dont notre compagnie fut reçûe dans cette capitale. Tous les différens corps de la Ville vinrent la féliciter, & on la logea dans le Palais, en attendant qu'on lui trouvât des maifons convenables.

II.

Defcription de la Cordeliere du Pérou & du Pays qu'elle renferme aux environs de Quito.

Je ne pû arriver à Quito que le 10 de Juin. J'avois été obligé d'attendre à Caracol faute de voiture, & ma fanté fe trouvoit confidérablement alterée par les fatigues que j'avois effuyées en venant de Rio-Jama, & principalement de Puerto-Viejo à Guayaquil. Je me mis cependant auffi en chemin, pour franchir à mon tour la chaîne de montagnes que je voyois. J'y employai fept jours, quoique j'eftime qu'il n'y a que neuf à dix lieues à traverfer; mais la montée eft extrêmement rude, elle eft entrecoupée d'une infinité de différens précipices fur le bord defquels on eft fouvent obligé de marcher; on paffe plufieurs fois une petite riviere nommée *Ojiva*, où il ne manque jamais de périr plufieurs perfonnes chaque année; c'eft un torrent dont la rapidité eft affreufe, quoiqu'il ne laiffe pas d'être affez large : on l'a paffé pour la derniere fois, on s'en écarte, & on le redoute encore; il femble qu'il menace par fon bruit le voyageur qui le laiffe loin de lui. Quelquefois on va en defcendant, on trouve une ravine profonde qu'on ne traverfe qu'avec peine; on employe le refte de la journée à remonter feulement de l'autre côté, & on voit qu'on n'eft qu'à très-peu de diftance de l'endroit dont on eft parti le matin. La laffitude des mules eft fi grande, qu'après qu'elles ont monté fept à huit pas, il faut les laiffer fe repofer pour prendre haleine : toute la marche n'eft ainfi qu'une alternative de repos & de progrès très-lents, quoique faits avec le plus grand travail.

La pluye fut si forte & tout étoit tellement mouillé les premiers jours, qu'il ne nous fut pas possible d'allumer du feu ; il fallut vivre de très-mauvais fromage & de biscuit fait en partie de mays. On me faisoit chaque soir le meilleur gîte qu'on pouvoit avec des branches & des feuilles d'arbres, lorsqu'on ne trouvoit point de cabane déja faite par quelqu'autre voyageur. A mesure que nous avancions la chaleur de la Zone torride diminuoit, & bientôt nous sentîmes du froid. Lorsque je dis que je marchai pendant sept jours, je ne compte pas le tems que je passai dans un bourg nommé Guaranda, qui est engagé dans la Cordelière, & qui offre un lieu de repos dont personne ne manque de profiter. Tout le chemin s'étoit fait dans les bois, qui se terminent, comme je l'ai reconnu depuis, à 14 ou 15 cents toises de hauteur; & lorsque de quelque poste plus découvert je regardois derriere moi, je ne voyois que ces forêts immenses dont je sortois & qui s'étendent jusqu'à la Mer. Je parvins enfin en haut, je me trouvai au pied d'une montagne extrêmement élevée, nommée Chimboraço, qui est continuellement chargée de neige, & toute la terre étoit couverte de gelée & de glace. La Cordelière n'étant autre chose qu'une longue suite de montagnes dont une infinité de pointes se perdent dans les nues, on ne peut la traverser que par les gorges; mais celle par laquelle je pénétrois, se ressentoit de sa grande élevation au-dessus du niveau de la Mer. J'étois au pied de Chimboraço, & cependant je me trouvois déja dans une région où il ne pleut jamais, je ne voyois autour de moi jusqu'à une assez grande distance, que de la neige ou du frimas.

Je venois de suivre exactement la même route qu'avoit pris une ancienne troupe d'Espagnols dont les Historiens nous ont conservé le souvenir. Cette troupe étoit commandée par Dom Pedro Alvarado, lorsque dans les premieres années de la conquête du Pérou, & précisement deux siécles avant moi, il faisoit ce même trajet pour mener un secours considérable à François Pizarre. Il se rendit de Puerto-Viejo à Guayaquil, en passant par Jipijapa, comme je venois de le faire. De Guayaquil il monta au pied de Chimboraço, & il passa par le côté du Sud de cette montagne pour aller à Riobamba, dont le nom étoit alors Rivecpampa; mais en passant sur une colline qui doit être nécessairement ce même poste nommé maintenant l'Arénal, soixante-dix de ses gens qui ne connoissoient le Pérou que par le bruit de ses richesses, & qui n'avoient pris aucune précaution, périrent de froid & de lassitude, & entr'autres les deux ou trois premieres femmes Espagnoles qui tenterent d'entrer dans le pays. Parvenu en haut il me fallut descendre, mais je fus étonné par la nouveauté du spectacle : je crus après avoir été successivement exposé aux ardeurs de la Zone torride & aux horreurs de la froide, me voir transporté tout-à-coup dans une des temperées; je croyois voir la France & les campagnes dans l'état où elles sont ici pendant la plus belle saison.

Je découvrois au loin des terres assez bien cultivées, un grand nombre de bourgs & de villages habités par des Espagnols ou par des Indiens, de petites villes assez jolies, & tout le pays qui est découvert & sans bois, peuplé comme le sont quelques-unes de nos Provinces. Les maisons ne sont plus faites de roseaux, comme elles étoient en bas, elles sont bâties solidement, quelquefois en pierre, mais le plus souvent avec des grosses briques séchées à l'ombre. Chaque village est toujours orné d'une très-grande place dont l'Eglise occupe une partie d'un des côtés; on n'a jamais manqué d'orienter cette place, qui est un quarré long, sur les régions du monde, & il en part des rues ou chemins exactement alignés qui vont se perdre au loin dans la campagne;

souvent même les champs sont pareillement coupés par ces chemins à angles droits, ce qui leur donne la forme d'un grand jardin. Telle est la partie de la Province de Quito qui est située dans la Cordelière au Septentrion & au Midi de cette capitale, qui est d'ailleurs digne de ce titre par sa grandeur, par ses édifices & par la multitude de ses habitans. Cette ville a huit ou neuf cens toises de longueur sur cinq ou six cens de largeur; elle est le siége d'un Evêque, le séjour du Président de l'Audience, qui est en même tems Gouverneur de la Province; elle a un grand nombre de Communautés religieuses & deux Colleges qui sont deux espéces d'Universités, l'une dirigée par les Jésuites, & l'autre par les Dominicains. Cette ville a trente ou quarante mille habitans, dont plus d'un tiers sont Espagnols ou d'origine Espagnole. Les denrées n'y sont pas extrêmement cheres, les seules marchandises étrangeres qu'on y peut apporter qu'avec la plus grande difficulté, y sont d'un prix excessif, comme nos toiles, les draps, les étoffes de soye. J'ai souvent acheté du fer pour construire quelques instrumens six réaux ou plus d'un écu la livre, un gobelet de verre vaut dix-huit ou vingt francs; mais on y trouve toutes les choses absolument nécessaires à la vie, le pays les fournit abondamment.

Il faut avouer que lorsqu'on est dans les déserts qui sont au dehors de la Cordelière, & qu'on voit cette haute chaîne toute hérissée de pointes, on ne s'imagine rien de tout ce qu'elle cache. On est porté à croire qu'en escaladant ces montagnes dont l'aspect est si affreux, on se trouvera obligé en haut par les inclémences du ciel de descendre de l'autre côté, & qu'on retombera dans d'autres forêts semblables à celles qu'on vient de quitter: il ne peut pas venir dans l'esprit que derriere ces premieres montagnes il y en a de secondes aussi hautes, & qu'elles ne servent les unes & les autres qu'à couvrir cet heureux pays où la Nature retrace dans ses libéralités, ou, pour mieux dire, dans ses profusions, l'image d'un paradis terrestre.

C'est que ce pays est renfermé par la Cordelière qui est double, & qui, comme deux murailles, le sépare des côtés de l'Orient & de l'Occident du reste de l'Amérique. La premiere des deux chaînes est à quarante ou quarante-cinq lieues de la Mer, comme je l'ai déja dit ; les deux sont à côté l'une de l'autre, à sept ou huit lieues de distance, j'entends leurs crêtes : tantôt elles s'éloignent davantage, tantôt elles se rapprochent ; mais elles suivent toujours à peu près la même direction, qui ne différe guere de celle du méridien ; leur extrême voisinage fait que le sol qui les sépare, & qui a cinq ou six lieues de largeur, est extrêmement élevé, & que les deux chaînes qui sont très-distinctes pour les habitans qui vivent dans l'intervalle, paroissent ne former qu'une seule masse pour ceux qui sont au-dehors. Quito, & la plus grande partie de sa Province, sont situés de cette sorte dans une longue vallée qui ne cesse d'être réputée montagne que parce qu'elle est placée entre des montagnes encore plus hautes & dont la plûpart sont couvertes de neige, ou sont neigées, s'il m'est permis de me servir d'une expression conforme à celle qui est en usage dans le pays. La Cordelière n'est pas ainsi double dans toute sa longueur, elle l'est dans un espace de plus de cent soixante-dix lieues que j'ai visité depuis le Sud de Cuenca jusqu'au Nord de Popayan, & je sçais qu'elle est double encore beaucoup plus loin vers le Nord, quoique le pays perde peu à peu en devenant trop bas, les bonnes qualités qu'il a aux environs de Quito.

Tout ce que je viens de dire des particularités de ce pays, deviendra beaucoup plus clair, si on jette les yeux sur l'estampe, que je ne me proposois pas d'abord de donner ici, mais que j'ai crû après y avoir mieux pensé, devoir joindre avec son explication à la fin de ce discours. On y trouvera une coupe de la Cordelière re faite perpendiculairement à sa longueur & une *vûe* d'environ le quart de la partie qui a servi à notre Méridienne. Je me suis borné à cette portion, parce que c'est celle que je connois le mieux, quant à l'apparence qu'elle formeroit pour un spectateur situé au dehors, à une distance infinie, & qui la considéreroit d'un point aussi élevé qu'elle. Je pouvois faire passer le plan qui fournit le profil par d'autres endroits de la longueur: mais j'ai eu plusieurs raisons pour préférer les environs de Quito. Ce profil marque les dimensions des deux chaînes de montagnes. On voit dans la vallée qu'elles forment ou dans leur intervalle, Quito même, & on découvriroit d'autres villes dans l'éloignement si cet espace intérieur n'étoit coupé par d'autres montagnes moins hautes mais semées irrégulierement, & qui sont comme des hors-d'œuvres par rapport aux premieres.

La largeur suffisante de la vallée & son exposition à l'égard du Soleil devroient y rendre la chaleur insupportable, mais d'un autre côté la grande élévation du terrein & le voisinage de la neige doivent tempérer le chaud; les deux contraires, si on le peut dire, sont mariés ensemble, & cette alliance ne doit pas moins produire une Automne qu'un Printemps continuel. On n'y connoît point tous ces animaux malfaisans les tigres & les serpens qu'on trouve en bas dans les forêts. La chaleur n'est pas assez grande en haut pour eux. Le Thermométre de M. de Reaumur s'y maintient à 14 ou 15 degrés; les campagnes y sont toujours vertes, on y a les fruits de la Zone torride & ceux de l'Europe qu'on y a apportés, comme les pommes, les poires, les pêches; les arbres y sont presque toujours en séve: toutes les différentes espéces de grains, & particuliérement le froment, y profitent parfaitement bien. On pourroit aussi y faire du vin, si Lima n'avoit réussi par un privilége exclusif à en faire un des objets de son commerce, pendant que la Province de Quito subsiste par ses denrées

& par ses manufactures de draps & de toiles de coton

Les années de disette & de cherté ne contribuent pas ordinairement à fournir des preuves de la bonté du pays où elles se font sentir. C'est néanmoins par une exception singuliere, ce qui se trouve vrai à l'égard du Pérou. Un siécle entier n'offriroit pas un autre exemple d'une année aussi pluvieuse que 1741. Les moissons manquerent; & à peine la récolte des grains fournit-elle la septiéme ou huitiéme partie de ce qu'elle donne les années médiocres ou moyennes. Tout augmenta de prix, comme on le juge assez : car le Pérou n'est pas un pays où les Habitans sçachent faire de reserve & former des magasins auxquels on puisse avoir recours dans l'occasion. Quoiqu'un médiocre travail y suffisse pour obliger la terre qui y est extrêmement féconde à répandre ses liberalités, le pain y est pourtant très-cher, & deux ou trois fois plus qu'il n'est ici; parce qu'on ne porte ses vûes dans la Province de Quito que sur les besoins présens, & qu'on y laisse inculte beaucoup de terrain. La disete fit augmenter huit à neuf fois le prix du froment, du mays & de tous les autres grains, de même que celui des pommes de terre qui servent avec le mays de principale nourriture aux Indiens. Il semble que la calamité publique devoit être extrême; & elle l'eût été par tout ailleurs. Cependant presque personne ne souffrit; les pauvres furent un peu incommodés; mais ils vécurent. On eut recours aux fruits & à divers légumes qui ne manquerent pas. On eut toujours du fromage; & comme le bétail ne cessa pas de trouver de gras pâturage dans les campagnes immenses que fournissent les montagnes, la viande fut toujours à très-bon marché & à un prix qui, quoique j'en aye marqué la raison d'avance, surprendra par son peu de proportion avec le pain. Le bœuf ou la vache n'y vaut guere la livre que deux ou trois sols de notre monnoye.

On s'y procureroit également tout ce dont on a besoin pour le vêtement. Le lin y vient fort bien : j'en ai vû qu'on avoit cultivé dans le pays & qui étoit fort beau. les laines n'y sont pas tout à fait d'une aussi bonne qualité que les nôtres; mais si on le vouloit, on en tireroit meilleur parti, & on en feroit d'excellens draps, au lieu des mauvais qu'on y fabrique. On n'a pas à Quito le Vigogne, quoiqu'on y ait un animal de la même espéce que les Indiens nomment *llamas*, qu'on ne peut mieux comparer qu'à un petit chameau, dont on se sert pour transporter des fardeaux de 50 ou 60 livres. Le Vigogne se trouve dans le Chili, & il vivroit sans doute en divers endroits de la Cordelière du Pérou. On y trouve aussi des ingrédiens propres aux teintures. On a en bas l'indigo qui y est très-commun; il croît en haut un arbuste qui fournit un assez beau jaune, & on éleve en divers lieux l'insecte connu sous le nom de Cochenille, qui sert pour les couleurs cramoisies. On en fait même quelque commerce à Ambato qui est une vingtaine de lieues au Sud de Quito, & où la température est à peu près la même, si ce n'est que le Thermométre doit y être plus haut d'un ou deux degrés. Les épiceries n'y manquent pas non plus; ou ce qui revient au même, on peut substituer à celles que nous connoissons, d'autres que donne le pays; ce qu'on fait effectivement, & ce qu'on pourroit faire encore avec plus de succès. Il suffit enfin de choisir un poste un peu plus haut ou un peu plus bas (car comme nous l'avons vû, cette longue vallée ne forme pas un plan parfaitement uni) & on peut y jouir de l'air & des agrémens des climats les plus différens.

La Sphére y étant sensiblement droite, les jours y sont toujours à peu près égaux aux nuits; c'est un perpétuel équinoxe, & le degré de température dans le même endroit y est aussi à peu près le même pendant toute l'année : ce sont seulement les pluyes qui y distinguent les saisons; il y pleut depuis le mois de Novembre jusqu'au mois de Mai, à peu près comme en bas dans les forêts;

ces pluyes jointes aux tremblemens de terre & aux fréquentes éruptions des Volcans, qui font en grand nombre, forment les mauvaifes qualités du pays, qui ne laiffent pas d'en balancer un peu les bonnes. Il eft au refte affez facile aux voyageurs qui pénétrent dans l'intérieur de la vallée, de remarquer qu'ils ne defcendent pas autant en dedans qu'ils ont monté en dehors, & qu'ils font donc au-deffus du niveau de la Mer d'une quantité confidérable; mais il leur eft très-difficile, ou plûtôt il leur eft impoffible d'eftimer de combien. On n'a pas le tems de réfléchir dans de fi mauvais pas; ce n'eft prefque que l'homme machinal qui fait le voyage. Toutes les eaux qui après s'être raffemblées & qui, en rompant l'une ou l'autre Cordelière, fe précipitent au dehors pour fe rendre vers tous les côtés de l'horifon, ou à la Mer du Nord, ou à celle du Sud, indiquent bien encore la grande hauteur; elles forment les plus hautes cataractes du monde; mais elles ne font rien connoître de précis au fimple voyageur. Ainfi il ne faut pas s'étonner fi nous avons appris aux habitans de Quito qu'ils étoient de toute la terre connue les peuples les plus élevés; que leur hauteur au-deffus de la Mer étoit de 14 ou 1500 toifes, & qu'ils refpiroient un air plus rare de plus d'un tiers, que celui que refpirent les autres hommes. * On pourroit même fupprimer la reftriction de terre connue; car nous verrons qu'il y a tout lieu de croire que les montagnes qui fe trouvent dans les Zones tempérées & dans les Zones froides, font inhabitables & même inacceffibles à une moindre hauteur.

Nous nous fommes tous trouvés d'abord confidérablement incommodés de la fubtilité de l'air, ceux d'entre nous qui avoient la poitrine plus délicate, fentoient davange la différence, & étoient fujets à de petites hémorragies; ce qui venoit fans doute de ce que l'atmofphére ayant un moindre poids, n'aidoit pas affez par fa com-

* Le Mercure dans le Barométre fe foutient à Quito à 20 pouces. 1 ligne.

pression les vaisseaux à retenir le sang, qui de son côté étoit toujours capable de la même action. Je n'ai pas remarqué dans mon particulier que cette incommodité augmentât beaucoup lorsqu'il nous est arrivé ensuite de monter plus haut ; peut-être parce que je m'étois déja fait au pays, ou peut-être aussi parce que le froid empêche la dilatation de l'air d'être aussi considérable qu'elle le seroit sans cela. Plusieurs d'entre nous, lorsque nous montions, tomboient en défaillance & étoient sujets au vomissement ; mais ces accidens étoient encore plus l'effet de la lassitude que de la difficulté de respirer. Ce qui le prouve d'une maniere incontestable, c'est qu'on n'y étoit jamais exposé lorsqu'on alloit à cheval, ou lorsqu'on étoit une fois parvenu au sommet, où l'air cependant étoit encore plus subtil. Je ne nie pas que cette grande subtilité ne hâtât la lassitude & ne contribuât à faire augmenter l'épuisement, car la respiration y devient extrêmement pénible pour peu qu'on agisse, on se trouve tout hors d'haleine par le moindre mouvement ; mais ce n'est plus la même chose aussitôt qu'on reste dans l'inaction. Je ne dis rien dont je n'aye été le témoin plusieurs fois, & ce que j'eusse vû sans doute encore plus souvent, si l'expérience n'avoit bien-tôt fait sentir à la plûpart d'entre nous qu'il ne leur étoit pas permis de s'exposer à une si extrême fatigue.

Quito est au pied d'une de ces montagnes nommées Pichincha, qui appartiennent à la chaîne ou Cordelière occidentale, à celle qui est du côté de la Mer du Sud : on monte à cheval fort haut, de même que sur la plûpart des autres. Plusieurs de ces montagnes se ressemblent, en ce que leur pied est formé de diverses collines qui ne sont que de terre argilleuse ou de terre ordinaire qui produit des herbes, & que du milieu il s'éleve une pyramide ou masse de pierres haute de 150 ou 200 toises. Il y a quelqu'apparence que la terre couvroit le tout le tems passé, mais qu'en s'écoulant peu à peu, ou que par des éboulemens causés tout-à-coup par quelque tremblement, elle a laissé paroître le rocher.

Cette partie de Pichincha est très-difficile à escalader. Nous passâmes trois semaines sur son sommet : le froid y étoit si vif que quelqu'un d'entre nous commença à sentir quelques affections scorbutiques, & que les Indiens & les autres domestiques que nous avions pris dans le pays, eurent des tranchées violentes : ils rendirent du sang, & il y en eut qui furent obligés de descendre ; mais leur indisposition ne venoit toujours, lorsque nous fûmes une fois logés sur la pointe du rocher, que de la seule rigueur du froid auquel ils n'étoient pas accoûtumés, sans que la dilatation de l'air parût en être la cause, au moins immédiate ou prochaine : c'est ce que j'examinai avec d'autant plus de soin que je sçavois que la plûpart des voyageurs y avoient été trompés, faute de démêler assez les différens effets. Souvent le soir, lorsque nous soupions, nous avions au milieu de nous une terrine pleine de feu avec plusieurs bougies ou chandelles allumées, & la porte de notre cabane étoit fermée avec de doubles cuirs ; tout cela n'empêchoit pas que l'eau ne gelât dans nos verres. Nous eûmes toutes les peines du monde à régler une pendule ; nous étions presque continuellement dans les nuages qui ne nous permettoient de voir absolument que la pointe du rocher sur lequel nous étions postés. Quelquefois le ciel changeoit trois ou quatre fois en une demi-heure ; une tempête étoit suivie par le beau tems, & on entendoit un instant après un tonnerre d'autant plus fort qu'il étoit plus voisin de nous ; notre rocher faisant à peu près à son égard le même effet qu'un écueil dans la Mer, où tous les flots viennent se briser. Nous n'y avions pas de thermométre vers la fin de notre séjour lorsque nous crûmes tous que le froid étoit devenu plus grand : mais nous avions déja vû cet instrument marquer quelques degrés au-dessous de la congélation & varier beaucoup plus qu'en bas à Quito. Il avoit varié souvent du matin à l'après midi de 17 degrés, quoiqu'on le tînt toujours à l'ombre.

Le mercure qui se soutenoit dans le vuide au bord de la Mer à 28 pouces 1 ligne, se soutenoit en haut environ 1 ligne au-dessous de 16 pouces ; les élasticités de l'air s'y trouverent encore exactement proportionnelles à ses condensations, de même qu'en bas & qu'en Europe. Ces observations & plusieurs autres faites avec autant de soin confirment non-seulement ce rapport exact, mais apprennent que l'intensité même de la force élastique de l'air ou sa vertu de ressort est sensiblement égale dans tous les lieux de la Zone torride qui sont considérablement élevés. Les condensations actuelles en chaque endroit y sont proportionelles au poids des colomnes supérieures qui causent la compression : ces condensations ou les densités changent en progression géométrique, pendant que les hauteurs des lieux sont en progression arithmétique. * En bas ce n'est pas la même chose : par-

* C'est ce qui fournit cette regle très-simple que je rapporte en faveur de quelques Lecteurs. Il n'y a qu'à chercher dans les tables ordinaires les logarithmes des hauteurs du mercure dans le Baromètre, exprimées en lignes ; & si on ôte une trentiéme partie de la différence de ces logarithmes, en prenant avec la caractéristique seulement les quatre premieres figures qui la suivent, on aura en toises les hauteurs relatives des lieux. Le mercure se soutenoit dans le Baromètre à Carabourou qui est la plus basse de toutes nos Stations, à 21 pouc. 2¼ lig. ou à 254¼ lig : au lieu que sur le sommet pierreux de Pichincha il se soutenoit à 15 pouc. 11 lig. ou à 191 lig. Si l'on prend la différence des logarithmes de ces deux nombres, on trouvera 1250, & si on en ôte la trentiéme partie, il viendra 1209 toises pour la hauteur de Pichincha au-dessus de Carabourou; ce qui s'accorde avec la détermination Géométrique. L'application de cette regle est d'autant plus exacte que les hauteurs du mercure dans le Baromètre ne varient que très-peu en chaque lieu de la Zone torride. La variation en bas au bord de la Mer n'est guere que 2½ lig. ou 3 lig. & à Quito elle est d'environ une ligne. M. Godin a remarqué le premier qu'il s'en fait une chaque jour à certaines heures à Quito, & je crois qu'on doit l'attribuer à la dilatation journaliére que cause le Soleil par sa chaleur à l'atmosphére. Cette dilatation n'empêche pas que le poids au bord de la Mer ne soit toujours le même. Car que la colomne soit plus ou moins haute elle doit toujours peser également. Mais la dilatation causée pendant le jour fait que la partie d'en

ce que l'intensité de la force élastique de l'air y est réellement plus petite qu'à 1 ou 2 cens toises de hauteur, & il faut même qu'elle y soit considérablement moindre, puisqu'elle l'est malgré l'effet de la chaleur qui contribue à la rendre plus grande. Ce n'est pas ici le lieu d'insister davantage sur ce sujet, & d'expliquer tous les moyens dont je me suis servi pour découvrir les degrés précis de cette force en chaque lieu. Pour achever de rendre compte des observations faites sur Pichincha, le pendule à secondes, lorsqu'on s'arrête à ce que fournissent immédiatement les expériences, y étoit plus court qu'au bord de la Mer, de $\frac{25}{100}$ ligne. *

Nous eûmes besoin d'assez de constance pour lutter pendant plus de vingt jours contre les rigueurs d'un pareil poste. Nous fûmes obligés de reconnoître à la fin qu'il falloit absolument renoncer aux sommets très-élevés. A force de monter & de vouloir découvrir plus de terrain, on ne découvre presque rien. Une haute montagne arrête non-seulement tous les nuages qui viennent la rencontrer, mais même ceux qui passent à côté à une certaine distance : ils sont jettés derriere par le vent, & ils y trouvent presque toujours un calme qui les y retient. Outre cela lorsque le hasard veut que la pointe sur laquelle on est situé soit découverte, souvent les autres qu'on doit observer ne le sont pas; & la difficulté devient incomparablement plus grande, lorsqu'il faut que quatre ou cinq montagnes paroissent presque en même tems. Nous sentîmes donc qu'il y avoit à gagner pour nous de toutes manieres à ne pas porter si haut les triangles de notre Méridienne, & que nous devions nous contenter pour l'ordinaire de placer nos signaux sur les

bas de la colomne contient un peu moins d'air & qu'il en passe un peu davantage au contraire dans la partie supérieure; ce qui change la distribution du poids par rapport à tous les lieux qui sont situés dans la Cordeliere; de même que sur les autres montagnes.

* Je l'ai trouvé en haut de 36 pouces 6 $\frac{71}{100}$ lignes à Quito de 36 pouces 6 $\frac{83}{100}$ lignes, & au bord de la Mer de 36 pouces 7 $\frac{7}{100}$ lignes.

collines,

collines, au pied des pyramides pierreuses. Malgré cette précaution si nécessaire, rien ne nous a incommodés davantage dans nos travaux, que cette alternative subite de chaud & de froid que nous éprouvions d'un moment à l'autre, toutes les fois que nous montions ou que nous descendions d'une quantité un peu considérable.

Nous étions déja montés une autrefois M. de la Condamine & moi sur ce même sommet : mais nous n'y allions alors que pour examiner le poste, & nous descendîmes sur le champ. Nous fûmes surpris en haut par un orage. Le vent n'avoit pas de direction fixe ; il nous frapoit presque dans le même tems de différens côtés. Le tonnerre lança horifontalement contre nous des grains de grêle & ne se fit guere plus entendre qu'une amorce de fusil ; ce qui nous fit croire que sur les montagnes les plus élevées, il ne faisoit jamais plus de bruit. Nous eumes tout le loisir pendant notre station de trois semaines de reformer ce premier jugement ; & nous nous sommes vûs une infinité de fois depuis sur d'autres montagnes, où nous entendions des roulemens terribles, qui quelquefois se faisoient sur nos têtes & d'autres fois au-dessous de nous. Il ne faut pas douter qu'il n'y ait des coups de tonnerre qui sont extrêmement foibles : tels sont peut-être tous ces éclairs qui ne sont suivis d'aucun bruit. On ne les entend pas d'en bas : ce sont des coups heureusement perdus ; ce qui peut venir de plusieurs causes, & souvent aussi de ce qu'on en est trop éloigné. Dans l'occasion dont je parle, nous nous trouvâmes, pour ainsi dire, dans le foyer même de l'orage ; mais apparemment que les matieres inflammables s'y rassemblerent en trop petite quantité.

Les plus hautes de nos stations dans le travail de la Méridienne ont toujours été les plus pénibles pour nous. Le poste le plus élevé qui ait réellement servi à nos triangles est 2334 toises au-dessus de la Mer. Il se nomme Sinazahuan ; il forme un des sommets de la montagne de l'Afouay, qui fépare les jurifdictions de Riobamba & de Cuenca. On s'étonnera d'apprendre que les Incas y pratiquerent un chemin, qu'on fréquente encore tous les jours : mais on tâche de bien prendre fon tems. Car lorfqu'on a le malheur d'y être furpris par quelque orage mêlé de frimats ou de neige, on court rifque de n'en pas revenir. Nous y fîmes porter heureufement des tentes de rechange ; il fallut en fubftituer fucceffivement trois différentes l'une à l'autre, en dix ou douze jours que nous y reftâmes. On eut de fi grandes allarmes à notre fujet à Atun-Cagnar, bourg qui eft à 3 ou 4 lieues de diftance, qu'on y fit des prieres publiques pour nous.

Nous avons eu tout le tems en parcourant ces montagnes de voir combien fe trompent quelques Phyficiens qui penfent que les nuages font d'une autre nature que les brouillards. Souvent les nuages ne parvenoient pas jufqu'à nous, ils étoient cinq ou fix cens toifes trop bas, & ils nous empêchoient de voir la terre, pendant qu'ils cachoient le ciel aux habitans de la campagne : d'autres fois ces nuages avoient moins de pefanteur, ils montoient plus haut, & ils n'étoient alors pour nous qu'un fimple brouillard dans lequel nous nous trouvions. Lorfque je les ai vûs fort au-deffous de moi, ils m'ont toujours paru très-blancs : je ne fçaurois mieux les comparer, & pour la couleur & pour la forme qu'ils avoient alors, qu'à des tas de coton qui fe toucheroient & dont l'affemblage formeroit une furface ondée. Quant à la couleur, il arrive précifément la même chofe à l'eau qu'au verre. On fçait que le verre perd fa tranfparence lorfqu'on le pulvérife, & qu'il paroît d'une blancheur de neige, fi on le regarde du côté qu'il eft très-éclairé. C'eft la même chofe lorfque l'eau eft réduite en très-petites parcelles ou en gouttelettes prefque imperceptibles dans les nuages ou dans les brouillards. Si ces très-petites gouttes ne font autre chofe que de petites fphéres creuses, l'air intérieur en se dilatant plus ou moins, doit obliger l'eau qui forme la bulle à changer d'épaisseur; & la petite sphére changeant de volume, le nuage doit monter plus ou moins haut, jusqu'à ce qu'il se trouve en équilibre avec la couche de l'atmosphére dans laquelle il flotte. Aujourd'hui les nuages ont une certaine pesanteur spécifique, ils se soutiennent à une hauteur précise, on ne les voit parvenir que jusqu'à un certain point dans toutes les montagnes; mais un autre jour le diamétre des petites bulles sera plus ou moins grand, ces nuages deviendront plus ou moins légers, & on les verra se placer dans une région plus haute ou plus basse. C'est principalement au lever du Soleil qu'on les voit sujets à un mouvement sensible, & qu'ils montent d'une maniere uniforme & quelquefois avec une assez grande vitesse. Mais pour revenir à leur transparence, comme les petites bulles qui les composent, présentent un trop grand nombre de petites surfaces à la lumiere, ils paroissent obscurs lorsqu'on les regarde par-dessous; au lieu que si le spectateur est placé au-dessus, comme nous l'étions souvent sur Pichincha & sur nos autres montagnes, tous les rayons réfléchis & confondus, après qu'ils ont souffert diverses réfractions, forment le blanc, conformément à ce que nous connoissons des propriétés de la lumiere.

On voit presque tous les jours sur le sommet de ces mêmes montagnes un phénomene extraordinaire qui doit être aussi ancien que le monde, & dont il y a cependant bien de l'apparence que personne avant nous n'avoit été témoin. La premiere fois que nous le remarquâmes nous étions tous ensemble sur une montagne moins haute, nommée Pambamarca. Un nuage dans lequel nous étions plongés, & qui se dissipa, nous laissa voir le Soleil qui se levoit & qui étoit très-éclatant; le nuage passa de l'autre côté: il n'étoit pas à trente pas, & il étoit encore à trop peu de distance pour avoir acquis la blancheur dont je viens de parler, lorſque chacun de nous vit ſon ombre projettée deſſus, & ne voyoit que la ſienne, parce que le nuage n'offroit pas une ſurface unie. Le peu de diſtance permettoit de diſtinguer toutes les parties de l'ombre, on voyoit le bras, les jambes, la tête; mais ce qui nous étonna, c'eſt que cette derniere partie étoit ornée d'une gloire ou auréole formée de trois ou quatre petites couronnes concentriques d'une couleur très-vive, chacune avec les mêmes variétés que le premier arc-en-ciel, le rouge étant en dehors.

Les intervalles entre ces cercles étoient égaux, le dernier cercle étoit plus foible; & enfin à une grande diſtance nous voyions un grand cercle blanc qui environnoit le tout. C'eſt comme une eſpéce d'apothéoſe pour chaque ſpectateur; & je ne dois pas manquer d'avertir que chacun jouit tranquillement du plaiſir ſenſible de ſe voir orné de toutes ces courннes, ſans rien appercevoir de celles de ſes voiſins. Il eſt vrai que c'eſt préciſément la même choſe à l'égard de l'arc-en-ciel ordinaire, quoiqu'on n'y faſſe pas toujours attention. Chaque ſpectateur voit un arc-en-ciel particulier, puiſque cet arc a un centre différent pour chaque perſonne. Mais comme les couronnes qu'on aperçoit ſur les montagnes du Pérou ſont très-petites & qu'elles paroiſſent apartenir à l'ombre du ſpectateur, chacun eſt en droit de s'approprier celles qu'il découvre. La premiere environne immédiatement la tête de l'ombre, les autres ſuivent; & le ſpectateur ſeulement témoin de ce qui le concerne, ne fait que conjecturer que les autres ſe trouvent dans le même cas que lui.

J'ai obſervé ſouvent les diamétres de ces iris. Je ne manquai pas même de le faire la premiere fois que nous les aperçûmes; je formai à la hate une eſpece d'arbaleſtrille avec les premieres regles que je trouvai, parceque je craignois que cet admirable ſpectacle ne s'offrît que rarement. J'ai remarqué depuis que les diamétres changeoient de grandeur d'un inſtant à l'autre, mais en conſervant toujours entr'eux l'égalité des intervalles, quoique devenus plus grands ou plus petits. Le phénomene outre cela ne ſe trace que ſur les nuages, & même ſur ceux dont les particules ſont glacées, & non pas ſur les gouttes de pluye, comme l'arc-en-ciel. Qu'un nuage qui couvroit le Soleil ſe retire & que cet aſtre devienne plus vif, auſſi-tôt les petites bulles du nuage oppoſé doivent ſe dilater; leur ſurface devenant plus grande, la petite épaiſſeur de l'eau doit diminuer; & réduite à une lame plus mince, ce n'eſt qu'une obliquité plus grande, ou que des bulles plus éloignées du centre de l'ombre, qui peuvent faire voir les mêmes couleurs, ſelon les autres expériences que nous avons ſur ce ſujet. Ordinairement le diamétre du premier Iris étoit d'environ 5 degrés $\frac{2}{3}$, du ſuivant, d'environ 11 degrés, de l'autre de 17 degrés, & ainſi de ſuite; celui du cercle blanc étoit d'environ 67. Le tems propre à ce ſpectacle qui demande que l'ombre ſoit projetée ſur un nuage, diſculpe les gens du Pérou, qu'il ne faut pas blâmer de ne l'avoir pas vû: c'eſt une heure indue pour tout autre que des Phyſiciens, pour ſe trouver ſur le ſommet d'une haute montagne; on l'apercevroit apparemment quelquefois ſur nos tours qui ſont fort élevées. Chacun de nous a vû des brouillards peu étendus, qui n'étoient qu'à quelque pas de diſtance. Il ne manquoit plus que l'autre condition, le Soleil placé dans l'horiſon à l'oppoſite. Dans les rencontres même où cette derniere circonſtance n'a pas exactement lieu, on peut encore diſtinguer ſouvent quelque portion du cercle blanc, comme je l'ai remarqué différentes fois depuis que j'y ai fait attention.

La hauteur du ſommet pierreux de Pichincha eſt à peu près celle du terme inférieur conſtant de la neige dans toute les montagnes de la Zone torride. J'ai trouvé que ce sommet pierreux est élevé au-dessus du niveau de la Mer du Sud de 2434 toises. La neige tombe beaucoup plus bas. On la même vû quelquefois, quoique très-rarement, tomber à Quito qui est plus de 900 toises au-dessous; mais elle est sujette à se fondre le jour même: au lieu qu'au-dessus elle se conserve dans toute la partie de la Cordelière que j'ai parcourue. Quelques montagnes n'atteignent pas ce terme, quelques autres viennent y toucher, comme Pichincha; d'autres en très-grand nombre s'élevent plus haut, & leur partie supérieure est continuellement neigée, & par conséquent inaccessible, parce que la neige s'y convertit en glace. Sa surface ne peut pas manquer de se fondre un peu pendant le jour, lorsque la montagne n'est point cachée dans les nuages; mais le Soleil cesse-t'il d'agir, il se forme comme du verglas; l'eau passe dans les interstices des couches inférieures & s'y gèle, en rendant la neige extrêmement compacte & en formant un tout solide. La surface se durcit en même tems & devient polie comme un miroir, ce qui est cause qu'il est comme impossible de monter plus haut. Ce terme dépend de trop de diverses circonstances pour n'être pas sujet à de grandes irrégularités. Plusieurs montagnes dans le Pérou ont une disposition prochaine à l'incendie, car presque toutes ont été volcans, ou le sont encore actuellement, malgré toutes leurs neiges qui sont si propres à les faire méconnoître. Il est certain outre cela que plus la masse qui leur sert de base a de grandes dimensions, plus elle doit leur communiquer de chaleur, & éloigner le terme de la congélation, puisqu'il faut presque considérer ces masses comme un second sol qui est échauffé chaque jour par le Soleil. D'un autre côté la partie neigée, lorsqu'elle est plus grande, produit un effet tout contraire; elle cause à la ronde un plus grand froid, capable de congeler ou de produire de la glace un peu plus bas. Cependant la différence n'est pas grande, autant que je j'ai pû remarquer, & le bas de la neige forme comme une ligne de niveau dans toutes les montagnes du Pérou; de sorte qu'on peut juger de leur hauteur par un simple coup d'œil.

Les volcans, comme je viens de le dire, forment l'exception la plus forte à cette regle ; mais l'exception est quelquefois telle qu'il seroit difficile de la prévoir. C'est ce que j'ai remarqué à l'égard de Cotopaxi qui avoit servi à notre Méridienne & qui est situé dans la chaîne orientale. Le lieu de notre station étoit environ 150 ou 180 toises au-dessous du bas de la neige : mais cette montagne ayant été sujette à une nouvelle éruption en 1742, la neige se fondit en haut. On la vit d'en bas quelquefois augmenter d'épaisseur & quelquefois diminuer ; mais le bas ou le commencement de la congélation descendit en même tems & se trouva ensuite au-dessous du poste où nous avions campé pendant que nous travaillions à nos triangles. Je me donnai la peine au commencement de 1743 d'aller visiter derechef la montagne pour vérifier cette circonstance, en même tems que diverses autres ; & je ne pû pas m'y tromper. Cette singularité paroît avoir du rapport avec ces opérations connues, dans lesquelles on hate la congélation par le secours du feu. Cependant l'examen de la chose me fit entrevoir qu'elle dépendoit d'une cause toute différente. Je reconnus que ce que j'avois pris de loin pour de la neige n'en étoit pas ; mais que c'étoit de l'eau qui en tombant d'en haut & en ruisselant tout autour de la montagne, s'étoit gelée pendant sa chute. Il est bien certain que la moindre chaleur doit suffire pour faire fondre des parties délicates comme celles de la neige , lorsqu'elles tombent sur un terrain qui se trouve échauffé intérieurement. Mais lorsqu'une couche d'eau d'une certaine épaisseur coule sur ce même terrain, la chaleur de dessous peut être si foible qu'elle ne se communique pas à la surface supérieure ; & si cette surface se trouve exposée à un grand froid, rien ne l'empêchera de se convertir en glace. La neige d'en haut en se fondant sur Coropaxi par le voisinage du feu fournissoit donc continuellement de nouvelle eau; & cette eau en se gelant en bas après s'être divisée en une infinité de ruisseaux, formoit comme une chevelure de glace à la montagne, vûe d'une certaine distance, mais paroissoit de plus loin comme un tout sans interruption. Le même effet auroit lieu sur toutes les autres montagnes: la neige ne s'y conserve que jusqu'à un certain terme en descendant; au lieu qu'une couche d'eau pour peu qu'elle eût d'épaisseur, geleroit encore un peu plus bas par sa surface supérieure. Tel est l'éclaircissement que je me procurai de ce Phénomene, en me transportant sur les lieux. Si l'on a égard à l'exception qu'il fournit & à quelques autres qui ne sont pas considérables, le bas de la neige, nous le repetons, forme une ligne assez exactement de niveau dans les pays qui sont aux environs de l'Equateur.

Mais si nous examinons la chose d'une maniere plus générale, si nous portons la vûe sur tout le globe, cette ligne n'est pas exactement parallele à la surface de la terre: il est évident qu'elle doit aller en descendant d'une maniere graduée à mesure qu'on s'éloigne de la Zone torride, ou qu'on avance vers les Poles. Cette ligne est élevée de 2434 toises au-dessus du niveau de la Mer dans le milieu de la Zone torride; elle ne sera élevée vers l'entrée des Zones tempérées que de 2100 toises en passant par le sommet de Theyde ou du Pic de Ténériffe qui a à peu près cette hauteur. * En France & dans

* Le Pere Feuillée à qui nous devenons un grand nombre d'observations importantes, donne 2213 toises de hauteur au Pic de Teneriffe, dans une relation manuscrite qu'il présenta à l'Académie au retour du voyage qu'il fit en 1724 aux Isles des Canaries. Mais nous croyons sur les raisons que nous allons rapporter, qu'il faut au moins retrancher 140 ou 150 toises de cette hauteur. L'Observateur se servit d'une base qui n'ayant que 210 toif. de longueur, étoit beaucoup trop courte, vû la distance du Pic dont il étoit éloigné de plus de 10000 toises. Cette base à cause de sa mauvaise situation n'étoit équivalente qu'à une autre beaucoup plus pe-
le

le Chili elle passera à 15 ou 1600 toises de hauteur, & continuant à descendre à mesure qu'on s'éloignera de l'Equateur, elle viendra toucher la terre au-delà des deux cercles polaires, quoique nous ne la considérions toujours que pendant l'Eté.

On peut appeller cette ligne, celle *du terme inférieur constant de la neige*, car il doit y en avoir une autre, celle *du terme supérieur*, mais que, selon toutes les apparences, les plus hautes montagnes du monde n'atteignent pas. S'il y en avoit d'assez élevées pour porter leurs cimes au-dessus de tous les nuages, ces plus hautes pointes seroient exemptes de neige dans leurs parties supérieures, & on jouiroit en haut, si on pouvoit y parvenir, d'une sérénité parfaite & perpétuelle, comme on l'a souvent supposé mal à propos de l'Olympe, du mont Ararat & de Theyde ou Pic de Ténériffe, quoique ce dernier n'atteigne pas même tout-à-fait le terme inférieur de la congélation. Pour me borner à dire ici simplement ce que j'ai vérifié par moi-même, quelques montagnes qui ont servi à nos triangles, comme Cotopaxi, ont une partie neigée de 6 à 700 toises de hauteur perpendiculaire. Il seroit inutile d'en nommer plusieurs autres qui

tite. Car conformément à une méthode qui n'est presque jamais bonne que dans la Théorie, elle étoit dirigée sur la montagne, au lieu d'avoir une direction à peu près perpendiculaire : Desorte qu'elle ne se réduisoit réellement qu'à une base d'une quarantaine de toises, qui eût été placée verticalement ou dans une situation à peu près perpendiculaire aux deux rayons visuels conduits jusqu'au sommet de la montagne. Enfin le P. Feuillée négligea l'inclinaison de sa base ; parce qu'on lui dit que la Mer en avoit autrefois couvert le terrain. Cependant si la chose étoit vraie, le terrain s'étoit élevé depuis, & il avoit dû s'élever davantage vers le pied de la montagne, où étoit le lieu de la seconde station. Or que la pente du terrain ait été seulement de 3 toises sur 210, ce qui n'est pas considérable, les deux rayons visuels, à cause de l'élévation de la seconde station, se sont rencontrés en l'air à une moindre distance & à une moindre élévation, & eu égard au peu de longueur de la base réduite, qui n'étoit que de 40 toises, il faut diminuer la hauteur trouvée par le P. Feuillée, d'environ une treiziéme ou quatorziéme partie. J'ai crû que les Lecteurs ne regarderoient point cette note comme étrangere dans un ouvrage comme celui-ci où il s'agit si souvent de montagnes.

sont le long de notre Méridienne, de même que d'autres qu'on trouve de l'un & de l'autre côté de la riviere de la Magdeleine en venant vers la Mer du Nord jusqu'à Sainte-Marthe. Chimboraço qui est la plus haute de toutes celles que j'ai observées & même vûes, a 3217 toises au-dessus de la Mer, & sa partie neigée a plus de 800 toises. Mais si les nuages passent quelquefois beaucoup plus bas, ce qui permet de voir le sommet de la montagne au-dessus, ils passent aussi très-souvent beaucoup plus haut; & quelquefois de 3 ou 400 toises, autant que j'ai pû en juger de loin, en comparant leur hauteur aux dimensions de la montagne que j'avois déja mesurée. En un mot, l'intervalle dans le sens perpendiculaire ou vertical entre les deux termes, le supérieur & l'inférieur, de la neige, est au moins de 11 ou 1200 toises dans la Zone torride; il faut même augmenter considérablement cette hauteur, s'il est permis de confondre avec les autres nuages ceux que forment quelquefois la fumée des volcans; car je l'ai vû monter 7 à 800 toises encore plus haut. Ainsi, si l'on s'arrêtoit à ce dernier terme, & qu'il y eut des montagnes assez hautes, on leur verroit une ceinture ou Zone de glace qui commenceroit à 2440 toises au-dessus du niveau de la Mer, & qui finiroit à environ 4300 ou 4400 toises, non pas par la cessation de froid, puisqu'il est certain au contraire que le froid augmente à mesure qu'on s'éloigne de la terre, mais parce que les nuages ou les vapeurs ne peuvent pas monter plus haut.

Il n'est pas difficile, lorsqu'on y fait un peu d'attention, de reconnoître que le froid doit augmenter à mesure qu'on s'éleve dans l'atmosphére. C'est non-seulement le premier obstacle qui nous empêche de monter, mais celui qui nous empêcheroit aussi de vivre à une très-grande hauteur, s'il nous étoit donné d'y parvenir; & c'est à quoi ne pensoient pas toujours assez ceux qui ont parlé du séjour agréable qu'ils se formoient au-dessus de la région des nuages. On a eu raison pour expliquer le froid qu'on ressent sur le sommet des montagnes, d'insister sur le peu de durée de l'action du Soleil, qui ne peut fraper chacune de leurs faces que pendant peu d'heures, & qui souvent ne le fait pas. Une plaine horisontale lorsque le Ciel est pur, est sujette sur le haut du jour à l'action perpendiculaire des rayons dont rien ne diminue la force : au lieu qu'un terrain fort incliné, les côtés d'une haute pointe de rochers presque escarpés, ne peuvent être frapés qu'obliquement. Mais considérons pour un instant un point isolé, au milieu de la hauteur de l'atmosphére; & faisons abstraction de toutes montagnes, de même que des nues qui flotent dans l'air.

Plus un milieu est diaphane, moins il doit recevoir de chaleur par l'action immédiate du Soleil. La facilité avec laquelle un corps très-transparent donne passage aux rayons, montre qu'à peine ses petites parties en sont frapées. En effet quelle impression pourroit-il en recevoir, pendant qu'ils le traversent sans presque trouver d'obstacle ? Selon les observations que j'ai faites autrefois, la lumiere lorsqu'elle est formée de rayons paralleles, ne perd pas ici bas une 100000me partie de sa force en parcourant un pied dans l'air libre. On peut juger sur cela combien peu de rayons sont amortis ou peuvent agir sur ce fluide, en traversant une couche qui n'a d'épaisseur, je ne dis pas un pouce ou une ligne, mais le simple diamétre d'une molécule. Cependant la subtilité & la transparence sont encore plus grandes en haut : on s'en apercevoit quelquefois à la vûe simple dans la Cordeliere en regardant les objets éloignés. Enfin l'air grossier s'échauffe en bas par le contact ou par le voisinage des corps plus denses que lui qu'il environne & sur lesquels il rampe; & la chaleur peut se communiquer de proche en proche jusqu'à une certaine distance. La partie basse de l'atmosphére contracte tous les jours par ce moyen une chaleur très-considérable, & elle peut en recevoir une d'autant plus grande, qu'elle a plus de denſité ou de maſſe. Mais on voit bien que ce n'eſt pas la même choſe à une lieue & demie ou deux lieues au-deſſus de la ſurface de la Terre, quoique la lumiere lorſqu'elle y paſſe, ſoit un peu plus vive. L'air & le vent doivent donc y être toujours extrêmement froids, & plus on conſidérera des points élevés dans l'atmoſphére, plus le froid y ſera pénetrant.

Au ſurplus la chaleur dont nous avons beſoin pour vivre n'eſt pas ſimplement celle que nous recevons immédiatement du Soleil dans chaque inſtant. Le degré momentané de cette chaleur ne répond qu'à une très-petite partie de celle qu'ont contracté tous les corps qui nous touchent, & ſur laquelle la nôtre eſt à peu près reglée. L'action du Soleil ne fait qu'entretenir à peu près dans le même état le fonds de la chaleur totale, en reparant de jour les diminutions qu'il a ſouffertes pendant la nuit ou qu'il reçoit continuellement. Si les degrés ajoutés ſont plus grands que les degrés de perte, la chaleur totale va en augmentant, comme il arrive ici en Eté, & elle croîtra de plus en plus juſqu'à un certain terme ; mais conformément à ce que nous venons de voir, cette addition ou cette ſomme, pour ainſi-dire, de degrés accumulés ne peut jamais aller fort loin ſur le ſommet d'une haute montagne, dont la pointe qui s'éleve beaucoup n'eſt toujours que d'un très petit volume. C'eſt par cette raiſon que les alternatives du Thermométre étoient ſi grandes ſur Pichincha ; au lieu qu'elles étoient moindres à Quito ; & plus petites encore au bord de la Mer. L'état le plus bas du Thermométre en chaque lieu ſe rapporte toujours à la quantité de chaleur acquiſe par le ſol, & cette quantité étant très-petite ſur le ſommet de la montagne, la partie ajoutée par le Soleil pendant le jour doit ſe trouver rélativement plus grande.

Il eſt certain qu'on peut comparer à la plûpart des autres effets Phyſiques qui augmentent peu à peu & qui sont renfermés dans des limites qu'ils ne passent pas, la chaleur que contracte la Terre par la continuité de l'action du Soleil. Les degrés d'augmentation qui résultent de la complication du tout, ne sont jamais continuellement égaux : ces degrés principalement si on les considére vers le milieu de leur progrès, vont en diminuant jusqu'à devenir nuls, ou jusqu'à ce que l'effet cessant d'augmenter, touche à son dernier terme d'accroissement. Or il suit de-là que plus la chaleur accumulée ou totale est petite ou que plus elle est éloignée de son *maximum*, plus aussi elle doit recevoir d'augmentation dans un tems égal, par l'action de l'agent quoique le même.

Une particularité qu'on observe encore dans tous les endroits élevés de la Cordelière, & qui dépend de la même cause ; c'est que lorsqu'on passe de l'ombre au Soleil, on ressent une plus grande différence qu'ici pendant nos beaux jours, dans la température de l'air. Tout contribue quelquefois à Quito à y rendre le Soleil extrêmement vif : on n'a alors qu'à faire un pas, on n'a qu'à passer à l'ombre, & on ressent presque du froid. La même chose n'auroit pas lieu, si le fonds de la chaleur acquise par le terrain étoit beaucoup plus considérable. Nous voyons aussi maintenant pourquoi le même Thermomètre mis à l'ombre & ensuite au Soleil, ne souffre pas des changemens proportionnels dans tous les tems ni dans tous les lieux. Cet instrument marque ordinairement le matin sur Pichincha quelques degrés au-dessous de la congélation, ce qu'on doit regarder comme la température propre du poste ; mais qu'on expose l'instrument au Soleil pendant le jour, il est facile de juger que l'effet sera fort grand, & beaucoup plus que double, quelque soit la maniere dont on le mesure.

Il reste une derniere considération à faire entrer dans cette matiere, pour pouvoir expliquer pourquoi nous éprouvions quelquefois un froid si rigoureux, pendant que le Thermométre n'en indiquoit qu'un médiocre. Il semble que trois ou quatre degrés que cet instrument marquoit au-dessous de la congélation ne répondoient pas à toute l'incommodité ou, pour mieux dire, tout le mal que nous ressentions. Mais il faut se ressouvenir que nous partions d'un climat très-tempéré, dont nous nous étions fait, pour ainsi-dire, une nouvelle patrie & que notre passage dans une autre se faisoit toujours d'une maniere brusque. On est tous les jours à portée d'éprouver dans ces pays là que le chaud & le froid ne sont grands que relativement, & que notre disposition présente dépend principalement du lieu d'où nous sortons. Lorsqu'on monte ou qu'on descend la Cordelière & qu'on passe par les endroits qui sont élevés de 6 ou 7 cents toises au-dessus de la Mer, on a froid ou chaud dans le même lieu selon qu'on vient d'en bas ou d'en haut. On a froid si l'on vient d'en bas, & on se trouve au contraire tout en sueur si l'on descend d'en haut où il geloit.

Nous avions déja observé quelque chose de semblable, lorsqu'en passant dans nos Isles, nous montâmes sur les plus hautes montagnes que nous y trouvâmes. Après cinq à six heures de marche à la Martinique, nous parvîmes au haut de la Montagne Pelée vers une heure après-midi, & nous y tremblions tous de froid, quoique le Thermométre fut encore à $17\frac{1}{2}$ degrés au-dessus de la congélation. Il faut même que le séjour soit assez considérable en chaque lieu, pour qu'on s'y fasse absolument; ce qui prouve que nos pores ne changent pas aisément de grandeur, ou que nous ne prenons pas sur le champ la disposition qui convient à chaque climat. C'est là sans doute la cause de tous ces accidens funestes qui arrivent de tems en tems, lorsqu'on est obligé de passer sur quelque crête ou gorge très-haute pour sortir de la Cordelière ou pour y entrer. Comme on trouve une espece d'abri pendant qu'on monte, parce que le vent est interrompu par la rencontre de la montagne, on jouit d'un air tempéré en chemin. Mais eston une fois parvenu sur la crête, on se trouve saisi tout-à-coup par le froid, & le vent impétueux qui s'éleve le rend incomparablement plus vif par les parties de glace qu'il transporte. Qu'on considére combien la promptitude de ce changement différe de la lenteur avec laquelle nos différentes saisons nous sont amenées; & on se représentera mieux tout le danger auquel on est exposé dans le cas dont il s'agit. J'ai eu occasion de remarquer aussi plus d'une fois que très-peu de différence dans l'élevation des postes très-hauts en produisoit une très-grande dans leur température. Quelquefois le tems n'étoit que médiocrement mauvais dans le lieu où j'étois; & je voyois très-distinctement que c'étoit toute autre chose 30 ou 40 toises au-dessus de moi dans l'endroit où l'orage frapoit la partie de la montagne qui étoit couverte de neige. Quelques voyageurs n'ont rechapé lorsque la tempête a duré peu de tems, qu'en ouvrant le ventre de leurs chevaux & en s'y renfermant.

J'ai déja dit un mot du passage qu'offre le pied de Chimboraço au-dessus de Guayaquil ou de Caracol; mais il est un autre Pas infiniment plus redoutable & qui est fameux dans toute l'Amérique méridionale. On le nomme le Pas de Gouanacas: il est par $2^d 34'$ de latitude septentrionale entre Popayan & la petite ville de la Plata. On y passe pour traverser la Cordelière orientale, qui en conservant sa même hauteur, puisqu'elle a toujours de distance en distance des sommets neigés, va en suivant sa premiere direction se terminer environ 100 lieues plus au Nord vers la jonction des rivieres de Cauca & de la Magdeleine entre lesquelles elle marche depuis Popayan. On ne se hazarde qu'en tremblant à la franchir à Gouanacas, principalement lorsqu'on vient de dehors. On a le soin d'aller camper le plus haut qu'on peut, ou bien on s'arrête au village de même nom qui est sur le côté oriental ou extérieur; & il faut absolument se résoudre à y attendre, si par la noirceur des nuages qui fe font fixés en haut on découvre que le tems foit contraire. Les mules dont on fe fert toujours à caufe de la fûreté de leur pas & parce qu'elles font plus fortes, partagent non-feulement le péril, elles en courent de plus grands. Outre qu'il faut qu'elles réfiftent comme les hommes à un froid qui les pénétre, elles font accablées de laffitude. Tout le chemin dans un espace de plus de deux lieues, est tellement couvert des offemens de celles qui y ont péri, qu'il n'eft pas même poffible d'y repofer une feule fois le pied, en les évitant. J'ai été obligé de paffer par cette gorge pour venir m'embarquer fur la riviere de la Magdeleine & me rendre à Cartagène, en revenant en Europe. Comme je fortois de l'intérieur de la Cordelière, je devois être plus propre à fupporter la rigueur de ce paffage, qui a du côté du Sud à une diftance de 4 ou 5 lieues une montagne neigée, fort haute nommée Cocounoucou, volcan ancien, mais qui eft actuellement éteint, & du côté du Nord une autre montagne également couverte de neige qui eft celle de Houila. Il y a au haut de la gorge un petit étang dont l'eau n'étoit pas gelée ; & à moins de cent toifes de diftance de part & d'autre fe trouvent d'un côté une des fources de la Cauca, & de l'autre de la riviere de la Magdeleine. Je vis des balots qu'on avoit laiffés le long de la route ; on aimoit mieux venir les reprendre un autre jour, que de ne pas fortir entre deux foleils de ce pas dangereux. J'eftime que l'intervalle entre Popayan & la Plata eft de 19 à 20 lieues ; & on met ordinairement 20 ou 22 jours à faire ce chemin.

Quoique la neige rende les montagnes inacceffibles au-deffus du terme inférieur de la congélation : cependant au mois de Juin 1742 M. de la Condamine & moi nous montâmes fur le volcan de Pichincha qui eft un autre fommet plus élevé que le premier derriere lequel il eft fitué par rapport à Quito. Nous nous trouvâmes environnés de neige, elle ferma pendant quelques jours

tous

tous les chemins pour venir à nous; & quelquefois nous fûmes obligés de nous mettre tous en action pour l'empêcher d'abattre la tente qui nous servoit de demeure. Comme cette neige étoit récente, qu'elle cédoit un peu à l'impression de nos pieds, que la pente n'étoit pas roide, & qu'il nous restoit peu de chemin à faire, nous pûmes monter jusqu'en haut, jusqu'au bord du volcan dont les différentes éruptions n'ont été que trop fatales à Quito. L'extrême vivacité du froid ne nous permit pas de rester en haut plus d'un demi-quart d'heure; nous reconnumes par l'inspection des lieux que deux obstacles avoient suspendu le grand effet du volcan sur la ville, l'interposition du sommet pierreux sur lequel nous fîmes cette longue & pénible station, & outre cela la bouche même du volcan qui a la forme d'une demi-couronne de rochers du côté de Quito, laquelle en résistant a déterminé les matieres lancées à prendre ordinairement un autre chemin. Il est assez singulier que pendant que nous nous livrions à cet examen, un autre volcan dans la chaîne orientale s'enflamma, & comme sous nos yeux, Cotopaxi, qui en fondant ses neiges rappella le souvenir de ses anciens ravages & une des plus remarquables époques dans l'histoire de ces pays là.

Nous sommes encore monté M. de la Condamine & moi, une fois au-dessus du terme constant & inférieur de la neige sur Choussalong où le Coraçon de Barionuevo, autre montagne dont une des collines nous a aussi fourni un point d'appui pour nos triangles. Sa partie pierreuse a comme la forme d'un toît de maison, & l'extrémité qui est du côté du Nord se trouvant alors presqu'entiérement dénuée de neige, nous en profitâmes, quoiqu'avec beaucoup de peine; lorsque nous parvînmes en haut, nous nous trouvâmes couverts de glace. Cette montagne a 2476 toises de hauteur, selon les mesures géometriques que j'en ai prises: le mercure s'y soutint dans le Barométre à 15 pouces 9 lignes, un peu plus de

h

12 pouces 3 lignes plus bas qu'au bord de la Mer. On n'avoit jamais porté Baromètre dans un lieu si haut, & il y a même beaucoup d'apparence que personne n'y étoit allé, car il faut un motif pour entreprendre de pareils voyages. L'amour des richesses qui remue tant de gens au Pérou, comme par-tout ailleurs, bien loin de les conduire sur des rochers si élevés, les sollicite plûtôt à chercher en bas dans les ravines.

C'est assez que la premiere couche de neige qui est tombée sur une montagne n'ait pas été sujette à se fondre, pour que la seconde & la troisiéme se fondent encore moins. Ainsi il semble que la neige doit toujours augmenter d'épaisseur jusqu'à ce qu'en perdant à la fin son talus, elle s'éboule ; ce qui arrive encore par les tremblemens de terre. On voit de ces masses plus grosses que des maisons rouler en bas, & se conserver, quoique beaucoup au-dessous de la ligne de niveau dont nous avons parlé ; parce qu'elles se trouvent à l'ombre dans le creux de quelque ravine profonde. Le vent jette dessus du sable qui s'y attache ; elles perdent leur blancheur, & on y est trompé, en les prenant pour de vrais rochers dont elles ont presque la dureté : une de ces masses s'étant détachées de Cotopaxi en 1739, je déterminai quelques mois après une partie de l'épaisseur qu'avoit la neige dans la montagne. Je la mesurai par le secours d'un micromètre, en l'examinant de divers endroits ; & je la trouvai d'environ 54 pieds, quoique ce ne dût être qu'une partie de l'épaisseur totale. J'eus occasion au commencement de 1743 de mesurer une autre épaisseur qui n'étoit encore que partielle, & je la trouvai de 76 pieds, dans le tems même que la montagne jettoit des torrens de fumée & de flammes.

III.

Remarques ou observations particulieres sur la nature du terrain, sur les tremblemens de terre, les volcans, &c.

Les montagnes des environs de Quito paroissent contenir peu de parties métalliques, quoiqu'on y ait trouvé le tems passé & qu'on y trouve encore quelquefois de l'or en paillettes. Les endroits dont on tire actuellement une quantité considérable de ce prétieux métal, au moins lorsqu'il est en poudre, sont ordinairement beaucoup plus bas. La Cordelière se trouve avoir perdu presque toute sa hauteur à deux degrés de distance de l'Equateur du côté du Nord: à peine y a-t-elle le quart de l'élévation qu'elle a aux environs de Quito. Elle s'éleve ensuite tout-à-coup auprès de Popayan, qui est situé 8 à 9 cents toises au-dessus du niveau de la Mer;* mais elle descend derechef, non pas la partie orientale, mais l'autre chaîne, celle qui est du côté de la Mer du Sud, & qui en se détournant vers l'Ouest après avoir jetté un rameau à l'Orient du golfe de Darien, prend le chemin de l'isthme de Panama, en séparant le Choco du reste de l'Amérique méridionale, & passe ensuite dans le Méxique.

Cette Cordelière occidentale contient beaucoup d'or de même que le pied de l'orientale, & celui d'une autre chaîne très-longue qui s'en détache un peu au Sud de Popayan, & qui après avoir passé par Santa Fé de Bogota & par Mérida va se terminer vers Caracas sur la Mer du Nord; outre que l'or en paillettes occupe toujours des postes assez bas à l'égard du reste de la Cor-

---

* Le mercure se soutient dans le Baromètre à Popayan à 22 pouc. 10 ⅔ lig. & il n'y doit varier au plus que d'une ligne & demie comme dans tous les autres endroits élevés de la Zone torride.

delière, on ne peut auſſi jamais le découvrir qu'en enlevant preſque toujours deux couches de différentes terres qui le cachent. La premiere qui eſt de la terre ordinaire a trois ou quatre pieds d'épaiſſeur & quelquefois dix ou douze. On trouve ſouvent au-deſſous une couche moins épaiſſe qui tire ſur le jaune, & plus bas eſt une troiſiéme qui a une couleur violette, qui a ſouvent trois ou quatre pieds d'épaiſſeur, mais qui n'a auſſi quelquefois qu'un pouce, & c'eſt cette troiſiéme dans laquelle l'or eſt mêlé. Au-deſſous la terre change encore de couleur, elle devient noire comme à la ſurface du ſol, & elle ne contient aucun métal. D'ailleurs on ne creuſe pas indiſtinctement par tout. On ſe détermine à chercher en certains endroits plûtôt qu'en d'autres par la pente du terrain. On agit comme ſi l'or avant que d'avoir été couvert par les deux couches ſupérieures, avoit été charié par des eaux courantes. On s'eſt aſſuré auſſi que les terres une fois *lavées* ou dépouillées de leurs richeſſes n'en produiſent point d'autres; ce qui prouve que l'or y avoit été comme dépoſé. C'eſt, peut-être, ce qui n'eſt pas également vrai à l'égard des autres mines, dans leſquelles le métal fait corps avec quelque ſubſtance pierreuſe. On prétend que dans ces dernieres qui ſont les mines proprement dites & qu'on trouve dans le ſein des montagnes, mais que je n'ai point vûes, & qu'on ne trouve qu'au-delà de l'Equateur ou du côté du Sud, il ſe fait journellement une nouvelle production de matieres métalliques.

Aux environs de Popayan, comme à Quina-major, à Barbacoa & même au Choco dont j'ai déja indiqué la ſituation, on ne transporte point les terres pour les laver, comme on le fait au Chili. Ce transport ſeroit preſque toujours trop difficile ou même impoſſible, d'autant plus que les chemins n'y ſont pas praticables aux bêtes de charge. On ſépare l'or & la terre par une opération faite ſur le lieu même. On fait une tranchée d'environ quarante pieds de long selon la pente du terrain & on lui donne 5 à 6 pieds de largeur. On enleve les deux premieres couches, on fait ensuite passer par cette excavation, de l'eau à laquelle on procure une issue par l'autre extrêmité, & dans le même tems cinq ou six hommes qui se mettent dans l'eau labourent le fond avec des pêles & des barres de fer, en boulversant la terre qui contient les parties métalliques. Ce travail dure quinze jours ou trois semaines, & jusqu'à ce que toute la partie de la troisiéme couche qui est renfermée dans l'espace ait été non-seulement delayée mais entraînée, & qu'il ne reste en bas que la poudre d'or avec le sable le plus pesant. On reconnoît qu'on a assez creusé lorsque la terre que rapportent les instrumens devient noire. Il semble que dans un pays où il pleut presque sans cesse, on ne devroit pas manquer d'eau. Cependant comme le sol n'est pas propre à la retenir, on est quelquefois obligé d'aller la chercher fort loin. On se la dispute dans ces forêts : il faut l'acheter quelquefois très-cher, on ne l'obtient réellement qu'au poids de l'or, & on ne la conduit encore qu'à grands frais, quoique par des especes d'acqueducs faits à la hâte avec des planches ou ces gros roseaux dont j'ai fait mention. Cette difficulté jointe avec le défaut de vivres que ces endroits ne fournissent point, où qu'on n'a pas le tems d'y cultiver, oblige souvent d'abandonner le travail en différens lieux, dont la richesse est extrême.

 Le reste coûte moins de tems aussitôt qu'on a une fois recueilli l'or en poudre & le sable avec lequel il est mêlé. Quelques lotions suffisent; on se sert d'un plat ou bassin dans lequel on agite le tout, & qu'on incline de tems en tems. On rend quelquefois l'opération plus prompte en employant le jus glutineux de certaines plantes qui s'attache au sable & qui ne s'attache pas à l'or avec la même facilité. On se sert de l'aiman lorsque le sable en est attiré; ce qui arrive souvent. Quelquefois aussi on a recours à un expédient tout contraire : on se sert de mercure & on y est souvent obligé au Choco, où le métal est mêlé avec la platine, espece de pyrite particuliere au pays. La Chymie ne doit toujours mettre que des procédés très-simples entre les mains des Artistes qui travaillent dans les déserts de l'Amérique. Pour retirer le vif argent sans en perdre, on se contente de prendre un plat ou bassin de bois, dans lequel on met une certaine quantité d'eau ; on pose au milieu une ou deux tuiles sur lesquelles on en met une autre qui est ardente & qui est destinée à soutenir l'amalgame & on couvre le tout avec un autre bassin un peu moins grand, afin que le mercure qui en s'exhalant va le rencontrer, puisse tomber dans celui de dessous. L'or des environs de Popayan est de 21 ou 22 karats. Une de ces tranchées dont j'ai marqué les dimensions n'en fournit quelquefois qu'un seul marc, mais souvent cinq à six & jusqu'à 18 ou 20, lorsque par un extrême bonheur on a parfaitement bien rencontré. On y trouve aussi quelquefois des grains d'une grosseur considérable.

Quito ne peut pas se vanter de posseder ces richesses si fort ambitionnées qu'on trouve dans le Choco, mais cette capitale en possede de bien plus réelles dans la bonté de son terrain. J'ajouterai à ce que j'en ai déja dit qu'on y a souvent le plaisir de voir les arbres chargé à la fois de fleurs, de boutons & de fruits. Il ne faut pas douter que l'égalité parfaite de saisons ne soit favorable aux arbres qui sont propres aux pays chauds ; mais elle paroît produire un effet un peu contraire sur ceux d'Europe qu'on y a portés. Ces derniers peuvent aisément trouver dans la Cordeliere le terme précis de température qui leur convient, mais la chaleur n'y étant pas distribuée comme elle l'est ici, il leur manque toujours quelque chose. Ils ne peuvent pas se reposer, pour ainsi-dire, pendant un certain tems ; & agir dans un autre, en réunissant toute leur force. C'est, peut-être, ce qui eſt cauſe que nos fruits n'y prennent jamais le même degré de bonté qu'ils ont en Europe. Peut-être qu'entre ceux du pays, il y en a auſſi quelques-uns qui auroient également beſoin d'alternatives dans les ſaiſons; car l'arbre même qui produit le fruit le plus délicieux que j'y aye vû, ſe dépouille de ſes feuilles chaque année.

Ce fruit que je ne puis comparer à aucun des nôtres & que je ſerois tenté de mettre au-deſſus, ſe nomme Chirimoya. Il eſt ſouvent plus gros que nos plus groſſes pommes. L'écorce n'en eſt guere plus forte que celle de nos figues, quoiqu'elle ſoit un peu plus épaiſſe, & elle a une couleur un peu plus foncée. Mais elle eſt comme ſculptée, elle eſt comme couverte d'écailles legerement formées, ou qui n'auroient été que tracées par le ciſeau. La pulpe en eſt blanche & par fibres, mais d'une délicateſſe infinie. L'anana lorſqu'il eſt bien choiſi & bien mur, eſt auſſi d'un goût exquis & du parfum le plus parfait. Mais la plûpart des autres fruits dont la ſaveur ne ſe termine pas par une legere pointe d'acide, ont dans la Zone torride un goût de caſſe ou quelqu'autre choſe qui déplaît à ceux qui n'y ſont pas accoutumés.

On ne ſçait au reſte s'il ne ſeroit pas poſſible avec de nouveaux ſoins d'y rendre tout à la fois les fruits plus parfaits & d'en augmenter encore le rapport. L'Agriculture malgré la belle apparence des campagnes eſt comme tous les autres arts, extrêmement négligée dans l'Amérique Eſpagnole, & on y renonce ſans le ſçavoir à divers avantages dont il ne couteroit rien de profiter. On aura ſans doute de la peine à le croire, vû le grand nombre de perſonnes qui paſſent chaque année dans ces pays là & qui ne devroient pas totalement ignorer les pratiques du jardinage : cependant le fait eſt certain. Tous les arbres du Pérou ſont ſauvages : on ne ſçait pas y emprunter une ſève déja préparée & la faire paſſer de l'un à l'autre. On ſçait auſſi peu combien il ſeroit utile de retrancher à propos diverses branches. Ainsi on ignore qu'elle y seroit la vraie valeur de toutes ces terres si fertiles par elles-mêmes. Nous pouvons seulement juger qu'il ne seroit pas difficile de la porter beaucoup plus loin, puisqu'elles ouvrent leur sein & accordent leurs productions sans violence & en les faisant acheter aux habitans par si peu de peines.

Peut-être que les cendres jettées par les volcans contribuent beaucoup à y augmenter la fécondité, après qu'elles se sont parfaitement incorporées avec les terres. Tout le pays abonde en sels. On voit presque tous les matins le salpêtre comme une legere fleur en divers endroits des rues & des chemins. Je ne mets entre ces différentes particularités que la relation qu'elles doivent avoir : je ne les rapporte que parce qu'elles me paroissent dignes de remarque. M. de Tournefort a observé que les melons d'eau profitent parfaitement bien dans les terres salées de l'Arménie, particulierement aux environs des Trois-Eglises. Ce lieu doit être extrêmement élevé, comme on le reconnoît en jettant les yeux sur le cours des rivieres représentées par les cartes. J'ai été étonné de trouver un endroit tout semblable au Sud de la riviere de Mira, à 15 ou 16 lieues au Nord de Quito. La terre y est assez salée, principalement dans le village de Sainte-Catherine des Salines, pour fournir du sel à presque toute la Province. Ce même endroit donne d'excellens melons d'eau; & tous les environs de ce canton sont les plus fertiles de la Cordelière.

On a la facilité au Pérou de voir l'intérieur de la terre jusqu'à une assez grande profondeur; parce que tout y est coupé de ravines. On en trouve fréquemment qui ont deux cents toises de largeur & 60 à 80 de profondeur; il y en a même quelques-unes de deux fois plus grandes. Les tremblemens peuvent en avoir formé plusieurs; mais la plûpart ont été produites par la rapidité des eaux qui sont capables dans les montagnes de tout entraîner

entraîner pendant les orages, & qui dans les autres tems font en si petite quantité qu'on peut souvent les passer à pied sec. Quelquefois les côtés de ces ravines sont coupés tout-à-fait aplomb, & lorsqu'on se donne la peine de monter jusqu'à leur origine, on voit qu'elles commencent aussi par une chute verticale que quelquefois le haut du terrain n'annonçoit pas. On marche souvent sur un tapis d'herbes qui n'a qu'une legere pente ; & on se voit tout-à-coup sur le bord d'un de ces précipices.

Il suffit de chercher quelque endroit pour descendre dans ces especes de grands lits de riviere qui ne contiennent toujours que très-peu d'eau, & on peut examiner toutes les qualités des différentes couches de la terre. On n'y distingue aucun vestige des grandes inondations qui ont laissé tant de marques dans toutes les autres régions. J'ai fait tout mon possible pour y découvrir quelque coquille, mais toujours inutilement. Apparemment que les montagnes du Pérou sont trop hautes. On y apperçoit beaucoup de ce sable noir qui est attiré par l'aimant ; & il est facile de reconnoître que les couches qu'on y remarque & dont les nuances sont très-distinctes, bien loin d'être l'effet de différentes alluvions, sont plûtôt l'expansion des matieres vomies par les volcans ; presque tout y est, ce semble, l'ouvrage du feu. Quelques-unes de ces montagnes jusqu'à une assez grande profondeur, ne sont formées que de scories, de pierres-ponces & de fragmens de pierres brûlées de toutes les grosseurs, & quelquefois le tout est caché sous une couche de terre ordinaire, qui porte des herbes & même des arbres. Ces matieres sont arrangées par lits, dont l'épaisseur est différente & qui va en diminuant à mesure qu'on s'éloigne de la montagne : on les voit se réduire à un pied, à un demi pied, à un pouce, & on ne les perd de vûe à quatre ou cinq lieues de distance, qu'en retombant souvent dans le voisinage de quelqu'autre volcan, dont on commence à découvrir

i

des effets à peu près semblables à ceux du premier.

J'ai remarqué toutes ces choses principalement au pied de Cotopaxi qui est devenu un cone tronqué parfait dont le sommet a été emporté : le bas de ce volcan a été arrondi & a pris une forme réguliere, par l'épanchement de toutes les matieres qui n'ont pas été poussées avec assez de force, ou qui étoient trop legeres pour recevoir assez de mouvement. J'ai dit ci-devant que les pyramides pierreuses qui se trouvent au haut de presque toutes les montagnes ne se sont peut-être découvertes que par l'éboulement subit des terres, ou par leur chute insensible. Mais il y a bien de l'apparence que la chose s'est faite autrement à l'égard de plusieurs, & peut-être même à l'égard de Pichincha dont il s'agissoit alors. Il n'est pas impossible que le rocher qui est brûlé & noir & qui contient beaucoup de parties que le fer aimanté attire, ait été soulevé par l'action d'un feu souterrain. Ce feu s'est fait jour par d'autres issues & n'a pas eu assez de force pour pousser en haut tout le rocher.

Pour revenir à Cotopaxi, on voit à son pied des lits de pierres brûlées réduites en très-petites parcelles, qui ont jusqu'à cinq ou six hauteurs d'hommes d'épaisseur. La plus épaisse de ces couches est la supérieure ; & je me suis bien assuré que c'est la même qui s'étend fort loin & qui se cache sous la bonne terre qui n'étoit, peut-être, originairement que de la cendre. Je suis porté à croire qu'il faut attribuer la couche supérieure de pierres calcinées à la terrible éruption dont parlent tous les Historiens, qui se fit après la mort d'Atahualpa, Roi de Quito, vers le commencement de 1533, & dont nous avons tous vû avec le plus grand étonnement d'autres marques aussi extraordinaires, des pierres qui ont plus de 8 à 9 pieds de diamétre, qui ont été jettées à plus de trois lieues de distance, & dont plusieurs forment des traînées qui indiquent encore le volcan d'où elles ont été lancées. Ces grosses pierres ne font nullement brûlées comme celles dont le pied de la montagne est couvert, & elles ne peuvent avoir été jettées si loin que par le premier effort de l'explosion. Ainsi il semble qu'on n'aura pas à craindre un pareil effet, tant que la bouche du volcan sera large de 5 à 600 cents toises, comme elle paroît être maintenant.

Les Indiens prétendirent que cet accident leur avoit été annoncé & ils le regarderent comme le moment fatal où il leur devenoit inutile de se défendre contre les étrangers qui devoient les subjuguer, & qui avoient déja fort avancé leur conquête. Pedro Cieça de Leon, Garcilasso, Herrera & tous les autres Historiens en font mention; ils attribuent ces prédictions en partie à Huayana Capac douziéme & dernier Empereur, pere d'Atahualpa; ils nomment cette montagne le volcan de Latacunga qui est à 5 à 6 lieues de distance. Si l'on devoit compter ses différentes éruptions par la multitude des différentes couches de pierres brûlées qui sont à son pied, sans même avoir égard aux lits inférieurs qui sont rompus & boulversés, cet incendie seroit au moins le vingtiéme; mais apparemment que chaque éruption fait sortir des matieres de différentes couleurs & de différentes espéces, & qu'elles sont lancées successivement selon qu'elles sont diversement arrangées dans le sein de la montagne. Cependant il n'est pas douteux qu'il n'y ait eu plusieurs embrasemens, & il est certain que celui de 1533 n'a pas pû seul fournir toutes les matieres qu'on voit au pied du volcan. Si toutes les différentes couches avoient été lancées dans le même tems, les divers établissemens que les Indiens avoient dans les environs & dont quelques-uns sont encore sur pied, eussent été entierement détruits. Mais quelle époque assigner aux couches boulversées qu'on voit au-dessous des autres? Ces lits avoient été arrangés parallelement comme ceux qui subsistent; mais la Nature oubliant, pour ainsi-dire, sa maniere lente d'agir, mit toute cette partie de la Cordelière en convulsion. J'ai remarqué ces couches rompues aux environs d'un endroit nommé Tioupoulou à plus de quatre lieues du volcan, & on les voit à plus de 40 pieds de profondeur : il fallut une agitation prodigieuse pour les rompre & pour les entasser les unes sur les autres en les mettant dans l'état où elles sont.

C'est apparemment dans des tems aussi reculés & peut-être lorsque le pays n'avoit point encore d'habitans que s'est formée la masse de pierres-ponces qui est environ sept lieues au Sud de Cotopaxi. On ne trouve sur les montagnes des pierres-ponces que d'une certaine grosseur, de simples fragmens. Mais dans cet endroit de la Cordelière qui répond à notre dixiéme triangle, ce sont des rochers entiers, ce sont des bancs parallelles de cinq à six pieds d'épaisseur dans une espace de plus d'une lieue quarrée, & on n'en connoît pas la profondeur. Qu'on s'imagine quel feu il a fallu pour mettre en fusion cette masse énorme, & la mettre en fusion tout à la fois & dans le lieu même où elle est : car on reconnoît aisément qu'elle n'a pas été dérangée, & qu'elle s'est refroidie dans l'endroit où elle a été liquéfiée. On a dans les environs profité du voisinage de cette immense carriere; & toute la petite ville de Latacunga qui a de très-jolis édifices, est entiérement bâtie de pierres qu'on en a tirées, depuis le tremblement de terre qui la renversa en 1698.

Le dernier incendie de Cotopaxi, celui de 1742, qui s'est fait en notre présence, n'a causé de tort que par la fonte des neiges; quoiqu'il ait ouvert une nouvelle bouche à côté vers le milieu de la partie continuellement neigée, pendant que la flamme sortoit toujours par le haut du cone tronqué. Il y eut deux inondations subites : celle du 24 Juin & celle du 9 Décembre; mais la derniere fut incomparablement plus grande. Il faut d'abord remarquer que l'eau tomba au moins de 7 à 8 cents toises. Dans sa premiere impétuosité elle boulversa en-

tierement le poste qui avoit servi de station à nos sixiéme & septiéme triangles. Les vagues qu'elle forma dans
la campagne étoient élevées de plus 60 pieds & elle
monta en certains endroits de plus de 120. Sans parler
d'un nombre infini de bestiaux qu'elle enleva, elle rasa
5 à 600 maisons, & elle fit périr 8 à 900 personnes.
Toutes ces eaux avoient 17 ou 18 lieues de chemin à
parcourir ou plûtôt à ravager vers le Sud de la Cordelière avant que de pouvoir en sortir par le pied de Tongouragoua; elles ne mirent pas plus de trois heures à
faire ce trajet. C'est ce qui peut donner quelque idée de
leur vitesse moyenne, celle qui tient le milieu entre la
rapidité prodigieuse qu'elles avoient d'abord & la moindre vitesse qu'elles eurent dans la suite. Mais si on en
juge par divers effets produits à trois ou quatre lieues de
la montagne, elles devoient y parcourir encore 40 ou
50 pieds par seconde. Il y eut des pierres très-pesantes
de plus de 10 ou 12 pieds de diamétre qu'elles chan-
gerent de place & qui furent transportées à 14 ou 15
toises de distance sur un terrain presque horisontal.

Tout le monde étoit persuadé à Quito, que l'eau étoit
sortie de l'intérieur de la montagne; on se trouva d'autant plus porté à le croire, qu'on étend presque toujours
dans tous ces pays là la signification du nom de volcan,
& qu'on prétend qu'il y en a de deux espéces tout opposées, les volcans de feux & ceux d'eaux. Il n'est pas
impossible en effet qu'il se forme de grands amas d'eaux
dans les concavités qu'il y a quelquefois vers le haut des
montagnes. Ces amas peuvent être entretenus par l'é-
vaporation des eaux qui sont plus bas, à peu près comme l'expliquoit M. Descartes. Si ce n'est pas la chaleur
du Soleil, ce sera le voisinage des feux souterrains qui
rendra l'évaporation très-forte; & lorsque les eaux qui
se seront rassemblées en haut seront en assez grande quantité, il ne sera pas étonnant qu'elles renversent quelquefois les espéces de murs ou les parois qui les retenoient,

& qu'elles se répandent tout-à-coup dans la campagne. Mais on ne s'en formoit pas cette idée au sujet de Cotopaxi. Pour prouver qu'elles bouilloient dans le bassin que leur fournissoit le sommet de la montagne & que c'étoit l'ébullition portée trop loin qui les avoit fait passer par dessus les bords, on citoit l'exemple des cadavres submergés en bas, qui paroissoient presque tous avoir été exposés à l'action de l'eau bouillante.

Ce fut en me transportant sur les lieux que je reçû divers éclaircissemens nécessaires. Des témoins dignes de foi qui avoient eu le bonheur de ne toucher qu'au bord de l'inondation, m'assurerent que l'eau n'étoit point chaude. Ils avoient vû une matiere huileuse qui étoit enflammée, que l'eau portoit & poussoit devant elle; & qui dût produire l'effet remarqué sur les cadavres. On m'assura aussi que lorsqu'on entendit le grand bruit que causa apparemment la premiere chute, le sommet de la montagne étoit enveloppé dans les nuages; ce qui détruisoit absolument le rapport de ceux qui publioient avoir vû comme un fleuve se répandre par-dessus les bords du volcan, à peu près comme nous voyons une liqueur sortir d'un vase incliné. Il me parut enfin en examinant l'étendue des espaces qui avoient été submergés & toutes les autres circonstances, qu'une très-petite quantité d'eau avoit pû causer tout le desastre. L'inondation ne dura pas un quart de minute en plusieurs endroits. Elle étoit annoncée par un bruit qui étourdissoit. On s'avertissoit réciproquement les uns les autres du péril; mais plusieurs, au lieu de courir sur les hauteurs voisines, alloient à sa rencontre. L'eau disparoissoit dans un instant; & on se seroit imaginé que c'étoit un songe, sans les funestes marques qu'elle laissoit de son passage. Je soupçonne que la neige se fondoit depuis long-tems vers le haut du volcan. Celle d'en bas beaucoup plus éloignée du feu, conservoit sa dureté; & elle formoit comme une espece de bassin avec la croupe de la montagne. Mais la fonte devenant toujours plus grande, le poid augmenta trop considérablement, l'eau dût tomber, & on vit aussi de grosses masses de neige toutes fumantes qu'elle entraînoit, & qui quoique brisées avoient encore plus de 15 ou 20 pieds de diamétre.

Il y eut quelque chose de semblable lorsqu'un tremblement furieux renversa la petite ville de Latacunga & plusieurs bourgs ou villages jusqu'à Ambato qui se trouvent vers le tiers de notre Méridienne. Une montagne fort haute presque adjacente à Chimboraço s'écroula, de même que d'autres moins élevées qui étoient sur la même ligne & dont les débris ont servi à nos triangles. Il en sortit une si grande quantité d'eau qu'il y eut une forte inondation dans les environs, si l'on peut nommer inondation les terres éboulées qui se delayerent & qui se convertirent en boue ; mais en boue assez liquide pour couler sous la forme de ruisseaux & de rivieres, dont on voit encore divers vestiges. Cargaviraço la plus haute de ces montagnes n'a plus maintenant qu'une hauteur médiocre. D'autres s'écroulerent en partie ; une moitié tomba & l'autre moitié subsista avec un talud qui la rendit inaccessible du côté de l'éboulement. J'ai eu la curiosité de monter sur une de ces montagnes nommée Pugnalic, au pied de laquelle nous avions un signal ; j'y trouvai une infinité de différentes crevasses qui m'obligeoient de marcher avec précaution, & il me parut que la terre y étoit d'une extrême legereté. Cargaviraço en perdant sa hauteur prit une forme conoïdale très-applatie ; & il faut qu'il contienne des sels qui aident à la congélation. Quoiqu'il s'en manque beaucoup qu'il n'atteigne la ligne de niveau qui passe par le bas de la niege dans les autres montagnes, il a néanmoins son sommet continuellement neigé. Il forme seul une exception bien marquée. On vit des champs entiers & plantés d'arbres se détacher & passer à quelques lieues de distance. Le malheur de Latacunga principalement fut extrême. Les familles entieres furent enfevelies fous le même toît; & il n'y eut abfolument aucune maifon où on n'eut à pleurer la mort de quelqu'un. Cette terrible fcene arriva le 20 Juin 1698 vers une heure après minuit; & prefque tout le mal fut caufé par la premiere fecouffe.

On ne s'étonnera pas que l'Aftrologie judiciaire ait entrepris au Pérou de prévoir les tremblemens de terre & les incendies des volcans. On conferve du goût pour cette fçience vaine dans tous les pays où les vrayes fçiences n'ont fait que peu de progrès. Un curieux qui étoit fubftitut du Profeffeur de Mathématiques dans l'Univerfité de Lima, publia en 1729 un ouvrage fous le titre d'*Horloge Aftronomique des tremblemens de terre*. Il fe bornoit alors à marquer les heures fatales pendant lefquelles il y avoit à craindre. Il donna en 1734 un autre livre pour faire part au public d'une *période tragique* qui devoit fervir à diftinguer les années fujettes aux mêmes accidens: & il ne craignit pas d'avancer que fi en 1729 fon horloge Aftronomique étoit déja confirmée par 143 obfervations, il en avoit recueilli en 1734 foixante-dix autres qui y étoient également conformes. Il y a long-tems qu'on a remarqué que les endroits maritimes font plus expofés à ces terribles Phénoménes que les lieux avancés dans les terres. Qu'on jette les yeux fur tous les endroits du vieux Monde où il y a des volcans; on les verra prefque toujours fitués dans des Ifles ou fur le bord de la Mer. Ce ne font pas les Alpes, par exemple, qui font fujettes aux tremblemens, ce font les parties de l'Italie les plus avancées dans la Mediterranée. C'eft la même chofe dans l'Amérique. Il fe peut faire quelquefois que les amas de matieres inflammables cachées dans la terre n'attendent que le mélange de l'eau pour prendre feu. Or lorfque la Mer monte davantage, foit par l'effet du flux & reflux, ou parce qu'elle eft fimplement pouffée par les vents, elle peut paffer dans

divers

divers canaux souterrains par dessus les espéces de digues qui l'arrêtoient, & elle peut pénétrer en plusieurs lieux où elle ne seroit point parvenue sans cela.

Il suit évidemment de-là que toutes les circonstances du mouvement de la lune qui produisent des effets sensibles à l'égard du flux & reflux, pourroient en causer aussi à l'égard des tremblemens & même à l'égard des éruptions de volcans. Ainsi un Astrologue, en parlant continuellement de tête & de queue de dragon de la lune, de distance de cette planete au soleil, de sa situation par rapport à son apogée ou périgée, & en prononçant tout cela d'une maniere vague comme il le fait toujours, pourroit avancer par hazard plusieurs choses qui dans cette rencontre particuliere ne seroient pas absolument vuides de sens. J'ai cru en tout cas que le sujet méritoit quelque discussion. Je vais rendre compte ici en peu de mots du résultat de mes remarques, qui entrent assez naturellement dans le plan de cette relation.

Le grand nombre de causes particulieres qui contribuent à ces terribles accidens, fait peut-être que le concours de plusieurs de ces causes, supplée souvent à ce qui manque du côté des autres: mais l'instant précis & le tems même de l'effet, n'en doit être que plus incertain. Peut-être que la chaleur du Soleil y a aussi quelque part: nous voyons au moins qu'elle aide à l'inflammation des matieres que la Chymie mêle quelquefois ensemble, pour nous représenter l'embrasement des volcans. La ville de Lima a été ruinée trois fois: la premiere en 1586, & les deux autres en 1687 & 1746. La premiere fois le désastre arriva en Juillet*; mais les deux autres ce fut en Octobre**, après que les marées de l'Equinoxe avoient pû introduire une grande quantité d'eau dans les concavités souterraines; & lorsque le Soleil en avançant dans l'Hemisphére austral commençoit déja à l'échauffer davantage. Trois autres tremble-

* Le 9.
** Le 19 & le 28.

mens ont encore été très-considérables; celui du 17 Juin 1678 qui ne peut pas servir d'exemple à notre remarque, mais les deux autres, celui de 1630 & un autre de 1655, tomberent en Novembre.*

* Le 27 & le 13.

Ainsi des six plus forts tremblemens que Lima ait souffert depuis sa fondation, il y en a quatre, qui au lieu de se distribuer indifféremment dans toutes les parties de l'année, sont arrivés dans les mois d'Octobre & de Novembre. On regardera, peut-être, cette particularité comme un effet du hasard. Mais seroit-il impossible que le retour de la chaleur & les grandes marées de Septembre & d'Octobre y eussent contribué ? Les reverdies à la côte du Pérou aux environs de Lima, doivent retarder encore plus que par tout ailleurs par rapport à l'Equinoxe de Septembre, vû la quantité dont ces endroits sont avancés vers le Sud, quoique dans la Zone torride. La communication qu'il y a entre les concavités souterraines peut faire aussi que l'effet du flux & reflux s'étende fort loin. Entre les différens tremblemens que j'ai ressentis, un des plus violens renversa quelques maisons aux environs de Latacunga & y tua plusieurs personnes. On vit en même tems, quoique ce ne fut pas à la même heure, dans une montagne voisine, une flamme sortir du fond d'un lac en traversant l'eau. C'étoit à la fin de 1736 & au commencement de Décembre. J'ai quelques autres observations semblables : &, tout considéré, il me paroît en me bornant au fait simple, que si on est exposé au Pérou dans tous les tems à ces funestes Phénomenes, on y est néanmoins encore un peu plus sujet dans les derniers mois de l'année.

L'Auteur dont nous avons parlé, assure qu'il n'y a absolument de tems critique que les six heures quelques minutes que la Lune employe à passer du cercle horaire de 3 heures à celui de 9. C'est précisément le tems du reflux : car il est pleine Mer sur presque toutes les côtes de l'Amérique méridionale dans la mer du Sud, lorsque la lune passe par le cercle horaire de trois heures. Mais qu'on examine combien il faudroit que différentes conditions concourussent pour que la regle de notre Auteur se trouvât exacte. Il faudroit que le foyer de l'incendie fut toujours dans le même lieu, que l'eau suivit la même route, qu'elle pénétrât toujours avec la même vitesse, que le mêlange n'employât toujours que le même tems à s'enflammer. Si toutes ces conditions ne doivent pas avoir toujours lieu ensemble, il doit encore moins se faire des compensations exactes qui suppléent à leur défaut. Aussi le tremblement de terre de 1746 qui a causé la destruction totale de Lima est il arrivé, lorsque la lune au lieu de passer du cercle horaire de 3 heures à celui de 9, passoit au contraire de celui de 9 à celui de 3. La période tragique ne s'est pas moins trouvé démentie. L'Auteur prétendoit qu'on n'avoit à craindre que lorsque les nœuds de la lune se trouvent dans les signes malfaisans du Scorpion ou d'Amphora: au lieu que ces nœuds étoient alors dans les signes de la Vierge & des Poissons.

Il n'est guere de semaine pendant laquelle on ne ressente au Pérou quelques legeres secousses de tremblemens; si ce n'est pas dans un endroit c'est dans un autres. Le plus souvent on n'y fait aucune attention; personne ne se charge d'en recueillir les dates & de les marquer. Un Astrologue a donc liberté entiere de se vanter que l'observation ne s'est jamais écartée de ses conjectures. Il n'y a de redoutable pour lui que les seuls tremblemens qui ont des suites fâcheuses. Mais heureusement ceux-ci sont rares; & ils peuvent après tout arriver aussi bien dans un tems que dans un autre. On a toujours la sage précaution, comme on le juge assez, de ne pas renfermer ses prognostics dans des limites trop étroites; & outre cela la prétendue regle doit au moins cadrer avec quelques-uns des accidens précedens, avec ceux sur lesquels on la formée.

Enfin, si on avoit voulu proceder avec méthode & découvrir s'il y avoit réellement une période qu'on pût nommer tragique, on devoit prendre un autre chemin. Il falloit commencer par l'examen des cas les plus simples; il falloit prendre, ce semble, les éruptions de volcans pour premier objet des observations. En effet les tremblemens de terre, lorsqu'il s'agit de leur retour, présentent des évenemens extrêmement compliqués; ils peuvent se transmettre par la seule contiguité des terres, quoiqu'on soit très-éloigné du point qui répond au-dessus du foyer de l'incendie. On ressent en chaque lieu tous les tremblemens qui se font à la ronde à une certaine distance, & on ne sçait à quel endroit ils appartiennent plus particulierement : au lieu que les volcans offrent des points plus déterminés dans chaque contrée & fournissent par conséquent des observations moins équivoques. On ne remarque rien de reglé dans le retour de l'embrassement. Ce doit donc être la même chose à l'égard des tremblemens de terre, qui par la raison que nous venons de rapporter doivent encore moins se soumettre aux régles; puisque généralement parlant ils dépendent pour chaque lieu d'un plus grand nombre de casualités. Les eaux pluviales produisent sans doute très-souvent les mêmes effets que les eaux de la Mer, & on doit faire attention que c'est aussi dans les derniers mois de l'année qu'il pleut le plus dans tous les pays dont nous parlons. Quelquefois un tremblement très-fort dans la Cordelière ne s'étend qu'à un très petit espace. Il y a tout lieu de penser que l'amas des matieres inflammables est alors situé à peu de profondeur, & que la Mer n'a aucune part à l'accident, au moins d'une maniere immédiate. La Mer contribue à plusieurs tremblemens, de même que les pluyes à plusieurs autres; & c'est une double cause pour qu'ils soient très-fréquens.

La comparaison des éruptions des volcans & des tremblemens de terre répand quelque jour sur diverses particularités de ces derniers Phénomenes. Les volcans lorsqu'ils sont très-enflammés agissent par reprises; on voit la flamme ou la fumée sortir presque toujours par bouffées. Lorsque j'étois occupé dans une de nos stations à Senegualap, mon sommeil la nuit étoit continuellement interrompu par les mugissemens du volcan de Macas nommé Sangaï. J'en étois éloigné d'un peu plus de 18000 toises; cependant le bruit étoit affreux & me reveilloit à tout moment. Cette montagne a la forme d'un cone, dont les côtés sont parfaitement droits, & auquel il ne manque que la pointe. Tous les gens du pays assurent que la masse de cette montagne va continuellement en diminuant; sa hauteur actuelle au-dessus de la Mer est de 2664 toises. La flamme sortoit d'en haut; & souvent un ruisseau de matiere enflammée couloit jusqu'en bas par un des côtés. Une ravine du pied a pris le nom de *Riviere du soufre*. Les mugissemens du volcan formoient quelquefois un bruit éclatant de tonnerre, mais ils reprenoient bien-tôt leur période réglée en faisant un bruit plus sourd que je trouvois néanmoins si incommode par sa répétition. J'ai remarqué de même les bouffées de fumée sortir de Cotopaxi par intervalles égaux, & former de jour des espéces de gerbes. Il y avoit 42 ou 43 secondes entre leurs sorties, lorsque je les observois. La matiere enflammée dans le sein du volcan portoit sans doute plus loin sa dilatation chaque fois: mais cette dilatation l'épuisant en partie, l'inflammation diminuoit un peu; ce qui donnoit lieu à l'air exterieur d'entrer derechef, soit par l'ouverture d'en haut ou par quelque autre. Peut-être même aussi qu'il survenoit pendant cet intervalle d'autre matiere inflammable, qui trouvoit alors plus de facilité à s'introduire. Sur le champ l'incendie prenoit une nouvelle force & reproduisoit ou un nouveau jet de fumée ou un mugissement.

Les matieres qui prennent feu dans l'interieur de la terre & qui causent les tremblemens doivent être sujettes aux mêmes alternatives. Lorsque le feu prend dans une concavité, la dilatation de la matiere enflammée & de l'air doit être portée très-loin & doit agir jusques dans les autres souterrains qui ont communication avec le premier. Le ciel de la voute est poussé en haut avec force & il peut aussi se trouver poussé comme de côté, quoique l'amas des matieres soit précisément au-dessous. La direction de l'effort dépend alors de la situation horisontale ou inclinée de la voute; & c'est ce qui fait quelquefois que les murs des édifices sont épargnés ou ne le sont pas, selon la maniere dont ils sont orientés. Le ciel de la voute revient à sa premiere place, en faisant nécessairement des oscillations qui sont indépendantes de l'action du feu. Leur promptitude doit dépendre de l'étendue de la voute, de son épaisseur & de la nature des matieres dont elle est formée. Mais l'effort de l'explosion cessant un peu, en même tems que l'air se trouve beaucoup trop comprimé dans toutes les concavités voisines, il se fait un reflux violent vers le lieu de l'incendie, ce qui donne occasion à un autre accès & à une nouvelle secousse plus forte. Ainsi il doit y avoir des reprises marquées par une agitation plus violente; & les intervalles doivent être sensiblement égaux, jusqu'à ce qu'il arrive quelque changement considérable ou dans la matiere enflammée ou dans la disposition du souterrain. Les secousses plus foibles sont celles du terrain une fois ébranlé; les plus fortes ce sont celles que cause immédiatement l'inflammation, lesquelles sont analogues aux mugissemens des volcans & qui doivent se repéter avec plus ou moins de fréquence, selon la facilité avec laquelle s'enflamment les matieres, & selon aussi le rapport qu'à leur volume avec l'étendue des espaces où elles sont renfermées.

Un pays qui contient tant de matieres inflammables doit fournir à l'Histoire naturelle le sujet de beaucoup d'autres remarques. La Nature y a pour ainsi-dire continuellement entre les mains tous les matériaux & tous les instrumens propres à y opérer des choses extraordinaires. Les exhalaisons doivent produire en certains endroits les mêmes accidens que dans la fameuse grotte du chien. Les eaux impregnées de matieres minérales doivent former des bains chauds, pendant qu'en d'autres endroits on les verra travailler à des incrustations & à des cristallisations. Je remets tout ce détail à un autretems, pour pouvoir dire un mot de la partie de l'Amérique que j'ai traversée dans mon retour.

IV.

Retour de l'Auteur depuis Quito jusqu'à la Mer du Nord par la riviere de la Magdaleine; observations sur l'Aiman, &c.

Lorsque je m'en revenois en Europe, au lieu de couper à l'Est en partant de Popayan & de passer par Guanancas pour sortir de la Cordelière, je pouvois continuer mon chemin vers le Nord entre les deux chaînes de montagnes, & traverser celle d'Orient vers son extrêmité. Cette Cordelière orientale offre divers passages. Il en est un, qui est environ 45 lieues plus au Nord, qui conduit de Cartago à Ibagué, dont on ne peut se tirer qu'en se servant de bœufs, au lieu de mules. Ces animaux ont un anneau qui leur traverse le cartilage du nez, & on y attache des corroyes qui servent de rênes. Ils ont plus de force pour soutenir la fatigue d'une route si pénible : le voyageur est moins exposé & moins fatigué par leurs mouvemens qui sont plus lents; & outre cela le bœuf par la forme particuliere de ses pieds, est plus propre à se dégager des bourbiers dans lesquels il ne se trouve aucune pierre ni aucun autre corps solide qui empêche l'enfoncement. J'avois plusieurs raisons pour préférer le Pas de Guanacas; mais ce qui me détermina principalement à le choisir, c'est que voulant examiner le cours de la riviere de la Magdeleine, j'étois bien aise d'arriver plûtôt sur ses bords. Je levois la Carte des contrées que je traversois; & je me proposois de faire la même chose à l'égard du pays baigné par ce fleuve.

Il est extrêmement facile à un Observateur dans toute cette partie de l'Amérique, de déterminer la situation respective de tous les endroits où il passe. Il suffit de relever avec la boussole la direction des montagnes qu'on apperçoit de très-loin. On arrive après un certain nombre de jours de marche au pied de ces montagnes; & on en voit d'autres qui commencent à se découvrir dans l'éloignement. Je trouvois la même facilité à marquer la longueur du chemin. J'allois presque toujours assez exactement au Nord; je n'avançois qu'à très-petites journées, comme cela arrive toujours, lorsqu'on est obligé de porter avec soi son lit & ses provisions; & d'ailleurs les séjours étoient fréquens. Quelquefois nous nous trouvions arrêtés par la crüe subite de quelque riviere; d'autres fois quelques-unes de nos mules s'égaroient, & on passoit une partie du jour à les chercher. Il n'y est pas d'usage de les attacher les unes aux autres; on les laisse libres, afin qu'elles puissent trouver plus aisément & avec moins de risque de quoi manger dans le bois & sur le bord des précipices: on ne sçait rien de mieux pour ne pas les perdre, que de les accoutumer à la compagnie d'un cheval qui leur sert de guide & dont ordinairement elles ne s'écartent guere. Je tâchois en acquérant une plus grande connoissance du pays de mettre à profit tous ces séjours forcés, dont quelquefois je ne me plaignois pas. Toutes les fois que je le pouvois, j'observois la latitude. J'avois une platine de tole percée d'un petit trou: elle me servoit à former un gnomon auquel je donnois souvent huit à neuf pieds de hauteur, en l'apuyant contre quelque tronc d'arbre ou même contre un des piliers de ma tente. Lorsqu'au lieu de camper en plein champ

champ, je rencontrois quelque cabane ou quelque maison, l'opération devenoit encore plus facile : je n'avois qu'à écarter un peu la paille du toît, & introduire la platine de tole. Pour éviter toute erreur de la part du niveau du fol, qui ordinairement n'étoit pas assez horisontal, je recevois le rayon du Soleil sur une tuile ou sur un morceau de planche; je faisois descendre du petit trou un fil aplomb; je mesurois avec les parties égales d'un compas de proportion & en me servant de roseaux comme de regles, deux côtés du triangle, sçavoir la longueur du rayon de lumiere qui servoit d'hypothénuse, & la plus courte distance du point où tomboit le rayon jusqu'au fil aplomb; & je resolvois ensuite le triangle par le calcul, en le traitant comme rectangle, parce qu'il l'étoit effectivement.

Ces observations repétées me redressoient dans l'estime que je faisois de la grandeur des distances. Les mauvais pas qu'on trouve dans la Cordelière & le passage des ruisseaux & des rivieres qu'on rencontre fréquemment lorsqu'on en est sorti & lorsqu'on cotoye le pied de la chaîne de montagnes, jettent continuellement dans l'erreur, quelque pratique qu'on ait. Les observations réiterées de la latitude venoient à mon secours ; & en les combinant avec les directions fournies par la boussole, je parvenois à des déterminations aussi exactes, qu'on peut les exiger pour les usages ordinaires de la Géographie. On marche presque depuis la Plata jusques à Honda sur le bord de la riviere de la Magdeleine, & toujours sur le bord occidental. Honda est une petite ville très-riante; c'est le premier port qu'on trouve vers le haut du fleuve, qui néanmoins est navigable encore beaucoup au-dessus. Je ne pouvois pas pendant ma navigation me servir aussi avantageusement du relevement des montagnes; mais je mesurois de tems en tems la vitesse de la riviere; je marquois continuellement toutes ses directions. J'employai quatorze jours à la descendre

VOYAGE

en me laiffant entraîner par fon courant, & chaque foir je couchois à terre. Le tems que je reftai à Mompox qui eft un port fort joli, environ 7 lieues au-deffus du confluent de la Magdeleine & de la Cauca, n'eft pas compris dans ces quatorze jours. Je joins ici fous la forme de notes les principaux réfultats de toutes mes déterminations, qui fe trouverent confirmées lorfque j'arrivai au bas du fleuve le 30 Septembre 1743, dans le voifinage de Carthagène & de Sainte-Marthe, dont je connoiffois déja la fituation par rapport à Quito. *

	Latitudes Septentri.	Longitud. orien. par rapport au Mérid. de Quito.
* *Lieux fitués dans la Cordelière.*		
COMBAL, bourg qui eft fitué au pied d'un volcan toujours couvert de neige............	0ᵈ 49'	0ᵈ 42'
YPIALES.	0. 45	0 54
PASTO, petite ville au pied d'un volcan prefque toujours enflammé.	1 13½	1 13
MERCADERES, village trois lieues au Nord de la riviere de Mayo, qui fepare les deux Evêchés de Quito & de Popayan & jufqu'à laquelle Huayana-Capac dernier Inca porta fes conquêtes du côté du Nord.	1 45	1 19
POPAYAN, ville Epifcopale............	2 27	1 54
Lieux qui font hors de la Cordelière.		
LA PLATA.	2 23	2 58
BACCHE', hameau qui eft ½ lieue à l'Occident de la riviere de la Magdeleine.	3 16	3 25
NEYVA, petite ville qui eft de l'autre côté de la riviere de la Magdeleine eft éloignée de Bacché d'environ 3½ lieues au SSE.		
LA VILLA-VIEJA, qui eft auffi fur le bord Oriental du même fleuve eft éloignée du même hameau de 3 lieues au NE.		
HONDA, premier port d'en haut de la riviere de la Magdeleine........................	5 16	4 9
MARIQUITA, petite ville 4 lieues à l'O¼SO de Honda. La riviere de Guali vient de Mariquita & paffe par le milieu de Honda.		
IBAGUE', petite ville 18 lieues au Sud de Honda & 11 à l'O. C'eft où le chemin qui part de Carthago & qu'on fait fur des bœufs vient fe rendre. Ibagué eft 5 à 6 lieues à l'Occident de la Magdeleine.		

J'étois obligé, pour atteindre dans la construction de ma carte à une exactitude suffisante, d'observer souvent la déclinaison de l'aiguille aimantée; & j'y étois d'ailleurs invité par plusieurs autres motifs, sçachant combien la Physique peut s'intéresser dans ces sortes de recherches. J'avois trouvé à Quito dans le mois de Novembre 1742 que l'aiguille aimantée s'inclinoit au-dessous de l'horison vers le Nord d'environ 10 degrés. Je dis d'environ; car ayant fait forger trois aiguilles de différentes longueurs, je ne pûs pas réussir à les faire donner précisement la même inclinaison. Dans le même tems la déclinaison se trouva de $8\frac{1}{2}$ degrés vers le NE. Elle étoit à la Plata de la même quantité l'année suivante au mois de Juillet; & quatre mois après, je la trouvai à Sainte-Marthe de $6^d 35'$, toujours vers le NE. Il me falloit l'observer en chemin, parce qu'elle étoit sujette à diverses irrégularités. Je trouvois souvent des quartiers de rochers qui étoient répandus sur la surface de la terre. Ces rochers étoient noirs exterieurement; ils paroissoient avoir été exposés à l'action du feu, & je croirois volontiers qu'ils avoient été lancés par l'explosion de quelques volcans. Je ne puis mieux les comparer qu'à des masses d'argile qui se seroient fendues & gercées au Soleil & qui se seroient ensuite converties en pierres. L'aiman avoit des déclinaisons toutes différentes dans ces endroits; il suffisoit de faire cinq à six pas pour voir l'aiguille aimantée changer de direction, quelquefois de plus de 30 degrés. On voit de ces pierres en divers lieux. Mais il y en a de très-remarquables vers le tiers de la distance de la Plata à Honda, environ 3 lieues au-dessous

MOMPOX, port très-commerçant sur la rive occidentale de la riviere de la Magdeleine. | 9 | 19 | | 4 | 15
TAMALAMEQUE, petite ville sur le bord oriental de la riviere est environ $8\frac{1}{2}$ lieues au Sud de Mompox & 13 lieues à l'E. | | | | |
LAPORQUERA, bourg sur la rive occidentale de la Magdeleine à 3 lieues de l'embouchure de cette riviere. | 10 | 59 | | 3 | 58

d'un hameau nommé Bacché. Il y en a deux dont la plus grande a une face d'environ 20 pieds de longueur sur 11 de hauteur. Elle est fort unie, elle n'a souffert aucune gerçure; & on y voit gravé divers caracteres & plusieurs figures. On trouve encore de ces pierres également gravées dans des endroits plus reculés, plus hauts & plus voisins de la Cordelière. Mais je ne les ai pas vûes; au lieu que l'autre je l'ai dessinée. On les nomme mal-à-propos dans le pays pierres peintes (*piedras pintadas.*) Peut-être que toutes ces figures & ces caracteres tiennent lieu d'inscription, & marquent par des hieroglyphes le tems & les circonstances de l'éruption des volcans ou de quelqu'autre évenement, comme quelque crue extraordinaire du fleuve. Il m'a paru au moins que c'est un ouvrage fait de propos délibéré & avec beaucoup de patience : le creux des figures a au moins $2\frac{1}{2}$ pouces de profondeur. La propriété qu'ont tous ces quartiers de rochers d'agir fortement sur la boussole montre qu'ils contiennent quelques parties de fer. Mais ces parties sont très-cachées : l'interieur des pierres est blanc, & il est outre cela d'un grain très-fin.

Je profiterai de l'occasion pendant qu'il est question de l'aiman, pour communiquer sur cette matiere quelques expériences qui m'ont fort occupé pendant mon retour. Il s'agissoit d'un Phénomene qu'il ne me suffisoit pas d'examiner une seule fois, mais qui demandoit des observations faites successivement en différens lieux plus ou moins éloignés de l'Equateur. Il ne s'agissoit pas pour moi d'examiner si dans le magnetisme la force directrice est différente ou separable de l'attractive. Il est certain par diverses expériences que nos aiguilles aimantées ne se dirigent vers les poles magnétiques de la terre, que parce que chacune de leurs extrêmités en est attirée. Mais je sçavois que plusieurs personnes prétendoient qu'un des poles de la terre étoit beaucoup plus fort que l'autre ; & je ne pouvois pas choisir de lieu au monde plus propre que Quito, pour travailler à la décision de cette question. Je fis faire dans cette vûe une longue aiguille de cuivre suspendue comme une aiguille aimantée. Je fis souder à une de ses extrêmités une petite pointe qui s'élevoit. Je mettois cette aiguille horisontalement sur un pivot, & j'appliquois sur la petite pointe dont je viens de parler & qui étoit verticale, une aiguille aimantée ordinaire; & je faisois ensorte par quelque petit contre-poids que le tout fût exactement en équilibre, & pût tourner librement. Il est évident que si un des poles magnétiques de la terre a plus de vertu que l'autre; que si par exemple le pole du Nord a plus de force, il doit arriver nécessairement deux effets. Non-seulement l'aiguille aimantée doit prendre sa direction ordinaire, mais attirée plus fortement par le pole nord de la terre, elle communiquera peu à peu du mouvement à l'aiguille de cuivre, & le tout en avançant vers le Nord, se placera sur le Méridien magnétique ; de sorte que les deux aiguilles formeront une ligne directe.

Tout étant disposé, je fis à Quito l'expérience non pas une fois, mais vingt ou trente, & j'y apportois d'autant plus de précautions que j'étois prevenu en faveur du sentiment que je me proposois de vérifier ou de confirmer. Mais quelque chose que je fisse, l'aiguille de cuivre ne reçevoit aucun mouvement de l'autre & restoit toujours dans la situation où je la laissois. Je ne pouvois pas d'ailleurs attribuer son repos au frotement du pivot; car lorsque j'attachois les deux aiguilles ensemble, elles prenoient très-promptement la direction que leur donnoit l'aiman. J'imprimois aussi quelquefois du mouvement à celle de cuivre, pendant que l'autre étoit parfaitement libre, & la premiere s'arrêtoit toujours indistinctement sur toutes les directions. Il me falloit donc nécessairement conclure que les deux poles magnétiques de la terre, qui résultent, peut-être, eux-mêmes de la complication de plusieurs autres, ont sensiblement la même force. Nos aiguilles aimantées ordinaires, lorsqu'elles prennent une certaine direction, obéissent à cette force; & elles ne peuvent pas avancer dans le sens de leur longueur, parce qu'elles sont retenues par leur centre. Mais puisque celle qui servoit à mes expériences étoit mobile à tous égards, & que néanmoins elle n'avançoit ni vers le Nord ni vers le Sud, c'étoit une démonstration incontestable qu'une de ses extrêmités n'avoit pas plus de tendance vers un des poles, que l'autre extrêmité vers le pole opposé.

L'égalité entre les forces absolues étant établie, quoique contre mon attente, il me restoit à examiner les forces relatives, je veux dire, la force qu'on ressent de la part du pole dont on s'écarte, & celle de l'autre pole qui doit augmenter à mesure qu'on s'en aproche. C'est ce que je pouvois observer aisément pendant mon retour, en repétant l'observation dans des lieux diversement éloignés de l'Equateur. J'en fis trois essais le long de la route, le troisiéme à la Porquera, bourgade qui est au bas de la riviere de la Magdeleine, à trois lieues de son embouchure; mais ces expériences eurent toujours précisément le même succès qu'à Quito. Le centre de gravité de l'aiguille aimantée, quoique mobile, restoit toujours en repos, pendant qu'elle se mettoit sur le Méridien magnétique. Je me trouvois alors réduit à penser que je n'avois pas encore fait assez de chemin vers le Nord; quoique je fusse déja éloigné de l'Equateur d'environ 11 degrés, ce qui mettoit plus de 20 de différence entre mes distances aux deux poles opposés. Enfin arrivé en France, j'ai encore repeté l'expérience, & elle n'a toujours réussi que de la même maniere. Comme je craignois de ne pas porter les précautions assez loin, je ne me suis pas contenté de suivre le même procedé qu'auparavant, j'ai eu recours à un autre qui devoit me faire appercevoir la plus petite inégalité. J'ai suspendu par son centre de gravité avec un assemblage de cheveux long de cinq à six pieds une aiguille aimantée. Ce nouveau fil aplomb ne devoit pas se mettre tout-à-fait verticalement, il devoit avancer par en bas un peu vers le Nord, s'il est vrai que le pole magnétique boréal dont nous sommes plus voisins agisse avec une plus grande force que le pole magnétique opposé. Je me serois aisément apperçû d'un écart de 5 secondes, ou d'une différence dans la force qui n'eut pas même été d'une 40000me partie du poids de l'aiguille. Quelque attention que j'y aye apportée, je n'ai remarqué aucune tendance horisontale qui se composât avec la pesanteur ou qui en alterât la direction; il m'a toujours paru que le cheveux se mettoit verticalement & qu'en même tems que l'aiguille se dirigeoit Nord & Sud, elle ne faisoit pas le moindre effort pour se transporter vers l'un ou l'autre pole dans la direction de sa longueur.

Ce n'est que depuis mon retour & en y pensant davantage, que j'ai entrevû à la fin la raison de cette égalité toujours parfaite que je trouvois, & qui me paroissoit si extraordinaire, entre les forces attractives des deux poles. On peut comparer la direction des efflux magnétiques à des rayons de lumiere dont la force augmente ou diminue selon que ces rayons se trouvent réunis dans un plus grand ou moindre espace. Lorsque les rayons sont divergens, la force de la lumiere va en diminuant; & elle continue à le faire, à moins que par la rencontre d'un verre convexe ou par celle d'un miroir concave, on ne change la divergence en convergence. Alors la force de la lumiere augmente, quoique reçue à une plus grande distance du corps lumineux. Il doit arrive la même chose à l'égard de la vertu magnétique. Les directions selon lesquelles cette force s'exerce sont des especes de Méridiens, & elles sont le plus éloignées les unes des autres qu'il est possible aux environs de l'Equateur ; c'est donc là où la force du magnétisme doit être moindre. Mais si l'on avance dans l'un ou dans l'autre hémisphére, il ne faut pas croire que ce n'est que l'effet seul du pole dont on s'approche, qui doit augmenter; ce sera aussi l'effet de l'autre pole; puisque ses directions sont dans le même cas que les rayons de lumiere, qui de divergens deviennent convergens. Ces directions qui se trouvoient à une plus grande distance les unes des autres vers l'Equateur, vont ensuite en se rapprochant mutuellement, à mesure qu'elles avancent. La force que nous devons ressentir ici à Paris de la part du pole magnétique austral doit être selon cela sensiblement égale à celle que nous éprouverions de la part du même pole, si nous étions à une égale distance de l'Equateur de l'autre côté. Ainsi à parler généralement & laissant à part quelques considérations sur lesquelles on peut ici se dispenser d'insister, il n'importe en quel endroit de la terre on se place, il n'importe qu'on soit également éloigné des deux poles ou qu'on soit à une moindre distance d'un des deux, on ressentira toujours autant d'action de la part de l'un que de l'autre. Il vrai est que la force de chaque pole sera plus ou moins grande, mais les deux forces seront néanmoins toujours égales: & c'est aussi ce que confirment mes observations. La resistance de l'air introduiroit apparemment quelque différence entre les deux actions, si la matiere magnétique rampoit sur la surface de la terre & si elle avoit un très-long trajet à faire dans l'air grossier que nous respirons. Mais les aiguilles d'inclinaison nous indiquent la route que suit la matiere magnétique; cette route ne différe guere d'être verticale ici bas; ce qui montre que la matiere magnétique a bientôt traversé l'air grossier & que presque tout son chemin qui doit se détourner en haut, se fait au-dessus de la partie dense de l'atmosphere.

Le Lecteur ne desaprouvera pas sans doute qu'en vûe des observations dont je viens de rendre compte, je l'aye conduit du Pérou jusqu'en Europe, pour retourner

ner presque sur le champ vers le milieu de la Zone torride. Lorsque je sortois de la Cordelière, je n'avois pas lieu de douter que si le terrain se trouvoit assez bas, je verrois un pays qui auroit à peu près les mêmes qualités que celui qui est de l'autre côté de la double chaîne de montagnes. Cependant je remarquai au premier aspect plusieurs différences. Le sol de la Plata est assez peu élevé : le mercure dans le Baromêtre s'y soutenoit à 25 pouces justes ; & à Honda il se soutenoit à 27 pouces $5\frac{3}{4}$ lignes. Tout ce terrain au moins vers le haut est pierreux, & le pays est découvert. Les environs de la Plata qui est quatre ou cinq lieues à l'occident de la riviere de la Magdeleine, sont assez peuplés. Le reste l'est très-peu & on ne trouve jusques vers la Mer, d'endroits ou de villes un peu considérables que Honda & Mompox. Le second de ces deux lieux est orné d'un fort beau quai, auquel il a fallu donner une grande hauteur, à cause des crues auxquelles la riviere est sujette. Quoiqu'elle y soit très-large, elle y monte régulierement de 12 ou 13 pieds chaque année vers le commencement de Décembre. Elle coule entre des rochers & sur le sable jusques vers le milieu de la distance de Honda à Mompox ; mais elle souffre au-dessous à peu près le même changement que l'interieur de la Cordelière. Elle roule ses eaux sur de la vase ; ses belles plages se convertissent en bas presque toutes en marais, & il y en a qui s'étendent fort loin.

Une particularité qui a attiré souvent mon attention dans toutes ces contrées, c'est que toutes les montagnes auprès desquelles je passois & qui sont au pied & au dehors de la grande Cordelière, me paroissoient avoir eu une origine toute différente de celles que j'avois vûes auparavant. Les lits de différentes terres & le plus souvent de rochers dont elles étoient formées, n'étoient pas inclinés de divers côtés, comme dans les autres : ils étoient parfaitement horisontaux ; & je les voyois quelquefois se répondre fort loin dans les différentes montagnes. La plûpart de celles-ci ont deux ou trois cents toises de hauteur, & elles sont presque toutes inaccessibles; elles sont souvent escarpées comme des murailles : c'est ce qui permet de mieux voir leurs lits horisontaux dont elles présentent l'extrêmité. Le spectacle qu'elles fournissent n'est pas riant ; mais il est rare & singulier. Lorsque le hazard a voulu que quelqu'une fût ronde & qu'elle se trouvât absolument détachée des autres ; chacun de ses lits est devenu comme un cilindre très-plat ou comme un cone tronqué qui n'a que très-peu de hauteur; & ces différens lits placés les uns au-dessus des autres & distingués par leurs couleurs & par les divers talus de leur contour, ont souvent donné au tout la forme d'ouvrage artificiel & fait avec la plus grande régularité. Il est une de ces montagnes à environ une lieue de Honda sur le bord du Guali & sur le chemin de Mariquita, qui est exposée à la vûe de tous les voyageurs; mais je sens que si j'en donnois ici une représentation, il faudroit que je comptasse sur le crédit que doit naturellement avoir le rapport de quelqu'un qui n'a aucun intérêt d'alterer la vérité & qui a eu toute sa vie le plus grand éloignement pour le mensonge. On voit dans ces pays là les montagnes y prendre continuellement l'aspect d'anciens & somptueux édifices, de chapelles, de dômes, de châteaux; quelquefois ce sont des fortifications formées de longues courtines munies de boulevarts. Il est difficile lorsqu'on observe tous ces objets & la maniere dont leurs couches se répondent, de douter que le terrain ne se soit abaissé tout autour. Il paroît que ces montagnes dont la base étoit plus solidement appuyée, sont restées comme des especes de témoins ou de monumens qui indiquent la hauteur qu'avoit anciennement le sol.

Je ne connois les environs de l'Orinoque que par relation, mais je sçai qu'en plusieurs endroits les montagnes y sont également formées de couches horisontales & qu'elles ont souvent en haut des plates-formes qui sont exactement de niveau. On ne trouve à ce que je crois rien de semblable au Pérou, malgré la varieté presque infinie qui y est repandue. Toutes les couches y vont en s'inclinant autour de chaque sommet, en se conformant à la pente des collines. Si, comme il y a de l'apparence, cette partie de la surface de la terre s'est abaissée de part & d'autre de la chaîne de montagnes qui partant du Sud de Popayan sépare la riviere de la Magdeleine de l'Orinoque, la submersion de l'Atlantide dont Platon a parlé, deviendra beaucoup plus plausible. Notre imagination se révolte, lorsque nous voulons nous représenter d'aussi grands changemens faits à la forme exterieure de notre globe, dont l'état actuel nous paroît si permanent. Mais nous ne devons pas juger tout à fait à cet égard des tems les plus reculés par le tems présent. Les grandes altérations ont leurs limites : elles sont toujours suivies d'un état d'équilibre ou de repos relatif, auquel elles conduisent & qui doit avoir une certaine durée.

Le chemin depuis la Plata jusqu'à Honda est assez uni ; il est traversé par diverses petites rivieres qui vont tomber dans la Magdeleine. Le fleuve reçoit aussi de l'autre côté beaucoup d'autres rivieres, principalement le Bogota qui passe par Santa-Fé & qui vient tomber vis-à-vis d'Ibagué dont j'ai marqué la situation. Le Bogota est très-considérable même à Santa-Fé. On chercheroit peut-être inutilement sur toute la terre une plus haute cataracte que celle qu'il forme 15 ou 16 lieues au-dessous de cette ville & à environ 8 lieues de la Magdeleine, dans un lieu nommé Tequendama. Je suis convaincu qu'il faut retrancher beaucoup de ce qu'en ont écrit quelques voyageurs qui ont ignoré qu'on ne devoit pas employer si aisément l'expression de lieues dans l'évaluation des hauteurs, & que Santa-Fé étoit à peine élevée de 14 cents toises au-dessus du niveau de la Mer. Cette cataracte, si j'en juge par des élévations auxquelles on me la comparée dans le voisinage, doit avoir deux ou trois cents toises de hauteur; & la chute se fait verticalement.

On a imaginé des ponts singuliers ou d'autres moyens pour passer toutes ces rivieres, de même que celles qui sont dans l'interieur de la Cordelière lorsqu'elles ne présentoient point de gué. Outre les ponts de pierres que les Espagnols ont construits en divers endroits, il y en a plusieurs qui ne sont formés que par des simples cables tendus d'un côté de la riviere à l'autre. Ces cables qui sont faits de racines d'arbres sont presque gros comme la cuisse. Il y en a toujours deux au moins qui sont situés parallelement à quatre ou cinq pieds de distance l'un de l'autre. Ils passent sur deux especes de chevalets de charpente établis sur chaque bord; & au pied d'un de ces chevalets, on voit un treuil ou cabestan horisontal qui sert à les roidir. On met dessus des traverses de bois & des fascines, & on tend un peu plus haut & à côté deux autres cables pour servir de garde-foux. On peut passer sans péril sur ces sortes de ponts; mais lorsqu'ils sont d'une longueur considérable, comme j'en ai vû, ils forment un grand arc par leur pesanteur, & ils deviennent incommodes par leurs oscillations. En d'autres endroits on a fait les choses avec beaucoup moins de frais. On a tendu d'un côté de la riviere à l'autre trois ou quatre cordes de cuir qui par leur assemblage n'en forment qu'une. On leur donne une inclinaison de 15 ou 16 degrés; & ceux qui veulent passer se suspendent à une espece de poulie qui glisse avec vitesse sur les corroyes tendues. Le mouvement s'accelere quelquefois assez pour que le feu prenne à la poulie, qui n'est qu'un simple morceau de bois formé par la bifurcation de deux branches qu'on a coupées. Il faut que le voyageur se garantisse de la vapeur enflammée qui en sort,

& qu'il en écarte ses yeux. Quant à la trop grande vitesse du mouvement, un homme situé sur le rivage la modére par une longue corde attachée à la poulie. Lorsqu'on veut passer la riviere dans un sens contraire, on va chercher plus haut ou plus bas un poste où les bords se sont trouvés plus élevés que de l'autre côté; & où on a établi un semblable équipage de cordes, qu'on nomme *tarabite*.

Le pont qui m'a paru de tous le plus extraordinaire c'est celui de la Plata: on ne pouvoit pas le construire en même tems avec des matieres plus fragiles & lui donner une plus grande solidité. La riviere de la Plata va tomber dans le Paès & ensuite dans la riviere de la Magdeleine: elle est si rapide qu'elle roule de très-gros quartiers de pierre; elle a 110 ou 120 pieds de largeur, & ses deux bords sont très-peu élevés; ce qui interdisoit l'usage de presque toutes les autres especes de ponts. On y a suppléé en se servant de ces gros roseaux dont j'ai déja parlé plusieurs fois. On en a attaché plusieurs les uns au bout des autres: & de deux de ces assemblages mis parallelement à 4 ou 5 pieds de distance, on en a formé un grand cintre qui va d'un côté de la riviere à l'autre. On a placé en travers sur ce cintre des troncs de roseaux qui servent comme de marche lorsqu'on veut passer: car il faut monter plus de trente pieds pour parvenir au haut de l'arcade, & on descend ensuite de l'autre côté. Deux autres assemblages de roseaux servent de balustrade: & comme l'édifice seroit renversé par le vent & ne pourroit pas même se soutenir de lui-même, on a attaché des especes de cordages qui en partant du haut de l'arc vont se rendre en divers endroits du bord de la riviere; & ces cordages ne sont encore que des roseaux moins gros, qu'on a attachés à l'extrêmité les uns des autres.

Le marbre est très-commun sur le bord de plusieurs de ces rivieres; on y voit aussi des rochers d'ardoise, &

j'ai souvent eu occasion d'y observer la grande affinité qu'il y a entre ces deux sortes de pierres. J'avois déja fait cette remarque dans la Cordelière principalement aux environs d'Atapou & de Soula au-dessous de nos signaux de Senagoualap & de Sachattian. Les rochers de marbre & d'ardoise s'y touchent souvent, & j'en ai vû qui étoient ardoise par une extrêmité & marbre parfait par l'autre. Toutes les fois qu'il survient un nouveau suc pierreux analogue à l'ardoise & qui en unit les feuilles, il rend tout le rocher plus compacte & plus dur; le rocher cesse d'être de l'ardoise pour devenir du marbre. Une pierre également distribuée par feuilles qu'on nomme schite, est aussi sujette à cette transformation. Quelquefois ce ne sont pas simplement ses feuilles qui se soudent entr'elles, un quartier de cette pierre se joint comme au hazard avec une autre. Si le tout est ensuite exposé à l'action du gravier & des cailloux roulés par une eau courante, & qu'il reçoive une sorte d'arondissement qui le rende à peu près cilindrique, il prend toutes les apparences d'un tronc d'arbre; & il est même quelquefois très-difficile de ne s'y pas tromper. Je fus très-fâché de ne pouvoir porter avec moi une de ces especes de tronc que je trouvai dans une ravive entre Guanacas & la Plata, au pied d'une colline nommée la *Subida del Frayle*. C'étoit un morceau de marbre qui avoit 20 pouces de longueur sur 17 ou 18 de diamétre; on distinguoit comme les fibres du bois, la surface présentoit des nœuds de diverses formes; le contour même du tronc étoit également propre à en imposer. Il y avoit un enfoncement d'un côté qui formoit un angle rentrant, & une saillie du côté opposé. Je ne sçavois qu'en penser, de même que les personnes qui m'accompagnoient. Je ne réussi enfin à me décider, qu'en jettant les yeux sur d'autres quartiers de schite qui étoient auprès, qui commençoient à prendre les mêmes apparences, mais qui n'étoient pas encore dans un état à pouvoir jetter dans l'erreur, & qui au contraire m'éclairerent sur la nature du morceau de marbre. On prétend qu'entre les différens bois, c'est le gayac qui se pétrifie le plus aisément. On m'assuroit que je verrois au-dessous de Mompox dans un bourg ou village nommé le *Pueblo del Rey* une croix dont tout le haut de l'arbre étoit encore de ce bois, pendant que le bas étoit réellement de la pierre à fusil : plusieurs personnes m'affirmerent en avoir tiré du feu. Lorsque je passai dans cet endroit on me confirma la même chose ; mais on m'ajouta qu'une crüe extraordinaire avoit fait tomber la croix dans la riviere, il y avoit 6 à 7 ans.

Je ne dirai que peu de chose des animaux & des insectes qu'on trouve dans ces différentes contrées, & qui sont à peu près les mêmes que ceux qu'on voit de l'autre côté de la grande Cordelière. Il y a dans le fleuve des caymans qui ont 18 à 20 pieds de longueur, qui n'attaquent guere les hommes que quand ils ont par quelque accident déja mangé de la chair humaine : je les ai toujours vû fuir, lorsqu'ils étoient couchés sur le rivage & que je m'en approchois. Ce qui frape le plus dans ces pays là, c'est une espece d'araignée qu'on trouve dans les chemins & qui seroit extrêmement à craindre si tous les accidens qu'on en rapporte étoient vrais : Tout le monde en parle d'une maniere uniforme de même que les voyageurs qui en ont écrit. Ces araignées qui sont de la grosseur des nôtres sont ordinairement cachées sous les pierres ; elles filent une toile blanche & très-fine, & c'est ordinairement cette toile qui les décele. Elles sont d'un très-beau noir ; il n'y a que leur ventre qui est d'une autre couleur, il est entierement rouge, à six petites tâches noires près, qui se font remarquer sur la partie supérieure. Le venin de cet insecte qu'on nomme Coya est mortel, & il est si actif qu'il pénétre par les pores de la peau. Jusqu'aux chevaux & aux bœufs périssent, si on écrase un de ces infectes fur eux. Cependant la plante de nos pieds & même le dedans de nos mains, ont ordinairement une épaiſſeur qui les rend impénetrables au venin. Dans toute la contrée où les coyas ſont communes, on ſe trouve dans une contrainte continuelle : on n'oſe ni le jour ni la nuit chaſſer un inſecte qu'on ſe ſent ſur le viſage, parce qu'on a toujours peur de la fatale araignée & qu'on ſçait qu'elle s'écraſe très aiſément. Le contre-poiſon, ſi on peut le nommer ainſi, eſt d'ailleurs auſſi effrayant que le mal même, ſuppoſé qu'il ne le ſoit pas davantage. Le malade étant nud & étendu à terre, on le couvre d'une certaine quantité de paille, & on y met le feu. Quelques-uns ne ſont morts ni du venin de la coya ni de l'application du remede; mais d'autres qui en on rechapé, ont eu le cerveau dérangé.

On juge aſſez que je fus curieux d'examiner celles de ces circonſtances dont il étoit facile de faire l'eſſai. Ayant été obligé de ſéjourner dans le voiſinage d'un hameau nommé Bacché, je ſurmontai la difficulté qu'on faiſoit de me chercher de ces inſectes; on m'en apporta 10 ou 12. Je fis plumer un poulet ſous la poitrine & raſer un chevreau ſur le dos. Tout le hameau accourut; plus de vingt perſonnes voulurent voir l'expérience; il s'y trouva auſſi un des plus riches habitans de Popayan, nommé D. Joſeph Ténorio, qui alloit à Carthagène & qui avoit été Gouverneur de la Province du Choco. On ne ſçavoit pas ſi le poulet en mourroit; parce que les poules avalent ſouvent les coyas, ſans qu'il leur arrive aucun mal; mais à l'égard du chevreau, il devoit mourir en moins d'une heure & peut-être ſur le champ, après avoir ſouffert quelques convulſions. Les deux eſſais furent faits à 3 heures du ſoir: cependant le lendemain matin à 10 heures, lorſque je partis, le poulet & le chevreau attachés chacun à un piquet, mangeoient de très-bon appétit. Je priai D. Joſeph Ténorio qui devoit me rejoindre à Honda, de ſuivre l'expérience. Il m'en rendit

dit compte effectivement près d'un mois après ; mais j'avois déja fait une autre épreuve & qui avoit eu le même succès sur une mule de selle qui étoit à moi. On écrasa plusieurs coyas en différens endroits de son col & de son dos après en avoir coupé le poil ; on en écrasa aussi une sur une blessure ; & le tout n'eut aucune suite.

Je ne puis pas me rendre également garant du fait extraordinaire que je vais rapporter, & que je suis bien fâché de n'avoir pas pû vérifier. Le P. Gumilla pieux & zelé missionaire Jesuite en parle dans la description qu'il a donnée de l'Orinoque, mais il avoue aussi qu'il n'en a fait aucune expérience. On trouve vers le bas de la riviere de la Magdeleine & encore plus vers l'Orinoque un serpent très-dangereux qui est du genre des amphisbènes : on me l'a nommé à Mompox *tatacua*. Ses vertébres sont articulées d'une façon particuliere & qui m'a paru très-différente de celle de l'anguille. Aussi ce serpent rampe-t'il d'une maniere distincte des autres. Sa tête & sa queue lui servent de point d'apui & il avance de côté. Lorsqu'on l'attache à quelque branche d'arbre & qu'on le laisse secher ou lorsqu'on le suspend dans une cheminée ; on peut dix ou douze ans après, si on le veut, le rappeller à la vie. Il suffit pour cela de le jetter dans une eau bourbeuse exposée au Soleil & de l'y laisser quelques jours. Le fait m'a été attesté par plusieurs personnes qui se disoient témoins oculaires, particulierement un Chirurgien François établi à Mompox, nommé Granchamp. Cependant je n'assure rien ; toutes ces personnes pourroient avoir été trompées. Mais si la chose étoit vraie, le sentiment de M. Descartes sur l'ame des bêtes se trouveroit démontré. Les bêtes seroient certainement des machines ; puisque nous aurions dans certains cas le moyen, pour ainsi-dire, de les remonter, ou de renouveller leur mouvement vital, après que la mort l'a détruit absolument.

V.

Des Habitans du Pérou & de leurs mœurs.

Si le pays peut offrir tant de fingularités phyfiques, les mœurs & les coutumes des peuples ne feroient pas moins capables d'attirer notre attention, & pourroient donner matiere à un très-long récit. On fçait que ce pays eft habité par les Efpagnols qui en ont fait la conquête, & par les Indiens qui en font les anciens habitans, & qui ne différent pas de ces autres hommes qu'on connoît fous le nom de Sauvages ou de Caraïbes. Comme la Zone torride & les Zones glacées font, pour ainfi dire, mêlées au Pérou, qu'il fuffit d'entrer dans la Cordelière ou d'en fortir, pour trouver des contrées plus différentes les unes des autres que fi on traverfoit toute l'Europe, cette extrême différence ne peut pas manquer d'en apporter dans les ufages de ces peuples & jufques dans leurs inclinations. Le grand intervalle qui fepare les deux continens, & qui rend la communication difficile, doit auffi produire des effets fenfibles. Il eft facile de juger que fi l'amour national eft comme par tout ailleurs, porté fort loin dans l'Amérique Efpagnole, & que s'il va, comme il le doit, jufqu'à former de bons citoyens, on y eft néanmoins plus ifolé; principalement dans les contrées le plus reculées. On y voit de trop loin tous les différens intérêts de l'Europe, pour que cet amour puiffe, en franchiffant fes juftes limites, aller jufqu'à l'excès qui le rend vitieux, lorfqu'il nous donne de l'antipathie pour tous les hommes qui ne font pas nos compatriotes. C'eft l'endroit du monde où on exérce le mieux l'hofpitalité. Comme on y eft à la fource des richeffes, on les regarde avec plus d'indifférence; & la pauvreté y eft cenfée un moindre mal. Les jeunes gens qui y paffent d'Europe y font accueillis de la maniere la plus obligeante : ils y font reçûs comme d'anciens amis ou comme des freres. On prend foin de leur fortune ; ils y trouvent prefque toujours des établiffemens avantageux ; & on n'examine pas même beaucoup d'où ils viennent & s'ils ont reçû quelque éducation. La plus grande tache dans ce pays là c'eft d'être d'un fang mêlé : mais l'examen eft tout fait à l'égard d'un homme qui a traverfé la Mer & qui ne vient pas d'Afrique ; il eft tout prouvé à fon égard qu'il eft réellement de *chair blanche*, & dès cet inftant, il peut figurer avec tout le monde. Il y a de cette forte comme deux efpeces d'Efpagnols dans l'Amérique. On nomme *Chapétons* tous ceux qui font nés en Europe. Les autres font les *Creoles*, qui fouvent defcendent de ceux qui pafferent dans ce pays là il y a plus de deux fiecles du tems de la conquête. On y trouve des cadets des meilleures maifons d'Efpagne ; & ce font eux qui y jouiffent encore des plus grands biens, au moins en poffeffion de terres. Ils ont ordinairement reçû de l'éducation dans leur premiere jeuneffe ; ils font d'un caractere fimple & d'un très-bon commerce.

Quant aux Indiens, il m'a paru qu'il falloit diftinguer. Les uns font retirés en bas dans leurs forêts, où ils forment comme de petites Républiques, dirigées par leur Curé qui eft Efpagnol, & par leur Gouverneur affifté de quelques autres Indiens qui lui fervent d'Officiers. Il eft facile de remarquer qu'ils péchent tous un peu par le défaut de vivacité. Ce que l'on a cru fouvent, que le grand chaud rendoit l'imagination plus vive, n'eft pas vrai à leur égard ; ils l'ont pareffeufe. Quand ils s'appliquent à quelque ouvrage, ils ne font capables que d'imiter, mais leur induftrie ne va pas affez loin pour leur faire produire du nouveau ; ce même défaut fe manifefte dans leurs difcours & dans tous leurs procedés. Ils vivent tous dans une auffi grande union qu'ils paroiffent vivre dans une parfaite innocence. Ils font prévenans & honnêtes, ils ne font capables d'aucune défiance, & il ne leur tombe pas même dans l'esprit qu'on puisse jamais avoir l'intention de les tromper. Les portes de leurs maisons sont toujours ouvertes, quoiqu'ils ayent du coton, des calebasses, de la pite, espece d'aloës dont ils tirent du fil, & quelques autres denrées dont ils font souvent quelque trafic. La grande chaleur leur permet d'aller presque nuds; ils se peignent ordinairement en rouge avec le rocou, & ils s'en font une espece de parure; au lieu de se peindre entierement, ils ne tracent que de simples bandes, & ils s'en mettent jusque sur le visage. Il paroît qu'ils ont regardé cette coutume dans son origine comme une précaution contre la piqûre des maringouins ou moustiques. Ces mêmes Indiens font de tous les métiers qui leur sont nécessaires; ils sont charpentiers, ils sont les architectes de leurs maisons, ils construisent leurs pirogues, ils sont tisserands. Lorsqu'il s'agit de grands ouvrages, ils les font ordinairement en commun : un Indien invite tous les autres des environs, il lui suffit de les bien traiter, & la maison, quelque grande qu'elle soit, car en certains endroits trois ou quatre familles particulieres logent sous le même toît, chacune dans un espace de quelques pieds; la maison, dis-je, quelque grande qu'elle soit, est achevée le jour même, & quelquefois en une ou deux heures de travail.

Leur sort ne laisse pas d'être assez heureux; ils sont seuls ou sans le mélange d'aucun étranger qui les gêne. Ils ont aussi l'avantage de joindre aux fruits de la terre qui ne leur manquent jamais, la chasse & la pêche qui leur fournissent d'abondantes ressources. Ils tuent le gibier ou avec des flêches qui sont quelquefois empoisonnées, ou avec des boules d'argile lancées par des sarbacanes; & quant à la pêche, elle leur est d'autant plus facile que les rivieres n'ayant plus cette grande pente qui les rendoit en haut des torrens furieux, le poisson s'y trouve en quantité. Quoique les Indiens qui n'ont pas été soumis, & qu'on nomme *Guerriers*, ne soient guere connus, même dans les contrées où ils font de tems en tems des incursions, on sçait que leur maniere de vivre a beaucoup de rapport avec celle des autres : les mêmes circonstances de la part des lieux ont dû introduire les mêmes usages.

Nous ne sçavons au surplus s'il est absolument nécessaire de se faire à l'égard de ces peuples la difficulté qui peut si fort embarrasser à l'égard des Négres. Il y a quelqu'apparence qu'ils ne sont différens de nous que parce qu'ils vivent dans un climat très-différent du nôtre, ce qui a produit à la longue des effets très-marqués. Je suis au moins certain qu'il ne faut regarder que comme une différence passagere leur couleur, qui tire sur celle du cuivre, qui est indépendante de leur peinture, & qu'on croit ordinairement leur être propre. J'ai eu occasion d'observer que ceux qui vivent immédiatement au pied de la Cordelière, du côté de l'occident, ou du côté de la mer du Sud, je dis ceux qui vivent immédiatement au pied de la Cordelière, & du côté de l'occident, sont presque aussi blancs que nous. Ceux-ci ne sont pas exposés comme les autres à un hâle violent & continuel, ils passent au contraire leurs jours dans un pays où il regne un calme si parfait, qu'il n'est jamais interrompu par le moindre souffle ; la montagne les mettant à l'abri du vent continuel d'orient, qui doit passer près d'une lieue par dessus leur tête. Si on s'éloigne davantage de la Cordelière en avançant vers la côte, ce n'est plus la même chose ; le vent s'y fait ressentir, & les Indiens reprennent la couleur de cuivre. Il est vrai que si la carnation des premiers ne paroît pas les distinguer de nous, ils n'ont point de barbe, ni de poil sur la poitrine ni en aucun endroit du corps, & ce qui les caractérise encore, c'est leur longue chevelure ; ils ont toujours de gros cheveux noirs, plats & très-forts. Mais si on admet que leur couleur qui en général est si diftincte de la nôtre, vient de la température du climat, ou de la grande action de l'air à laquelle donne lieu leur défaut de vêtement, il semble qu'on peut soupçonner que les autres accidens dépendent à peu près des mêmes causes.

La condition des Indiens qui vivent en haut dans la Cordelière, n'est pas la même, & ce sont aussi des hommes tout différens. Ils ont autant de mauvaises qualités que les autres en ont de bonnes, si on les considére comme citoyens, ou comme faisant partie de la société, car d'ailleurs ils ne sont pas capables de faire de mal. Ils sont tous d'une paresse extrême, ils sont stupides, ils passeront des journées entieres dans la même place assis sur leurs talons, sans remuer, ni sans rien dire. Ils servent de domestiques dans les villes, & on les applique aux champs au travail des terres. L'habillement qu'on leur donne, fait partie du payement de leurs gages, de même que les légumes ou les grains qu'on leur donne à la campagne, pour leur subsistance. Lorsqu'ils se marient les droits du Curé sont fort grands, de même que les frais funéraires lorsqu'il meurt quelqu'un de leur petite famille. Tout cela est cause qu'ils n'ont jamais rien en leur disposition, & qu'ils se trouvent presque toujours endettés envers leurs maîtres : leur indolence en est considérablement augmentée. On ne peut assez dire combien ils montrent d'indifférence pour les richesses, & même pour toutes leurs commodités; peut-être parce qu'ils sentent qu'il leur seroit inutile d'y penser. A cela près qu'ils aiment un peu trop à boire d'une espèce de biére qu'ils font avec le mays, ils forment comme une grande secte de Philosophes Stoïciens ou plûtôt Cyniques. On ne sçait souvent quelle espece de motif leur proposer, lorsque l'on veut en exiger quelque service. On leur offre inutilement quelques piéces d'argent, ils répondent qu'ils n'ont pas faim. On ne doit pas s'étonner que de pareilles gens n'ayent pas encore imaginé qu'il leur étoit utile d'avoir des poches : ils n'en ont aucune, & ils ne sçavent rien de plus commode, lorsqu'on les a obligés de recevoir quelque petite monnoye, que de la serrer dans leur bouche.

Ils n'ont pas la liberté de porter de linge, ni d'avoir de bas : leur habillement ne différe pas de celui qu'ils portoient anciennement. C'est une chemisette de drap sans manche, faite dans le pays, qui leur tombe jusqu'au genouil, & sur cette chemisette ils mettent souvent une autre piéce d'étoffe plus longue que large, au milieu de laquelle il y a une ouverture pour passer la tête : ce surtout a presque la forme d'une dalmatique. Ils n'ont dans leur petite cabane aucun meuble. Ils se couchent à terre sur un cuir, & ils passent quelquefois des années entiéres sans manger de viande. Il est vrai qu'ils élevent souvent quelques volailles ou quelque bétail, mais c'est presque toujours pour en faire des présens à leurs Curés; s'ils en mangent, c'est dans quelques cas très-extraordinaires, principalement lorsqu'il meurt quelqu'un d'entr'eux. Les amis & les parens du défunt se hâtent alors de se rassembler, pour se régaler en pleurant, de tout ce qu'ils peuvent soustraire à l'église : la fête lugubre continue jusqu'à ce qu'il ne reste plus absolument rien.

Il paroît que ceux qui demeurent hors de la Cordelière, ont conservé davantage leurs anciennes mœurs, au lieu que ceux qui vivent en haut où le pays est incomparablement plus peuplé, ont plus ressenti les effets de la dépendance. De leur mélange avec les Espagnols il résulte une troisiéme espece, celle des Métices qui forment maintenant la plus grande partie des habitans, & qui sçavent ordinairement les deux langues, l'Espagnole & l'ancienne du pays, celle des Incas. Ces Métices, dont la naissance est presque toujours illégitime, ne sont pas plus Espagnols qu'ils sont Indiens ; ils jouissent néanmoins de tous les priviléges des premiers, ils sont à divers égards réputés hommes blancs; & ils ne manquent pas de talens naturels. Ce font eux qui excercent dans les villes tous les arts dont le public a besoin. Car les Espagnols n'en excercent aucun : parmi ces gens de tous états qui arrivent d'Europe, on ne voit absolument personne qui sçache quelque métier ou qui ose le déclarer. C'est ce qui peut servir à expliquer ce que j'ai dit d'extraordinaire touchant l'état où se trouvent les arts dans ces pays là & en particulier l'Agriculture.

Ce sont les Métices dont l'autorité s'appesantit le plus sur les Indiens; cependant la sagesse du Gouvernement Espagnol qui a tâché de tout prévoir, a pris les plus grandes précautions pour arrêter ce mal & faire sentir sa protection aux tristes restes de ce peuple qui diminue toujours. On a voulu lui épargner tous les travaux qui pourroient le surcharger; on lui a donné des protecteurs d'office dans toutes les villes, on a même trouvé plus simple de l'exempter de la jurisdiction de l'Inquisition, que d'obliger ce Tribunal à suivre d'autres régles que celles que lui dicte sa sévérité ordinaire; ils ne sont soumis qu'à la correction des Evêques ou des Curés. Mais la grande distance des lieux est cause que ces réglemens si prudens n'ont pas tout le fruit qu'ils pourroient avoir, & que, tout considéré, les Indiens ne sont jamais mieux que dans leurs forêts. C'est ce qui contribue sans doute avec les autres circonstances, à mettre entre ceux des diverses contrées, si peu de conformité. Il faut avouer malgré cela que lorsqu'on compare les uns & les autres à la peinture admirable qu'en font quelques Historiens, on n'en croit pas ses propres yeux; tout ce qu'on rapporte de leurs talens, des différens établissemens qu'ils avoient, de leurs Loix, de leur Police, deviendroit suspect, s'il étoit possible d'aller contre le témoignage d'un si grand nombre d'Auteurs dignes de foi, & s'il ne restoit outre cela plusieurs monumens qui prouvent invinciblement qu'il ne faut pas juger de l'état ancien de ces peuples par celui où nous les voyons maintenant.

On

On ne peut comprendre comment ils ont pû élever les murailles de leur temple du Soleil dont on voit encore les restes à Cusco; ces murs sont formés de pierres qui ont 15 à 16 pieds de diamétre, & qui, quoique brutes & irréguliéres, s'ajustent toutes si exactement les unes avec les autres, qu'elles ne laissent aucun vuide entr'elles. Nous avons vû les ruines de plusieurs de ces édifices qu'ils nommoient Tambos, qui servoient d'entrepôts ou de magasins, & où logeoient les Incas lorsqu'ils voyageoient. Les portes n'en sont pas larges, mais elles sont fort hautes; le Souverain ne sortant jamais que porté sur un brancard soutenu sur les épaules des principaux Seigneurs de sa Cour. Les murailles en sont souvent d'une espece de granite, & les pierres qui sont taillées, paroissent usées les unes contre les autres, tant les joints en sont parfaits. On remarque encore dans un de ces Tambos quelques mufles qui servent d'ornement, dont les narines qui sont percées, soutiennent des anneaux ou boucles qui sont mobiles, quoiqu'ils soient faits de la même pierre. Tous ces édifices étoient situés le long de ce magnifique chemin qui conduisoit dans la Cordelière de Cusco à Quito, & même en deçà, qui avoit près de 400 lieues de longueur, & dont nous avons souvent suivi les traces. Il y a dans notre 24me triangle les restes d'une ancienne forteresse qui étoit accompagnée de corps-de-gardes avancés, & de différens bâtimens séparés les uns des autres, & distribués avec assez de régularité. Je ne parle pas de différens retranchemens faits avec art sur le sommet de plusieurs montagnes, principalement de celles qui soutiennent nos premiers triangles, & qu'il faut attribuer aux naturels du pays, lorsqu'ils vendoient chérement leur liberté aux autres Indiens venus de Cusco sous la conduite de Huayana Capac qui n'étoit pas encore alors Empereur, & qui, comme je l'ai déja dit, fut le douziéme, peu de tems avant l'entrée des Espagnols. Il faut donner apparemment presque la même époque à des sépulchres d'une grandeur & d'une forme étonnante, que nous avons trouvés dans un lieu nommé Cochesqui. Ce sont des levées de terre dont quelques-unes ont 40 pieds de hauteur sur 70 toises de longueur & 40 de largeur, avec des rampes extrêmement longues qui y conduisent par une pente insensible. Il y en a 7 ou 8, & plus de 100 d'une autre forme : notre Méridienne se termine du côté du Nord sur une de ces masses. Les Historiens font mention d'un palais que les Incas s'étoient fait élever dans le même endroit, & il n'en reste aucun vestige, au lieu que les tombeaux dont personne n'a parlé, subsistent encore. Presque tous les anciens ouvrages des Péruviens ont été sujets au même sort : plus ils ont attiré l'attention, plûtôt ils ont été détruits. Tout ce que je puis ajouter, c'est qu'on ne peut voir de pareils monumens sans se trouver disposé à penser avantageusement de ceux qui ont osé les entreprendre, & qui ont eu le courage de les porter à leur fin.

Les limites dans lesquelles je suis obligé de me renfermer, ne me permettent pas d'entrer dans un plus grand détail. Je renvois à un autre tems les remarques que j'ai faites, en comparant les Histoires du pays avec les lieux dont elles parloient : j'exposerai aussi peu ici mes conjectures sur la Mythologie de ces peuples, de même que sur leur origine & sur leurs différentes transmigrations. Il me paroît clairement qu'outre le passage plus ancien qui a pû se faire par l'Atlantide, & qui n'a guere pû se faire autrement, il faut absolument que quelques navires dans des tems très-reculés ayent été jettés par quelques tempêtes sur ces côtes éloignées, à peu près comme on a prétendu que la même chose étoit arrivée au Pilote qui donna à Colomb la premiere connoissance de l'Amérique, & comme nous en avons quelques autres exemples récens. Je crois même distinguer deux différentes époques bien marquées de ces anciens passages, qui ne peuvent avoir été que fortuits. Il doit y avoir une infinité de choses à dire de Regions si vastes & si peu connues. Quand même on se borneroit à marquer les seules modifications que la différence des circonstances a aporté au Gouvernement des Espagnols dans ces contrées là, on seroit très sûr de picquer la curiosité des Lecteurs : tout ce qui est susceptible de changement dans l'exterieur de la vraie Religion qu'on y professe, devoit aussi frapper l'attention d'un étranger qui tâchoit de tout examiner, & qui a eu de fréquentes occasions de le faire. Mais je dois me souvenir que cette Relation n'est qu'une simple ébauche, & qu'il ne s'agissoit principalement ici que de donner une idée exacte, quoique tracée avec un crayon très grossier, du pays dans lequel nos opérations ont été faites.

Explication du profil & de la vûe de la Cordelière du Pérou aux environs de Quito.

Il faut supposer que le plan vertical qui coupe la Cordelière perpendiculairement à sa longueur, passe environ une lieue au Nord de Quito, & que le Spectateur est tourné vers le Sud. Les montagnes qu'il a vers la droite sont celles de l'Occident ou du côté de la mer du Sud; & la chaîne orientale formée d'Antisana, de Chinchoulagoua, Cotopaxi, Tongouragoua, &c. est à gauche. C'est dans l'intervalle de ces deux chaînes qu'est située la partie la plus habitée de la Province de Quito, comme on l'a dit page xxxij & suivantes, & comme le montre la carte de la Méridienne. Le plan vertical dont nous parlons coupe à peu près vers le milieu *la vûe* des deux chaînes qu'on a représentées au-dessous. Il est évident au surplus qu'on ne doit découvrir dans ce profil que les seules montagnes qui sont au-delà du plan vertical, ou vers le Sud.

La *vûe* représente les deux chaînes de montagnes

pour un Spectateur placé du côté de la Mer pacifique. Ainsi c'est la chaîne occidentale qui est la plus voisine; & on ne découvre l'autre ou l'orientale que par dessus la premiere. On a été attentif à marquer les mêmes endroits par les mêmes lettres dans ces deux représentations. On pourroit se dispenser de répéter que la vûe ne contient guere que le quart de la longueur de la Méridienne.

La ligne AAA marque le niveau de la Mer.

BBB. La ligne du niveau de Carabourou, la plus basse de toutes les stations de notre Méridienne & l'extrêmité Septentrionale de notre premiere base.

CCC. Terme inférieur de la neige dans les montagnes, lequel est élevé d'environ 2440 toises au-dessus de la surface de la Mer dans la Zone torride.

D. Antisana, volcan qui s'enflamma vers le commencement de l'autre siecle, & où se trouve une des sources du Napo.

E. Cotopaxi, volcan actuellement enflammé.

F. Tongouragoua, volcan qui jette encore de la fumée de tems en tems & qui fit de grands ravages en 1640 & 45.

G. Pichincha sur lequel nous avions plusieurs signaux.

H. Le Coraçon de Barionuevo ou Choussalong, la plus haute montagne sur laquelle deux des Académiciens ayent monté & où le Barométre se soutenoit à 15 pouces 9 $\frac{1}{2}$ lignes.

I. Les deux sommets d'Ilinissa dont on a déterminé immédiatement la hauteur au-dessus du niveau de la Mer, & dont on a conclu celles des autres montagnes.

K. Chimboraço, la plus haute montagne qu'on ait observée, & au Sud de laquelle on a fait l'expérience de l'attraction.

L. Lit de la riviere de Guaillabamba en sortant de la Cordelière & en allant se joindre à la riviere des Emeraudes pour se rendre à la Mer pacifique.

M. Cochefqui, obfervatoire de l'extrêmité feptentrio-
nal de la Méridienne.

N. La ville de Quito.

O. Signal d'Oyambaro, extrêmité auftrale de notre
premiere bafe.

P. Bourgade de Mindo qui eft au dehors de la Cor-
deliére & dans la Province des Emeraudes.

Q. Signal fur Cotopaxi qui a fervi à nos fixiéme &
& feptiéme triangles, & dont le pofte a été entierement boulverfé, comme on l'a dit, par la nouvelle éruption du Volcan en 1742.

R. Signal de Tanlagoua fur la chaîne occidentale.
Le fignal de Pambamarca eft vis-à-vis fur l'autre chaîne qui eft derriere, & il a fervi de fommet au troifiéme
angle de notre premier triangle formé fur la bafe d'Yarouqui.

S. Signal qui a fervi à M. Godin dans fes triangles
particuliers.

T. Signal de Gouapoulo qui eft encore propre à M.
Godin.

On fera attention fans doute, en confidérant le profil de ces montagnes, après avoir lû ce que j'ai dit de
la difficulté qu'on trouve à les efcalader, qu'on ne prend
qu'une idée très imparfaite de pareils objets par la vûe
d'un deffein danslequel on a obfervé, comme on a tâché
de le faire ici, un rapport exact entre toutes leurs dimenfions. Une pente repréfentée fur le papier ne paroît pas
roide comme celle qu'on voit de près fur le terrain. Il
devient impoffible d'efcalader une montagne dont l'inclinaifon des côtés par rapport à l'horifon eft de 35 ou
36 degrés, à moins qu'on ne fe faififfe aux herbes ou
aux arbuftes, ou que les rochers dont la montagne eft
formée ne fourniffent comme des marches. Je fuis
monté deux fois de notre fignal de Cotopaxi iufqu'au
terme inférieur conftant de la neige : la pente étoit tout
auffi roide ; mais les fragmens de pierres-ponces & de

pierres-calcinées sur lesquels je marchois me servoient d'apui, quoiqu'ils cedassent souvent, & qu'il m'arrivât quelquefois de plus reculer que d'avancer. Je mis environ cinq quarts-d'heure ou un peu plus à monter les 140 ou 150 toises dont nous étions au-dessous du terme de la neige; & il ne me fallut que 11 minutes pour descendre. Une autre remarque qui n'a point de rapport avec la précedente mais dont l'objet étoit bien plus important pour nous; c'est que nous avons été fort heureux que la Cordelière du Pérou eût aux environs de l'Equateur une direction peu différente du Méridien: si elle avoit décliné du Méridien de 40 ou de 50 degrés nous ne pouvions plus la suivre, nos opérations nous conduisoient dans les forêts d'en bas & dans des pays marécageux & comme impénetrables. Notre voyage se trouvoit manqué vraisemblablement: ou bien il nous eut fallu établir nos triangles sur la côte; ce que je proposai lorsque nous abordâmes à Manta, & ce qui nous eut peut-être épargné bien du tems & beaucoup de peines.

PROFIL DE LA CORDELIERE DU PEROU, COUPÉE PAR UN PLAN VERTICAL PERPENDICULAIRE À SA LONGUEUR.

VUE DE LA CORDELIERE DU PEROU AUX ENVIRONS DE QUITO.

Echelle de trente mille toises.

LA FIGURE
DE LA
TERRE.

LA FIGURE
DE LA
TERRE,

Déterminée par les Observations faites au Pérou par Messieurs de l'Académie Royale des Sciences.

LA commission dont l'Académie me fait l'honneur de me charger, de mettre sous les yeux du Public le résultat des opérations faites au Pérou pour déterminer la Figure de la Terre, m'oblige d'exposer en même tems toutes les précautions que nous avons prises, & de développer les raisons qui les rendoient nécessaires. Je suivrai les choses par ordre, en insistant d'abord sur le choix que

A*

nous dûmes faire des Opérations qu'il étoit à propos d'entreprendre les premieres. Le Lecteur supposera qu'il nous accompagne au Pérou, & que nous sommes sur le point de commencer le travail.

PREMIERE SECTION.

Du choix entre les Opérations qui peuvent servir à déterminer la figure de la Terre.

I.

1. Nous ne pouvons pas nous dispenser de joindre à la mesure de quelques degrés de l'Equateur celle de quelques degrés du Méridien, si nous voulons par nos seules & propres Observations décider la question de la figure de la Terre. La comparaison de ces différens degrés nous apprendroit si la Terre est exactement une Sphére, ou si elle forme un Sphéroïde allongé ou applati. Il est évident qu'il faudroit que cette grande masse fut parfaitement sphérique, ou qu'au moins sa surface vers son milieu ne différât pas de celle d'un Globe exact, pour que les premiers degrés de latitude & les degrés de longitude fussent rigoureusement égaux les uns aux autres. Dans ce seul cas la courbure de la surface terrestre seroit exactement la même dans les deux sens, & paroîtroit parfaitement reguliere à un Observateur placé dans le milieu de la Zone torride.

2. Mais supposé que la Terre soit applatie vers les Poles, sa surface au milieu de la Zone torride aura en même tems deux différentes courbures, & l'une sera plus grande que l'autre. Le cercle de l'Equateur sera plus grand de même que ses degrés; pendant que la

courbure, dans le sens du Méridien, sera comme la portion d'un plus petit cercle ; ou ce qui revient au même, la Terre sera plus éloignée d'être plate dans ce second sens, & par conséquent les premiers degrés de latitude seront plus petits que les degrés de l'Equateur. Ce sera tout le contraire si notre Globe est allongé vers les Poles : la Terre étant moins élevée vers l'Équateur, aura moins de circuit dans la direction de ce cercle, & ses degrés seront moins étendus ; au lieu que la courbure dans le sens perpendiculaire ou dans le sens des Méridiens étant moins subite, les degrés de latitude seront plus longs. Ainsi l'égalité entre les degrés de l'Equinoxial & ceux du Méridien seroit pour nous un *argument* assez sûr de la sphéricité ou parfaite rotondité de la Terre ; elle nous indiqueroit que la courbure dans les deux sens est la même. Les degrés du Méridien plus grands que ceux de l'Equateur nous apprendroient que la Terre est allongée dans le sens de son axe ; & les degrés du Méridien plus petits que ceux de l'Equateur nous marqueroient au contraire que la Terre est applatie vers les Poles.

3. Rien ne seroit plus flateur pour nous que de pouvoir ainsi sans rien emprunter des Observations des autres Mathématiciens, décider entierement le Problême. Mais si nous sommes exposés par la longueur des opérations, ou par quelques autres accidens à n'en pouvoir entreprendre qu'une seule, à ne mesurer que les seuls degrés de l'Equateur ou ceux du Méridien ; obligés alors d'avoir recours à des Observations étrangeres pour comparer la grandeur que nous trouverons au degré avec celle qu'il a en Europe, nous devons préférer ici celle des deux déterminations qui peut répandre le plus de lumiere sur la question. Outre qu'il peut se trouver des difficultés dans une des mesures qui ne se trouvent pas dans l'autre, on sçait qu'entre les Méthodes qui sont également bonnes dans la spéculation pour

refoudre un Problême, il en eft toujours quelqu'une qui réuffit mieux dans la Pratique. On eft fujet, quelque biais qu'on prenne, à fe tromper dans les *données*, au moins de ces petites quantités qui fe refufent au peu de délicateffe de nos fens : les *données* par leur complication fe transforment, pour ainfi dire, en la quantité qu'on veut découvrir; mais malgré cette transformation, elles reftent toujours affectées des mêmes erreurs, lefquelles tirent enfuite plus ou moins à conféquence, felon les divers procédés de la Méthode. Ainfi quand même il feroit également facile pour nous de mefurer ou les degrés de latitude ou ceux de longitude, il pourroit arriver qu'une des deux opérations fût entierement préférable à l'autre; vû le meilleur ufage qu'on pourroit en faire en la combinant avec les Obfervations faites en Europe. Ce choix, pour agir avec pleine connoiffance de caufe, eft non-feulement néceffaire fi nous ne nous propofons qu'une des mefures; il le feroit encore fi nous tentions les deux. Suppofé qu'elles fuffent également propres, prifes féparement, à remplir notre intention, il feroit alors indifférent de commencer par l'une ou par l'autre : mais fi l'une des deux jouit de quelque avantage particulier, fi elle exige moins de dépenfes & moins de travaux, fi elle eft fufceptible d'une plus grande exactitude ou fi elle eft plus décifive, nous devons fans difficulté l'entreprendre la premiere; afin de nous précautionner contre tous les évenemens. Il faut que nous n'oublions jamais, que nous trouvant au-delà de l'Océan dans un pays étranger où nous fommes privés de tout fecours & où nous avons une infinité d'obftacles à craindre capables de nous faire manquer l'objet de notre Miffion, nous ne fçaurions trop nous hâter d'en affûrer le fuccès, en travaillant d'abord à la partie qui eft inconteftablement la plus effentielle.

4. Il eft vrai que la prudence du fage Miniftre, fous les aufpices duquel nous faifons notre voyage, n'a rien

laissé à notre choix : les ordres qu'il nous a fait l'honneur de nous donner de la part du Roy, & que nous avons reçûs lorsque nous étions sur le point de venir à l'exécution, nous prescrivent la seule mesure des degrés du Méridien. Ces ordres supérieurs d'accord avec les regles les plus infaillibles de la Géométrie, ne font autre chose dans cette rencontre extraordinaire que nous obliger d'agir en vrais Géométres. Souvent la raison dans le tems même qu'elle est armée de démonstrations, n'est pas sûre de triompher : outre qu'il lui arrive quelquefois de perdre de ses droits par la maniere dont elle est défendue, il n'est que trop fréquent, quelques chers que ses intérêts nous doivent être, de les voir sacrifiés au plaisir aussi stérile qu'injuste que plusieurs personnes trouvent dans la contradiction. Mais enfin l'autorité est venue à son secours ; & si en nous interdisant la diversité des partis, elle nous a ôté le mérite de bien choisir, elle nous a heureusement délivré d'un autre côté de la fatale liberté de pouvoir nous tromper.

I I.

Examen des erreurs qu'on est sujet à commettre dans la mesure des degrés du Méridien.

5. On a souvent assigné à 5″, & même à moins, les erreurs qu'on peut commettre dans chacune des Observations Astronomiques, qui sont nécessaires pour déterminer la grandeur des degrés du Méridien. Le Lecteur est déja prévenu que nous sommes réduits à ne pouvoir connoître la figure & les dimensions de notre Globe qu'en consultant le Ciel. On ne juge du chemin qu'on a fait sur la Terre dans le sens du Méridien à proportion de tout son circuit, qu'en examinant le changement de spectacle que nous offrent les Astres. Le Zénith répondant verticalement sur notre tête, change de

place à mesure que nous marchons ; son mouvement répond au nôtre, & nous n'en déterminons la quantité qu'en comparant ce point à quelque terme fixe, ou qu'en mesurant sa distance dans les divers lieux à la même étoile. On regarde avec raison comme nulle l'erreur qui peut se glisser dans la mesure Géométrique de l'intervalle compris entre les lieux où on fait les Observations : il est certain, comme nous le montrerons dans la suite, qu'elle ne va guéres qu'à une dixaine de toises sur un espace de 60 lieues, aussi-tôt qu'on part d'une base d'une longueur suffisante, qu'on a eu le soin de bien conditionner ses triangles, & qu'on se sert pour mesurer les angles d'un instrument armé de Lunettes, & qui ait au moins deux pieds de rayon. Mais l'arc du Méridien étant mesuré en toises, il faut sçavoir à quel intervalle il répond dans le Ciel ; il faut déterminer sa valeur en degrés & en minutes de grand cercle ; c'est ce qui met dans la nécessité de comparer le Zenith de chaque extrémité à la même Etoile ; car les moyens qu'on a quelquefois proposé pour éviter cette comparaison, ne sont nullement susceptibles de la précision qui est nécessaire dans cette rencontre. Mais quoique nous croyons avoir travaillé avec quelque succès à perfectionner les moyens de faire ces sortes d'Observations, comme on le verra dans la suite, nous sommes cependant encore obligés d'avouer ingénument que nous ne pouvons guéres répondre en rigueur que de 4 secondes. Nous parlons comme quelqu'un qui croyant qu'une des principales parties de l'Astronome est la candeur, n'a aucun intérêt de ne pas représenter fidélement l'état des choses, & qui se le reprocheroit outre cela toute sa vie, s'il avoit le malheur de pécher le moins du monde contre la vérité, même dans cette rencontre. Je conviens aisément que lorsqu'on se contente de faire réflexion à chaque partie de l'opération, & qu'on examine avec une loupe l'étendue qu'ont 5″, on est tenté d'affirmer que malgré le concours de toutes les petites erreurs qu'on peut commettre, il n'est pas possible qu'on se trompe si considérablement. Mais j'en appelle à l'expérience, principalement à celle qu'on fera en repetant l'Observation avec différens instrumens ou avec le même, après l'avoir changé de disposition : on verra qu'il n'y a aucune exagération dans ce que j'avance.

6. On regarde souvent la conformité entre les Observations comme une marque infaillible de leur exactitude, quoi qu'elle n'en soit qu'une marque très-équivoque. Il est certaines erreurs qui étant absolument fortuites, peuvent se trouver tantôt dans un sens & tantôt dans un autre : au lieu qu'il en est d'autres qui quoique sujettes à varier sont plus régulieres. Elles se font toujours dans le même sens ; soit parce qu'elles viennent de l'instrument, soit parce qu'elles naissent de la maniere trop uniforme de proceder de l'Observateur, ou de la constitution particuliere de ses yeux. Nos preuves seroient suspectes si elles n'étoient fondées que sur notre propre expérience : mais qu'on consulte les Observations que nous ont laissé nos plus habiles Observateurs, on y trouvera des preuves ou plutôt des démonstrations incontestables, qu'on se promet souvent dans ces sortes de matieres une exactitude beaucoup plus grande que celle qu'on est sûr d'obtenir, & qu'outre cela l'accord entre les observations lorsqu'on les vérifie, ne suffit pas toujours pour dissiper tous les doutes.

7. C'est en me fondant sur ces exemples, que je ne fais pas difficulté d'avancer, qu'il faut pousser le scrupule jusques à l'excès dans chaque Observation, & y apporter des soins superstitieux pour pouvoir répondre de 3 ou 4″, & que pour peu qu'on se néglige, on peut se tromper de 10 ou 12″, quantité qui se trouvant tantôt dans un sens & tantôt dans un autre, ou tantôt en excès & tantôt en défaut, peut introduire plus de 20 secondes de différence entre les Observations. Si lors

qu'on opére avec le plus de précifion, & lorfqu'on ne fe trompe que de 3 ou 4 fecondes, les erreurs commifes aux deux extrémités de la Méridienne fe joignent enfemble, elles en formeront une qui fera double & qui pourra donc être de 7 ou 8. C'eft la plus grande exactitude, à ce qu'il me paroît, qu'on peut fe flater d'obtenir ordinairement ; vû les moyens & les inftrumens dont nous fommes obligés de nous fervir, quoi qu'on puiffe approcher davantage du but & le rencontrer fouvent, puifqu'il n'y a aucune néceffité de fe tromper. Il eft vrai que cette erreur, qui feroit exceffive fi l'on avoit mefuré un trop petit efpace, devient relativement moindre fur un arc plus étendu, puifqu'elle fe partage à mefure que l'efpace contient un plus grand nombre de degrés. Lorfqu'on fe borne à un arc de trois degrés, l'erreur fur chacun eft trois fois plus petite & elle n'eft que d'environ $2\frac{1}{2}$ fec. ou d'environ 40 toifes. Il peut arriver qu'on fe trompe moins ; & il y a lieu de le penfer fi on repete les Obfervations plufieurs fois avec les mêmes attentions ; mais on ne peut pas en répondre abfolument. Enfin nous propofant de mefurer au Pérou un efpace de 60 lieuës dans le fens du Méridien, & pouvant nous tromper de 7″ fur l'amplitude de cet efpace, nous devons évaluer, comme on le voit, à environ une 1500me partie l'erreur que nous avons à craindre fur la grandeur de chaque degré.

Examen des erreurs qu'on eft fujet à commettre dans la mefure des degrés de longitude.

8. Si la mefure des arcs de l'Equateur ne demande que des Obfervations très-fimples & même plus fimples, elles font néanmoins fujettes à des erreurs encore plus confidérables. Nous négligeons comme ci-devant la quantité dont on peut fe tromper dans la mefure Géodéfique de l'intervalle, ou dans fa valeur exprimée en toifes.

toises. Mais il faut chercher après cela sa valeur en degrés & en minutes, & c'est alors qu'on peut tomber dans la plus grande erreur. On juge de la grandeur de l'Arc par la différence de Méridiens découverte en heure ; différence qu'on ne peut déterminer qu'en réglant deux Horloges à pendule aux deux extrêmités de la distance, en comparant leur état par le moyen de quelque signal instantané pris dans le Ciel ou fait sur la Terre. Il est évident qu'on a besoin pour faire cette comparaison d'un signal précis qui assure les deux Observateurs qu'ils se sont accordés dans le même instant à remarquer chacun de son côté l'heure qu'indique son Horloge. Mais sans parler des Eclipses de Lune, qui ne peuvent pas servir dans cette rencontre à cause de l'indécision des Phases, les immersions & les émersions des Satellites de Jupiter qui paroissent incomparablement plus propres à ces sortes de déterminations, ne le sont cependant pas encore assez. Deux Astronomes compareront inutilement leur Lunette & la diverse délicatesse de leur vûe, en observant ensemble ; rien ne les assûreroit lorsqu'ils se sépareront, que les fatigues d'un voyage ne changeront rien dans la constitution de leurs yeux : & d'ailleurs le Ciel pourroit se trouver plus ou moins pur dans un poste que dans l'autre, puisqu'on expérimente quelques fois cette différence, en observant dans la même Ville à quelques centaines de toises de distance. Supposé que l'erreur fût de $8''$ de tems, elle répondroit à $2'$ de degré ou à environ $\frac{2}{3}$ de lieüe sur l'Equateur, ce qui est ordinairement peu considérable dans les déterminations Geographiques ; mais l'erreur seroit énorme dans la circonstance présente, puisqu'elle pourroit faire disparoître toute la quantité qu'il s'agit de découvrir. Les Observateurs en un mot fussent-ils les plus exercés, on auroit des Observations pour l'hypothése de la Terre allongée pendant qu'il y en auroit aussi d'autres pour celle de la Terre aplatie : on seroit maître de choisir.

9. Ainsi il n'est que trop certain qu'il faut renoncer aux Signaux célestes pour en employer d'autres qui offrent un terme ou un instant plus décidé aux Spectateurs. Un Signal de feu, comme un assez grand tas de poudre, qui en s'enflamant donnera subitement une grande lumiere, un Feu ordinaire, mais assez grand qu'on découvrira & qu'on cachera par le moyen d'un rideau, paroissent les plus convenables. Cependant ils sont sujets à cet inconvénient très-considérable, qu'on ne peut s'en servir que pour mesurer au plus un Arc de 40 ou 50 lieues d'étendue. Il faut trouver un endroit vers le milieu qui puisse être vû des deux extrémités; & quoique le Pérou soit terminé du côté de l'Orient d'une chaîne de Montagnes, qui étant dirigée Nord & Sud paroît d'abord placée comme exprès pour fournir ce poste intermédiaire où l'on doit faire le signal, je n'y connois pas d'endroits où l'on puisse mesurer par ce moyen plus de 40 lieues d'intervalle en longitude; parce que la chaîne de montagnes est trop large ou plûtôt parce qu'elle est double. Je n'insiste pas sur la longue patience dont il faudroit que s'armassent les Observateurs à cause des nuages dont tous les sommets fort hauts sont presque toujours couverts. Je ne puis pas m'empêcher de rappeller à ce sujet que malgré un mois & demi de séjour dans une Isle deserte de la riviere des Emeraudes, je n'ai pu découvrir une seule fois assez distinctement la montagne de Pichincha, quoique je n'en fusse guéres éloigné que de 51400 toises. Outre cela il est très-difficile en reglant une Horloge de pouvoir répondre de son état à moins d'une demie seconde. Les Observateurs ne s'accorderoient pas toujours assez à saisir le signal dans le même instant, quoique son aparition ne durât que très-peu; ils se tromperoient à estimer la fraction de seconde que marque l'Horloge. Or si ces diverses erreurs jointes ensemble faisoient seulement une seconde entiere pour chaque Observateur, on

pourroit se tromper de deux secondes de tems sur tout l'Arc, lequel étant de 40 lieues ou de 2 degrés, ce qui répond à 8′ de tems ou à 480″, l'erreur seroit d'une 240me partie. C'est-à-dire qu'elle seroit six ou sept fois plus grande que celle qu'on est sujet à commetre sur la mesure des degrés de latitude.

10. Le Lecteur doit remarquer que nous mettons ici toutes les choses sur le plus bas pied, en évaluant chaque erreur particuliere, & il s'en convaincra aisément s'il veut entrer un peu dans le détail. Il faut comme on le sçait pour regler une Horloge prendre du côté de l'Orient & du côté de l'Occident des hauteurs correspondantes du même Astre. On ne compte pas comme une source d'erreur le changement que souffre dans l'intervalle des Observations la déclinaison de l'Astre, puisque ce changement est connu : mais il faut rendre les hauteurs prises vers l'Occident parfaitement égales à celles qu'en a observées vers l'Orient ; & quelque soin qu'on y aporte il y aura toujours en cela quelque petite erreur qui ne laissera pas de tirer à conséquence, soit parce que le fil à plomb ne tombera pas assez exactement sur les divisions du quart de cercle, soit parce qu'on se trompera de quelque chose à saisir le limbe de l'Astre.

11. Le tems le plus propre pour prendre ces hauteurs correspondantes, est d'observer l'Astre lorsqu'il passe par le premier Vertical, comme il est très-facile de le démontrer & comme je l'ai prouvé ailleurs. * On peut supposer que la quantité dont on est sujet à se tromper est toujours la même : cependant l'erreur qui en resultera sur le midi ou sur l'instant de la médiation, sera d'autant plus considérable qu'on sera plus éloigné de l'Equateur, ou que la hauteur Polaire sera plus grande. L'erreur suivra la raison inverse du Sinus complement de cette hauteur, ou ce qui revient au même, elle augmentera en même raison que la sécante de la lati-

* Mém. de l'Acad. des Scien. de 1736 page 460 & suiv.

tude. Ainſi ſuppoſé qu'au lieu d'être ſur l'Equateur on en ſoit éloigné de 60 degrés, l'erreur dans la maniere de regler l'Horloge poura être deux fois plus grande, quoiqu'on y apporte le même ſcrupule. Telle eſt cette erreur, lorſqu'on la conſidere abſolument, comme il le faut faire dans diverſes recherches: mais dans la rencontre préſente elle perd relativement cet excès de grandeur qu'elle a lorſque la hauteur Polaire eſt plus grande; parce que ſi l'on meſure un Arc de longitude dont la longueur ſoit d'un nombre determiné de lieues, cet Arc ſe trouvera étendu ſur la circonférence d'un plus petit cercle & vaudra un plus grand nombre de degrés; préciſément en même raiſon que la ſecante de la latitude ſera plus grande; ce qui produira une parfaite compenſation. Lorſqu'on eſt par 60 degrés de latitude on peut ſe tromper deux fois plus dans l'état de l'Horloge; mais d'un autre côté le même eſpace de lieues répond à une différence de Méridiens qui évaluée en degrés ou en tems, eſt deux fois plus grande. L'erreur eſt donc relativement la même, ou pour s'exprimer autrement, elle eſt toujours une pareille partie de la quantité qu'on veut déterminer; & comme c'eſt la même choſe par toutes les autres latitudes, il n'importe par conſequent à cet égard, que les Obſervations ſe faſſent à plus ou à moins de diſtance de l'Equateur.

12. Outre l'erreur précedente qu'on doit craindre dans la maniere de regler l'Horloge, erreur qui naît du défaut d'égalité entre les hauteurs correſpondantes & qui peut monter aiſément à plus d'une demie ſeconde de tems, l'Obſervateur quoique très-attentif à écouter le bruit de ſa Pendule lorſqu'il prend les hauteurs, ou lorſque de nuit il obſerve l'apparition du ſignal, peut ſe tromper comme nous l'avons déja dit de quelque fraction de ſeconde, peut-être de plus d'un quart ou d'un tiers. Cette ſeconde erreur doit naturellement ſe trouver de la même quantité abſolue par

tout; je veux dire que sa grandeur ne dépend pas comme l'autre de la latitude par laquelle se font les Observations. Mais puisque le même espace de lieues en longitude répond à un plus grand nombre de degrés, ou à un plus grand nombre de minutes & de secondes de tems aussi-tôt qu'on est plus proche du Pole, cette seconde erreur se trouvera moindre à proportion, ou fera une moindre partie de la quantité totale, lorsqu'on sera par une plus grande latitude. Ces sortes d'erreurs qui sont si éloignées de suivre la même Loi doivent être imputées à l'Observateur; & leur somme à cause de la seconde erreur deviendra un peu moindre, lorsqu'on fera les Observations dans des endroits plus éloignés de l'Equateur.

13. Il est encore une troisiéme sorte d'erreur qui ne doit être attribuée qu'à l'Horloge qui n'est pas parfaitement exacte dans les parties du tems qu'elle indique. Ses révolutions peuvent être parfaitement égales, & que cependant sa marche soit un peu irréguliere. Cette anomalie qui peut aller quelques fois après d'une seconde dépend principalement de l'intempérie du poste que l'on occupe, qui peut faire varier la longueur du Pendule, sur tout s'il est de cuivre ou d'argent. J'ai souvent tâché de sauver cette irrégularité dans mes Observations, en mettant auprès de l'Horloge une espece de Thermometre de métal, qui m'indiquoit les différentes extentions de la verge du Pendule, & qui me mettoit en état de faire usage d'une table d'équations horaires que j'avois construite. L'irrégularité peut encore venir, comme je crois l'avoir experimenté, de la diverse longueur qu'a le cordon qui soutient le poids moteur de l'Horloge; selon les diverses longueurs de ce cordon, le poids qui reçoit quelque agitation des battemens fait des oscillations, qui quoiqu'insensibles ébranlent aussi un peu à leur tour toute la Machine, & aident ou nuisent aux vibrations du Pendule selon qu'el-

les font commensurables ou incommensurables avec les siennes. Enfin on voit évidemment qu'il n'y a aucune exageration à supposer que toutes ces erreurs, quoiqu'on en évite une partie, peuvent par leur complication en former une qui soit d'une seconde entiere pour chaque Observateur, & de 2″ sur tout l'Arc. Nous n'avons donc pas eu tort d'avancer qu'on peut se tromper d'une 240me. partie sur la mesure d'un Arc de longitude de 2 degrés, & six ou sept fois plus que sur la mesure d'un Arc de latitude de 3 degrés. Ainsi pour reconnoître laquelle des deux Opérations est la plus décisive, ou celle par laquelle nous devions commencer si nous avions à choisir, il nous reste à discuter combien les erreurs auxquelles l'une & l'autre est sujette, & dont nous venons de marquer la quantité au moins respectivement, peuvent influer sur la figure de la Terre ou sur le rapport de ses deux Axes.

III.

Remarques générales sur les proprietés qui sont communes aux Méridiens de différentes courbures, dans lesquels les degrés changent inégalement, mais selon la même loi.

14. Aussi-tôt que la Terre n'est pas sphérique, les directions de la pesanteur ne peuvent pas concourir à un seul point, & la Terre doit avoir comme différens centres par raport à chaque endroit de sa surface. Supposons que AMDC (*Fig.* 1.) soit le quart du plan du Méridien, ou que CD soit la moitié de l'Axe proprement dit; D un des Poles, & CA qui est perpendiculaire à CD un des rayons de l'Equateur. Les directions de la pesanteur étant perpendiculaires à la surface de la Terre dans tous les pays, comme le prouve la

Figure 1.

ſtabilité des eaux qui cherchent continuellement leur niveau, ces directions ſeront pour le point A la ligne AC, pour le point P la ligne PF, pour le point M la ligne MG, &c. & ces droites formeront par leur concours ou par leurs interſections ſucceſſives & infiniment voiſines les unes des autres la courbe AFGH que nous pouvons nommer *gravicentrique* ou *barocentrique*. Ignorant comme nous le faiſons beaucoup de choſes à l'égard de la gravité des corps, nous ne pouvons pas aſſurer que ces droites PF, MG &c. ſervent de directions à la peſanteur dans l'intérieur même de la Terre : il ſe peut faire que cette force agiſſe ſelon des lignes courbes en ſe détournant de ces lignes droites; mais quoiqu'il en ſoit ces lignes indiqueront toujours les directions ſelon leſquelles la peſanteur s'exerce à la ſurface, & la courbe AFGH ſera la *gravicentrique* à notre égard. Cette ligne courbe nous indique non-ſeulement par ſes tangentes les directions de la peſanteur ou les verticales pour chaque point de la ſuperficie de la Terre, elle nous marque auſſi la quantité des diverſes courbures en chaque endroit du Méridien, puiſqu'elle termine les rayons de ſes diverſes curvités, ou qu'elle eſt le *lieu géométrique* de leurs centres. Le rayon de la courbure, ou le rayon du cercle oſculateur du Méridien au point A eſt cenſé ici infiniment petit. Au point P la courbure n'eſt pas infinie, ou ce qui revient au même, la partie du Méridien aux environs de P appartient à un cercle dont le rayon PF eſt fini. En M le rayon MG eſt encore augmenté; & il eſt le plus grand de tous en D au Pole où DH eſt ſa longueur.

15. La grandeur des degrés étant proportionelle à la grandeur des cercles auxquels ils appartiennent & à la grandeur de leur rayon, il eſt évident que vû la forme que nous attribuons ici au Méridien & à ſa *barocentrique*, la longueur des degrés de latitude va en augmentant depuis l'Equateur juſqu'au Pole : Ces degrés ſuivront la

16   LA FIGURE

Figure 1.

proportion des rayons PF, MG, DH. Comme dans la circonstance présente la longueur du premier degré est nulle, puisque le rayon de la courbure du Méridien en A est infiniment petit, les autres rayons comme PF, MG expriment en même tems la grandeur absolue des autres degrés & leur augmentation sur le premier : mais si au lieu de considérer cette grandeur absolue, on veut seulement considérer leur excès ou leur défaut par rapport au premier, ces changemens seront représentés par l'excès de tous les rayons sur le rayon du cercle osculateur au premier point A. Or ces excès comme le sçavent les Lecteurs sont égaux aux parties correspondantes de la courbe AFG à commencer au point A, puisqu'ils en sont les développemens; c'est-à-dire, que l'excès de FP sur le rayon au point A est égal à l'arc FA ; & l'excès de GM sur le premier rayon, est égal à l'arc GA. Ainsi on voit que les longueurs des arcs AF, AG, &c. de la *gravicentrique* à commencer au point A, expriment les excès de tous les degrés de latitude sur le premier, en même tems que les arcs partiaux AF, FG, GH représentent les excès de ces degrés les uns sur les autres. Ces arcs ne sont pas égaux aux accroissemens des degrés: mais ils suivent la même loi, ils ont le même rapport avec eux, que le rayon du cercle osculateur en A avec le premier degré de latitude, ou que le rayon AC de l'Equateur avec ses degrés.

16. A l'égard de la latitude de chaque point comme M, il est clair qu'elle est marquée par l'angle que fait le rayon MG avec le rayon AC de l'Equateur. Car la latitude terrestre n'est autre chose que la distance de chaque endroit à l'Equateur; & cette distance au lieu d'être absolue est une distance angulaire, qui ne peut être exprimée que par l'angle que font les verticales AC & MG, lequel exprime en même tems la distance du Zénith du point M à l'Equateur céleste, qui dans la circonstance présente est CA prolongé indéfiniment

niment vers le haut. Comme les verticales FP, GM
&c. sont les prolongemens des parties infiniment petites de la *gravicentrique*, il est également clair que les
latitudes de tous ces points P, M &c. du Méridien sont
égales aux inclinaisons ou obliquités des parties correspondantes de la *barocentrique* par rapport au rayon AC
de l'Equateur. Au point A il n'y a point de latitude;
aussi la *barocentrique* n'est-elle point inclinée dans son
origine A par rapport à AC qu'elle a pour tangente. Figure 1.
L'inclinaison des parties de la courbe va ensuite en
augmentant de même que les latitudes; & en H cette
même courbe a une direction perpendiculaire au rayon
de l'Equateur; parce qu'en D au Pole, la latitude est
de 90 degrés. Il suit de tout cela que la *gravicentrique*
a ces trois propriétés très-remarquables. 1°. *Ses tangen-
gentes FP, GM indiquent les directions de la pesanteur à
la surface de la Terre*. 2°. *Les différentes inclinaisons de ses
parties infiniment petites dans les points F, G par rapport à
l'Equateur sont égales aux latitudes des endroits correspondans P, M, &c.* 3°. *Ses arcs AF, FG &c. marquent les
excès de longueur des degrés de latitude les uns sur les autres, pendant que ses arcs entiers AF, AG, &c. à commencer du point A marquent les excès de chaque degré sur le
premier.*

17. Lorsque la *gravicentrique* aura beaucoup plus d'é-
tendue, l'acroissement des degrés sur le premier sera
très-grand: mais si l'on diminue toutes les dimensions de
cette ligne courbe proportionellement sans toucher
néanmoins à la longueur du rayon de l'Equateur, en même tems que les excès des degrés de latitude sur le premier suivront toujours la même loi ou progression, ils
se trouveront plus petits. Si, par exemple, *afgh* est la
gravicentrique, & que toutes ses parties soient deux
fois plus petites que celles de la premiere, les excès
des degrés du Méridien les uns sur les autres seront
aussi deux fois moindres. Le dernier degré de latitude

C

ne surpassera plus le premier que de la longueur de l'arc a h, au lieu qu'il le surpassoit de l'arc AH : le demi axe C d approchera plus d'être égal au rayon AC de l'Equateur, & cette moindre différence donnera à la Terre une forme A p m d plus aprochante de la sphérique. On peut diminuer ainsi de plus en plus la gravicentrique; & si on la réduisoit à la fin au seul point C, alors l'inégalité entre les degrés disparoîtroit entierement, & le Méridien deviendroit exactement un quart de cercle A μ Δ.

18. Il est clair au surplus que pendant cette diminution de la barocentrique toutes les particules F, f &c. qui ont la même inclinaison ou obliquité par rapport au rayon de l'Equateur dans ces différentes lignes courbes, se trouvent toujours sur la même droite CF qui passe par le centre C, puisque nous rendons semblables toutes ces lignes courbes. Il n'est guéres moins évident que les points comme P, p, π, p &c. qui sont par la même latitude dans les différentes courbes APMD, A p m d, &c. qu'imite alors le Méridien se trouvent aussi tous sur une même ligne droite PP2 qui en est le lieu. En effet le rayon FP qui appartient au point P étant égal à l'arc AF, au lieu que le rayon C π de la Terre supposée sphérique est égal à AC, l'excès de ce rayon sur le premier sera égal à l'excès de AC sur AF; & si on considére une autre gravicentrique a f h, le rayon p f qui appartient au point p de la même latitude dans le Méridien A p m d sera égal à A a + a f, au lieu que le rayon C π de la Terre supposée sphérique est égal à AC ou à A a + a C; ainsi ce dernier rayon surpasse le rayon p f de l'excès de a C sur a f. Or comme tous ces excès de AC sur AF ou de a C sur a f, &c. qui sont en même tems les excès du rayon du Méridien circulaire A μ Δ sur les rayons des autres Méridiens, diminuent en même raison qu'on fait diminuer la gravicentrique; il s'ensuit que les rayons mê-

mes PF, pƒ, &c. des différentes courbures que prend le Méridien, deviennent de plus grands en plus grands & qu'ils augmentent en progression arithmétique depuis FP jusqu'à C π. Ainsi puisqu'une de leurs extrémités est sur une ligne droite FC & qu'ils sont tous paralleles aussi-tôt qu'ils appartiennent à une même latitude, leurs autres extrémités, P, p, π, &c. ne peuvent pas manquer de se trouver sur une autre droite P π.

19. La même propriété doit avoir lieu à l'égard de tous les autres points des Méridiens qui sont par même latitude : tous ces points ont toujours pour *lieu* une ligne droite; & c'est encore la même chose lorsque le demi axe CD2 est plus long par le rayon AC de l'Equateur, ou lorsque la Terre est un sphéroïde oblong, ce qui arrive lorsque la gravicentrique a une disposition A2 F2 D2 opposée à la premiere, & que la longueur des degrés de latitude au lieu d'aller en augmentant vers le Pole va en diminuant. Nous avons par conséquent ce Théoreme général qui ne peut pas manquer d'avoir diverses applications; que dans tous les *Méridiens de même genre* AMD, Amd, Aμ∆, *&c. qui partent du même point* A, *les points* M, m, μ, *&c. qui appartiennent à la même latitude sont tous sur une même ligne droite* MM2. Tous ces points sont sur une même ligne droite dans les différens Méridiens : mais si l'on fait tourner les lignes courbes AMD, Amd, &c. autour de CD2 pour avoir des sphéroïdes plus ou moins allongés, il est clair que tous les points qui seront par la même latitude dans ces sphéroïdes différens, quoique du même genre, seront dans une surface conique formée par la révolution de MM2.

20. On voit bien que nous ne prenons pas ici le mot de *genre* dans le même sens que l'entendent ordinairement les Géométres, qui distinguent les courbes par le plus haut exposant des équations qui expriment la rélation de leur ordonnées & de leurs abscisses. Les

Figure 1.

Méridiens sont ici censés de même genre, aussi-tôt que le changement de leurs degrés de latitude par rapport au premier soit en excès soit en défaut, suit la même progression, quoiqu'il soit plus ou moins grand. Il n'importe que ces Méridiens soient plus ou moins racourcis ou plus ou moins allongés, ou que la gravicentrique soit plus ou moins grande, ou renfermée dans l'angle ACH ou dans son opposé A2CD : tant que cette derniere courbe ne différera que par sa grandeur ou par sa position, tous les Méridiens seront renfermés dans le même genre ; & on doit remarquer que comme le cercle A$\mu\Delta$ tient comme le milieu entre toutes ces différentes especes de Méridiens, on peut dire qu'il appartient à tous les genres. Ce Méridien circulaire fait toujours le partage entre les quantités positives & négatives ; tout ce qui étoit excès d'un côté devient défaut de l'autre, & tous ces excès & défauts se trouvent nuls dans le passage par le cercle ; les degrés de latitude sont égaux entr'eux ; le demi-axe est égal au rayon de l'Equateur, &c.

21. On peut déduire de ce Théoreme différens corolaires que nous laissons à la recherche & à la curiosité du Lecteur. Nous nous contentons de faire cette remarque importante que le degré est de différente grandeur dans tous les points P, p, π, &c. qui sont par la même latitude dans les divers sphéroïdes AMD, Amd &c, & que c'est la même chose dans tous les autres endroits ; tous ces degrés qui sont par la même latitude dans les différens sphéroïdes ne peuvent pas manquer d'être plus grands ou plus petits en progression arithmétique ; puisque leurs rayons FP, fp, Cπ, fp, &c. sont terminés par l'une & l'autre extrémité par des lignes droites PP2 & FF2. Mais l'inégalité disparoît lorsque le *lieu* MM2 des points qui sont par même latitude est parallele au *lieu* GG2 des centres G, g, &c. des cercles osculateurs. Tous les Méridiens ont leurs rayons MG, mg, μC, &c. égaux entr'eux dans ces points M, m, μ.

&c, & la longueur du degré de latitude est donc aussi la même & égale à celle du degré de l'Equateur, puisque tous les rayons GM, gm, &c. sont égaux à Cµ ou à CA.   Figure 1.

22. C'est ce qui doit arriver aussi-tôt que l'arc AG de la gravicentrique est égal à AC : car le rayon MG étant égal à cet arc AG dont il est le dévelopement, sera égal à AC ou à µC qui sont également rayons du Méredien circulaire AµΔ. Si l'on considére après cela une autre gravicentrique afh, comme son arc homologue ag sera aussi égal à aC, le rayon mg qui est égal à Aa +ag, le sera aussi à Aa+aC, ou à AC, ou à µC. Ainsi nous avons la démonstration complette d'une vérité très-digne de remarque; que *tous les Méridiens de même genre* APD, Apd, AπΔ, *&c. ont un certain point* M *ou* m, *&c. précisement par une même latitude, dans lequel le degré est exactement de même longueur & égal au degré de longitude pris sur l'Equateur.* On voit encore que *pour découvrir cette latitude qui rend le degré de même longueur dans tous les sphéroïdes de même genre, ou ce qui revient au même, que pour déterminer les points* G, g *des barocentriques* AGH *ou* Agh, *lesquels y répondent, il suffit toujours de rendre l'arc* AG *ou* ag *égal à* AC *ou à* aC, *qui est l'excès du rayon* AC *de l'Equateur sur le rayon du premier degré de latitude.*

IV.

De la précision avec laquelle on peut obtenir le rapport qu'il y a entre les deux axes de la Terre par les diverses comparaisons des degrés de latitude & de longitude.

Le Lecteur peut maintenant receuillir le fruit de la Théorie précedente : toutes les discussions sur cette matiere deviendront d'autant plus simples qu'étant désor-

C iij

mais réduites à des recherches purement géométriques, les yeux aideront davantage à l'esprit; & on se trouvera en état de resoudre même d'une premiere vûe plusieurs doutes qu'on n'éclaircissoit qu'avec peine & que par le secours du calcul. On reconnoîtra aussi que c'est l'attention que nous faisions à cette même Théorie qui devoit nous donner une si forte repugnance à commencer nos opérations au Pérou par la mesure des degrés de longitude. Nous pouvions employer un tems précieux dans ce travail, ou pour mieux dire le perdre; nous pouvions nous donner beaucoup de mouvemens & de peines, & si après avoir consommé cette longue opération, la mort de quelqu'un de nous, ou quelque accident qu'on ne peut pas prévoir, mais qui n'arrive que trop aisément, nous eût empêché de passer à l'autre mesure, nous eussions eu le mortel chagrin de laisser la question de la figure de la Terre toute aussi indécise que si nous n'avions rien exécuté. On connoît en Europe la longueur du rayon MG par les différentes opérations qu'on y a faites; & nous eussions conclu de notre mesure des degrés de l'Equateur, le rayon AC : mais puisqu'une infinité de différentes figures, sçavoir tous les Sphéroïdes formés par les Méridiens de même genre AMD, A m d, &c ont ces rayons de même grandeur, le problême se fut trouvé absolument indéterminé. Il nous restoit toujours à sçavoir malgré tous nos travaux, si la Terre étoit un sphéroïde applati ou allongé, puisqu'il est une infinité des uns & des autres qui ayant le degré de l'Equateur d'une certaine grandeur, ont aussi un degré du Méridien précisement de la même étendue, & que ce degré est selon toutes les apparences par une latitude qui n'est guéres différente de celle du milieu de l'Europe.

De la nature des Méridiens, dans lesquels l'excès ou le défaut des degrés par rapport au premier, est proportionel au sinus des latitudes.

24. Ce qu'il y a encore de plus fâcheux c'est qu'on ne peut déterminer avec précision la latitude par laquelle se trouve ce degré, que lorsqu'on connoît la nature de la gravicentrique, ou que lorsque la question de la figure de la Terre est déja résolue. Il sera facile de se convaincre, que si les acroissemens des degrés de latitude ou leur diminution par rapport au premier, suivent le rapport des Sinus des latitudes, le point où le degré de tous les Méridiens de même genre est égal aux degrés de l'Equateur, est environ par $51^d 45^m$ de latitude; Nous démontrerons aussi dans la suite entre plusieurs autres choses, que si les changemens des degrés au lieu de suivre le rapport des Sinus des latitudes suivent, le rapport des quarrés de ces Sinus, ce point sera par environ $54^d 44^m$. Dans ce second cas les Méridiens de même que leurs gravicentriques sont des courbes géométriques; * & les Méridiens sont sensiblement des Ellipses, au moins lorsque les deux axes ne sont pas éloignés d'être égaux, l'axe proprement dit & le diamétre de l'Equateur. Le Sinus de la latitude du point dont il s'agit, est exactement égal au Sinus total multiplié par $\sqrt{\frac{2}{3}}$ dans tous les Méridiens de ce genre.

Figure 1.

* Voyez l'art. II. de la sixiéme Section.

25. Dans le premier cas, ou lorsque les excès ou les deffauts des degrés de latitude par rapport au premier suivent la proportion simple des Sinus, les Méridiens ont pour gravicentriques des demies cycloïdes dont le sommet est en A ou en a, & qui ont la moitié de leur base égale & parallele à AC ou à aC, pendant que HC ou hC est égale & parallele au diamétre de leur cercle énérateur. C'est ce qu'on verra évidemment si l'on jette

Figure 2.

les yeux sur la figure 2. ALI est la moitié de la circonférence du cercle générateur, laquelle est égale à la moitié IH de la base de la demie cycloïde AFH. Si des points F & G de cette seconde ligne courbe, on tire jusqu'à la rencontre du cercle des parallèles FK & GL à HI, les cordes AK & AL du cercle générateur seront égales comme le sçait le Lecteur, aux moitiés des arcs correspondans AF & AG de la cycloïde, & seront en même tems parallèles aux tangentes FP & GM à cette dernière courbe. Or il suit de-là que les latitudes des points P & M, lesquelles sont représentées par les obliquités qu'a la cycloïde par rapport au rayon AC de l'Equateur dans les points F & G, sont égales aux angles KAC, LAC ou aux angles AIK, AIL qui sont de même grandeur. Ainsi prenant AI pour Sinus total, les droites AK & AL seront les Sinus des latitudes des points P & M; & puisque ces mêmes lignes sont constamment égales à la moitié des arcs correspondans AF & AG de la cycloïde, lesquels représentent les excès des degrés du Méridien en P & en M sur le premier, il s'ensuit que ces mêmes excès sont proportionels aux Sinus des latitudes.

26. Cela supposé il est facile de déterminer la latitude par laquelle tous les Méridiens compris dans le genre dont il s'agit actuellement, ont le degré de cette grandeur moyenne, qui le rend précisément de même longueur que le degré de l'Equateur. Il faut pour cela chercher l'arc AG de la cycloïde qui est égal à AC ou à la moitié IH de la base. Si nous supposons que le diamétre IA du cercle générateur est de 113; nous aurons selon Métius, $177\frac{1}{2}$ pour la demie circonférence ALI qui est égale à IH & à AC; & il est donc question de faire ensorte que l'arc AG de la Cycloïde soit de même longueur. Or l'arc AG étant de $177\frac{1}{2}$, la corde correspondante AL du cercle générateur sera de $88\frac{3}{4}$, & l'angle AIL qui étant égal à l'angle LAC ou à l'angle

gle que fait la tangente GM avec le rayon de l'Equateur désigne la latitude du point M, sera de 51^d 45 ou 46′. Cet angle pour parler dans la rigueur géométrique a son Sinus égal à la huitiéme partie de la circonférence du cercle.

27. Si l'on veut connoître les dimensions du sphéroïde le plus applati & le plus allongé de ce même genre, on n'a qu'à remarquer que HD résultant du dévelopement entier de l'arc HFA, est double du diamétre AI du cercle générateur, & qu'ainsi CD est égale à HC ou à IA. Il suit de-là que le demi axe CD du sphéroïde le plus applati qui a la cycloïde pour gravicentrique, est au rayon AC de l'Equateur, comme le diamétre du cercle est à la moitié de la circonférence, ou comme le rayon est au quart de cercle, ou à peu près comme 226 est à 355; puisque pendant que CD est égal à AI, le rayon AC de l'Equateur est égal à LH qui est égale à la demie circonférence ALI. Nous pourrions nous dispenser d'avertir que le Méridien AMD, qui forme par sa révolution autour de l'axe CD ce sphéroïde le plus applati, est une demie cycloïde parfaitement égale à HGA dont elle est la ligne d'évolution.

28. Il ne sera gueres plus difficile de trouver la longueur du demi axe CD_2 du sphéroïde le plus allongé que de l'autre sphéroïde extrême. Le Méridien AM_2D_2 est la ligne d'évolution de la gravicentrique $D_2 G_2 A_2$, mais développée dans le sens contraire, c'est-à-dire en commençant au point D_2 au lieu de commencer au point A_2, le quart ACD_2 du Méridien est par conséquent semblable à ECH qui résulte du dévelopement de la gravicentrique AGH, lorsqu'on le commence par le point H; on a donc cette analogie CE est à CH, comme le rayon AC de l'Equateur est au demi axe CD_2: ou ce qui revient au même, il n'y a toujours du point A qu'à conduire la droite AD_2 paral-

lelement à la droite HE, & elle viendra rencontrer HΔ dans le Pole D$_2$ qu'il s'agiſſoit de déterminer. Telle eſt la conſtruction générale. Mais dans l'hypothéſe particuliere que nous examinons, le demi axe CD$_2$ eſt égal au diamétre du cercle générateur de la cycloïde D$_2$ G$_2$ A$_2$, pendant que le rayon CA de l'Equateur eſt l'excès de AA$_2$ ſur CA$_2$, ou l'excès de la demie cycloïde A$_2$ G$_2$ D$_2$ ſur ſa baſe, ou l'excès de deux fois le diametre du cercle générateur ſur ſa demie circonference. Or il ſuit de-là que CD$_2$ eſt à CA, comme 226 eſt à 97, ou comme $828\frac{14}{97}$ eſt à 355, c'eſt-à-dire que le rayon CA de l'Equateur étant de 355 parties, le demi axe CD$_2$ du ſphéroïde le plus allongé eſt d'environ $828\frac{14}{97}$ de ces mêmes parties.

29. Ainſi ſi nous nous bornions au Pérou à meſurer les degrés de l'Equateur pour découvrir la figure de la Terre, l'indétermination du Problême ſeroit toujours telle que le rayon AC de ce cercle étant fixé à 355 parties, nous pourrions en attribuer au demi axe ou 226 ou $828\frac{14}{97}$. Cette prodigieuſe variation de l'axe, qui rendroit le ſphéroïde de très-applati très-allongé, en le faiſant paſſer par tous les degrés d'applatiſſement ou d'allongement intermediaires, ne produiroit toujours aucune différence ni ſur la longueur du degré de l'Equateur ni ſur celle du Méridien par $51^d 45'$ de latitude.

De la nature des Méridiens dans leſquels la longueur des degrés augmente ou diminue ſelon une progreſſion Arithmétique ſimple, ou ſelon une progreſſion Arithmétique compoſée.

30. Il ſe peut faire que les changemens des degrés du Méridien par rapport au premier, au lieu d'être proportionels aux ſinus des latitudes le ſoient aux latitudes mêmes. Alors les degrés augmenteront ou diminueront en progreſſion Arithmétique; & la gravicen-

trique AGH sera un quart de cercle qui aura AC & HC pour tangentes. Car les changemens de longueurs Figure 1. des degrés qui sont toujours proportionels aux arcs AF, AG, &c. seront dans ce cas particulier proportionels aux latitudes; puisque c'est une proprieté du cercle que les arcs AF, & AG expriment la grandeur des angles que font leurs tangentes FP & GM avec AC. Si l'arc GA ou g a est double ou triple de l'arc FA ou fa, l'excès du degré du Méridien en M ou en m sur le premier en A, sera double ou triple de l'excès du degré P ou p : mais le rayon GM ou g m du Méridien formera aussi avec l'Equateur AC un angle double ou triple, & la latitude sera par conséquent deux ou trois fois plus grande. Cela supposé, si l'on cherche l'arc AG ou a g qui est égal en longueur à son rayon AC ou a C, on reconnoîtra que c'est par environ $57^d\ 18'$ de latitude que le degré de tous les Méridiens du genre dont il s'agit, est égal au degré de l'Equateur; & cela sans qu'il importe que ces Méridiens soient le plus racourcis ou le plus rallongés qu'il est possible; ou que l'axe proprement dit soit CD ou CD 2, quoique ces deux lignes qui ont le rayon de l'Equateur pour moyenne proportionelle géométrique entr'elles, soient alors à peu près dans le raport de 16 à 49, comme il est facile de s'en assurer.

31. Le quart de cercle sert de gravicentrique aux seuls Méridiens dont les degrés changent en progression Arithmétique. Il sera facile aux Lecteurs Géométres de reconnoître que la ligne d'évolution ELK (*Fig. 3*) Figure 3. du quart de cercle, ou celle qui résulte de son dévelopement est la gravicentrique des Méridiens, dans lesquels le changement des degrés est proportionel aux quarrés des latitudes, & que si l'on prend la ligne d'évolution de cette ligne d'évolution, & ainsi toujours de suite, ou aura successivement les gravicentriques des Méridiens de tous les genres de plus élevés en plus élevés, dans lesquels les excès ou les défauts des de-

Figure 3.

grés par rapport au premier, font proportionels aux cubes ou aux quatriémes puissances, &c. des latitudes.

32. C'est ce qu'on voit avec la derniere évidence à l'égard de la premiete ligne d'évolution ELK. Le dévelopement de chacune des petites parties gG du cercle produit la petite partie correspondante lL de la ligne d'évolution. Ainsi la multitude de ces dernieres parties est représentée par la grandeur des arcs EG du cercle ou par la grandeur des latitudes ; mais outre cela ces petites parties croissent en même raison que leur rayon GL ou que les arcs EG du cercle ; d'où il suit que l'arc EL de la ligne d'évolution est plus grand que l'arc EI par deux chefs. Il contient plus de parties & elles sont plus grandes dans le même rapport ; ce qui fait que le premier arc est au second, comme le quarré de EG est au quarré de EF. Si après cela on passe à la seconde ligne d'évolution, la multitude de ses parties sera également exprimée par les arcs de cercle EF ou EG, ou par les latitudes. Mais ses parties qui seront proportionelles à leurs rayons ou aux arcs EI & EL dont ces rayons ne sont autre chose que le dévelopement, seront en même temps comme les quarrés des arcs EF & EG, ce qui rendra les arcs de la seconde ligne d'évolution proportionels aux cubes des arcs de cercles EF, EG, &c. On verra dans la suite qu'on peut non-seulement introduire de cette sorte entre les arcs d'évolution, le rapport des puissances exactes des arcs du cercle, mais qu'on peut y introduire aussi les rapports qu'ont des puissances imparfaites ou les quantités complexes formées de quarré, de cube, de quatriéme puissance, &c.

33. Si l'on exprime maintenant par a & q le rapport du rayon au quart de la circonférence du cercle, & par m la puissance des latitudes z qui est proportionelle aux accroissemens ou aux diminutions des degrés, l'équation suivante renfermera la détermination générale de

la latitude z, par laquelle tous ces différens Méridiens ont leur degré égal à celui de l'Equateur. Figure 3.

$$z^m = m q^{m-1} a - m \times \overline{m-1} \times \overline{m-2} \times q^{m-3} a^3 + m \times \overline{m-1} \times \overline{m-2} \times \overline{m-3} \times \overline{m-4} \times q^{m-5} a^5 - m \times \overline{m-1} \times \overline{m-2} \times \overline{m-3} \times \overline{m-4} \times \overline{m-5} \times \overline{m-6} \times q^{m-7} a^7 + \&c.$$
$$\pm m \times \overline{m-1} \times \overline{m-2} \times \overline{m-3} \times, \&c. \times 1 \times a^m.$$

Le second membre de cette équation a tous ses termes sans excepter le dernier, alternativement positifs & négatifs. Les coëficiens des termes consécutifs contiennent toujours deux facteurs de plus que les précédens : le premier n'a que m pour facteur, mais le second en a trois ; le troisiéme cinq, sçavoir $m, m-1$, $m-2, m-3, m-4$, & ainsi de suite. Les exposans de a vont en croissant en progression Arithmétique, & les exposans de q vont en diminuant ; mais on doit s'arrêter sans insérer entre le nombre des termes, celui où l'exposant de q devient ou nul ou négatif ; & il ne reste plus qu'à joindre le dernier terme $\pm m \times \overline{m-1} \times \overline{m-2} \times, \&c. \times 1 \times a^m$ dans lequel les facteurs $m, m-1$, $m-2$, &c. doivent être continués jusqu'à se reduire à l'unité. Supposé qu'il s'agisse du genre de Méridien dans lesquels les changemens des degrés sont proportionels aux latitudes, on aura $m=1$, & tous les termes du second membre disparoissant, excepté le dernier, on aura $z=a$, ce qui rend z de $57^d\,18'$ comme nous l'avons trouvé. Supposé que les changemens des degrés au lieu d'être proportionels aux latitudes, soient proportionels à leurs quarrés, on aura $m=2$, & notre équation générale se reduira à $z^2 = 2qa - a^2$, ce qui donne environ $61^d\,13'$ pour la latitude z. Si l'on fait $m=3$, on aura l'équation $z^3 = 3q^2 a - 6 a^3$ dont on deduira $64^d\,8'$ pour la valeur de z. Si l'on suppose $m=4$, aura $z^4 = 4 q^3 a - 24 q a^3 + 24 a^4$; ce qui donne $z = 66^d$

24′. Enfin le lieu *géométrique* MM2 (*Fig*. 1.) qui joint tous les points où les degrés des Méridiens font égaux entr'eux & égaux aux degrés de l'Equateur, s'approchera continuellement du Pole à mesure que leurs degrés suivront dans leurs changemens une progression arithmétique d'un ordre plus élevé.

34. Il est vrai qu'il y a tout lieu de croire que les opérations faites en Europe pour la mesure des degrés du Méridien, ne tombent pas exactement dans ce point pour ainsi dire fatal, qui rendroit leur comparaison absolument inutile avec la mesure des degrés de l'Equateur. Mais on doit remarquer que si elles n'y tombent pas précisément, elles ne peuvent pas manquer d'en être fort proches & que c'est presque le même inconvénient ; parce que ce point est non-seulement dangereux par lui-même, ses mauvaises influences s'étendent fort loin. Si l'on se bornoit au Pérou à mesurer les degrés de longitude, ou à déterminer le rayon AC de l'Equateur par le rapport qu'on sçait qu'il a avec ce degré, ce rayon étant très-peu différent du rayon g m du Méridien déterminé au point m, (*Fig*. 3.) on ne connoîtroit, en conférant les deux, qu'une très-petite partie de la gravicentrique ; & l'erreur se multiplieroit ensuite extrêmement, lorsque de cette petite quantité on prétendroit, en supposant la nature de la courbe EGH connue, s'élever à la détermination de toutes ses dimensions qui sont beaucoup plus grandes. Le rayon AC de l'Equateur étant égal au rayon GM du Méridien ne différeroit, peut-être, du rayon g m découvert par les opérations de Messieurs Picard & Cassini que d'un arc Gg qui seroit la 100me ou la 200me partie de toute la gravicentrique. Or il est clair que les erreurs inévitables auxquelles sont sujettes toutes ces sortes de recherches & qui pourroient altérer assez le petit arc Gg pour l'absorber entierement, deviendroient 100 ou 200 fois plus grandes, lorsqu'on tenteroit de découvrir la

longueur de la gravicentrique entiere; comme cela arrive toujours lorsqu'on veut déduire une trop grande quantité d'une trop petite.

Figure 3.

35. On se trouveroit exposé précisément au même inconvénient que si l'on vouloit conclure la figure de la Terre de la grandeur de deux différens degrés du Méridien mesuré à trop peu de distance l'un de l'autre. On a, par exemple, déterminé la grandeur des degrés dans les points M & m qui sont très-voisins. L'arc G g de la gravicentrique sera égal à la différence des deux rayons GM & g m; mais s'il est vrai qu'on peut se tromper d'une 1500me partie dans chaque mesure, on poura commettre une erreur sur le petit arc G g, qui sera la 750me partie, non pas de ce petit arc, mais des grandeurs totales même GM, g m; puisque c'est par rapport à l'étendue entiere du degré représenté par ces lignes, que nous avons évalué la quantité dont on peut se tromper. Ainsi l'erreur plus grande que la petite quantité qu'on veut découvrir, pourra faire disparoître entierement cet arc ou troubler l'ordre des points G & g, en travestissant la petite quantité de positive en négative; ce qui feroit donner une situation opposée à la gravicentrique, & attribuer à la Terre une forme toute contraire à celle qu'elle auroit.

36. Mais qu'on mesure au Pérou le premier degré de latitude, & qu'on compare le rayon AE qu'on en conclura avec le rayon GM ou g m connu par les opérations faites en France, on obtiendra alors une portion extrêmement plus grande EG de la courbe EH, & les erreurs des observations ne seront ensuite que peu à craindre. Comme on est toujours obligé de supposer que la nature de cette courbe EH est connue, nous feindrons ici pour plus de facilité qu'elle est un quart de cercle, ou que les degrés du Méridien suivent dans leurs changemens depuis l'Equateur jusqu'au Pole les termes d'une progression Arithmétique simple. Nos opérations nous donnant le

Figure 3.

rayon AE, pendant que celle de Meſſieurs Picard & Caſſini nous donnent le rayon MG qui appartient à peu près au 47me degré de latitude, l'excès de l'un ſur l'autre nous fera connoître l'arc EG qui eſt d'environ 47 degrés. Il eſt vrai que l'erreur que nous commettrons ſur cet arc augmentera ſur le quart de cercle entier dans le rapport de 47 à 90. Mais elle ne manquera pas de devenir moindre, lorſque nous paſſerons à la recherche des autres parties du quart de cercle qui ſont plus petites. Rien n'eſt plus facile que d'évaluer cette erreur, en la faiſant croître ou diminuer à proportion de la grandeur des parties de la gravicentrique qu'on examine. On ſçait qu'il s'agit toujours, ou que c'eſt au moins le dernier objet de toutes ces ſortes de recherches, de déterminer la différence des deux axes, ou du rayon de l'Equateur & du demi axe proprement dit. Or cette différence eſt égale à l'excès de EC ſur CK, puiſque les deux autres parties AE & KD ſont égales. Il nous ſuffit d'ajouter que cet excès de EC ſur CK, que la ligne CK, le rayon OH de la barocentrique, & la longueur de cette ligne courbe peuvent être exprimés ſelon Archimede, par les nombres 3, 4, 7 & 11. Si l'on ſe trompe donc ſur l'arc EG d'une 750me partie du rayon AE ou MG, il n'y aura d'abord qu'à faire croître cette erreur dans le rapport de EG à EH ou de 47^{d} à 90: & il faudra enſuite la faire diminuer dans le rapport de EH à EC—CK ou de 11 à 3. On verra de cette ſorte qu'on n'aura à craindre de ſe tromper ſur le rapport des deux axes que d'environ une 1440me partie.

37. Telle eſt l'exactitude que nous ſommes déja ſûrs d'obtenir en commençant notre travail par l'arc du Méridien, & je crois qu'il eſt ſuperflu d'avertir que nous pouvons nous en promettre encore une plus grande, auſſi-tôt qu'on aura meſuré quelques degrés de latitude aux environs du cercle Polaire; puiſque l'erreur primitive

rive étant la même, deviendra relativement plus petite vû la grandeur du plus grand arc EG qui en fera affecté. L'erreur fur le rapport de deux axes fe trouvera diminuée précifement en même raifon que l'arc EG fera plus grand : ainfi elle ne fera plus que d'environ une 2030me partie.

38. On nous objectera, peut-être, qu'on aprocheroit également du but par la comparaifon du premier degré de latitude & des degrés de longitude pris fur l'Équateur. Il eft vrai qu'en retranchant le rayon qui appartient à l'un de ces degrés du rayon qui appartient à l'autre, nous trouverions immédiatement EC qui fert de rayon au quart de cercle EH, & qui étant égal à l'arc EG nous promettroit autant d'exactitude que le moyen précedent, s'il étoit auffi facile de mefurer les degrés de longitude que ceux de latitude. Mais on doit faire attention que pendant qu'on n'eft fujet dans la mefure de ces derniers degrés qu'à une erreur de la 1500me partie comme nous l'avons vû ci-devant; on peut fe tromper fix à fept fois plus dans la mefure des autres; on peut fe tromper d'une 240me partie. Ces deux erreurs par leur fomme, fi l'on vouloit comparer ces deux fortes de degrés, en feroient une fur la différence EC des rayons, d'environ une 207me partie de leur longueur, au lieu qu'on ne fe trompe au plus que d'une 750me partie de cette même longueur fur l'arc EG, lorfqu'on le cherche par la comparaifon des degrés de latitude.

39. Il eft donc certain que nous n'avons point à balancer entre les deux divers moyens qui fe préfentent à nous pour prononcer fur la queftion de la figure de la Terre. L'un nous engage dans deux grandes opérations : la feule mefure des degrés de longitude ne fuffifant pas & laiffant le problême abfolument indéterminé, il nous faudroit encore mefurer le premier degré du Méridien. Mais fi la Terre approchoit affez d'être fphérique pour que la différence entre les deux axes ne fut pas d'une 300,

E

ou 400me partie, cette différence échaperoit au peu de délicatesse d'une méthode si imparfaite. L'autre moyen au contraire ne nous oblige qu'à une seule opération; il diminue notre travail de beaucoup plus de moitié, il n'exige de nous que la seule mesure d'un arc du Méridien que nous comparerons avec les degrés de latitude mesurés en Europe : je ne repete pas que ce moyen est en même tems incomparablement plus exact, & qu'il peut nous faire appercevoir des quantités au moins cinq fois plus petites. Il n'est pas douteux après toutes ces raisons de préférence, que c'est à cette derniere mesure qui est commune aux deux moyens, & qui quoique seule assure déja le succès de notre voyage, qu'il faut donner notre principale attention, s'il ne faut pas la donner toute. Tout ce qu'on feroit de plus en travaillant à la détermination d'un arc de longitude ne serviroit qu'à confirmer l'autre resultât; mais n'en seroit qu'une confirmation très-grossiere. On ne peut trop craindre en effet dans des recherches difficiles de se livrer à des méthodes dont la précision ne réponde pas à la petitesse des quantités qu'on veut découvrir. Car lorsqu'on a eu une fois le malheur de commettre quelque faute en cela, on ne consent pas volontiers à regarder son travail comme perdu. Il faut toujours se souvenir qu'il ne s'agit pas tant ici de découvrir les grandeurs absolues que leur différence, qui pourroient être totalement alterées ou données à contre sens par des observations qui seroient d'ailleurs d'une exactitude ordinaire.

40. Enfin c'est non-seulement notre propre intérêt qui nous oblige à prendre le parti que nous suivons; c'est l'intérêt des Académiciens qui sont allés au Nord & qui exigent de nous des observations correspondantes. Nous pouvons nous reposer sur leurs lumieres du choix de leur opération; si nous n'avons pas eu le bonheur de les consulter, nous n'en sommes pas moins obligés d'agir comme si nous l'avions fait, & de travailler

DE LA TERRE, I. SECT. 35

pour ainsi dire de concert avec eux. Les obstacles sont Figure 3. trop grands ou pour mieux dire, il est impossible qu'on entreprenne jamais de mesurer quelqu'autre degré plus avancé vers le Pole, malgré l'émulation que peut exciter dans d'autres Souverains l'exemple glorieux de nos Rois qui accordent aux Sciences une protection si puissante ; mais nous devons néanmoins en perçant même dans l'avenir, avoir en vûe la plus grande utilité que pourront avoir nos travaux dans la suite. Ce sera toujours la même chose ; qu'on mesure vers le Pole des degrés de latitude ou de longitude, ce n'est pas avec les degrés de l'Equateur qu'il faudra les comparer, mais avec le premier degré du Méridien.

41. Supposé qu'on pût mesurer le dernier degré de latitude, on auroit par sa confrontation avec le premier la longueur entiere de la gravicentrique, & l'erreur diminuant à l'égard de la différence des axes selon la raison de 11 à 3, on obtiendroit leur rapport à une 2750me partie près : au lieu que si l'on comparoit le dernier degré de latitude avec les degrés de l'Equateur, outre que cette comparaison se ressentiroit de la plus grande difficulté qu'on trouve à mesurer ces derniers dégrés, on ne découvriroit que CK en retranchant un rayon l'un de l'autre, en retranchant AC=AE+EC =DK+HC, rayon de l'Equateur, de DH qui est le rayon du dernier degré de latitude : & l'erreur ne diminueroit ensuite que dans le seul rapport de 4 à 3 ; puisque pendant que CK est de 4 parties, la différence des deux axes qui est égale à l'excès de EC sur CK n'est que de 3.

42. Supposé d'un autre côté qu'on réussisse quelque jour à mesurer à très-peu de distance du Pole quelques degrés de longitude, on concluta la longueur, par exemple, de MQ qui sera très petit ; & si surmontant tous les obstacles qui se présentent dans la détermination des grandes latitudes (tant à cause de l'imperfection des

E ij

inſtrumens qu'à cauſe des irrégularités des refractions Aſtronomiques, & du trop peu de préciſion avec laquelle nous connoiſſons les déclinaiſons de la plupart des Aſtres,) ſi ſurmontant, dis-je, tous ces obſtacles, on découvre avec aſſez d'exactitude la latitude du point M, on pourra par la réſolution du triangle rectangle MQS découvrir ſon hypoténeuſe MS. Il ne ſeroit pas queſtion dans cette rencontre d'une ſimple différence, il faut connoître les angles aigus du triangle rectangle; & on a beſoin pour cela de la latitude abſolue même; & la moindre erreur qu'on commettroit ſur celle du point M ſi ce point étoit trop voiſin du Pole, tireroit extrêmement à conſéquence ſur la longueur de MS. Les opérations que je vois qu'on a fait en France depuis notre départ pour meſurer des degrés de longitude, ne ſont pas ſujettes à cet inconvenient. On peut en tirer d'autant plus d'utilité qu'elles ſont moins dépendantes dans leur application d'une connoiſſance ſi précise de la latitude. Mais encore une fois, ce n'eſt pas avec le rayon AC de l'Equateur qu'il faut comparer toutes les lignes comme MS pour en déduire les dimenſions de la gravicentrique; ces lignes AC & MS aprochent trop d'être égales; leur comparaiſon ne pourroit qu'induire à erreur. Il faudroit au contraire comparer à MS le rayon AE du premier degré de latitude, parce que l'excès de l'un ſur l'autre donneroit tout l'arc EG augmenté de GS. Ainſi tout contribue à nous confirmer dans la réſolution que nous avons priſe.

SECONDE SECTION.

Des triangles de la Méridienne de Quito considerés abſolument, avec les précautions qu'on a priſes pour en meſurer les angles & obtenir la longueur de leurs côtés.

I.

De la Baſe meſurée dans la pleine d'Yarouqui.

1. LA partie la plus conſidérable de la Province de Quito, que nous deſtinions à ſervir de Théâtre à nos opérations, eſt renfermée de même que ſa Capitale entre les deux chaînes de Montagnes dont la Cordeliere eſt formée en cet endroit. Dans cet eſpace, non pas au milieu, mais à moins de diſtance de la chaîne qui eſt du côté de l'Orient & preſque à ſon pied, eſt un Bourg ou Village nommé *Yarouqui*, par environ 10' de latitude Auſtrale, & qui eſt environ 12500 toiſes à l'Eſt de *Quito*. Pluſieurs ravines profondes coupent dans cet endroit le terrein comme par tout ailleurs ; mais comme elles ont toutes à peu près la même direction, elles ne font heureuſement aucun tort à la pleine qu'elles laiſſent entr'elles, ſi ce n'eſt de la rendre plus étroite. Le Sol vers le Nord eſt uni, au lieu qu'il eſt plus inégal vers le Sud : mais malgré cela lorſqu'on y jette la vûe, on reconnoît que c'eſt par une eſpece de prodige que la Nature a laiſſé dans un pays ſi raboteux une baſe que nous puſſions meſurer, & qui fut en même tems d'une longueur ſuffiſante. Une ravine auſſi large qu'elle eſt profonde la termine du côté du Nord vers *Guaillabamba*, au lieu que du côté du

Sud ce font les simples inégalités du terrein qui nous empêcherent de la pousser plus loin ; & nous nous arrêtames à une petite éminence propre à en rendre l'extrêmité plus marquée. L'extrêmité Nord est par 6′ quelques secondes de latitude Australe; l'endroit se nomme *Carabourou*: l'extrêmité Sud est par 12′ 20″ de latitude & se nomme *Oyambaro*, qui n'est pas fort éloigné d'un Bourg ou Village nommé *Piffo*. Le terrein va en s'élevant vers le Sud; ce qui rend la seconde extrêmité environ 126 toises plus haute que le niveau de la premiere.

2. Nous employâmes plusieurs jours à choisir la direction la plus convenable, pour éviter le plus qu'il étoit possible les inégalités & les autres obstacles locaux, & ensuite pour tracer l'alignement dans toute son étendue ; ce qui étoit d'autant plus difficile que dans certains endroits du milieu qui étoient creux & couverts, on perdoit de vûe les deux termes: Je m'y occupai avec M. de la Condamine & D. George Juan l'un des deux Officiers Espagnols. Il nous fallut percer quelques murs & abbatre quelques arbres, & par le moyen de ce travail qui dura environ 8 jours la base se trouva comme tracée, & réellement apparente dans toute sa longueur, regardée de l'une ou de l'autre extrêmité. Elle se trouva avoir pour direction le Nord 28^d O de la Boussole, (c'étoit aux mois de Novembre & de Decembre de 1736) & pour vraie direction le N. 19^d 26′ O. Nous l'avions partagée d'espace en espace par plusieurs signaux qui devoient non-seulement nous diriger, mais qui devoient nous servir aussi comme d'époques & nous faire découvrir plus aisément la source des mécomptes, supposé qu'il arrivât que M. Godin & nous qui la mesurâmes en même tems, mais en différens sens, ne nous accordassions pas dans nos mesures. Mais heureusement cette précaution fut inutile, & on put mepriser la différence qui se trouva entre les deux déterminations.

3. Voulant nous diviser en deux Compagnies lorsqu'il fut question de commencer ce travail, nous dûmes naturellement nous separer M. Godin & moi. Quant à M. de la Condamine il pouvoit passer de l'un & de l'autre côté, mais il passa du mien. Les deux Officiers Espagnols se separerent aussi : D. George Juan se joignit à M. Godin, & D. Antonio de Ulloa passa de notre côté à M. de la Condamine & à moi. Nous étions aidés par M. Verguin Ingenieur de la Marine, & nous avions plusieurs Indiens pour le transport des Instrumens. Nous nous servions également dans les deux Compagnies de trois perche de même longueur, chacune de 20 pieds. Nous les avions distinguées de notre côté par différentes couleurs, nous les mettions toujours dans le même ordre, & nous prenions leur assemblage qui étoit de 60 pieds ou de 10 toises pour une seule mesure. On avoit fait avec la scie une fente à chacune de leurs extrêmités, & on y avoit introduit une plaque de cuivre assez épaisse, qui étant bien clouée avoit une saillie d'environ $1\frac{1}{2}$ pouces. Ces platines se touchoient lorsque nous disposions les perches, elles se trouvoient dans une situation perpendiculaire l'une à l'autre, & nous avions le soin de faire ensorte que *l'Osculation* se fit avec précision & sans choc, afin que les perches déja placées ne reculassent pas.

4. Nous essayâmes d'abord l'usage de chevalets pour soutenir les perches, dans l'intention de les avoir toujours à une hauteur commode ; mais nous sentîmes aussi-tôt tous les inconvéniens de cette pratique. Le vent étant très-fort, les perches n'étoient pas assez stables ; ce qui nous détermina en changeant de méthode à les poser sur le terrein même. Si le travail devenoit de cette sorte beaucoup plus sûr, il étoit en même tems infiniment plus penible : car ne voulant nous en rapporter à personne sur l'exactitude de la mesure, & les Indiens qui nous aidoient ne servant qu'à transporter les per-

ches, nous étions obligés de nous coucher à terre pour les difposer ; c'eft à ce prix & en nous traînant tout le long de la bafe que nous avons réuffi à la mefurer. La fituation qu'il falloit donner à nos perches nous étoit indiquée par une longue corde bien tendue & exactement dirigée. Nous examinions avec le niveau la pofition horifontale de chacune, & lorfqu'à caufe des inégalités du terrein que nous reparions continuellement avec des cales en forme de coins, nous ne pouvions pas les faire fe toucher, nous difcutions avec un fil à plomb formé d'un cheveu ou d'un fil de pite très-fin, fi l'extrêmité de l'une répondoit exactement au-deffus de l'extrêmité de l'autre dans la même verticale. Nous avions à nous précautioner contre le vent dans cette opération, ce qui la rendoit très-longue ; & il falloit outre cela y regarder de très-près pour ne pas fe permettre les moindres erreurs, qui en fe multipliant en euffent pu produire à la fin de confidérables. Nous euffions pu quelques fois par le moyen des cales, mettre de fuite un grand nombre de fois les perches de niveau à l'extrêmité les unes des autres ; mais nous aimions mieux fuivre le terrein dans toutes fes inégalités ; il n'étoit pas enfuite néceffaire de donner tant de longueur au fil à plomb lorfque nous y avions recours, & nous croyions avoir moins à craindre des effets du vent. Toutes ces attentions augmenterent la lenteur de notre marche, qui ne nous permit d'arriver à l'autre terme qu'après 25 jours d'un travail très-fatiguant.

5. Comme nos perches étoient fujettes à changer de longueur par la fechereffe ou l'humidité de l'air, nous nous trouvions obligés d'examiner chaque jour & fouvent plufieurs fois la petite équation ou correction qu'il falloit leur appliquer, & qui étoit prefque toujours différente. Nous avions une toife marquée fur une barre de fer que nous conservions à l'ombre fous une tente qui nous fuivoit & qui fervoit de demeure aux gens qui

qui gardoient le poste. Nous comparames aussi nos perches avec celles de M. Godin, lorsque nous nous rencontrâmes un peu au-delà du milieu de la plaine. Pour terminer le travail de chaque journée, & marquer avec précision le point où nous devions commencer le lendemain, nous faisions planter avec force dans la terre deux gros piquets à l'extrêmité de la derniere perche ; nous tendions de la tête de l'un à la tête de l'autre un fil horisontal perpendiculaire à la direction de la base, lequel rasoit l'extrêmité de la perche, & nous marquions sur la tête des piquets les points par lesquels passoit le fil. Nous couvrions ensuite le tout avec des herbes & du sable, & nous cherchions avec soin pour nous précautioner contre tout accident, des marques ou repaires dans la campagne, que nous fournissoient à souhait les arbres & une infinité d'autres objets.

6. Il n'est pas surprenant, si avec toutes ces précautions qui ont sans doute été portées aussi loin par M. Godin & sa Compagnie, nous nous sommes accordés d'une maniere si parfaite dans nos mesures, malgré notre maniere si différente d'opérer. De notre côté nous allions pour ainsi dire en rampant tout le long de la base ; au lieu que M. Godin prenoit toutes ses mesures en l'air en se servant de chevalets fort hauts. De notre côté aussi-tôt que deux perches placées horisontalement ne pouvoient pas se toucher, nous nous servions du fil à plomb, & cette opération se repétoit à chaque instant : au lieu que M. Godin se prévalant de la hauteur de ses chevalets n'employoit le fil à plomb qu'à la derniere extrêmité, que lorsque ses perches se trouvant trop hautes, il étoit sur le point de n'y plus atteindre. Alors il plaçoit en bas la perche suivante, & il faisoit en une seule fois avec son fil à plomb ce que nous n'exécutions qu'en six ou sept. Il y avoit quelque différence jusques dans la façon de former nos alignemens ; & je ne dois pas oublier de faire remarquer que

F

naturellement les petites erreurs que nous pouvions commettre devoient aller en différens sens, & devenir plus sensibles en se doublant; puisque pendant que M. Godin alloit en descendant, nous autres nous allions en montant, & que le vent devoit aussi produire des effets contraires sur nos fils à plomb, & racourcir une des mesures pendant qu'il allongeoit l'autre. Malgré tout cela, & quoique nous ne nous fussions déterminés à regarder comme une plaine le terrein que nous mesurions, que parce que nous étions dans le pays du Monde le plus montagneux, il ne s'est trouvé entre nous qu'une différence qui n'est pas de trois pouces. Nous avons trouvé la distance d'un terme à l'autre de 6272 toises 4 pieds 5 pouces, après avoir ajouté 11 pouces pour toutes les petites équations dont nos mesures avoient besoin; & M. Godin après qu'il a eu fait de son côté les réductions nécessaires, a trouvé 6272 toises 4 pieds $2\frac{1}{6}$ pouces. On ne peut pas demander une conformité plus parfaite, puisqu'elle rend comme superflue la formalité qu'on observe ordinairement dans ces sortes de circonstances, de s'arrêter à la quantité moyenne lorsqu'on est parvenu à des résultats différens.

7. La longueur fournie par la mesure actuelle de 6272 toises 4 pieds $3\frac{7}{12}$ pouces (je prend la quantité moyenne) n'est ni la longueur de la base prise en ligne droite depuis une extrémité jusqu'à l'autre, ni cette longueur réduite au niveau de l'un ou de l'autre terme. C'est une longueur qui n'est pas continue & qui forme comme des échellons, à peu près comme les girons de toutes les marches d'un escalier. Il n'étoit pas possible de faire autrement. Car comment donner avec exactitude l'inclinaison nécessaire à nos perches dans chaque endroit de la base pour pouvoir la mesurer en ligne droite; & supposé que nous l'eussions entrepris, comment eussions-nous pu reparer toutes les inflexions du terrein dont certains points sont 10, 15 & 20 toises au-dessous.

DE LA TERRE, II. SECT. 43

de la ligne droite conduite en l'air depuis une extrémité jusqu'à l'autre ? Nous n'avions donc pas d'autre parti à prendre que de donner continuellement une situation horifontale à nos mesures, quoique nous n'obtinssions de cette sorte qu'une longueur dont toutes les parties étant en différens plans, ne formoient ni une ligne droite ni une ligne courbe.

8. Il nous étoit facile de reconnoître par un calcul grossier ou par une premiere vûe, que la ligne droite dont nous avions intérêt de connoître l'exacte longueur pour en faire le côté de notre premier triangle, étoit plus longue que cette mesure actuelle de 5 ou 6 pieds, & voyant qu'elle étoit d'environ 6274 toises, nous nous proposâmes de lui donner cette longueur exacte. M. Godin qui se chargea de faire cette correction, pendant que M. de la Condamine & moi étions occupés ailleurs, ne nous en avertit qu'après l'avoir exécutée. Il supposa que notre mesure actuelle avoit été prise 40 toises au dessus de *Carabourou* & 80 au dessous d'*Oyambaro* ou du terme Austral, & se dispensant outre cela d'avoir égard aux différentes inclinaisons de la base en ligne droite par rapport à l'horison qui est différent en chaque point, il crut devoir en éloignant un peu les termes l'un de l'autre, allonger de 3 pou. 8 lig. l'intervale à échellons que nous avions mesuré actuellement. * C'est ce qui a rendu cette distance

* M. de la Condamine en rendant compte d'un premier calcul dans un écrit envoyé à l'Académie, trouve la ligne droite de 6274 toises 0 pied 9 pouces ; & ajoute, *Pour éviter les fractions, nous sommes convenus de nous en tenir à 6274 toif. en raprochant un des deux termes de l'autre de la quantité nécessaire*. M. Godin par un calcul à peu près semblable dans un Mémoire daté du 8 Decembre 1736, & qui a été lû à l'Académie le 15 Mai 1739 donne 6274 toif. 0 pied 7½ pouces à notre base en ligne droite, & dit ensuite, *pour éviter les fractions nous rapprochons un des termes de l'autre de 7½ pou. & la base est alors de 6274 toif.* Mais cet Astronome ne se tenant pas à ce premier calcul, en entreprit un second, & il trouva que la ligne droite étoit de 6273 toif. 5. p. 8 pou. 4 lig. & ce fut en conséquence de cette nouvelle détermination que lui & D. George Juan allongerent la base de 3 pou. 8 lig., c'est ce qu'ils firent le 24 Août 1737, comme me

de 6272 toif. 4 pieds 7 ¼ pou. ainsi qu'elle a été énoncée dans une Inscription dont j'aurai occasion de parler : *Distantiam horisontalem intrà hujus & alterius obelisci axes, 6272 Hexapedarum Pariss. Pedum 4 poll. 7.*

9. Nous ne pouvons pas nous dispenser de rapporter ces faits, afin de rendre compte au public de la petite différence qu'il y a entre les termes de l'inscription & ce qui peut en avoir été publié ailleurs ; les deux rapports sont fideles. La distance fournie par la mesure faite horisontalement étoit de 6272 toif. 4 pieds 3 $\frac{7}{12}$ pouces ; mais en touchant un peu à l'un des termes, on l'a fait de 6272 toif. 4 pieds 7 ¼ pouces. Il nous reste à vérifier si la distance en ligne droite, celle qui selon les termes de l'inscription doit servir de base au premier triangle & qui doit être conclue de l'autre, *ex quâ elicietur Basis I. trianguli latus*, &c. est effectivement de 6274 toises, comme on a eu intention de le faire. Si le terrein dans les deux tiers de la base conservoit exactement le niveau de Carabourou, & qu'il s'élevât ensuite tout à coup dans l'autre tiers à la hauteur d'Oyambaro, on pourroit sans doute regarder toute la mesure comme prise au tiers de la hauteur d'un terme au dessus de l'autre : au lieu qu'il est certain que dans l'état actuel des choses, la difficulté n'est pas moins grande de déterminer cette hauteur moyenne, que de résoudre la question même qui fait l'objet de cette recherche.

le marqua M. Godin par sa lettre du jour suivant. *Desorte*, ce sont ses propres termes, *qu'au lieu de raprocher les deux termes de 7½ pou. comme nous disions, je les ai éloigné de 3 pou. 8 lig. pour donner à la base la longueur 6284 toif.* Je n'entre dans ce détail que pour donner le dénouement de ce qui est dit deux fois dans le Recueil imprimé à Madrid, que je retranchai 9 pou. de la longueur de la base. Ce retranchement n'a été que projetté de même que celui des 7½ pou. de M. Godin. Mais s'il a été exécuté, ce qui se seroit fait sans ma participation, les choses ont certainement été rétablies dans leur premier état par M. Godin, & il a de plus lui & D. George Juan fait la petite addition des 3 pou. 8 lig. dont il s'agit ici.

De la réduction à la ligne droite de la Base mesurée actuellement.

10. Suppofons que C (*Figure* 4) foit le centre de la Terre, & que les points A & D étant de niveau ou également éloignés du centre, le Sol s'éleve du point A au point B de toute la quantité BD. Il eſt évident que fi en voulant mefurer la diſtance AB, on met continuellement, comme nous l'avons fait, les mefures horifontalement, on ne trouvera pas la diſtance AB ; mais la fomme de tous les petits arcs AI, EK, FL, GM, &c. qu'on peut confiderer comme infiniment petits, vû la petiteſſe & la répétition de chanque mefure : & il n'eſt pas moins clair que pour conclure la diſtance AB par le moyen de la mefure actuelle de ces petits efpaces, il faut connoître la nature de la courbe AB que forme le terrein. Si cette courbe étoit une logarithmique fpirale, le terrein feroit par tout également incliné ; puifque la logarithmique fpirale fait le même angle avec toutes les lignes AC, EC, FC, &c. qui fervent ici de verticales. Ainſi tous les petits triangles AEI, EFK, &c. feroient femblables ; il y auroit un rapport conſtant entre toutes les parties AE, EF, FG, & les petits arcs actuellement mefurés AI, EK, FL, &c. & la diſtance AB priſe felon toute la courbure du terrein, feroit par conſequent plus longue que la fomme de tous les petits arcs AI, EK, FL fournis par la mefure actuelle, dans le même rapport que la fecante de l'inclinaifon du terrein feroit plus grande que le Sinus total. Il y auroit auſſi un rapport conſtant entre la fomme de tous ces petits arcs & la verticale BD, dont une des extrémités B feroit élevée au-deſſus du niveau de l'autre A. Quant à l'arc AD, on fçait qu'il feroit le logarithme du rapport des deux verticales AC & BC dont BD eſt la différence, & on fçait auſſi qu'à l'aide de

Figure 4.

Figure 4.

ces choses il ne seroit pas difficile de déterminer la longueur de la ligne droite AB tirée d'un terme à l'autre.

11. Si le terrein au lieu d'être courbe selon une logarithmique spirale, forme une ligne exactement droite AB; il n'y a qu'à nommer x les parties variables QA de cette ligne, à commencer du point Q où tombe la perpendiculaire CQ, abaissée du centre C. Nommer c cette perpendiculaire CQ, & dz, les petites parties horisontales AI, EK, FL, &c. dont la somme z est connue par la mesure actuelle. Les petits triangles retrangles comme EFK qui ont les dz pour hypothéneuses, seront semblables aux grands FCQ correspondans & on pourra faire cette analogie; $CF = \sqrt{CQ^2 + QF^2} = \sqrt{c^2 + x^2} \,|\, CQ = c \,||\, EF = dx \,|\, EK = dz$, qui donnera $dz = \frac{c\,dx}{\sqrt{c^2+x^2}}$ & $z = \int \frac{c\,dx}{\sqrt{c^2+x^2}}$. Ainsi on voit que que la relation des parties de la droite AB à la somme des petits arcs AI, EK, &c. dépend de la quadrature de l'hyperbole, ou se réduit au calcul des logarithmes. Si l'on veut donner à l'integrale $\int \frac{c\,dx}{\sqrt{c^2+x^2}}$ une forme absolument logarithmique, il n'y a qu'à prendre une nouvelle variable s qui soit telle que $x = \frac{1}{\sqrt{2}} s - \frac{c^2}{2\sqrt{2}\times s}$, & on transformera l'équation précedente en $dz = \frac{c\,ds}{s}$ & en $z = \mathrm{L}\,s$. Il est aussi très-facile, comme le sçavent les Lecteurs, de réduire en serie ces expressions. Si au lieu de faire commencer en Q les parties x de la droite QB, on les fait commencer en A, & qu'on nomme b la partie constante QA, on aura $dz = \frac{c\,dx}{\sqrt{c^2+b^2+2bx+x^2}}$ & $z = \int \frac{c\,dx}{\sqrt{c^2+b+2bx+x^2}} = \frac{cx}{\sqrt{c^2+b^2}} + \frac{sbx^2 - \frac{1}{3}cx^3}{2\times\overline{c^2+b^2}^{\frac{3}{2}}} + \frac{4cb^2x^3 - 3cbx^4 + \frac{3}{5}cx^5}{8\times\overline{c^2+b^2}^{\frac{3}{2}}}$ &c. Il est vrai que ces

moyens ne servent qu'à deduire z de la valeur x supposé connue: mais outre qu'on peut recourir avec succès à la méthode du retour des suites, on doit remarquer qu'il n'y a aucune erreur à craindre dans la pratique, d'attribuer à la quantité x la valeur qu'on sçait à peu près qu'elle doit avoir, d'en conclure la valeur de z, ce qui apprendra combien une de ces grandeurs surpasse l'autre; & cet excès sera la petite correction qu'il faudra appliquer à la mesure actuelle, ou à la somme de tous les petits arcs AI, EK, FL, &c. pour avoir la vraye longueur de la droite AB.

12. Le seul inconvénient qu'il faut nécessairement éviter, c'est que la plupart des méthodes, qui sont suffisantes pour faire découvrir la grandeur absolue de x par rapport à z, ne sont pas susceptibles d'assez de précision, pour donner l'excès d'une de ces grandeurs sur l'autre avec l'exactitude qu'on peut souhaiter. Ces méthodes sont sujettes à quelques legeres erreurs qui sont peu considérables, comparées aux grandeurs même, mais qui sont énormes comparées à leur différence. C'est ce qui arrivera en particulier, lorsqu'en employant la formule $z = Ls$, on se servira des tables des logarithmes: ces tables sont assez exactes pour les usages ordinaires; mais la différence qu'il est ici question de découvrir échapera presque toujours, à cause de sa petitesse, tant qu'on n'aura pas recours à d'autres expediens. Il vaudra ordinairement mieux se servir de la serie que nous avons donnée ci-dessus: ou bien employer l'aproximation suivante sur laquelle il est facile de fonder un calcul qui sera beaucoup moins long.

13. Le point C (*Figure 5.*) est toujours le centre de la Terre, & AB la base ou la ligne droite dont on a mesuré toutes les petites parties, non pas selon leur propre inclinaison ou dans toute leur longueur, mais continuellement réduites ou projettées dans l'horison. La ligne CQ est la ligne perpendiculaire que nous avons nom-

Figure 5.

mée c; je la prolonge jufqu'en c, en faifant enforte que Qc foit égale à $\sqrt{2\times\overline{CQ}^2+\overline{QB}^2}$. Du point c comme centre je decris l'arc QS, & je tire les deux droites cA, cB. Dans les circonftances où QB fera très-petite par rapport à CQ, comme cela arrivera prefque toujours, l'arc RS intercepté entre les deux droites cA, cB fera fenfiblement égal à la fomme de tous les petits arcs dz mefurés horifontalement, & alors on poura fe contenter pour trouver ce point c de faire Qc plus grand que QC dans le rapport de $\sqrt{2}$ à 1; ou dans le même rapport que la diagonale d'un quarré eft plus grande que fon côté. Dans les autres cas RS ne fera pas fi exactement égal à la fomme z des mefures actuelles; mais on découvrira cette fomme par l'analogie fuivante. Du point Q on abaiffera la perpendiculaire QT fur CB; & on fera CB+CT eft à 2QC, ou la fomme de la fecante de l'inclinaifon de la ligne droite AB au point B & du Sinus de complement eft au double du Sinus total, comme RS eft à z.

14. On découvrira la raifon de cette pratique fi l'on confidere l'équation $dz = \frac{c\,dx}{\sqrt{c^2+b^2+bx+x^2}}$, ou plûtôt cette autre $dz = \frac{c\,dx}{\sqrt{c^2+b^2-2bx+x^2}}$ dans laquelle b défigne non pas QA, mais la diftance QB de l'autre extrémité B de la droite AB au point Q, pendant que x marque les parties fenfibles comme BG, BE, &c. de AB à commencer du point B; ce qui les rend négatives. On peut extraire la racine du dénominateur $\sqrt{c^2+b^2-2bx+x^2}$ par un moyen qui paroît d'abord peu exact, mais qui cependant approche extrêmement de la vérité dans la rencontre préfente, comme on le verra aifément fi l'on fait attention à la grandeur qu'ont les diverfes quantités qui entrent dans ce dénominateur. Cette racine eft $\sqrt{c^2+b^2} - \frac{2bx+x^2}{2\sqrt{c^2+b^2}}$, ce qu'on trouve

ve en prenant d'abord la racine de la partie qui a une grandeur considérable & en divisant le reste qui doit être très-petit par le double de cette racine. Ainsi au lieu de l'équation $dz = \frac{c\,dx}{\sqrt{c^2+b^2-2bx+x^2}}$, on aura $dz = \frac{c\,dx}{\sqrt{c^2+b^2}-\frac{2bx+x^2}{2\sqrt{c^2+b^2}}} = \frac{2c\sqrt{c^2+b^2}}{2c^2+b^2} \times \frac{2c^2+b^2 \times dx}{2c^2+b^2+\overline{b-x}^2}$. Or cette derniere différentielle appartient visiblement au cercle & appartient à celui dont $2c^2+b^2$ est le quarré du rayon, & dont $b-x$ désigne les tangentes. Pour trouver l'integrale de $\frac{2c^2+b^2 \times dx}{2c^2+b^2+\overline{b-x}^2}$ Nous n'avons donc qu'à faire $Qc = \sqrt{2c^2+b^2} = \sqrt{(2 \times \overline{CQ}^2 + \overline{QB}^2)}$, & tirant les droites Ac, Bc, l'arc RS intercepté entre ces lignes, lequel a le point c pour centre, & Qc pour rayon, sera la valeur requise. Il n'est plus question après cela que de multiplier cet arc RS par $\frac{2c\sqrt{c^2+b^2}}{2c^2+b^2}$ ou par $\frac{2c\sqrt{c^2+b^2}}{c^2+c^2+b^2}$, mais cette quantité est égale à $\frac{2c}{\frac{c^2}{\sqrt{c^2+b^2}} + \sqrt{c^2+b^2}}$ c'est-à-dire à $\frac{2CQ}{CT+CB}$, ce qui nous donne $\frac{2QC \times RS}{CB+CT}$ pour la valeur de z, qui est comme on s'en souvient la somme de tous les petits arcs continuellement horisontaux AI, EK, FL, &c. il n'y aura donc qu'à la retrancher de AB pour avoir la petite équation ou correction additive, qu'il faut appliquer à la longueur trouvée effectivement par la mesure actuelle, lorsqu'on veut réduire cette mesure à la ligne droite.

15. La question ne sera pas plus difficile à résoudre si l'on demande la courbure AB, qu'il faudroit que suivit le terrain pour que la mesure prise horisontalement par parties, fût exactement la même que si on l'avoit prise effectivement sur l'arc OP, (*Figure* 4.) qui est concentrique à la Terre & situé au $\frac{1}{3}$ ou au $\frac{1}{4}$ ou à quelqu'autre partie de la hauteur totale DB, d'un des termes au

Figure 4.

Figure. 4.
dessus de l'autre. On n'a qu'à nommer a le rayon CA de la Terre, u les arcs variables AD ou parties sensibles de la circonférence de la Terre supposée circulaire ; & y les quantités TF, ou BD dont le terrein s'éleve au-dessus de l'horison. On aura d'abord cette proportion ; $CT = a | TX = du \| CF = a+y | FL = dz$, & on en conclura $dz = du + \frac{y\,du}{a}$ & $z = u + \int \frac{y\,du}{a}$. D'un autre côté si la fraction $\frac{1}{m}$ exprime à quelle partie DP de la hauteur totale DB, on veut que soit situé l'arc OP qui est égal à la somme des petits arcs AI, EK, &c. mesurés horisontalement, on aura cette autre analogie, $CA = a | AD = u \| CO = CA + AO = a + \frac{1}{m}y | OP = z = u + \frac{uy}{ma}$. Ainsi on aura l'équation $u + \frac{uy}{ma} = u + \int \frac{y\,du}{a}$ dont on déduit $\frac{uy}{ma} = \int \frac{y\,du}{a}$ & $\frac{u\,dy}{m} + \frac{y\,du}{m} = y\,du$, & $u\,dy = \overline{m-1} \times y\,du$, & enfin $y = u^{m-1}$. Nous aprenons donc que pour que la mesure prise horisontalement par parties soit la même que si on l'avoit prise sur OP à la moitié de la hauteur DB, il faut que le terrein AB soit courbé selon un arc de spirale ordinaire ou de celle d'Archimede : car alors la fraction $\frac{1}{m}$ est $\frac{1}{2}$, & m étant 2, l'équation générale $y = u^{m-1}$ se réduit à $y = u$, laquelle nous fait connoître que les hauteurs TF, DB, &c. du terrein au-dessus du premier terme, doivent être égales ou proportionelles aux arcs correspondants AT, AD, &c. ce qui est la principale proprieté de la spirale ordinaire. Si on vouloit que la mesure prise horisontalement par parties fut la même que si on l'avoit prise en OP au tiers de la hauteur totale, la fraction $\frac{1}{m}$ seroit $\frac{1}{3}$; m seroit 3 & on auroit alors $y = u^2$. Il faudroit donc que le terrein dans ce second cas suivit par son inflexion la courbure d'une espece de parabole spirale qui ne seroit

autre chofe qu'une parabole ordinaire comparée à la tangente à fon fommet, mais dont on eut courbé cette tangente felon la courbure de l'arc de cercle AD.

16. Cette matiere feroit fufceptible de plufieurs autres difcuffions dans lefquelles nous entrerions, fi nous croyons que la chofe le méritât, & fi nous ne tardions déja trop à travailler à la détermination de la longueur exacte de notre bafe. Je l'ai fuppofée divifée en 7 portions qui pouvoient être traitées fenfiblement comme des lignes droites. Je mefurai lorfque j'étois à l'extrémité Auftrale, combien divers points dont je connoiffois la diftance me paroiffoient bas par rapport au terme Boréal de *Carabourou*, & M. de la Condamine mefura les mêmes dépreffions avec le Micromètre de fon quart de cercle. Je me tranfportai enfuite au terme Boréal & je fis la même chofe à l'égard de divers points. Je rapporterai plus bas toutes ces dépreffions telles que nous les trouvâmes, & que je les communiquai dans le tems à M Godin. Nous avions déja obtenu les hauteurs & les dépreffions refpectives des deux termes : un peu avant midi nous avions obfervé tous enfemble à Carabourou au terme Boréal, les deux Compagnies étant réunies, que la hauteur apparente du terme Auftral au-deffus de l'horifon, étoit de $1^d\ 6'\ 9''$, & me trouvant un autre jour à Oyambaro au terme Sud, j'obfervai avec M. de la Condamine & M. de Ulloa la dépreffion du terme Nord de $1^d\ 12'\ 20''$. M. Godin a trouvé depuis en particulier des quantités un peu différentes ; il trouva pour la hauteur du terme Sud obfervée du terme Nord $1^d\ 6'\ 30''$, & pour la dépreffion du terme Nord en l'obfervant du terme Sud $1^d\ 11'\ 35''$. Il faut qu'il ait obfervé ces deux inclinaifons dans des circonftances peu favorables, lorfque les refractions terreftres étoient exceffives & beaucoup plus grandes que celles que nous fourniffent la plus part de fes autres obfervations : La refraction totale étoit d'environ $1'\ 33''$. No-

tre base occupe un peu plus de $6'\,37\,\frac{1}{2}''$ de la circonférence de la Terre; & puisqu'au lieu de trouver toute cette différence entre les deux angles d'inclinaison $1^d\,6'\,30''$, & $1^d\,11'\,35'''$, on ne trouva que $5'\,5''$ qui en plus petite de $1'\,33''$, cette derniere quantité appartient toute à la refraction.

17. On peut remarquer qu'il s'agit ici du principal, & du premier élement qui sert à déterminer la juste grandeur du degré terrestre, & que néanmoins nous supposons cette derniere grandeur connue: mais le Lecteur n'ignore pas que c'est malheureusement la même chose dans la pratique de toutes les parties des Mathématiques mixtes & principalement de l'Astronomie : qu'on est continuellement réduit, pour ne se pas voir arrêté à chaque pas par des problêmes absolument insolubles, à commettre ces sortes de petitions de principes, lesquelles sont toujours permises, aussi-tôt que ne faisant aucun tort à la certitude des inductions qu'on en tire, elles applanissent les difficultés. Enfin si l'on corrige les dernieres inclinaisons en les purgeant de la refraction, on verra qu'elles se reduisent à $1^d\,5'\,44''$ & à $1^d\,12'\,21''$; * au lieu que les deux premieres corrigées de la même maniere deviennent $1^d\,5'\,57''$ & $1^d\,12'\,33''$. La différence comme on le voit est si peu considérable qu'elle peut se négliger. Cependant comme il m'a paru que M. Godin insistoit beaucoup sur la grande exactitude qu'il avoit réussi à donner à ses dernieres déterminations, j'ai consenti volontiers à les adopter, convaincu que j'étois, qu'il n'y avoit aucun inconvénient à employer les unes ou les autres.

18. Ces inclinaisons absolues jointes aux rélatives que nous avions observées M. de la Condamine & moi,

---

* La courbure qu'a un rayon visuel est différente en chaque point ; le rayon du cercle osculateur de cette courbure étant toujours sensiblement proportionel aux distances au centre de la Terre : mais l'inégalité est si petite qu'on peut la négliger en partageant la refraction totale $1'\,33''$ par la moitié, & en la distribuant également à chaque inclinaison.

m'ont mis en état de tracer le profil de notre base, en la partageant comme je l'ai dit, en parties sensiblement droites. AB (*Figure 6*) est la ligne droite tirée d'un terme à l'autre ou de *Carabourou* à *Oyambaro*; & ACDEFGHB représente toutes les infléxions du Sol. La premiere partie AC à commencer du côté de *Carabourou* par où nous commençâmes notre mesure particuliere est de 817 toises; la seconde CD de 583, & les autres de 697, 1390, 798, 1050, 948. Les perpendiculaires CI, DK, EL, &c. abaissées des points d'infléxion C, D, E, &c. du terrain sur la ligne droite AB sont de $12\frac{42}{100}$ toises, de $12\frac{28}{100}$; de $11\frac{38}{100}$, de $16\frac{37}{100}$; de $20\frac{24}{100}$ & de $13\frac{47}{100}$. C'est ce que j'ai inféré des inclinaisons apparentes observées à Oyambaro, des points F, G, H par rapport à AB, de $20'28''$; de $35'11''$, & de $49'17''$ & des dépressions toujours observées par rapport à AB, des points C, D & E lorsque j'étois en A à Carabourou, de $52'36''$, de $30'32''$, & de $18'57''$. J'ai après cela cherché combien chaque partie AC, CD, &c. est plus longue que la partie correspondante AI, ou IK, &c. de la droite AB; & afin de n'avoir rien à craindre des négligences de calculs, j'ai suputé les excès en 100000mes de toise. J'ai trouvé les nombres suivans 9441, 2, 59, 896, 949, 2183, 9570 dont la somme est 23100. Ainsi la ligne ADGB que forme le terrain avec ses inflexions est plus longue que la droite AB de $\frac{23100}{100000}$ toise.

Figure 6.

19. Il n'a plus été nécessaire après cela que de découvrir par les moyens expliqués ci-devant, combien chaque partie rectiligne du Sol est plus longue que la mesure que nous en avons prise en mettant nos perches horisontalement. J'ai également suputé ces excès en 100000mes de toise. Ils sont de 670, 11283, 15292, 18668, 9365, 38398, 58425. Ainsi la ligne ADGB que forme le terrain avec ses inflexions est plus longue que l'espace que nous a fourni la mesure actuelle de

Figure 6.

$1\frac{52101}{100000}$ toises qui est la somme des nombres précedens. Si les deux excès de la ligne ADGB sur la mesure actuelle & sur la droite AB, étoient égaux, la mesure actuelle seroit égale à la droite AB; mais puisque la ligne ADGB surpasse la mesure actuelle de $1\frac{52101}{100000}$ toises, au lieu qu'elle ne surpasse la droite AB que de $\frac{23100}{100000}$ toises, il est évident que cette derniere ligne est plus longue & qu'elle l'est de $1\frac{29001}{100000}$ toif. ou de 1 toif. 1 pied 8 pou. 10½ lig. Ainsi la distance du point A au point B trouvée par la mesure actuelle, lorsqu'on met les perches horisontalement & qu'on s'assujettit à toutes les courbures du terrain, étant de 6272 toises 4 pieds 7 pouces 3 lignes depuis que M. Godin a reculé un des termes de 3 pouces 8 lignes, la droite AB destinée à servir de base à nos triangles, doit être de 6274 toises 4 pou. 1½ lig. Il paroît sans doute & nous en convenons aisément, que cette précision est le fruit d'un calcul extrêmement long & très-pénible. Cette difficile discussion servira au moins à justifier que nous n'avons rien négligé pour tâcher de parvenir au plus grand degré d'exactitude : d'ailleurs elle est du nombre de celles qu'il faut avoir le courage d'achever entierement, pour sçavoir seulement si elles sont utiles.

20. Nous avons mesuré au mois d'Août 1739 après avoir formé tous nos triangles, une autre base dans une longue prairie nommée *Tarqui* qui se trouve environ 5 lieues au Sud de Cuenca, à l'autre extrémité de la Méridienne. M. de la Condamine aidé de M. Verguin la mesura en allant du Nord au Sud, pendant que je la mesurai en sens contraire avec M. de Ulloa qui voulut bien partager avec moi toute la peine de cet ouvrage. Nous n'employâmes de notre côté que 10 jours à ce travail que les circonstances rendoient plus facile, quoique nous nous traînassions encore tout le long du terrein. Il devient inutile de rendre compte des précautions que nous observâmes dans cette seconde opération,

puisqu'elles furent à peu près les mêmes que dans la premiere. Nous ne nous communiquâmes également nos mesures qu'après qu'elles furent entierement terminées, & il ne se trouva que deux ou trois pouces de différence entre nous.

Figure 6.

Détail plus particulier de diverses circonstances de l'opération faite dans la plaine d'Yarouqui.

21. Je crois au surplus devoir marquer encore plus en détail quelques unes des circonstances de notre premiere opération à laquelle D. Antonio de Ulloa assista de mon côté, comme je l'ai déja dit.

Je ne sçai pas précisément les arrangemens qu'on prit dans l'autre Compagnie : je ne parlerai ici que des choses qui se sont passées sous mes yeux & dont je suis témoin. C'est pourquoi je ne puis pas contredire à tous égards une déclaration que fit quatre ou cinq ans après M. Godin, lorsqu'il nous paroissoit déja regarder son retour en France comme très-éloigné : mais il est certain qu'il devoit craindre de donner trop d'étendue, ou de généralité à ce qu'il attestoit ; puisque les deux Compagnies que nous formions étoient presque toujours très-éloignées les unes des autres, & souvent de six à sept lieues. Pour ne parler actuellement que de la mesure de la base, je ferai remarquer que quelques uns de nos assemblages de dix toises furent formés avant que chacun de nous se fût attaché plus particulierement à une certaine partie de l'ouvrage, mais nous ne tardâmes pas de nous soumettre à un ordre fixe & constant. Nous avions un grand nombre d'Indiens qui servoient à nous porter les perches, & à nous fournir les coins dont nous avions besoin comme je l'ai déja marqué. M. de la Condamine & M. Verguin se chargeoient de faire toucher exactement les perches, en recevant celle qu'on posoit, & en retenant celle qui étoit déja en place, afin d'empêcher tout choc, & d'ôter lieu au recul.

Il falloit que l'osculation des deux extrêmités se fît avec précision, & que ce ne fut qu'une simple osculation; il ne falloit pas que les perches s'appuyassent les unes contre les autres, ou qu'elles se pressassent réciproquement; ce qui eut causé quelque dérangement toujours à craindre, lorsqu'on enlevoit la perche la plus reculée, pour la transporter en avant des deux autres. C'est par cette raison que nous voulûmes en avoir trois: deux restoient toujours sur le terrein & assuroient la mesure pendant qu'on transportoit ou qu'on disposoit la troisiéme. Pour moi je faisois mettre les mesures exactement à côté du cordeau qui servoit à nous alligner, & je travaillois en même tems à leur procurer une situation horisontale, en me servant d'un niveau à air que j'appliquois dessus, & que je soutenois par une longue regle.

Cet arrangement subsista entre nous les six premiers jours de notre travail, sçavoir les 3, 4, 6, 8, 9 & 10 d'Octobre 1736, mais le 11 du même mois je cédai le niveau à M. Verguin; cet Ingenieur passa à ma place, & je pris la sienne, en me joignant à M. de la Condamine pendant les 19 autres jours que dura l'ouvrage.

22. Chacun d'entre nous, en écrivant le nombre des mesures à part s'étoit fait une maniere particuliere de compter, en choisissant celle qui lui paroissoit la plus convenable pour ne pas se méprendre. M. de la Condamine n'oublioit pas même de marquer l'heure & la minute qu'il étoit à sa montre, lorsqu'on avoit achevé chaque assemblage de 10 toises. M. Verguin avoit aussi sa maniere d'écrire que je n'ai pas assez présente. Pour moi je marquois en abregé sur la terre qui étoit sablonneuse le nombre de nos mesures de distance en distance par une plus grande précaution. Enfin une quatriéme

trième personne que j'avois avec moi avoit le soin de compter aussi, en même tems qu'elle avoit l'œil sur les Indiens qui transportoient les perches, & qu'elle nous aidoit & à prendre nos aplombs & à former nos allignemens, lorsqu'il s'agissoit de tendre le long cordeau sur lequel nous nous reglions. C'étoit le sieur Grangier actuellement Arpenteur Royal à Saint Domingue.

23. Il étoit nécessaire que j'entrasse dans ce détail pour donner aux Lecteurs une idée plus exacte des choses, & pour indiquer aussi une partie des raisons qu'eut l'audience de Quito en rendant deux Arrêts en notre faveur, l'un le 2 Décembre 1740, & l'autre le 19 Juillet 1742.

24. Nous avions fait élever deux pyramides aux deux extrêmités de notre premiere base ou de celle dont je viens de parler, & il s'agissoit de se décider entre toutes les différentes Inscriptions qu'on proposoit pour informer la posterité de la destination de ces deux monumens, de l'érection desquels le goût de M. de la Condamine l'avoit fait se charger. Le premier Arrêt fut obtenu sur Requête, & sollicité par cet Académicien qui s'employa dans cette affaire avec ce zéle que tout le monde lui connoît; mais le second Arrêt fut rendu contradictoirement. Je me trouvai occupé hors de Quito pendant presque toute l'année 1741. M. de la Condamine agit en son nom, & au mien; je lui avois envoyé ma procuration; cependant j'arrivai encore assez à tems pour que nous fissions ensemble les démarches nécessaires auprès des Juges, & je produisis en mon privé nom le 10 May 1742 un écrit dans lequel je mettois à la déclaration de M. Godin, dont j'ai déja parlé, les fortes restrictions dont elle avoit besoin. Tout consideré, l'Audience de Quito crut que les expressions qui avoient été employées dans notre Passeport devoient servir de regle & qu'on devoit les regarder comme con-

sacrées. Il étoit dit que Messieurs les Officiers Espagnols nous accompagneroient pour assister aux observations que nous ferions, & pour en tenir journal; *para que assistan con los mencionados Franceses à todas las observaciones que hizieren y apunten las que fueren executando:* Ce sont les propres termes du Passeport, & il fut ordonné qu'ils entreroient dans l'Inscription. Le même Tribunal qui est un des trois ou quatre supérieurs qu'a l'Espagne dans l'Amérique méridionale, crut aussi devoir mettre une grande différence entre les dépenses personnelles que ces Messieurs étoient obligés de faire en nous accompagnant, & les frais immenses dans lesquels les opérations mêmes nous engageoient, & dans lesquels elles n'engageoient que nous seuls.

25. Voici l'Inscription qui fut autorisée, & dont le projet avoit été reglé en France avant notre départ par l'Académie Royale des Belles-Lettres.

AUSPICIIS
PHILIPPI. V. HISPANIA. ET INDIAR. REG. CATHOL.
PROMOVENTE REGIA SCIENT. ACADEM. PARIS.
FAVENTIBUS
EM. HERCUL. DE FLEURY SAC. ROM. ECCL. CARDINA.
SUPREMO (EUROPA PLAUDENTE.) GALLIAR. ADMINIS.
CELS. JOAN. FRED. PHELYPEAUX COM. DE MAUREPAS.
REG. FRANC. A REBUS MARIT. ET OMNIGENÆ ERUD. MOECENATE
L. GODIN, PE. BOUGUER, CAR. MAR. DE LA CONDAMINE
EJUSDEM ACADEMI. SOCII
LUD. XV. FRAN. REG. CHRIS. JUSSU ET MUNIFICEN.
IN PERUVIAM MISSI
AD METIENDOS IN ÆQUINOCTIALI PLAGA TERRESTRES GRADUS
QUO GENUINA TELLU. FIGURA TANDEM INNOTESCAT.
ASSIST. EX MANDATO REG. CATH. GEORG. JUAN ET ANT. DE ULLOA
NAV. BELL. PRIM. ORD. VICEPRÆFECTIS
SOLO AD PERTICAM LIBELLAMQUE EXPLORATO
IN HAC YARUQUEENSI PLANITIE
DISTANTIAM HORISONT. INTRA HUJUS ET ALT. OBELISCI AXES
6272. HEXAP. PARISS. PED. 4. POLL. 7.

*Ex quâ elicietur Basis I. trianguli latus operis fundamen
in lin. quæ excurrit à Bor. Occid. versus grad.* 19 *min.* $25\frac{1}{2}$.
STATUERE
ANN. CHRIS. M. DCC. XXXVI. MENS. NOVEMB.

META $\Big\{$ AUSTRALIS.
BOREALIS.

§ I.

Description des quarts de cercles qui ont servi à la mesure géometrique de la Méridienne, avec les diverses précautions qu'on a prises pour reduire les angles au centre des stations, &c.

26. La longueur de la base étant reglée, il nous faut passer par le moyen des triangles à la mesure de la Méridienne. Au lieu de nous arrêter à faire ici une description détaillée des quarts de cercles qui nous ont servi, je crois qu'il vaut mieux insister un peu davantage sur l'examen que nous avons entrepris pour vérifier leur exactitude, & sur les attentions que nous avons eues dans l'usage que nous en avons fait. Le Lecteur sçait la forme qu'ont ordinairement ces instrumens : nous en avions trois, un pour chaque Académicien. Celui de M. de la Condamine étoit le plus grand, il avoit trois pieds de rayon & étoit d'une construction un peu ancienne; il avoit appartenu en France à feu M. le Chevalier de Louville qui y avoit fait appliquer le premier Micrometre qu'on ait vû attaché à la Lunette d'un quart de cercle. Le mien suivoit celui de M. de la Condamine par la grandeur, il avoit environ 2 pieds 6 pouces de rayon; les barres de fer qui le formoient étoient larges & épaisses, & engagées les unes dans les autres par de forts tenons, il étoit monté outre cela sur un pied extrêmement solide; ce qui contribue beaucoup à la sûreté & à la facilité des observations, principalement sur les montagnes, où le vent est presque toujours assez fort pour agiter un quart de cercle qui n'auroit pas tant de stabilité. Celui de M. Godin étoit le plus petit : il n'avoit pas tout à fait deux pieds de rayon; mais il étoit très-proprement & très-exactement construit.

DE LA TERRE., II. SECT.   61
Enfin Messieurs les Officiers Espagnols depuis leur arrivée au Pérou en reçurent de Paris un quatriéme qui étoit à peu près moyen par la grandeur entre celui de M. Godin & le mien, il étoit de la même main que les deux autres, & parfaitement bien construit.*

* Par le Sr Langlois.

Examen particulier du quart de cercle dont on s'est servi.

27. Chacun de nous travailla à part à reconnoître l'état de son quart de cercle : je n'ai ici à rendre compte que de mes tentatives particulieres que je commençai à Oyambaro, aussi-tôt que nous eûmes achevé la mesure de la premiere base. ** Je mesurai divers angles au tour de moi dont la somme devoit faire 360 degrés : cette méthode que plusieurs Observateurs ont employée avec succès en France, est presque toujours très-longue au Pérou, parce que dans les pays de Montagnes, les objets dont on est obligé de se servir, sont tous à différentes hauteurs, ce qui engage dans le travail pénible de réduire à un même plan tous ces divers angles dont la somme doit être égale à la circonférence du cercle. La longueur du calcul ne m'effraya pas, & il me vint toujours une somme trop petite de plus de 2 minutes, lorsque je ne partageois le tour de l'horison qu'en 6 ou 7 angles ; & je n'avois garde de pousser le partage plus loin, de crainte de trop multiplier les petites erreurs que je pouvois commettre, indépendamment des

** Nous étions divisés en deux Compagnies lorsque nous mesurions les angles des triangles, de même que lorsque nous travaillions à la mesure de la base. D. Antonio de Ulloa se trouvant de mon côté & n'ayant point d'instrumens, je ne pû pas manquer de l'inviter à partager avec moi l'usage des miens : mais je crois devoir avertir qu'il paroît par la page 156 du Recueil d'observations imprimé à Madrid, que cet Officier à qui je communiquois à chaque mesure d'angle la correction qu'il falloit y appliquer, ne s'est souvenu ni des moyens que j'avois employés pour découvrir ces corrections ni des causes regulieres d'erreurs auxquelles étoit sujet mon quart de cercle, causes d'erreurs dont je vais parler.

H iij,

défauts de l'inſtrument. Je formai enſuite divers triangles & principalement l'équilateral ; je donnois plus de 300 toiſes à chaque côté, & faiſant tranſporter le quart de cercle à chaque angle, je voyois s'ils faiſoient enſemble 180 degrés. Je reconnus de cette ſorte que l'angle de 60^d avoit beſoin d'une équation ou correction additive d'environ 20″, & faiſant enſuite entrer cet angle dans d'autres triangles dont je meſurois également les trois angles, je découvrois la ſomme des erreurs des deux autres, & je reuſſiſſois à les ſeparer par les moyens dont je parlerai plus bas. J'examinai auſſi l'angle droit avec ſoin & de pluſieurs manieres, qui ſans s'accorder parfaitement entr'elles m'apprenoient cependant toutes que mon quart de cercle me trompoit en défaut ſur la meſure de cet angle, de 36 ou 40″. C'eſt ce que je reconnu principalement en repetant 4 fois l'angle droit pour en former le tour entier de l'horiſon, méthode qui peut s'appliquer à tous les angles qui ſont des ſous-multiples de 360 degrés ; & j'employai outre cela pluſieurs fois un autre moyen dont je rendrois ici compte, ſans que j'ai vû depuis que M. le Chevalier de Louville l'avoit auſſi imaginé & qu'il l'expliquoit dans un de ſes Mémoires donnés à l'Académie. *
L'état de mon quart de cercle étant ainſi reconnu par rapport à pluſieurs angles, j'eu la facilité de les ſubdiviſer en deux ou trois parties & d'en former enſuite d'autres de leur ſomme, vû la multitude des objets que m'offroit la campagne. J'appris par ces opérations que l'angle de 30 degrés & ceux qui étoient au-deſſous étoient ſujets à peu d'erreur ; au lieu que le quart de cercle rendoit trop petits tous les angles qui étoient au-deſſus. Enfin je comparai ſucceſſivement tous les divers arcs de 5 degrés les uns aux autres par le moyen de deux piquets éloignés de moi de 500 toiſes & dont la diſtance qu'il y avoit de l'un à l'autre ſoutenoit exactement un angle de ce nombre de degrés.

* Voyez le Volume de 1714. pag. 70.

28. J'employai la plus grande partie d'un mois à tous ces examens qui m'aprirent qu'outre les fautes de détail qu'il y avoit en assez grand nombre dans les divisions de mon quart de cercle & dont il n'étoit pas encore alors question, il y avoit une cause générale & reguliere d'erreur. Je ne tardai pas à la reconnoître cette cause, qui consistoit dans le défaut de situation de l'allidade qui ne tournoit pas exactement sur le centre même de la graduation. La différence étoit si petite qu'il falloit y regarder de très-près pour la reconnoître; mais comme il y a tout lieu de croire que ce défaut qui peut échapper à l'Observateur, n'est que trop ordinaire dans tous nos instrumens, je me determinai à en avertir nos Messieurs, quoique je ne doutasse nullement du scrupule avec lequel ils avoient de leur côté examiné leurs quarts de cercles. * Donnant à l'allidade une situation parallele à la lunette fixe, on n'avoit qu'à marquer le point de cette regle qui répondoit exactement sur quelqu'un des arcs tracés sur le limbe; & lorsqu'on lui faisoit parcourir 90 degrés, le point qu'on avoit marqué passoit peu à peu en dehors, & l'allidade se trouvoit comme trop longue de plus de $\frac{1}{8}$ de ligne. C'est un fait dont je m'assurai par plusieurs examens réiterés après que je l'eus remarqué la premiere fois, & j'avois occasion de le vérifier presque chaque jour.

29. Supposé donc que ABC (*Figure 7.*) représente l'instrument dont C est le centre, l'allidade au lieu de tourner sur le point C, tournoit sur un point K, & lorsque pour mesurer un angle je plaçois d'abord la lunette mobile parallelement à la fixe AC, je donnois à l'allidade ou au moins à la ligne qui lui étant parallele passe par le centre de son mouvement, la situation K *a* éloignée d'environ un huitiéme de ligne du vrai rayon. Dirigeant ensuite l'allidade à l'autre objet, elle prenoit

Figure 7.

---

*Ma Lettre à M. Godin sur ce sujet est du 18 Septembre 1738. j'en ai conservé la copie.

la situation Ke, & on étoit parconséquent toujours sujet à se tromper, en regardant mal à propos l'arc ae pour la mesure de l'angle aKe; au lieu de prendre l'arc AE qui étoit compris entre les deux rayons CA, CE exactement parallèles à l'allidade dans ses deux situations. Si les petits arcs aA & eE étoient égaux, l'arc ea seroit égal à EA, & l'excentricité de l'allidade n'aporteroit aucune erreur dans la mesure de l'angle. Mais lorsque le petit arc aA est plus grand que eE, l'arc vrai AE est aussi plus grand de la même quantité que l'arc mesuré ae, & il faut par conséquent ajouter à ce dernier pour correction l'excès de Ea, sur Ee, ou Aa — Ee. Cette correction sur l'angle droit devient Aa — Bb qu'il faut également ajouter à la mesure fournie par le quart de cercle, car l'arc intercepté entre les deux situations perpendiculaires Ka, Kb, de l'allidade, est ab: l'angle mesuré aKb est effectivement droit; mais sa mesure ab donnée par ce quart de cercle est trop petite; & il faut l'augmenter de Aa — Bb pour la réduire à l'arc vrai AB.

30. Comme les petits arcs Aa, Ee, &c. à cause de leur petitesse peuvent être considérés comme des lignes droites, il est toujours facile d'en calculer la valeur aussi-tôt que la situation du centre K du mouvement de l'allidade est connue par rapport au centre C. Si on abaisse du point K la perpendiculaire KD sur le rayon BC, que par le point D on tire GF perpendiculairement aux rayons CE, Ke, & qu'on nomme a le Sinus total, b le Sinus de l'angle mesuré ACE ou aKe, & c son Sinus de complément; on aura dans le triangle DFC, cette analogie; le Sinus total est à DC, comme le Sinus c de l'angle DCF est à DF$=\frac{c}{a}$DC; & dans le triangle rectangle KGD cette autre proportion; le Sinus total a est à DK, comme le Sinus b de l'angle K est à GD$=\frac{b}{a}$DK. Ainsi on aura $\frac{c}{a}$DC$+\frac{b}{a}$DK

pour

DE LA TERRE, I.I. SECT.

pour GF ou pour E e & la correction A a — E e qu'il faut appliquer à l'arc ae, est $DC - \frac{c}{a} DC - \frac{b}{a} DK$. On peut en examinant l'instrument, découvrir immédiatement, comme j'ai tâché de le faire dans mon quart de cercle, les petites quantités DC & DK qui déterminent la situation du point K : mais on peut les découvrir aussi en comparant l'expression générale $DC - \frac{a}{c} CD - \frac{b}{a} DK$ avec l'erreur connue pour deux différens angles. Il n'y a que deux quantités DC & DK à découvrir; il sera toujours facile d'y réussir aussi-tôt qu'on aura deux équations.

31. Je crois avoir reconnu que le point K tomboit assez exactement sur le rayon BC, dans le quart de cercle dont il s'agit, & que les points K & D se confondoient. Il arrive de-là que DK & DG disparoissent comme dans la Figure 8, & que l'expression de l'erreur A a — E e devenoit beaucoup plus simple; elle étoit DC — DF, qui est égale à FH; & on voit en prenant DC pour Sinus total, qu'elle est continuellement proportionelle à l'excès du Sinus total sur le Sinus complement de l'angle mesuré; ou ce qui est la même chose, qu'elle suit le rapport du Sinus verse de l'angle même.

Figure 8.

32. Mais l'excentricité de l'allidade ne suffisoit pas pour produire les erreurs regulieres auxquelles étoit sujet le quart de cercle : car la petite quantité DC étant d'environ $\frac{1}{8}$ lig. devoit valoir en A a sur le limbe environ $1'\ 11''$, & l'erreur sur l'angle droit eut été de toute cette quantité; au lieu que je suis bien sûr qu'elle étoit beaucoup moindre. C'est ce que me confirmoit aussi l'examen de la plûpart des autres angles, de ceux mêmes que j'avois le mieux examinés & qui étoient exempts dans leurs divisions de toute faute de détail. La seconde source d'erreur qui se compliquoit avec la

I

premiere n'étoit donc pas moins réelle, & elle venoit du trop peu d'étendue qu'on avoit donné aux degrés par rapport au rayon du quart de cercle. Lorsqu'il s'agit d'une différence considérable, l'ouvrier qui se rend scrupuleux dans la graduation de l'instrument, ne manque pas de s'en appercevoir : mais supposé qu'en prenant avec un compas à verge la longueur du rayon, il se trompe seulement d'un 25me ou d'un 30me de ligne, lorsqu'il reverifiera sa mesure, les pointes du compas tombant sur le bord des points ou sur le penchant des traits qui les marquent, glisseront sans effort sensible au-dedans ; il croira sa mesure exacte, il s'en servira pour marquer l'arc de 60^d ; & déterminant ensuite tous les autres à proportion de ce premier, il fera regner sur tout son ouvrage, s'il ne commet pas d'autre faute, une erreur générale & reguliere qui sera exactement proportionelle à la grandeur des arcs. La chose peut avoir encore une autre origine dans les quarts de cercles qui sont sujets à tomber, ou à recevoir quelques coups. Si le mien a été frappé vers le point de 45 degrés avec assez de force pour faire diminuer son rayon en cet endroit, le limbe en perdant de sa courbure, aura imité sensiblement celle d'une portion d'un plus grand cercle, & l'étendue de sa graduation qui étoit exacte pour sa premiere curvité, sera devenue tout-à-coup trop petite à proportion de la nouvelle qu'il aura acquise.

33. Je ne sçaurois décider à laquelle de ces deux causes je dois attribuer la seconde erreur de mon quart de cercle ; j'ai seulement reconnu que son arc AB de 90 degrés étoit trop court d'environ 30 secondes ; & que tous les autres arcs étoient sujets au même défaut, mais diminué proportionellement. Ainsi dans la mesure d'un angle quelconque ACE ou aDe, on étoit sujet à commettre deux erreurs lorsqu'on se servoit de cet instrument. 1°. On prenoit l'arc ae pour la mesure de cet angle, au lieu de prendre l'arc AE, qui étoit un

peu plus grand; & l'erreur dans laquelle on tomboit Figure 9.
étoit proportionelle au Sinus verse de l'angle mesuré.
2°. On se trompoit sur la quantité même de l'arc *a e* en
lui assignant trop de valeur ; puisque l'étendue des degrés étoit trop petite ; & cette seconde erreur étoit
proportionnelle à la grandeur de l'arc. J'avois calculé
sur ces principes une table des équations totales dont
je me servois pour corriger ces deux erreurs à la fois.

34. A l'égard des fautes de détail que j'ai aussi re-
marquées, elles se trouvoient tantôt dans un sens &
tantôt dans l'autre sans observer aucune loy, mais aussi
sans troubler totalement le cours des autres qui étoient
reglées. Je les ai discutées à loisir dans les trop longs
séjours que le mauvais tems & les autres obstacles nous
ont quelques fois obligés de faire au pied des montagnes :
& je n'ai fait pour cela que comparer en me servant
d'un compas ordinaire ou d'un compas à verge les points
suspects avec les autres qui étoient exacts & à peu de
distance. Je n'ai jamais manqué de venir à cet examen
particulier, ou lorsque j'ai trouvé quelque différence
considérable entre les deux mesures du même angle
que me fournissoient les transversales ou que me donnoit le micrometre dont étoit muni la lunette de l'allidade, ou lorsque les équations déja calculées ne suffi-
soient pas pour sauver les inégalités qui se trouvoient
dans la somme des trois angles, ou ne s'accordoient pas
avec la déposition des autres quarts de cercles. Alors
j'examinois avec soin les divisions du mien dans l'endroit qui avoit servi ; & le Procès étoit pour ainsi-dire
plaidé contradictoirement. Il eut été assez inutile de discuter d'avance l'exactitude de tous ces degrés : car outre qu'il eut été très-difficile de donner le même degré
d'attention à toutes les parties d'un examen si long &
si rebutant, il arrive presque toujours que les angles
actuels ne sont pas d'un nombre précis de degrés, &
que la faute de détail vient de la négligence avec la-

quelle a été tirée une transversale, où a été marqué le point qui indique quelque dixaine de minutes : ce sont ces endroits qui se ressentent le plus ordinairement des distractions de l'ouvrier. Je n'ai que faire d'avertir qu'il n'étoit pas question dans ces dernieres discussions des erreurs absolues ou totales, & que je me proposois simplement de découvrir les petites quantités dont il falloit corriger les premieres équations dont j'avois déja la table.

De la reduction des angles au centre de chaque Station.

35. Comme les quarts de cercle ordinaires ont une grandeur considerable, il est souvent absolument nécessaire de distinguer celui de leurs points qui marque le vrai lieu de la station : cette attention est indispensable, lorsque les côtés des triangles dont on mesure les angles sont très-courts comme de 1000 ou 1200 toises, & à plus forte raison, lorsqu'ils ne sont que de trois ou quatre cens toises, comme ceux que je formois, pendant que je travaillois aux examens dont je viens de parler. C'est pourquoi je crois devoir insister un peu sur ce sujet : Si mes remarques ne sont pas utiles au Lecteur, elles seront au moins propres à justifier que nous avons poussé le scrupule très-loin à l'égard de toutes les parties de notre ouvrage.

36. On est toujours obligé dans l'usage des quarts de cercles de venir à une opération particuliere pour s'assûrer de la direction de la ligne de foi, qui est dépendante de l'état réciproque des deux lunettes, de la mobile & de la fixe. On pointe l'une & l'autre sur un objet qui doit être très-éloigné, afin que les axes des deux puissent être censés paralleles, & que l'allidade puisse marquer sur le limbe le point qu'on doit, eu égard à tout, regarder comme le commencement de la gradua-

tion. Nous avons le soin de spécifier que c'est eu égard à tout; car il n'importe pour l'exactitude de cette pratique qu'on nomme ordinairement la *vérification*, que la lunette fixe soit considérablement éloignée du premier rayon, ni que le fil ou le cheveu qui étant attaché à l'allidade & tendu à peu près selon sa direction, est destiné à marquer sur le limbe la juste grandeur des angles, differe peu ou beaucoup d'être situé parallelement à la lunette mobile. Il suffit que ce fil soit lui-même le prolongement d'un rayon, pour indiquer ensuite toujours, aussi-tôt que les deux lunettes concourent sur le même objet, le point des transversales qui doit être traité comme le commencement des divisions. Ainsi supposé que dans cette opération le cheveu de l'allidade ou le fil de métal qui sert d'Index, au lieu de marquer zéro comme il devroit faire, puisque l'angle est nul lorsque les deux lunettes sont dirigées sur le même objet, marque 7 ou 8 minutes, le quart de cercle rendra tous les angles trop grands de cette quantité, & il faudra par conséquent les diminuer pour les corriger: On feroit le contraire si l'Index de l'allidade tomboit sur la partie négative du limbe ou sur celle qui précede le point de zéro; parce qu'alors le quart de cercle rendroit la mesure des angles trop petite.

37. Cette courte explication présupposée, lorsqu'en travaillant à la vérification, on se sert d'un objet très-éloigné comme de 15 ou 20 mille toises, la même vérification, comme il est assez clair, doit servir ensuite pour tous les angles qu'on mesurera de quelque longueur que soient leurs côtés; ne fussent-ils que de 50 ou 60 toises: mais le lieu de la station ou la vraye pointe de l'angle observé, sera le point d'intersection des deux lunettes actuellement dirigées sur les deux objets. Ce point qui pourra se trouver en dehors de l'instrument à quelques pieds de distance lorsque l'angle sera très-petit, n'est pas l'intersection de l'allidade dans les deux

situations : car si on la ramenoit sur le point qu'on doit regarder comme le premier des divisions, elle se trouveroit pointée à côté de l'objet de toute sa distance à l'autre lunette. On doit remarquer de plus que l'instrument ne mesure pas alors immédiatement l'angle qu'on se propose ; mais un autre qui lui est égal.

38. La figure 9me rendra ceci sensible, s'il ne l'étoit pas assez. FCE est un quart de cercle dans lequel AB est la lunette fixe pointée sur l'objet H, pendant que la lunette mobile est dirigée sur l'objet G. Ces deux objets sont à très-peu de distance de l'Observateur & pour ainsi dire à ses pieds : mais comme il a eu la facilité de déterminer par le moyen d'un autre objet extrêmement éloigné le point E qui est censé le commencement de la graduation en rendant les axes des deux lunettes exactement parallèles, il est de la derniere évidence que l'arc ED marquera toujours la vraye valeur de l'angle HIG ou BID, quoique le sommet de cet angle soit en I. Il n'est pas moins clair que si la disposition particuliere de l'allidade & celle de son Index qui est trop à côté donnent le point e pour le commencement de la graduation, au lieu de donner le point E, cela n'empêchera pas que l'instrument ne fournisse encore la juste grandeur des angles ; car lorsqu'on dirigera la lunette mobile DC sur l'objet G, l'Index de l'allidade s'arrêtera sur le point d autant éloigné du point D & dans le même sens, que le point e l'étoit du point E. Ainsi tout consiste, comme on le voit, à choisir dans la *vérification* un objet assez éloigné pour que les axes CE & AB des deux lunettes soient parfaitement parallèles, lorsqu'on travaille à découvrir le point E.

39. C'est à cet usage que je me suis presque toujours assujetti, & c'est aussi ce qu'il y a de mieux, aussi-tôt que la chose est possible. Mais si l'on ne peut pas se servir d'objets assez éloignés pour la vérification ; privé alors de l'avantage de pouvoir rendre les deux lunettes

exactement paralleles, il faudra *vérifier* en particulier pour chaque angle qu'on mesurera, ou au moins toutes les fois qu'on cessera de viser au même objet H par la lunette fixe. La vérification se fera sur cet objet en dirigeant dessus les deux lunettes comme on l'a fait dans la Figure 10, & dans ce cas le lieu précis de la station ne sera pas l'intersection des deux lunettes, mais l'intersection C de l'allidade ou de la lunette mobile dans les deux différentes situations qu'elle prendra, pointée successivement sur l'un & sur l'autre objet. L'angle HCG sera l'angle mesuré, & l'arc ED sera sa mesure : car comme les deux lunettes AB & CE se trouvent fort éloignées d'être paralleles pendant qu'elles sont pointées sur l'objet H, & qu'on ignore la quantité de leur obliquité, la premiere AB n'a d'autre usage dans cette rencontre que d'assurer l'Observateur que l'instrument parfaitement immobile n'a point participé au mouvement de l'allidade, lorsqu'on l'a fait tourner pour la diriger sur le point G. C'est pour cette même raison qu'il faut repeter la vérification aussi-tôt qu'on change d'objets & qu'on veut mesurer un autre angle.

40. Il arrive encore presque toujours que le quart de cercle placé à quelque distance du point où on eut dû le mettre, ne donne pas précisément l'angle qu'on vouloit obtenir, & qu'il faut faire quelque réduction. Quelques Observateurs se sont quelques fois donné la peine de mesurer des autres stations la grosseur apparente de chaque objet, afin d'avoir la liberté de choisir ensuite quel point ils voudroient pour terme de leur angle, ou pour nouveau point de station. Mais toute l'Optique est contraire à cette pratique qu'elle condamne & qui peut devenir la source de très-grandes erreurs. La grosseur apparente des objets dépend de tant de circonstances, qu'on ne doit presque jamais l'employer dans des opérations aussi délicates que celles dont il est ici question. Non-seulement cette grosseur apparente est sujette à

changer, l'objet perd quelques fois entierement sa forme par la différente apparence de toutes ses extrémités qui varient, selon qu'elles sont plus ou moins éclairées, ou selon le plus ou moins de lumiere que reçoit le fond sur lequel elles se projettent. C'est ce que j'ai experimenté plusieurs fois; j'ai vû cette différence sur nos tentes dont les angles s'évanouissoient entierement lorsqu'elles nous servoient de signaux; je l'ai vû encore d'une maniere plus remarquable sur un signal particulier (celui de Pamba-marca) qui étoit formé comme un tétraëdre par trois pieces de bois. Quoique j'en fusse éloigné de plus de 20 mille toises, je découvrois distinctement toutes ses parties, & un point noir en haut qui étoit l'intersection des trois montans qu'on avoit un peu grossie; & un instant après je ne voyois plus qu'un objet lumineux qui occupoit 5 ou 6 fois plus de place que le tout dans ma lunette, & qui me paroissoit comme une espece d'astre. Cet effet très-singulier ne devoit cependant son origine qu'à une simple nate qui prêtoit son poli au Soleil, lorsque les nuages qui se succedoient par intervalle le permettoient. Tout le contraire arrivera lorsque l'objet sera dans l'ombre & qu'il se projettera sur le Ciel, ou sur quelque campagne éclairée du Soleil. Or il suit de tout cela qu'il n'y a rien de plus sûr que de se servir de signaux qui ayent la forme la plus reguliere qu'il est possible, qu'il faut tâcher de ne les observer que lorsqu'ils sont dans l'ombre; & qu'au lieu de pointer à l'un ou l'autre de leurs bords, il faut toujours pointer à leur milieu, comme au point qui est le moins sujet à changer. Nous discutâmes beaucoup cette matiere, qui nous occupa trop long-tems, avant que de commencer nos opérations, & pendant que nous travaillions aux premiers triangles : toutes les expériences que j'ai faites dans le cours de l'ouvrage ont confirmé l'avis que j'avois d'abord embrassé.

41. La reduction des angles devient donc absolument nécessaire, lorsqu'on ne peut pas se placer au centre des signaux ou objets qu'on avoit observés des autres endroits : c'est ce qui nous est arrivé presque toujours, ou parce que nous nous sommes trouvés plusieurs Observateurs avec différens quarts de cercles à chaque station, ou parce que le poste ne pouvoit pas recevoir un si grand instrument. Nous nous sommes fait chacun de nous pour cette reduction différentes méthodes. Voici celle à laquelle je me suis arrêté, qui m'a paru d'autant plus simple qu'on peut l'employer avec facilité en pleine campagne, sans avoir recours aux tables des Sinus ni à aucune autre. DCE (*Figure* 11.) est l'angle actuellement mesuré avec le quart de cercle, & il s'agit de le reduire au point A où devoit se faire la station. J'abaisse de ce point des perpendiculaires AF, AG sur les deux lunettes du quart de cercle ou sur leur prolongement : ces deux perpendiculaires qui n'ont jamais que quelques pieds de longueur se mesurent avec facilité avec un fil tendu horisontalement ou avec une perche, & il ne reste plus qu'à résoudre les deux triangles AGP & AFQ, pour avoir les deux angles P & Q de reduction, qui ne sont ordinairement que de quelques secondes. D'ailleurs la résolution de ces triangles ne demande nullement à être traitée avec rigueur ; car la distance des objets étant très-grande par rapport aux perpendiculaires AF, AG, on peut se dispenser de regarder ces perpendiculaires pour des Sinus, & les confondre avec des arcs de cercles qui auroient pour centre les deux objets P & Q. Ainsi il suffit d'avoir quelque notion des distances de ces mêmes objets, se ressouvenir que la grandeur du degré est à peu près la $57\frac{3}{10}$ partie de la longueur du rayon ; & il n'en faut pas davantage pour se trouver en état de déterminer toujours aisément, combien valent à proportion les deux perpendiculaires AF, AG, ou quelle est la grandeur des

Figure 11.

K

angles Q & P qui ont ces perpendiculaires pour foustendentes. Si la diſtance de l'objet Q connue groſſierement eſt de 12000 toiſes & que AF ſoit de 5 pieds 6 pouces, on trouvera que l'angle Q eſt de preſque 16″, & il eſt facile de voir qu'il faut le ſouſtraire de même que l'autre angle P, pour obtenir l'angle dernierement reduit HAI. En retranchant l'angle P de l'angle DCE qui eſt exterieur par rapport au triangle CPc, il vient l'angle c; & retranchant de cet angle c qui eſt exterieur par rapport au triangle AQc, l'autre angle de reduction Q, il reſte l'angle demandé HAI.

Figure 11. & 12.

42. Lorſque je n'avois pas le tems de faire cette opération ſur le terrein, & que je n'avois pas la table que j'avois conſtruite pour me diſpenſer de revenir chaque fois à ce calcul quoique très-court, je me contentois d'écrire la longueur des deux perpendiculaires AF & AG en leur donnant le titre de *poſitive* ou de *négative*, ſelon qu'il falloit ajouter ou ſouſtraire la reduction. Il n'eſt ſans doute pas néceſſaire de faire l'énumeration des autres cas que le Lecteur diſtinguera avec facilité. Dans la Figure 12 l'angle Q qui eſt ſoutenu par AF, eſt également à ſouſtraire; mais l'angle P ſoutenu par AG eſt à ajouter; la diſpoſition de la direction AH par rapport à CD rendant l'angle A plus grand. Souvent j'évitois une partie de cette reduction en la faiſant conſiſter en un ſeul angle; je mettois exactement le quart de cercle, je veux dire une de ſes lunettes, ſur la direction AH ou AI conduite du centre A de la ſtation à l'un des objets P ou Q; ce qui anéantiſſoit une des deux perpendiculaires.

De la meſure des angles qui ſont dans des Plans fort inclinés.

43. Enfin pour expliquer au moins généralement tout ce qui concerne la maniere de ſe ſervir du quart de

cercle dans les opérations géométriques, je dois prevenir le Lecteur sur la difficulté qui se présente, lorsqu'on mesure des angles qui sont dans des Plans très-inclinés, comme l'étoient presque tous ceux de notre Méridienne; une des stations étant quelques fois élevée de 8 ou 9 cens toises au-dessus de l'autre. Le quart de cercle soutenu par un double génoüil peut se mettre dans tous les Plans imaginables; mais comme on néglige quelques fois de penser assez à ces sortes de choses, & que même on les méprise souvent, à cause de la facilité qu'on se plaît à y supposer, il n'est que trop ordinaire de s'y trouver arrêté dans l'occasion & de perdre en tentatives inutiles le tems précieux d'une observation importante. Je sçai qu'on a quelques fois employé deux ou trois heures à mesurer un seul angle. On vouloit faire par le moyen des grosses vis du pied du quart de cercle, qui sont principalement destinées à reparer les inégalités du terrain, ce qu'on ne devoit faire que par le genoüil; ou on touchoit à une des parties de cette piece, au lieu de toucher à l'autre: & on ne réussissoit que par hazard à donner au quart de cercle la situation qu'il devoit avoir.

44. Je suppose qu'on ait présente la forme du double genoüil. IK (*Figure* 13.) est le haut du pied de l'instrument, la partie qui est faite en canon & qui reçoit la longue tige CD qui est arrêtée perpendiculairement au cilindre BA. On peut donner une infinité de directions à ce cilindre, le pointer vers tous les côtés de l'horison, à cause de la facilité qu'a la tige CD de tourner dans le canon IK, lorsqu'elle n'est pas pressée par la vis L. Le cilindre AB qui est creux reçoit le cilindre solide EF, qui forme avec le second cilindre creux GH la seconde partie du genoüil; ce cilindre GH est ici dans une situation verticale, mais on peut l'incliner vers un côté ou vers l'autre, en faisant tourner le cilindre EF dans le cilindre creux AB; il faut pour cela lâcher la vis M.

Figure 13.

Figure 13. Enfin le quart de cercle a un cilindre solide fortement attaché à son revers, à peu près dans son centre de gravité; & ce cilindre qui est exactement perpendiculaire au plan de l'instrument, entre dans le cilindre creux GH & a la liberté d'y tourner. Telle est la construction entière du genoüil, par le moyen de laquelle il est question de donner au quart de cercle quelle situation on veut. Il est clair que par cette disposition, le plan de l'instrument est toujours parallele aux cilindres AB & EF qu'on peut nommer le genoüil horisontal, quoiqu'il n'ait pas toujours exactement cette situation. Si ce genoüil est une fois dirigé vers un certain point de l'horison, on ne pourra donc pas incliner le quart de cercle vers ce même point ou vers le point opposé, excepté en touchant les grosses vis du bas du pied qu'on voit représentées dans la Figure 14. Mais on pourra l'incliner autant qu'on le voudra vers la droite ou vers la gauche, en faisant rouler le cilindre EF dans le cilindre creux AB. Lorsque les deux objets entre lesquels nous supposons d'abord qu'est situé l'axe du genoüil horisontal BA, ne sont pas fort élevés au-dessus de l'horison, ou ne sont pas fort abaissés au-dessous; on pourra toujours réussir à les atteindre en se servant de ces grosses vis qui feront pancher tout le pied de l'instrument vers l'un ou l'autre côté. Si ce mouvement ne suffit pas, on ne pourra alors rien faire de plus, sans changer la direction du genoüil horisontal.

45. La regle générale est de le faire tourner jusqu'à ce qu'il se trouve dans le plan qui passe par ces deux objets; ou pour expliquer la même chose en d'autres termes, il n'y a qu'à imaginer une ligne droite qui joigne les deux objets, & diriger l'axe du genoüil horisontal, soit en touchant à ce genoüil soit en touchant aux grosses vis du pied, sur quelqu'un des points qui appartiennent à cette ligne droite; sans qu'il importe que ce point se trouve entre les deux objets ou en dehors. Aussi-tôt

que le pied IK eſt exactement vertical, le genoüil BA Figure 14.
ſe trouve exactement horiſontal vers quelque côté qu'on
le tourne; ainſi il faut dans ce cas particulier le diriger ſur le point de l'horiſon où vient ſe rendre la ligne
droite dont nous parlons. Cette regle étant obſervée,
il n'y aura plus, comme il eſt évident, qu'à faire incliner
le quart de cercle vers la droite ou vers la gauche, en
faiſant rouler le cilindre EF dans le cilindre AB, pour
achever de le mettre dans le plan des deux objets; &
enfin ne touchant plus ni à une partie du genoüil ni à
l'autre; afin que l'inſtrument ne ſorte pas du Plan dans
lequel il eſt déja, on le fera rouler ſur ſon genoüil particulier, ou ſur le cilindre qui entre dans le cilindre
creux GH, & on ajuſtera les deux lunettes.

46. On voit qu'il y a naturellement cet ordre entre
tous les mouvemens du genoüil, qu'on ne doit généralement parlant toucher à une piece qu'après avoir
déja donné la diſpoſition néceſſaire aux précedentes,
en commençant par celles qui appartiennent le plus
au pied. Sans qu'il importe que ce pied ſoit exactement
vertical, il faut toujours faire enſorte que la direction du
genoüil horiſontal BA aille rencontrer en quelque point
la ligne droite qui paſſe par les deux objets. C'eſt ce que
repréſente la Figure 14. dans laquelle on voit le quart
de cercle entier & tout monté. OQ eſt la lunette fixe
& OR la mobile, laquelle avec la regle de fer qui la
ſoutient forme l'allidade: les deux objets ſont S & X;
le genoüil horiſontal BA eſt dirigé ſur le point Z, &
le plan du quart de cercle eſt néceſſairement parallele
à la droite BZ. Ainſi il ſuffit donc d'incliner cet inſtrument vers P ou vers Q pour le mettre entierement dans
le plan dans lequel il doit être, ou pour faire paſſer ſon
plan par les deux objets.

47. On réuſſira de cette ſorte avec facilité à obſerver la diſtance de deux aſtres quelques élevés qu'ils
ſoient; obſervation qu'on ne ſçauroit trop travailler à

K iij

rendre simple en faveur des progrès de l'Astronomie, qui peut tirer de très-grands secours de la détermination immédiate de ces distances. Lorsque les deux objets sont fort élevés & à la même hauteur, il n'y a pour le mieux qu'à rendre le pied exactement vertical, & faisant attention que la droite SX étant alors parallele à l'horison ne va le rencontrer qu'à une distance infinie, ou donnera au genoüil BA une situation parallele à cette ligne, ou on le dirigera sur un point de l'horison éloigné de 90 degrés du milieu de S & de X. Dans les cas ordinaires où les objets ne sont pas à une hauteur excessive, la regle générale reçoit une application particuliere qui la rend encore plus simple ; il n'y a qu'à donner exactement à la lunette fixe & au genoüil horisontal la même direction, & les ajuster l'une & l'autre, non pas sur un point quelconque de la droite SZ, mais sur un des objets, & ce doit être sur celui S qui est à gauche, vû la disposition ordinaire de nos quarts de cercles. On se servira pour cela des grosses vis du pied qui ont toujours une longueur considérable : il est de la derniere évidence que la lunette fixe étant ainsi pointée, elle ne perdra rien de sa direction, quoiqu'on éleve ou qu'on abaisse l'autre côté P du quart de cercle, pour faire passer son plan par l'autre objet X.

III.

Du choix qu'on doit faire entre les triangles, afin de mesurer avec plus d'exactitude la longueur de la Méridienne.

48. Quelques précautions qu'on prenne dans la mesure des angles, on est toujours sujet à s'y tromper de quelques petites quantités, & les triangles ne peuvent par manquer de s'en ressentir. Les examens dont nous

avons parlé ci-devant empêchent que ces erreurs soient très-considérables : mais outre qu'il peut rester quelque legere faute de détail qu'on n'a pas reconnu, l'Observateur de son côté peut se tromper aisément de quelque chose, soit dans la vérification du point du limbe qui doit être regardé comme le commencement de la graduation, soit dans la mesure même de l'angle, parce qu'il ne pointera pas assez exactement aux objets, ou qu'il ne discutera pas avec assez de soin le nombre des secondes qu'a l'angle outre les degrés & les minutes. Comme ces erreurs ne dépendent en aucune maniere de la grandeur de l'angle, elles doivent naturellement être les mêmes, soit que l'angle soit grand ou petit; & ce doit être la même chose des fautes du détail que le Fabricateur du quart de cercle est sujet à commettre, lorsqu'en se négligeant, il ne réussit pas à enfoncer son poinçon ou son tire-ligne précisément dans les points des divisions qu'il a déja tracées. Ces erreurs quoique les mêmes produiront cependant ensuite différens effets selon que les angles seront plus ou moins grands : une minute apporte beaucoup plus de différence dans le Sinus d'un petit angle que dans le Sinus d'un grand; & les côtés qu'on calcule par le moyen des triangles, doivent être sujets à la même erreur que ces Sinus, puisqu'ils changent dans le même rapport.

49. Les calculs qui sont très-longs se font ordinairement par le moyen des tables des logarithmes qui réduisent comme on le sçait à de simples additions & soustractions toutes les proportions ou regles de trois qui ne se feroient sans cela que par la multiplication & la division. Si l'erreur sur chaque angle étoit effectivement d'une minute, il n'y auroit qu'à voir dans la table des logarithmes la différence des Sinus des angles mesurés & de ceux qui en différent d'une minute : il est évident que cette différence logarithmique subsisteroit sans augmenter ni diminuer dans tout le calcul, & qu'elle

feroit encore précisement la même dans le dernier refultat. Il eſt par conſéquent très-facile de prendre une
notion diſtincte de la plus grande erreur qu'on doit craindre ſur une ſuite de triangles, quelque grande qu'elle ſoit.
Il n'y a qu'à examiner tous les angles qui doivent entrer dans le calcul, on verra la différence logarithmique
de leur Sinus & des Sinus qui appartiennent à des angles
plus grands ou plus petits d'une minute ou de quelqu'autre quantité determinée, & faiſant une ſomme de toutes
ces différences, on n'aura pas encore, il eſt vrai, l'erreur
qui eſt à craindre dans le réſultat; mais on aura la différence logarithmique qui y répond. Si elle donne 5 ou
6 toiſes ſur une longueur de 10000, elle en donnera
une de 15 ou de 18 ſur une longueur de 30000; puiſque telle eſt la nature des logarithmes, que l'égalité
de leur différence marque l'égalité de rapport entre les
grandeurs naturelles ou abſolues.

50. La ſomme de toutes les différences logarithmiques
conſiderées ſimplement, exprime l'erreur telle qu'elle
naît des triangles conditionés comme ils le ſont, mais
faiſant abſtraction de la longueur de leurs côtés. Plus les
côtés ſeront longs, plus l'erreur deviendra grande, comme nous venons de le voir; quoique la ſomme des différences logarithmiques ſoit la même. Pour avoir donc
l'erreur abſolue ou ulterieure, il faut multiplier la ſomme des différences logarithmiques par la longueur des
côtés; c'eſt-à-dire que l'erreur abſolue croît en raiſon
compoſée de la longueur des côtés & des différences
logarithmiques. Si l'on forme, par exemple, ſur l'hypothénuſe d'un triangle iſoſcelle rectangle un autre triangle ſemblable qui ait cette hypothénuſe pour côté, &
ainſi de ſuite juſqu'au 6me comme le repréſente la Figure 15, on découvrira en partant de la baſe AB que nous
ſuppoſons de 10000 toiſes, un côté AH huit fois plus
grand. Suppoſé de plus que tous les angles aigus de ces
triangles ſoient également érronnés & qu'ils le ſoient
d'une

Figure 15.

DE LA TERRE, II. SECT. 81

d'une minute, la différence logarithmique qu'on peut regarder comme l'erreur primitive sera de 1263. La différence logarithmique de l'angle droit, à quelque erreur qu'il soit sujet, est nulle : car tous les Sinus aux environs de 90 degrés sont sensiblement égaux entr'eux ; ce qui fait qu'on peut employer indifféremment le Sinus de 90 degrés ou le Sinus de 90 degrés 1 minute ou 2 minutes. Or la différence logarithmique 1263 repetée six fois à cause des six angles aigus dont les Sinus entrent dans le calcul, formera 7578 qui répondroit à environ $17\frac{46}{100}$ toises sur un côté de 10000 comme l'apprennent les tables, mais sur un côté AH qui est huit fois plus long ou qui est de 80000 toises, l'erreur doit être huit fois plus grande ou de 139 ou 140 toises. Telle est la plus grande quantité dont on peut se tromper ; & celle qui auroit effectivement lieu dans une pareille opération, si une fatalité malheureuse vouloit que les six triangles se trouvassent défectueux dans le même sens, & que chaque erreur particuliere fut d'une minute.

51. La distinction que nous avons vû qui se trouvoit entre l'angle droit & l'angle aigu de 45 degrés, est propre à nous faire remarquer le différent degré de perfection dont jouissent les angles selon leur différente grandeur. Ce degré n'est pas proportionel à leur grandeur ; mais il est exprimé comme nous venons de le reconnoître par la plus petite différence logarithmique entre leurs Sinus & le Sinus d'un angle plus grand ou plus petit d'une quantité déterminée. Lorsqu'on est sujet à se tromper d'une minute dans tous les angles, celui de 45 degrés porte avec lui dans tous les résultats cette erreur de 1263 qui est sa différence logarithmique ; ce nombre sera le logarithme du rapport selon lequel on se trompera. Si au lieu de se tromper d'une minute, on ne se trompe que d'une demie minute, la différence logarithmique sera sensiblement diminuée de motié, & l'erreur qu'il faudra craindre sur les côtés sera aussi sen-

L

fiblement deux fois moindre : car les différences des logarithmes lorsqu'elles font très-petites comme nous devons les fuppofer ici, & lorfqu'elles font prifes dans le même endroit de la table, font fenfiblement proportionnelles aux différences des nombres naturels correfpondans. Mais quelque erreur qu'on commette fur la mefure de l'angle droit, qu'on s'y trompe d'une demie minute ou d'une minute entière, comme cet angle n'a point de différence logarithmique, fon erreur n'influera jamais par elle-même fur le réfultat. Il fuffit donc d'examiner felon qu'elle loi changent les différences logarithmiques des Sinus, pour fçavoir de combien les angles deviennent préférables, lorfqu'on les rend plus grands.

Examen du divers degré de bonté des angles felon leurs différentes grandeurs.

52. Confiderons dans un quart de cercle ABC (*Figure* 16.) différens angles ACD, ACG, dont DE & GH font les Sinus, & fuppofons qu'on fe trompe de la même quantité D *d* ou G *g* en mefurant ces angles. Au lieu des Sinus DE & GH, on prendra en fe trompant les Sinus *de* & *gh*, & l'erreur qui dans fon origine étoit la même, produira différens effets; puifqu'outre la différence GI des Sinus GH & *gh* fera plus petite que DF différence des Sinus DE, *de*; elle fera d'ailleurs une erreur fur une plus grande quantité, ce qui la rendra encore moindre à proportion, ou ce qui la rendra une moindre partie de la grandeur qu'elle altere. Pour découvrir quelle partie elle eft, nous n'avons qu'à la chercher à proportion de quelque quantité conftante. Nous prolongeons jufqu'en K & en M les petites droites *d* F & *g* I qui font parallèles au rayon AC, & nous formons les grands triangles LCB, NCB par le Sinus total & par les tangentes & fécantes des arcs de com-

plemens DB & GB. Il est clair que c'est la même chose de se tromper de DF & de GI sur les Sinus DE & GH que de se tromper de DK & de GM sur les rayons DC & GC; puisqu'il y a même rapport de DK à DC, que de DF à DE, & de GM à GC que de GI à GH. Ainsi nous pouvons regarder DK & GM, comme les *conséquences* ou comme les *momens* des erreurs égales, commises sur des angles de différentes grandeurs : ce sont les erreurs résultantes des premieres; pendant qu'on fait abstraction de la longueur des côtés des triangles qu'il s'agit de déterminer, ou lorsqu'on suppose que ces longueurs sont égales, comme le sont réellement les deux rayons CD, CG. Mais on peut considerer d'un autre côté que les petits arcs Dd, & Gg étant égaux & leur courbure pouvant se négliger à cause de leur petitesse, les petits triangles dDK, gGM sont semblables aux grands triangles CBL, CBN, chacun à son correspondant, & que les petits côtés DK, GM sont continuellement proportionels aux tangentes LB, NB des angles de complemens. Or il suit de-là que les *momens* des erreurs primitives égales, sont comme les tangentes de complemens des angles dont on se sert : c'est-à-dire, que lorsqu'on calcule les côtés d'un triangle en se servant d'angles de différentes grandeurs, mais sujets à la même erreur, les quantités dont on se trompe sur les côtés sont proportionnelles aux tangentes de complement de ces angles.

53. La tangente de complement d'un angle de 60 degrés est trois fois plus petite que la tangente du complement d'un angle de 30 degrés. Il est donc trois fois plus avantageux, toutes les autres circonstances étant les mêmes, de se servir d'un angle de 60 degrés pour découvrir par la Trigonométrie une certaine distance, que de se servir d'un angle de 30 degrés. Il vaut encore infiniment mieux employer pour cela un angle droit dont la tangente de complement est nulle, ce qui fait que

L ij

84　　　　LA FIGURE

l'erreur sur cet angle ne tire absolument par elle-même à aucune conséquence, conformément à ce que nous sçavions déja. Mais si l'on y fait un peu d'attention, il suit de tout cela que les tangentes de complement des angles sont proportionelles aux différences logarithmiques dont nous avons parlé ci-dessus; puisque les unes & les autres expriment également les erreurs dérivées sur les côtés.

54. C'est aussi ce qu'on peut vérifier aisément, aussitôt qu'on n'ignore pas la vraye nature des logarithmes. On sçait que ces nombres artificiels avec les naturels auxquels on les fait répondre, expriment les dimensions d'une certaine logistrique ou logarithmique dont la soûtangente est d'une longueur determinée. Si nous considerons cette ligne courbe (*Figure* 17.) & que nous rendions ses ordonnées GH, *gh* égales aux Sinus GH, *gh* de la Figure 16, les parties HP, *h*P de l'axe à commencer d'un certain point P pris pour origine des abscisses, seront les logarithmes de ces Sinus, & la partie H*h* sera par conséquent la différence logarithmique qui exprime, comme nous l'avons vû, l'erreur qui résulte de la mesure défectueuse de l'angle. Or cette petite quantité a toujours même rapport à la soûtangente HO, que la différence GI des deux Sinus au Sinus GH, puisque le petit triangle G*ig* est semblable au grand GHO. Il suit de-là que si l'on rendoit la soûtangente HO égale au rayon GC du quart de cercle de la Figure 16, la petite différence logarithmique H*h* seroit égale au petit espace GM de la Figure 16, puisque ce petit espace a aussi toujours même rapport au rayon GC que la différence GI des deux Sinus au Sinus GH. Si d'un autre côté la soûtangente HO n'est pas égale à GC, elle aura au moins toujours un rapport donné avec ce rayon, puisqu'elle est constante; & la différence logarithmique H*h* qui cessera d'être égale à la petite ligne GM, lui sera toujours proportionelle, & le sera donc

Figures 16. & 17.

aussi à la tangente de complement BN de l'angle mesuré ACG. Ainsi les deux expressions de l'erreur dérivée à laquelle sont sujets les côtés d'un triangle se concilient: on peut employer indifféremment l'une ou l'autre. Nous sçavons maintenant *que les erreurs qu'on commet dans le calcul des côtés des triangles, aussi-tôt qu'on s'est trompé dans la mesure des angles, sont également proportionelles aux tangentes de complement de ces angles, ou aux différences logarithmiques de leurs Sinus.* Plus les angles diminuent, plus leurs différences logarithmiques augmentent, de même que leur tangente de complement; plus la même erreur est par conséquent à craindre, à cause de ses suites fâcheuses qui croissent dans le même rapport. L'angle pourroit même diminuer tellement, que ce seroit pécher contre toute prudence que de se hazarder à s'en servir; les conséquences de la moindre erreur à laquelle il seroit sujet, devenant alors immenses.

55. Ces deux expressions étant parfaitement équivalentes, tout ce qui est vrai de l'une l'est également à l'égard de l'autre. De même que ces différences logarithmiques ne souffrent aucune alteration en se transmettant, quelque nombre de triangles qu'il y ait, & qu'elles passent toutes entieres dans le résultat en s'ajoutant ou en se soustrayant simplement, selon qu'elles sont additives ou positives; la somme des tangentes de complement comme si elles tenoient de la nature des logarithmes, doit exprimer aussi la plus grande erreur à laquelle on est exposé, lorsqu'on employe diverses series de triangles. Chacune de ces expressions jouit cependant de ses avantages particuliers; la derniere paroît plus propre lorsqu'il s'agit de comparer généralement les erreurs; & la premiere lorsque voulant descendre plus dans le détail, il s'agit d'en estimer la quantité. J'ai souvent fait usage de l'une ou de l'autre pour choisir la meilleure disposition qu'on pouvoit donner à nos signaux, toutes les fois que les circonstances du terrein nous of-

froient divers fyftêmes, & que mon vœu particulier pouvoit produire quelque effet. Nous pouvons auffi maintenant en élevant nos vûes, fonder avec facilité fur ces principes un commencement de Théorie dont la premiere ébauche fuffira pour répandre de la lumiere fur tout ce fujet, & dont on fe trouvera éclairé dans le tems même qu'on n'entreprendra pas de s'y conformer fcrupuleufement.

De la maniere de bien conditionner les triangles.

Figure 18. 56. Suppofons qu'il s'agiffe de déterminer la longueur d'une ligne AB (*Figure* 18.) par le moyen d'une bafe qu'on veut faire commencer en B, & dont la direction BC foit *donnée*; je dis que la longueur la plus avantageufe que peut avoir cette bafe eft d'être égale à AB. Quoiqu'il s'agiffe de découvrir cette derniere ligne, nous la traitons comme connue, & c'eft ce que nous ferons toujours dans la fuite : On fçait en effet toujours d'avance fa longueur au moins groffierement; ou plûtôt nous fuppofons qu'on en a déja tenté une premiere détermination, & qu'il ne s'agit maintenant que d'en obtenir une autre plus exacte, comme on le fait ordinairement dans les opérations très-importantes. Qu'on donne après cela à la bafe les deux longueurs BD, Bd qui ne different l'une de l'autre que de la petite quantité Dd; fi achevant les triangles ABD, ABd & qu'après avoir décrit du point B comme centre l'arc AE, on abaiffe les perpendiculaires BF, Bf fur AD & Ad, & qu'on les prolonge jufqu'à la rencontre des tangentes AH, Eg, les angles DBF, ABF feront les complemens des angles D & A qui font les feuls qui entrent dans l'analogie qui fert à déduire de la bafe BD le côté BA. Mais puifque les deux tangentes AH & EG repréfentent les erreurs particulieres qu'on doit craindre dans le réfultat, leur fomme fera l'erreur réfultante totale; & il eft clair que cette fomme diminuera fi nous rendons la bafe BD un peu plus longue ; car en même tems que la tangente EG augmentera, l'autre tangente AH deviendra plus courte & fouffrira plus de diminution Hh, que l'autre ne recevra d'augmentation Gg. Or ce fera la même chofe tant qu'en augmentant BD, on lui donnera une longueur plus aprochante de celle de la ligne BA qu'on veut déterminer ; la fomme des deux tangentes ira toujours en diminuant ; & on doit remarquer que l'excès de l'une fur l'autre diminuera auffi, ce qui répond au cas dans lequel une des erreurs particulieres eft négative par rapport au réfultat, pendant que l'autre eft pofitive. A l'égard de l'erreur qu'on commettra dans la mefure actuelle de la bafe BD, nous ne devons point la compter : car elle doit être proportionelle à la longueur mefurée actuellement, ce qui la rend toujours relativement la même. La différence logarithmique qui l'exprime eft donc conftante, & par conféquent l'erreur plus ou moins grande qu'on doit craindre dans la réfolution du triangle, ne vient précifement que de la feule diverfité des angles.

57. Ainfi nous pouvons prendre pour regle générale que *lorfqu'on eft affujetti à donner une certaine grandeur à l'angle compris entre deux côtés dont il s'agit de découvrir le rapport, il faut le plus qu'on peut rendre le triangle ifofcelle, ou faire la bafe qu'on doit mefurer de même longueur que l'autre ligne.* * On fera toujours fujet, il eft vrai, à fe tromper dans la mefure des angles ; mais le triangle étant ifofcelle, les mêmes erreurs tireront moins à conféquence. Il n'importe d'ailleurs que l'angle B foit très-petit ; & il eft au contraire avantageux qu'il le foit ; parce que les deux autres approcheront plus d'être droits.

---

* Ce n'eft que long tems après avoir écrit ceci & depuis que je fuis arrivé en France que j'ai vû que M. *Roger Cotes* avoit démontré la même chofe, mais par une méthode très-différente, & pour le cas particulier dans lequel l'angle donné B eft droit. Voyez fon écrit. *Æftimatio errorum in mixtâ Mathefi*, à la fuite de fon Livre *Harmonia Menfurarum*.

58. Si ce n'eſt pas la direction de la baſe qui ſoit donnée, mais ſa longueur, *la diſpoſition qu'on doit alors préférer eſt de former un triangle rectangle qui ait pour hypothéneuſe ou la baſe ou le côté qu'on veut découvrir.* En effet ſi AB (*Figure 19.*) eſt ce côté, & BC la longueur de la baſe, & que du point B comme centre on décrive l'arc de cercle *c*C*c*, il eſt évident que le triangle ABC étant rectangle en C ou que AC étant tangente au cercle *c*C*c*, outre qu'on n'aura enſuite rien à craindre de la part de l'angle C qui ſera droit, ce ſera encore le cas qui rendra l'angle A le plus grand qu'il ſera poſſible, & la tangente de complement par conſéquent la plus petite ; deux conditions qui rendent l'erreur un *minimum*, lorſqu'on paſſe de BC à BA ou de BA à BC. Il ſuit de-là que lorſqu'en partant d'une baſe BC, on veut parvenir à la détermination de lignes plus longues comme BA, il faut toujours les faire ſe terminer ſur la perpendiculaire CA à l'autre extrêmité de la baſe : & il n'eſt pas moins clair que pour paſſer à un côté plus long par le moyen de pluſieurs triangles, il faut ne ſe ſervir que de triangles rectangles, afin de diminuer le plus qu'il ſe peut l'erreur particuliere qui naît de chacun.

Figure 19.

59. Ce n'eſt encore ſçavoir qu'une ſeule condition des triangles qu'on doit préférer, lorſqu'on en employe pluſieurs ; & comme il doit être quelque fois utile de ne pas ignorer en quoi conſiſte leur derniere perfection, nous devons pouſſer cette recherche un peu plus loin. Suppoſons qu'il s'agiſſe de paſſer de la baſe AB (*Fig.* 15) au côté AD par le moyen de deux triangles BAC, CAD, & qu'il ſoit indifférent quelle direction on donne à cette baſe ; c'eſt-à-dire que contre ce que peut repréſenter la Figure, l'angle DAB n'eſt pas cenſé droit, & qu'il eſt indéterminé. Je nomme b la longueur de la baſe AB, a celle du côté AD, & y le côté moyen AC, qui étant déterminé décidera entierement la forme ou la diſpoſition que doivent avoir les deux triangles que nous

Figure 15.

ſçavons

sçavons déja devoir être rectangles. Puisque ce sont les seuls Sinus des angles aigus C & D qui entrent avec le Sinus total dans les deux analogies qu'il faut faire, nous n'avons qu'à chercher l'expression des tangentes de leur complement. L'angle BAC est le complement du premier qui a BC $(=\sqrt{\overline{AC}^2-\overline{AB}^2})=\sqrt{y^2-b^2}$ pour tangente, lorsqu'on prend la base AB pour Sinus total. L'angle CAD est le complement du second angle aigu D, & nous trouverons sa tangente par cette proportion, AC$=y$ est à DC $(\sqrt{\overline{DA}^2-\overline{AC}^2})=\sqrt{a^2-y^2}$ comme le Sinus total b est à $\frac{b}{y}\sqrt{a^2-y^2}$; & il n'est donc plus question que de faire un *minimum* de la somme $\sqrt{y^2-b^2}+\frac{b}{y}\sqrt{a^2-y^2}$ de ces deux tangentes. Je prens pour cela sa différentielle $\frac{y\,dy}{\sqrt{y^2-b^2}}-\frac{b\,dy}{y^2}\sqrt{a^2-y^2}$ $-\frac{b\,dy}{\sqrt{a^2-y^2}}$, & l'égalant à zero, il me vient $y^3\sqrt{a^2-y^2}$ $-a^2b\sqrt{y^2-b^2}=0$ qui se reduit à $y^8-a^2y^6+a^4b^2y^2$ $-a^4b^4=0$, dont on tire $y^2=ab$ & $y=\sqrt{ab}$; ce qui nous aprend que AC doit être moyenne proportionelle géométrique entre AB & AD, & que les deux triangles rectangles ABC, ACD doivent être semblables. Il est évident que ce doit être la même chose lorsqu'on employe un troisiéme ou quatriéme triangle; afin que considerés consecutivement deux à deux, ils ayent la disposition la plus parfaite. Ainsi c'est une maxime qu'il est bon de sçavoir, que *lorsqu'on s'éleve à un côté d'une longueur beaucoup plus grande & qu'on veut y parvenir par plusieurs triangles, de le faire par des triangles rectangles semblables, en passant par des côtés qui croissent en progression géométrique*: cette regle est sûre toutes les fois que les côtés successifs croissent au moins dans le rapport de 1 à $\sqrt{3}$ ou de 100 à environ 173.

60. Nous avons le soin de mettre cette restriction

nécessaire, qu'il faut que les hypothénuses successives croissent au moins dans le rapport de 100 à 173. Car si l'augmentation se faisoit selon un moindre rapport, le *minimum* indiqué par $y = \sqrt{ab}$ ne seroit plus qu'un *minimum* relatif comparé à deux *maximum* entre lesquels il se trouveroit, & qui seroient indiqués par les deux autres racines vrayes $y = \sqrt{\frac{1}{2}a^2 + a\sqrt{\frac{1}{4}a^2 - b^2}}$, & $y = \sqrt{\frac{1}{2}a^2 - a\sqrt{\frac{1}{4}a^2 - b^2}}$ qu'à l'équation $y^8 - a^2 y^6 + a^4 b^2 y - a^4 b^4 = 0$. Nous devons même ajoûter que si a n'étoit pas tout à fait double de b, les deux dernieres racines que nous venons de spécifier deviendroient imaginaires, & le *minimum* qui répondoit à la valeur $\sqrt{ab}$ de y, se convertiroit en *maximum*. On se convaincra de ce changement, si l'on fait attention que y n'a alors d'autre valeur vraye que $\sqrt{ab}$, & que cette valeur ne peut répondre qu'à un *maximum* ; puisque la différentielle que nous avons égalée à zéro, est d'abord affirmative & même infinie ; ce qui montre que la quantité que nous nous proposions de rendre *un moindre* va en augmentant. Ainsi on voit clairement que toutes les fois que b n'est à a que comme 1 est à 2, ou que les hypothénuses successives n'augmenteroient que dans le rapport de 1 à $\sqrt{2}$ ou de 100 à environ 141, il faut éviter le plus qu'on peut la disposition qui rend les triangles semblables, & qu'on ne sçauroit les rendre trop dissemblables en les faisant néanmoins toujours rectangles. Il n'est pas moins évident que pour rendre deux triangles successifs les moins semblables qu'il est possible, il n'y a qu'à par la diminution du côté BC de l'un, & par l'augmentation du côté DC de l'autre, faire disparoître le premier triangle & réduire les deux à un seul. Cela veut dire que lorsqu'il s'agit de passer d'un côté AB ou Ab à autre AD qui est moindre que le double du premier, il vaut mieux ne se servir que d'un seul triangle ADb que des deux ABC, ACD. C'est ce qui eſt vrai, lorſqu'on ne conſidere que les plus grandes erreurs auxquelles on eſt expoſé; mais ce qui eſt combatu par d'autres raiſons que nous expoſerons plus bas, qui invitent à multiplier les triangles.

Examen des erreurs qu'on eſt ſujet à commettre lorſqu'on diviſe par parties la longueur qu'il s'agit de déterminer, & qu'on découvre ſucceſſivement ces parties par des triangles qui ſe ſuivent.

61. Il n'eſt pas poſſible d'ailleurs de paſſer continuellement de triangles de plus grands en plus grands; parce que l'extrême longueur des côtés, empêcheroit de voir les ſignaux. Les triangles ſont ordinairement égaux ou à peu près égaux; nous leur attribuerons ici une parfaite régularité, afin de rendre la diſcuſſion plus ſimple, & nous ſuppoſerons qu'ils ſont tous iſoſcelles rectangles, & qu'ils ſe ſuivent comme dans la Figure 20; afin de ne pas laiſſer ſans quelque examen le cas le plus ordinaire dans la meſure des Méridiennes. La baſe dont on part eſt repréſentée par AB, & tous les triangles ACD, CDE, &c. qui ſuivent le premier ABC, ont leur hypothénuſe double de cette baſe. Lorſqu'on paſſe de cette baſe au côté AC, on n'a d'erreur à craindre que de la part du ſeul angle ACB; mais lorſqu'on parvient enſuite aux autres côtés DC, DE, &c. on doit craindre de l'erreur de la part des deux angles aigus de chaque triangle. Ainſi prenant l'unité pour la tangente de complement de l'angle ACB, nous avons 1 pour l'erreur ſur le côté AC, 3 pour l'erreur ſur le côté DC, à cauſe des trois angles aigus qui contribuent à le déterminer; 5 pour l'erreur ſur le côté DE, 7 ſur EF, & ainſi toujours deſuite en augmentant en progreſſion arithmétique. Des côtés AC, DE, FG, &c. on paſſera à la détermination des hypothénuſes AD, DF, FH, &c. qui

Figure 10. forment enfemble la longueur AH qui fera fi on le veut, celle de la Méridienne, & dans cette feconde partie du calcul, l'erreur augmentera de 1 ou d'une tangente dans chaque paffage, à cause de l'angle aigu qu'il faudra employer dans chaque analogie. Ainfi l'erreur fur AD fera 2; fur DF elle fera 6, parce que fur DE elle étoit 5; fur FH elle fera 10, parce que fur FG elle étoit 9; elle fuivra de cette forte les termes d'une progreffion arithmétique dont la différence eft 4 & le premier terme 2.

62. On fait abftraction dans chaque de ces erreurs de la longueur des côtés ; car les tangentes des angles de complement expriment les erreurs, comme nous l'avons déja dit plufieurs fois, de la même maniere que les différences logarithmiques des Sinus, lefquelles répondent à des erreurs plus ou moins grandes, felon que les côtés font plus ou moins longs. Ainfi il faut les multiplier par la longueur 2 des côtés pour les rendre parfaitement complettes; ce qui nous donnera 4 pour l'erreur fur AD; 12 fur DF; 20 fur FH, &c. Pour fçavoir donc l'erreur totale qu'on doit craindre fur toute la longueur AH, il n'y a qu'à ajoûter enfemble tous les termes de cette derniere progreffion.

Si nous nommons n le nombre des parties AD, DF, FH, &c. de la Méridienne entiere, la différence 8 de la progreffion fera repétée le nombre de fois $n-1$: ainfi le dernier terme furpaffera le premier qui eft 4 de $8n-8$, & fera $8n-4$; & la fomme de tous les termes ou de toutes les erreurs particulieres fera $8n \times \frac{1}{2}n$ ou $4n^2$ produit de la fomme du premier & du dernier terme par la moitié du nombre des termes. Cette quantité $4n^2$ exprimera par conféquent l'erreur totale qu'on doit craindre, laquelle augmente ainfi qu'on le voit comme le quarré de la multitude des parties que contient toute la Méridienne. L'erreur qu'on commettra en même tems fur HI qu'on peut regarder comme une feconde base propre par sa mesure à justifier la bonté de toutes les opérations précédentes, ne croîtra pas en si grand rapport & sera représentée simplement par $4n$, comme il est facile de s'en assurer, en examinant la progression $1, 3, 5, 7$, &c. que suivant les erreurs particulieres sur les côtés AC, CD, DE, &c. L'expression générale des termes de cette progression pris de deux en deux, est $4n-1$: elle se réduit par exemple à 7 pour FE, puisque n vaut alors 2 à cause des deux parties AD, DF dans lesquelles est divisée la Méridienne; cette même expression se réduit à 9 pour GH, puisque n vaut 3 à cause des trois parties AD, DF, FH. Or il faut ajouter l'unité ou une tangente pour le passage de GH à HI; ce qui donne $4n$ pour l'expression générale de l'erreur sur HI, laquelle ne change pas lorsqu'on la multiplie par la longueur 1 du côté.

63. Si au lieu de proceder par tous ces triangles, on pouvoit n'en former qu'un seul AbH qui étant rectangle en b, eût la longueur AH de toute la Méridienne pour hypothénuse; alors Hb tangente de l'angle HAb exprimeroit l'erreur à laquelle on seroit exposé; la longueur de cette tangente seroit $\sqrt{4n^2-1} = \sqrt{\overline{AH}^2 - \overline{AB}^2}$. Car n désignant le nombre des parties AD, DF, &c. dont 2 marque la longueur particuliere, $2n$ exprimera la longueur totale AH, pendant que 1 marque toujours celle de la base Ab égale à AB. Mais il reste à multiplier par la longueur entiere de la Méridienne qu'on déterminera ici immédiatement, la tangente HB; puisque l'erreur dépend comme nous l'avons reconnu, non-seulement de la disposition des triangles, mais aussi de la longueur absolue de leurs côtés: ainsi nous aurons $2n\sqrt{4n^2-1}$ pour l'expression complette de l'erreur qu'on seroit alors sujet à commettre.

64. Afin de prendre une notion plus particuliere de ces erreurs, nous supposerons qu'on se trompe d'une

minute sur chaque angle aigu & que la base AB est de 6000 toises, ou que les parties AD, DF, &c. sont de 12000 toises, & qu'il y en a 14 qui forment ensemble une longueur de 168000 toif. ou d'environ 60 lieues. La différence logatithmique des Sinus des angles sera 1263 ; & cette différence se repete ici le nombre de fois $2n^2$; car l'expression $4n^2$ que nous avons trouvée ci-dessus pour l'erreur totale, marque non-seulement le nombre de fois dont les tangentes qui sont proportionelles aux erreurs particulieres sont réiterées par la multitude des triangles, nous l'avons outre cela multipliée par 2 qui étoit la longueur de chaque côté. Or la différence logarithmique 1263 repond sur un côté de 12000 toises à environ $3\frac{40}{100}$ toises; & si on la repete à cause de tous les triangles le nombre de fois $2n^2 = 392 = 2 \times 14 \times 14$, il viendra 1368 toises pour l'erreur totale commise sur la longueur de la Méridienne. Telle est donc l'erreur monstrueuse qu'aporteroit sur ces 168000 toises de AH la simple erreur d'une minute sur chaque angle aigu, si on se trompoit dans le même sens dans chaque triangle. On se tromperoit en même tems sur la seconde base HI d'environ 98 toises: car la différence logarithmique 1263 répond sur un côté de 6000 toises à environ $1\frac{70}{100}$ toif. & elle se trouve repetée ici le nombre de fois $4n$ ou 56, comme nous l'avons vû, en cherchant combien de fois se repetent les tangentes des complemens à l'égard de ce côté.

65. L'erreur qu'on seroit sujet à commettre en n'employant qu'un seul triangle AbH, pour découvrir tout d'un coup la longueur AH de la Méridienne, seroit un peu moindre que celle à laquelle on s'expose par la suite des 28 triangles : ces deux erreurs sont dans le rapport de $2n\sqrt{4n^2-1}$ à $4n^2$ ou dans celui de $\sqrt{4n^2-1}$ à $2n$ qui est à peu près égal à celui de $783\frac{1}{2}$ à 784. On peut trouver immédiatement cette erreur en examinant ce triangle, dont l'angle aigu AHb est d'environ $2^d 2'$

48″, lequel a 35438 pour différence logarithmique, & cette différence qui sur un côté de 12000 toises ne répondroit pas à 100 toises, doit répondre sur un côté de 168000 toif. à environ 1397.

66. Il faut avouer que si toutes ces erreurs que je me suis contenté de déterminer à peu près, ne sont pas capables d'effrayer les personnes qui entreprennent de grandes opérations trigonométriques, elles doivent leur faire sentir au moins qu'on ne sçauroit y apporter trop de scrupule. Il est vrai que nous supposons sur chaque angle une différence très-considerable : les Observateurs exacts avec les instrumens que nous avons spécifiés ne se trompent pas ordinairement d'une minute. Mais supposons que l'erreur soit quatre fois moindre ; supposons qu'elle ne soit que de 15″, il est difficile de se promettre une plus grande précision : Cependant les erreurs précédentes ne diminuant que dans le même rapport, ou que quatre fois ; on sera encore sujet à se tromper de presque 342 toises, lorsqu'on tâchera de déterminer toute la longueur AH par un seul triangle. On sera exposé à se tromper à peu près de la même quantité par la suite des 28 ; & cette erreur est si grande qu'elle doit faire tout craindre. Si l'on cherche enfin par le 29me triangle la longueur de la seconde base HI, on verra qu'on est exposé à une erreur qui est encore d'environ 25 toises. Ce sera la même chose, si l'on procede par des triangles équilateraux, au lieu de triangles isoscelles ; à la plus grande facilité près qu'il y a de vérifier le quart de cercle pour l'angle de 60 degrés. Qu'on nous dise donc après tout cela quelle foi il faut ajouter aux opérations que nous entreprenons, & à toutes celles dans le même genre que plusieurs Mathématiciens célèbres ont déja achevées, ce semble, avec tant de succès ?

67. Nous convenons qu'en mesurant la longueur de la Méridienne par un seul triangle le peril seroit éminent : car comment pourroit-on répondre de ne pas se trom-

per de 12 ou 15 fecondes fur l'angle le plus aigu, & c'eft de ce feul angle que dépendroit alors pour ainfi-dire toute la bonté de la détermination ? Mais ce n'eft plus la même chofe fi nous partageons la Méridienne par parties, en employant un grand nombre de triangles: s'il eft poffible que nous nous trompions fur chaque angle, il ne l'eft pas moralement que toutes les erreurs foient égales, ni dans les fens précis qui fait qu'elles s'accordent à s'ajouter enfemble dans le réfultat ; il faudroit pour cela fe tromper de propos déliberé. Suppofé que l'erreur toujours de 15″, au lieu de tomber entiere fur les deux angles aigus de chaque triangle, tombe fur l'angle droit & fur le premier des angles aigus, la différence logarithmique qui répond à chaque erreur particuliere, au lieu de fe repeter le nombre de fois $2n^2$, ne fe repetera plus que le nombre de fois $n^2 - n$, comme il eft facile de le reconnoître, & l'erreur fur le réfultat fe trouvera déja plus de deux fois moindre dans le cas que nous avons pris pour exemple. Mais dans quelques triangles il n'y aura pas d'erreur du tout ; dans les autres il y en aura un peu, mais elle fera de différent fens, & il fe formera de tout cela une efpece de compenfation.

68. Il n'y a enfin qu'une difpofition particuliere qui en portant le mal à fon excès, puiffe faire que l'erreur foit de 342 toifes fur une longueur de 60 lieues, au lieu qu'il y en a réellement une infinité qui nous font fenfiblement favorables, & une infinité d'autres qui le font parfaitement. Il importe peu par conféquent qu'on ait lieu de craindre une erreur, par exemple, d'une toife fur les côtés d'un triangle dont les longueurs font de 5 à 6 mille : il ne s'enfuit nullement que fur une fuite de 25 ou de 30 triangles l'erreur fe conferve fur le même pied ou qu'elle augmente felon la loi affignée. C'eft ce qui ne s'enfuit nullement, & on ne peut le craindre qu'en tombant dans un paralogifme vifible. Deux Dez

donnent

donnent souvent une rafle de six, & il y a cependant tout au monde à parier que 60 Dez jettés ensemble ne s'accorderont jamais du premier coup à donner cette même rafle. Ceux des Lecteurs qui voudront examiner plus particulierement cette matiere susceptible de recherches très-délicates, verront que la multitude infinie des différens cas qui rendent d'une grandeur déterminée, l'erreur totale, est exprimée par les ordonnées de lignes paraboliques d'un genre d'autant plus élevé qu'il y a un plus grand nombre d'erreurs primitives qui se combinent, & que ces ordonnées qui vont en diminuant à mesure que l'erreur résultante est plus grande deviennent toujours nulles, ou plûtôt se reduisent à un point, pour le cas où l'erreur totale parvient à ses dernieres limites. On conjure donc, pour ainsi dire, le sort & on se le rend favorable, en se servant de plusieurs triangles; & ce qui justifie pleinement sans qu'il soit nécessaire d'entrer dans une nouvelle discussion qui nous éloigneroit trop de notre sujet, qu'on réussit sans peine à vaincre la fatalité contraire, aussi-tôt qu'on opère avec les précautions que nous avons indiquées, c'est que la seconde base que nous avons mesurée à la seconde extrêmité de la Méridienne, ne différe que de deux pieds de la longueur que lui donne le calcul trigonométrique; bien loin d'en différer de 25 toises ou de 150 pieds; comme cela arriveroit si un hazard qui n'est pas possible, avoit fait accumuler toutes les erreurs particulieres, en les portant outre cela à leur plus grand degré; car le concours seroit nécessaire de ces deux différens hazards, qui dépendent eux-mêmes d'un si grand nombre d'autres. Nos craintes doivent se dissiper après tout cela; & nous pouvons nous flatter avec raison d'avoir la vraye longueur de nos 60 lieues à 5 ou 6 toises près par la suite des triangles dont nous allons rendre compte. On voit même d'une maniere à n'en pas douter, qu'il n'y auroit eu que de l'avantage à prolonger encore notre Méridienne si les difficultés locales nous l'eussent permis; puisque sans faire croître beaucoup les erreurs de la mesure géodesique, on eut éludé les effets des erreurs qu'on commet dans la mesure Astronomique, lesquelles sont beaucoup plus grandes, mais qui deviennent relativement moindres sur de plus grands arcs.

IV.

De la marche que nous avons suivie pour mesurer les angles ; avec la liste de nos triangles depuis le Nord de Quito jusqu'au Sud de Cuenca.

69. Dans l'intention d'expedier plus promptement l'ouvrage pénible de la mesure des angles, & de tirer parti du grand nombre de personnes dont notre Compagnie étoit formée, nous convînmes de nous separer en différentes troupes. Si nous étions restés toujours ensemble, non-seulement plusieurs personnes devenoient inutiles, nous nous embarrassions à chaque station; il eut fallu nous attendre les uns les autres pour pouvoir nous servir commodement chacun de nous de nos quarts de cercles ; & cette perte de tems eut été d'autant plus préjudiciable, que nous sçavions déja qu'une assez longue suite de jours ne fournissoit souvent qu'un seul instant propre aux observations. Il étoit donc nécessaire de nous partager ; mais nous avions en même tems quelque regle à garder en cela. Il falloit que chaque Académicien en s'appliquant à diverses parties pût rendre un témoignage aussi complet que s'il s'étoit trouvé chargé seul de tout l'ouvrage, puisqu'il n'étoit pas moins indispensable de donner à notre travail toute l'autenticité possible, que de le rendre exact, pour n'en pas perdre le fruit. C'est ce qui nous obligeoit à nous imposer la loi de mesurer chacun de nous au moins deux angles de chaque triangle & de ne nous reposer reciproquement sur nos Confreres que du soin de mesurer le

DE LA TERRE, II. SECT.

troisiéme angle que nous étions nous-mêmes en état de conclure. Si cet assujettissement nous retardoit un peu, il nous conservoit d'un autre côté le titre de *témoins nécessaires*, qui nous étoit aussi précieux dans la circonstance présente que celui d'Observateur. Ainsi pour décider en combien de troupes nous devions nous partager, il suffisoit d'examiner la marche d'une seule qui se chargeât de mesurer deux angles de chaque triangle. Par la partie de l'ouvrage qui restoit à faire, nous devions juger du nombre d'autres petites troupes qui étoient encore nécessaires ; & il suffisoit d'être attentif à ne pas blesser le droit qu'elles avoient toutes de mesurer également deux angles de chaque triangle.

70. C'est ce que j'examinai dans un petit écrit que je divulguai dans notre Compagnie au commencement de 1738, après avoir déja proposé mon avis sur ce sujet à M. Godin dans diverses lettres particulieres, principalement dans une du 20 Décembre précédent. Il étoit du bien du service que personne de la Compagnie n'ignorât l'ordre général de notre marche sur les montagnes, afin que chacun sçût toujours ce qu'il avoit à faire, lorsqu'éloigné dans des Déserts, il ne seroit pas à portée de le demander. Le Lecteur reconnoîtra aisément qu'il n'y avoit pas d'autre parti à prendre que de faire successivement deux stations sur l'espece de Méridienne que forment les côtés exterieurs Orientaux, par exemple, des triangles comme, en B & en C (*Fig.* 20.) & de passer ensuite sur l'autre Méridienne AH, formée par les côtés exterieurs Occidentaux, afin d'y faire aussi successivement deux stations, comme en D & en F. C'est la marche que doit suivre une des Compagnies qui ne laisse à l'autre qu'un seul angle à mesurer de chaque triangle ; mais afin de ne blesser en rien les droits de cette seconde, il suffit qu'elle observe le même ordre dans ses stations, mais toujours sur la Méridienne opposée ; il faut qu'elle se trouve en C & en E, pendant que

Figure 20.

N ij

la premiere est en D & en F. Il est vrai que cette seconde troupe mesure un des angles déja mesuré, & qui l'est par conséquent deux fois ; mais on ne doit pas regarder cela comme un grand inconvénient, supposé que c'en soit un. Les deux Compagnies ne se rencontrent par cette disposition jamais ensemble dans les mêmes postes, elles se trouvent à la vûe l'une de l'autre chacune sur sa Méridienne, elles en changent réciproquement après deux stations consécutives, & elles ne sont toujours séparées que par la longueur d'un côté de triangle ; ce qui les met à portée de se communiquer & de s'aider mutuellement dans l'administration des signaux, sans jamais s'embarrasser.

71. Nous nous sommes en général conformé à cet arrangement, quoique les occasions nous ayent quelques fois obligés de nous en éloigner. Il étoit bon au commencement de l'ouvrage de mesurer les trois angles de chaque triangle, pour mieux nous assurer de l'état de nos quarts de cercles ; ce que nous pouvions faire d'autant plus aisément que les premieres stations étoient à peu de distance de Quito qui étoit notre résidence ordinaire. L'indécision de M. Godin me mit dans la nécessité de faire placer un signal qui devint le commencement d'une suite différente de triangles, & nous ne nous rejoignîmes qu'au 8me. Nous continuâmes M. de la Condamine & moi jusques-là à mesurer les trois angles, & nous le fîmes encore par quelques raisons particulieres dans les deux triangles suivans. Ainsi dans les 10 premiers nous avons généralement pris tous les angles avec deux quarts de cercles différens, celui de M. de la Condamine & le mien ; & outre cela il y a eu deux angles de ceux de ces triangles qui nous ont été communs avec M. Godin, qui ont encore été pris avec un autre quart de cercle. La même chose est arrivée dans les triangles 14me, 15me, & 16me &. dans les auxiliaires qui les accompagnoient, parce que nous ne voulûmes

pas perdre le trop long séjour que nous nous trouvâmes obligés de faire aux environs de Riobamba. A l'égard des autres, l'arrangement premierement pris a été suivi: nous avons de notre côté mesuré deux angles de chaque triangle avec nos deux quarts de cercles, & l'autre Compagnie qui a pris le 3me angle, a outre cela mesuré comme je l'ai dit plus haut un des deux autres que nous avions observés. Nous nous sommes separés derechef au 27me triangle afin de poursuivre la Méridienne au-delà de Cuenca & de profiter de la pleine de Tarqui qui nous offroit une base dont nous pouvions obtenir la longueur par la mesure actuelle avec autant de facilité que d'exactitude. Dans ces derniers triangles qui nous été propres à M. de la Condamine & à moi, nous avons encore presque toujours mesuré les trois angles avec nos deux quarts de cercles. Ainsi on voit que nous avons réussi à donner à notre travail un avantage particulier qu'on n'a pas toujours procuré aux autres ouvrages dans le même genre qu'on a entrepris jusques à présent. Non-seulement nous n'avons jamais cru devoir conclure le troisiéme angle d'un triangle en observant les deux premiers; nous avons toujours observé actuellement les trois angles: deux angles au moins ont toujours outre cela été mesurés par le moyen de deux différens quarts de cercles, & il y en a eu un très-souvent mesuré par trois quarts de cercles; & cela toujours avec le concours d'un grand nombre d'Observateurs.

72. Il nous a fallu pour former cette longue suite de stations élever des signaux par tout; les montagnes ne fournissant pas de point assez précis. Nos triangles se sont étendus d'une cordeliere à l'autre; c'est ce qui en a reglé la grandeur; ou pour mieux dire ils se sont appuyés de part & d'autre sur les deux chaînes de Montagnes dont la grande Cordeliere est formée aux environs de Quito, & dont la direction ne s'éloigne pas extrêmement de celle du Méridien. Je crois pouvoir me

dispenser de mettre ici une vûe & un profil des deux Cordelieres; ce qui donneroit néanmoins une idée plus distincte des choses: il vaut mieux reserver pour ma Relation historique lorsque j'aurai la commodité de la publier, ces deux estampes curieuses, de même que le plan de la Ville de Quito que j'eus le soin de lever peu de tems après mon arrivée dans cette Ville. S'il n'y avoit eu qu'une seule chaîne de montagnes dans la partie du Pérou où nous opérions, nos triangles se trouvoient très-élevés par un côté & très-bas par l'autre: au lieu que l'autre Cordeliere placée par une disposition particuliere de la Nature parallelement à la premiere, a comme servi à rétablir le niveau; & tous nos triangles se sont trouvés en l'air élevés de 7 à 8 cent toises au-dessus du terrein le plus habité, & d'environ 2000 toises au-dessus du niveau de la Mer. Pour revenir aux signaux nous les faisions quelquefois en pyramide par plusieurs pieces de bois; mais le plus souvent nous nous sommes servis, conformément à la proposition de M. Godin, des canonieres ou petites tentes dont nous étions munis. Comme ces tentes ne laissoient aucun vestige, nous avons cru devoir en marquer le poste soit en le creusant soit en y entassant des pierres; cela n'empêchera pas néanmoins qu'il ne soit assez difficile en quelques années d'ici de retrouver quelqu'uns de ces endroits, d'autant plus que les pluyes continuelles & les fréquens tremblemens de terre produisent en peu de tems dans les montagnes du Pérou des changemens considérables, quoique moins subits que ceux qu'ont reçûs nos stations de Cotopaxi, qui ont été entierement boulversées par la nouvelle éruption de ce Volcan dont j'ai parlé dans les Mémoires de 1744. Une autre difficulté qui peut contribuer encore à faire méconnoître les endroits que nous avons occupés, c'est la différence des noms connus seulement dans ces Déserts de quelques Pasteurs Indiens, qui en laissent perdre la tradition ou qui en imposent souvent de nouveau selon leur caprice. Je ne puis rien faire de mieux que de rapporter exactement tous ceux qui sont venus à ma connoissance, sans dédaigner d'entrer dans le détail de leurs étimologies Péruviennes, & en les écrivant conformément à l'orthographe Françoise autant qu'il est possible; puisqu'il ne s'agit que de rendre les mêmes sons & non pas de sçavoir comment les Espagnols écrivent des noms dont ils alterent souvent eux-mêmes la vraye prononciation. Enfin la Carte que je donne de la Méridienne suppléera au reste, & montrera la disposition générale des triangles, en indiquant aussi le lieu particulier de chaque station, beaucoup mieux que je ne le pourrois faire par de très-longs discours. C'est un témoignage que je ne me lasse pas de rendre, parce que je l'ai rendu dans tous les tems avec le même plaisir, que M. de Ulloa a non-seulement assisté de mon côté à toutes ces opérations Trigonométriques mais qu'il y a aussi eu part : il a regardé dans les lunettes de mon quart de cercle, & il a discuté avec moi la grandeur de tous les angles; excepté dans quelques stations vers le milieu de la Méridienne qu'il est inutile d'indiquer, sa santé ne lui permettant pas de résider sur des montagnes où on ressentoit sous une tente toutes sortes d'incommodités, & l'ouvrage d'ailleurs ne devant pas s'interrompre.

73. Je ne rapporte ici que les angles reputés vrais, c'est-à-dire tels qu'ils me sont venus, je ne dis pas simplement après que je leur ai appliqué les corrections absolument nécessaires dont j'ai parlé ci-devant, mais une nouvelle correction lorsque la somme des trois angles, ne faisoit pas exactement 180 degrés. Les premieres corrections n'avoient rien d'arbitraire, elles remédioient à des erreurs bien connues; au lieu que la derniere étoit moins décidée, eu égard à la distribution qu'il en falloit faire. Quelques fois je l'ai partagée également entre les trois angles; d'autres fois je l'ai distri-

buée inégalement, en regardant comme plus exacts les angles qui s'étoient trouvés précisément de la même grandeur par les différens quarts de cercles & mesurés par les divers Observateurs: mais ce que je puis affirmer, c'est que cette correction n'est jamais tombé que sur une très petite partie de minute ou que sur un petit nombre de secondes, parce qu'il s'en est toujours fallu très-peu que les trois angles n'ayent fait exactement 180 degrés. Il n'a été ordinairement question que de repartir 15 ou 20 secondes, souvent beaucoup moins, & l'erreur totale n'est allé à une 30_e de secondes que dans quelques rencontres très-rares. Chaque Académicien ayant observé avec un quart de cercle différent, il naît tout autant de différentes déterminations des mêmes angles & des triangles. Je ne vais rendre compte que de la mienne: mais les communications réciproques que nous nous sommes faites non-seulement des premieres mesures, mais des quantités auxquelles chacun de nous s'est arrêté en dernier lieu, m'autorisent à dire que les petites différences qu'on verra entre nous, lorsque les autres déterminations seront publiques, ne feront que justifier que ce sont des Observateurs attentifs qui ont opéré séparement, en se servant de quarts de cercles vérifiés avec soin.

ANGLES.

* *Pambamarca*, la Forteresse de la plaine; *Marca* nifiant, Forteresse & *Pampa* plaine.

TRIANGLE. I.
- $77^d\,35'\,38''$ à la Pyramide de Carabourou, extrêmité Septentrionale de la base d'Yarouqui.
- $63^d\,48'\,14''$ à la Pyramide d'Oyambaro, extrêmité Méridionale de la base.
- $38^d\,36'\,8''$ au signal de Pambamarca, * au *Poucara* ou Forteresse ancienne des Indiens au-dessus du Quinché.

DE LA TERRE, II. SECT. 105

La base ou la distance de la Pyramide de Carabourou à celle d'Oyambaro est de 6274 toises 0 pi. 4⅛ pou. ou de 6274. 057 toises.

Donc la dist. de {Carabourou 9023. 15 toif.
Pambamarca à {Oyambaro 9821. 22 toif.

ANGLES

TRIANGLE II.
{ 74^d 10' 57" à Oyambaro
  69^d 46 38 à Pambamarca.
  36^d 2 25 à Sinchoulagoüa de Tanlagoüa.

Donc la distan. {Oyambaro 15663. 70 toif.
de Tanlagoüa à {Pambamarca 16060. 60 toif

TRIANGLE III.
{ 38^d 36' 32" à Pambamarca.
  89^d 14 4 à Tanlagoua.
  52^d 9 24 au pied du sommet pierreux de Pichincha sur la coline qui s'étend vers Quito.

Donc la dist. de {Tanlagoua 12690. 85 toif.
Pichincha à {Pambamarca 20336. 06 toif

TRIANGLE IV.
{ 39^d 46' 57" à Pambamarca
  61^d 6 30 à Pichincha
  79 6 33 à Changailli dans un champ de la Paroisse de Pintac.

Donc la distan. {Pambamarca 18132.00 toif
de Changailli à {Pichincha 13251.21 toif.

TRIANGLE V.
{ 58^d 26' 18" à Pichincha
  82^d 57 38 à Changailli
  38 36 4 au pied de Choufalong* ou du sommet pierreux du Coraçon de Bario-nuevo vis-à-vis du Bourg de Machaché.

* Cœur en langue Indienne.

Donc la distan. {Pichincha 29079. 39 toif.
du Coraçon à {Changailli 18097. 67 toif.

La Figure

Angles

Triangle VI.
$\begin{cases} 41^d\ 14'\ 43''\ \text{à Changailli} \\ 74^d\ \ \ 8\ \ 18\ \ \text{au Coraçon} \\ 64^d\ 36\ \ 57\ \text{à Pouca-ouaicou sur la croupe de Cotopaxi presque deux cens toises au-dessous du terme constant du bas de la neige.} \end{cases}$

Donc la distan. de Cotopaxi à $\begin{cases} \text{Changailli } 19268.95 \text{ toisf.} \\ \text{au Coraçon } 13206.99 \text{ toisf.} \end{cases}$

Triangle VII.
$\begin{cases} 21^d\ 22'\ 14''\ \text{au Coraçon} \\ 81^d\ 46\ \ 54\ \text{à Cotopaxi} \\ 76^d\ 50\ \ 52\ \text{à Papa-ourcou** au-dessus d'Ilitiou maison de campagne des P P. Jésuites.} \end{cases}$

Donc la dist. de Papaourcou à $\begin{cases} \text{Cotopaxi}\ \ \ \ \ 4942.13 \text{ toisf.} \\ \text{Coraçon}\ \ \ 13423.16 \text{ toisf.} \end{cases}$

Les signaux particuliers qui nous ont servi pendant que les autres nous étoient communs avec M. Godin, sont ceux de Pichincha, Changailli & Cotopaxi. M. Godin avoit aussi un signal sur cette derniere montagne, mais le nôtre étoit plus haut & plus Sud.

Triangle VIII.
$\begin{cases} 41^d\ 37'\ \ 4''\ \text{au Coraçon} \\ 94^d\ \ 6\ \ 41\ \text{à Papa-ourcou} \\ 44^d\ 16\ \ 15\ \text{à Milin au-dessus de Saquisili} \end{cases}$

Donc la distan. de Milin à $\begin{cases} \text{Coraçon}\ \ \ 19180.01 \text{ toisf.} \\ \text{Papa-ourcou } 12771.43 \text{ toisf.} \end{cases}$

Triangle subsidiaire du VII & VIII.

$\begin{cases} 62^d\ 56'\ 13''\ \text{au Coraçon.} \\ 75^d\ 17\ \ 45\ \text{à Cotopaxi.} \\ 41^d\ 46\ \ \ 2\ \text{à Milin.} \end{cases}$

La distance de *Cotopaxi* au *Coraçon* est de 13206.99 par le triangle VI.

*Montagne des pommes de terre, *Ourcou* signifiant Montagne, & *Papas* les pommes de terre qui font une grande partie de la nourriture des gens du pays.

DE LA TERRE, II. SECT. 107

Donc la distance de *Milin* au *Coraçon* est de 19177. 38 toiſ.

75. Cette distance différe de $2\frac{63}{100}$ toiſes de celle que nous a donné le triangle VIII. & si l'on prend une eſpece de milieu en divisant cette différence proportionellement aux plus grandes erreurs qu'on doit craindre dans chaque disposition, quoique cette maniere de partager l'erreur ne ſoit pas tout à fait exacte, on aura 19178. 65 toiſes pour la distance moyenne de Milin au Coraçon. De cette distance moyenne, on conclut par le triangle VIII. que celle de *Milin* à *Papa-ourcou* que nous trouvions de 12771. 43 toiſes, est de 12770. 52 toiſes. C'est cette derniere distance qui ſert de baſe aux triangles ſuivans, lesquels ont été communs aux deux Compagnies: Je la communiquai dans le tems à M. Godin qui me répondit qu'il la faiſoit de 12769. 685 toiſes. La différence n'est pas d'une toiſe, elle n'est que $\frac{85}{100}$.

ANGLES.

TRIANGLE IX.
$\begin{cases} 60^d 31' 36'' \text{ à Papa-ourcou.} \\ 60^d 31 36 \text{ à Milin.} \\ 58^d 56 48 \text{ à Oüangotaſſin au-deſſus de Palopos.} \end{cases}$

Donc la distan. d'Oüangotaſſin à $\begin{cases} \text{Papa-ourcou } 12977.68 \text{ toi.} \\ \text{Milin . . } 12977. 68 \text{ toiſ.} \end{cases}$

TRIANGLE X.
$\begin{cases} 52^d 18' 35'' \text{ à Milin.} \\ 78^d 23 27 \text{ à Oüangataſſin.} \\ 49^d 17 58 \text{ à Choulapou ſur Sagotoa.} \end{cases}$

Donc la distan. de Choulapou à $\begin{cases} \text{Milin} 16767. 87 \text{ toiſ.} \\ \text{Oüangotaſſin } 13545. 99 \end{cases}$

TRIANGLE XI.
$\begin{cases} 34^d 47' 55'' \text{ à Oüangotaſſin.} \\ 73^d 54 24 \text{ à Choulapou.} \\ 71^d 17 41 \text{ à Hivicatſou au-deſſus du Bourg ou Village de Pillaro.} \end{cases}$

Donc la distan. de Hivicatſou à $\begin{cases} \text{Oüangotaſſin } 13740. 93 \text{ toiſ.} \\ \text{Choulapou } 8161. 71 \text{ toiſ.} \end{cases}$

O ij

Angles.

Triangle XII.
$\begin{cases} 75^d\ 56'\ 22''\ \text{à Choulapou} \\ 68^d\ 53\ 22\ \text{à Hivicatſou.} \\ 35^d\ 10\ 16\ \text{à Chichichoco au pied de Pougnalic auprès de Mocha.} \end{cases}$

Donc la diſt. de Chichichoco à $\begin{cases} \text{Choulapou} & 13218.\ 21\ \text{toiſ.} \\ \text{Hivicatſou} & 13744.\ 56\ \text{toiſ.} \end{cases}$

Triangle XIII.
$\begin{cases} 34^d\ 29'\ 5''\ \text{à Hivicatſou.} \\ 72^d\ 6\ 20\ \text{à Chichichoco.} \\ 73^d\ 24\ 35\ \text{à Moulmoul au-deſſus du Bourg de Quero.} \end{cases}$

Donc la diſt. de Moulmoul à $\begin{cases} \text{Hivicatſou} & 13647.\ 87\ \text{toiſ.} \\ \text{Chichichoco} & 8120.\ 05\ \text{toiſ.} \end{cases}$

Triangle XIV.
$\begin{cases} 48^d\ 51'\ 41''\ \text{à Chichichoco.} \\ 54^d\ 19\ 11\ \text{à Moulmoul.} \\ 76^d\ 49\ 8\ \text{à Goüyama au pied du ſommet pierreux d'Ygoualaté.} \end{cases}$

Donc la diſt. de Goüyama à $\begin{cases} \text{Moulmoul} & 6280.\ 85\ \text{toiſ.} \\ \text{Chichichoco} & 6774.\ 26\ \text{toiſ.} \end{cases}$

Triangle XV.
$\begin{cases} 60^d\ 49'\ 30''\ \text{à Moulmoul} \\ 91^d\ 22\ 26\ \text{à Goüayama} \\ 27^d\ 48\ 4\ \text{à Ilmal au-deſſus du Bourg de Quimiac.} \end{cases}$

Donc la diſtan. d'Ilmal à $\begin{cases} \text{Moulmoul} & 13462.\ 67\ \text{toiſ.} \\ \text{Goüayama} & 11758.\ 11\ \text{toiſ.} \end{cases}$

Triangle XVI.
$\begin{cases} 71^d\ 35'\ 51''\ \text{à Goüayama.} \\ 67^d\ 20\ 40\ \text{à Ilmal.} \\ 41^d\ 3\ 29\ \text{à la Coulebrilla ou Dolomboc, ou Siça-pongo (porte des fleurs) au-deſſous de la petite Ville de Riobamba.} \end{cases}$

Donc là diſt. de Siça-pongo à $\begin{cases} \text{Goüayama} & 16520.\ 14\ \text{toiſ.} \\ \text{Ilmal} & 16986.\ 02\ \text{toiſ.} \end{cases}$

Triangles auxiliaires du XV. & XVI.

$\begin{cases} 69^d\ 54'\ 45'' \text{ à Moulmoul.} \\ 68^d\ 39\ \ 41\ \ \text{ à Goüayama.} \\ 41^d\ 25\ \ 34\ \ \text{ à Nabouſſo au-deſſus du Bourg} \\ \qquad\qquad\qquad\text{ de Penipé.} \end{cases}$

De Moulmoul à Goüayama 6280. 85 toiſ. ſelon le triangle XIV.

Donc de Goüayama à Nabouſſo 8915. 11 toiſes.

ANGLES.

$\begin{cases} 77^d\ 53'\ 1'' \text{ à Goüayama.} \\ 59^d\ 55\ \ 32\ \text{ à Nabouſſo.} \\ 42^d\ 11\ \ 27\ \text{ à la Cantera d'Amoula.} \end{cases}$

Donc de Goüayama à Amoula 11487. 44 toiſ.

$\begin{cases} 55^d\ 16'\ 46'' \text{ Gouayama.} \\ 63^d\ 37\ \ 58\ \text{ à Amoula.} \\ 61^d\ \ 5\ \ 16\ \text{ à Ilmal.} \end{cases}$

Donc de Goüayama à Ilmal 11757. 91 toiſes, & reſolvant derechef le triangle XVI. en prenant cette derniere diſtance pour baſe, on aura d'Ilmal à Siça-pongo 16985. 73 toiſ.

$\begin{cases} 94\ \ 15'\ \ 4'' \text{ à Gouayama.} \\ 58^d\ 23\ \ 15\ \text{ à Nabouſſo.} \\ 27^d\ 21\ \ 41\ \text{ à Siça-pongo.} \end{cases}$

De Goüayama à Nabouſſo 8915. 11 toiſ.

Donc de Goüayama à Siça-pongo 16519. 31 toiſ.

D'où on conclut en reſolvant encore une fois le triangle XVI. la diſtance d'Ilmal à Siça-pongo de 16685. 27 toiſ.

79. Ainſi nous avons ces trois nombres différens 16986. 02 toiſ. 16985. 73 & 16985. 27 toiſ. le premier trouvé immédiatement par le triangle XVI. & les autres par les quatre triangles auxiliaires, pour la diſtance de Siça-pongo à Ilmal. Nous prenons comme ci-devant

une espece de milieu & nous nous arrêtons à 16985. 69 toif.

ANGLES.

TRIANGLE XVII
- 48ᵈ 31′ 50″ à Siça-pongo.
- 63 39 49 à Ilmal.
- 67 48 21 à Zagroum au-deſſus du Village ou Bourg de las Cevadas

Donc de Zagroum à {Siça-pongo 16440. 78 toiſ.
{Ilmal 13745. 99 toiſ.

TRIANGLE XVIII
- 47ᵈ 28′ 29″ à Siça-pongo.
- 52 1 15 à Zagroum.
- 80 30 16 à Lanlangouſſo au-deſſus de Poul.

Donc de Lanlangouſſo à {Siça-pongo 13139. 19 toiſ.
{Zagroum 12284. 82 toiſ.

TRIANGLE XIX
- 71ᵈ 0′ 57″ à Zagroum.
- 47 46 32 à Lanlangouſſo.
- 61 12 31 à Senegoüalap au-deſſus d'Atapou.

Donc de Senegoüalap à {Zagroum 10380. 37 toiſ.
{Lanlangouſſo 13255. 27 toiſ.

TRIANGLE XX
- 66ᵈ 28′ 39″ à Lanlangouſſo.
- 55 40 51 à Senegoualap.
- 57 50 30 à Chouſeaï au-deſſus du Bourg d'Alauſſi.

Donc de Chouſeaï à {Lanlangouſſo 12931. 62 toiſ.
{Senegoualap 14356. 35 toiſ.

TRIANGLE XXI.
- 78ᵈ 5′ 56″ à Senegoüalap.
- 45 21 35 à Chouſeaï.
- 56 32 29 à Tiouloma ou Sachattian au-deſſus de Soula.

Donc de Sachattian à {Senegoüalap 12244. 03 toiſ.
{Chouſeaï 16838. 08 toiſ.

TRIANGLE XXII.
- 50ᵈ 53′ 1″ à Chouſeaï.
- 51 55 26 à Sachattian.
- 77 11 33 à Sinazahoüan un des ſommets de Laſſouay-

DE LA TERRE, II. SECT.

ANGLES.

Donc de Sina- {Chouſeaï   13593.00 toiſ.
zahoüan à   {Sachattian 13997.42 toiſ.

TRIANGLE   ⎧ 56ᵈ 59′ 53″ à Sachattian.
XXIII.   ⎨ 50 38 45 à Sinazahouan.
           ⎩ 72 21 22 à Yougloüil ou Quinoa-loma*.

Donc de Qui- {Sachattian 10870.81 toiſ.
noa-loma à   {Sinazahouan 11790.42 toiſ.

           ⎧ 86ᵈ 39′ 20″ à Sinazahouan.
TRIANGLE   ⎨ 48 53 36 à Quinoa-loma.
XXIV.   ⎩ 44 27   4 à Boueran au-deſſus du Bourg
                         de Cagnar.

Donc de   {Sinazahouan 12685.89 toiſ.
Boueran à {Quinoa-loma 16807.55 toiſ.

TRIANGLE   ⎧ 47ᵈ 24′ 49″ à Quinoa-loma.
XXV.   ⎨ 47 11 48 à Boüeran.
           ⎩ 85 23 23 à Yaſſouay.

Donc d'Yaſ- {Quinoa-loma 12371.59 toiſ.
ſouay à   {Boueran   12414.86 toiſ.

           ⎧ 85ᵈ 7′ 13″ à Boueran.
TRIANGLE   ⎨ 32 55 33 à Yaſſouay.
XXVI.   ⎩ 61 57 14 à Sourampalté ou Cahouapata
                         au-deſſus de Bourgay.

Donc de   {Boueran   7646.01 toiſ.
Cahouapata à {Yaſſouay 14015.73 toiſ.

           ⎧ 49ᵈ 20′ 56″ Yaſſouay.
TRIANGLE   ⎨ 77 42   5 Cahouapata.
XXVII.   ⎩ 52 56 59 Borma au-deſſus du Bourg de
                         Paccha.

Donc de   {Yaſſouay 17158.21 toiſ.
Borma à   {Cahouapata 13323.54 toiſ.

*Quinoa-loma la coline de la Quinoa qui eſt une graine ronde, blanche &
un peu tranſparente, dont le goût a quelque rapport à celui du Ris.

ANGLES.

TRIANGLE XXVIII. $\begin{cases} 34^d\ \ 8'\ 37''\ \text{à Cahouapata.} \\ 91\ \ 44\ 49\ \text{à Borma.} \\ 54\ \ \ \ 6\ 34\ \text{à Pougin ou Pougeaï à l'entrée de la plaine de Tarqui.} \end{cases}$

Donc de Pougin à $\begin{cases} \text{Cahouapata} & 16438.36\ \text{toif.} \\ \text{Borma} & 9230.63\ \text{toif.} \end{cases}$

TRIANGLE XXIX. $\begin{cases} 37^d\ 47'\ 38''\ \text{à Borma.} \\ 83\ \ 53\ 50\ \text{à Pougin.} \\ 58\ \ 18\ 32\ \text{à Pillachiquir au-dessus de Combés.} \end{cases}$

Donc de Pillachiquir à $\begin{cases} \text{Borma} & 10786.70\ \text{toif.} \\ \text{Pougin} & 6648.01\ \text{toif.} \end{cases}$

TRIANGLE XXX. $\begin{cases} 38^d\ \ 4'\ 24''\ \text{à Pougin.} \\ 54\ \ 29\ 49\ \text{à Pillachiquir.} \\ 87\ \ 25\ 47\ \text{à Ailparoupachca (}\textit{terre brûlée en langue du pays.}\text{)} \end{cases}$

Donc d'Ailparoupachca à $\begin{cases} \text{Pillachiquir} & 4103.75\ \text{toif.} \\ \text{Pougin} & 5417.48\ \text{toif.} \end{cases}$

TRIANGLE XXXI. $\begin{cases} 16^d\ 31'\ 17''\ \text{à Pougin.} \\ 72\ \ 50\ 22\ \text{à Ailparoupachca.} \\ 90\ \ 38\ 31\ \text{à Chinan, extrêmité Australe de notre seconde base dans la plaine de Tarqui.} \end{cases}$

Donc de Chinan à Pougin 5176.55 toif.

TRIANGLE XXXII. $\begin{cases} 94^d\ 58'\ 10''\ \text{à Pougin.} \\ \ \ 6\ \ 20\ 23\ \text{à Chinan.} \\ 78\ \ 41\ 27\ \text{à Hoüahoütarqui(}\textit{le petit Tarqui ou l'enfant Tarqui,}\text{) terme Boréal de la seconde base.} \end{cases}$

77. Donc la longueur de la seconde base conclue par la suite de tous les triangles, ou la distance de Chinan à Hoüahoüatarqui est de 5259.21 toises : au lieu que cette distance par la mesure actuelle qui en a été prise

en

en 1739 à la suite de toutes nos opérations trigonométriques, a été trouvée en mettant les perches horifontalement comme nous l'obfervions à l'égard de la premiere bafe, de 5268 toif. 4 pi. 3$\frac{1}{3}$ pouc., ou de 5258. 71 toif. Cette derniere longueur a déja reçu les petites corrections qu'exigeoit la diverfe longueur des perches par les vifciffitudes du tems, & j'ai pris outre cela le milieu entre les deux mefures faites dans les deux fens oppofés,* lefquelles ne différoient entr'elles que de quelques pouces. Mais cette feconde bafe formant une longueur à échellons, il faut y ajouter environ $\frac{19}{100}$ toif. pour la reduire à la ligne droite, ce qui donne 5258. 90 toif. ou 5258 toif. 5 pieds prefque 5 pouces. Ainfi la différence entre la longueur réelle de cette feconde bafe & celle qui réfulte par le calcul de la fuite des triangles, eft de $\frac{31}{100}$ toif. ou d'un peu moins de deux pieds : différence qui eft fi peu confidérable vû, toutes les circonftances, qu'on avouera aifément qu'elle eft plus propre à juftifier la bonté de toutes les obfervations précédentes qu'elle ne doit fervir à les corriger. Entre les différentes manieres qui fe préfentent d'y avoir égard, il me paroît que le parti le plus fimple, eft d'affujettir à la feconde bafe les derniers triangles depuis le 14me, à caufe de la diminution que fouffrit la longueur des côtés entre Moulmoul & Gouayama; nos triangles qui s'étendoient d'une Cordeliere à l'autre, étant venus s'apuyer tout à coup dans cet endroit fur un groupe de montagnes qui eft entre deux.

*Voyez Num. 20.

Détermination particuliere des endroits où ont été faites les obfervations Aftronomiques.

78. En mefurant la plaine de *Tarqui*, je marquai fur la bafe divers points d'où l'on voyoit les environs de la maifon de *D. Pedro de Sanpertigué*, qui fe nomme *Mama tarqui*,** qui eft retirée dans un enfoncement du cô-

**Legrand Tarqui ou la Mere Tarqui.

té de l'Orient, & dans laquelle nous nous proposons de faire l'observation Astronomique. Sur une portion de 439 toises 4 pieds de la base, je formai un triangle, mais qui au lieu de se terminer à la maison même qui ne se voyoit pas des deux stations, ne se terminoit qu'à une cabane d'Indien qui en étoit à quelque distance. Si TX (*Figure* 21) représente la partie Australe de la base de Tarqui, dont T est le terme, AB sera la portion de 439 toif. 4 pieds : C sera la cabane de l'Indien ; & l'angle C étoit de 48^d 16′, pendant que les angles B & A sur la base étoient de 79^d 36′ & de 52^d 8′, le point B étant éloigné du terme Sud T ou de Chinan de 1322 toif. 1 pied, & le point A de 1761 toises 5 pieds. Le point D représente en même tems le lieu même de l'observation ou le milieu de la place qu'occupoit l'instrument dans la maison de *Mama-tarqui*; la distance CD se trouva par la mesure actuelle que j'en pris de 89 toif. 2 pieds sur une direction qui déclinoit du Septentrion vers l'Occident de 22 degrés ; au lieu que la base TX décline du Septentrion vers l'Orient de 32^d 26′ comme on le verra dans la suite. M. de la Condamine voulut depuis n'employer absolument qu'un seul triangle, ce qui étant plus immédiat & plus simple étoit préférable ; quoique la base de ce second triangle fut plus petite. Les deux méthodes s'accordèrent à donner précisément la même place à l'Observatoire & nous apprendre qu'il étoit éloigné de la base vers l'Orient de 530 $\frac{1}{2}$ toises sur une perpendiculaire ED éloignée de Chinan ou du terme Sud de la distance TE, de 1353 toises : Cette entiere conformité m'autorisa à ne rien faire de plus sur ce sujet.

79. Il a été nécessaire à l'extrêmité Septentrionale de la Méridienne de former un grand triangle pour y lier *Cochesqui* maison de campagne de D. Emanuel Frayré à quelque distance au Nord de la riviere de *Pisqué* sur la colline Australe de Mohanda dans la Paroisse de *Toca-*

Figure 21.

ché ; maison que j'avois choisie pour y faire l'autre observation. Ce triangle s'appuye à *Cochesqui* sur une *Tola* ou ancien Sépulchre d'Indiens, qui est un petit monticule à quelques toises vers le Sud & vers l'Orient de la maison, comme j'aurai soin de le spécifier d'une maniere plus particuliere. Je me contente actuellement de décrire ce triangle dont on verra la disposition à l'égard des autres dans la Carte de la Méridienne que je joins ici.

ANGLES.

$\begin{cases} 33^d\ 57'\ 15''\ \text{à Oyambaro terme Sud de la premiere base.} \\ 61\ \ 37\ \ 33\ \ \text{à Sinchoulagoua de Tanlagoua.} \\ 83\ \ 25\ \ 12\ \ \text{à } la\ Tola\ \text{de Cochesqui.} \end{cases}$

Donc de *la Tola* $\begin{cases} \text{Tanlagoua} & 8806.\ 65\ \text{toises} \\ \text{Oyambaro} & 14002.\ 28\ \text{toises.} \end{cases}$
de Cochesqui à

80. Au surplus je dois avertir qu'on n'a point à craindre qu'il se soit glissé d'erreurs dans les suputations précédentes ni dans celle que je rapporterai par la suite, au moins d'erreurs qui puissent tirer à conséquence. A mesure que nous formions nos triangles & aussi-tôt que j'en avois seulement obtenu deux angles, j'en faisois sur le champ un premier calcul qui ne pouvoit pas être entierement exact, mais qui m'apprenoit au moins la longueur des côtés en toises. J'ai depuis entrepris le même travail en poussant la discussion plus loin, aussi-tôt que j'ai eu la mesure des trois angles, & je l'ai répetée encore une autre fois, sans compter que diverses parties ont été sujettes à une quatriéme & cinquiéme vérification.

TRIOSIEME SECTION.

Dans laquelle on réduit les triangles au plan de l'Horifon & on compare leurs côtés à la direction de la Méridienne.

I.

Des hauteurs des ftations les unes par rapport aux autres.

1. C'Eſt un travail que nous avons eu de plus dans nos opérations, & que nous ne pouvions nous diſſimuler, que de faire une attention expreſſe à l'incliṇaiſon de nos triangles qui étoient tous dans des plans très-différens, les uns par rapport aux autres. On a pu en France s'épargner cette peine, ou au moins ſe contenter d'examiner la choſe d'une maniere générale: au lieu qu'il nous a fallu pouſſer la diſcution juſqu'au dernier détail, puiſqu'il eſt certain que ſi nous euſſions voulu étendre ſur un même plan ſans y rien changer les triangles que nous avions formés, & qui étoient appuyés par chacun de leurs angles ſur des ſommets de montagnes de hauteur très-différentes, la ſituation de tous leurs côtés ſe fut alterée & le terrain défiguré; la ſuite des triangles perdant ſa vraye direction, & ſe détournant vers la droite ou vers la gauche. Une Carte quelque exacte qu'elle ſoit ne donne qu'une idée trop imparfaite d'un pays comme la Cordeliere du Pérou; & il eſt certain que cette Carte ſeroit très-défectueuſe par rapport à nos recherches, ſi on la conſtruiſoit par les triangles bruts, pour ainſi dire, qui réſultent de la premiere meſure. C'eſt ce que la premiere inſpection du pays nous a fait ſentir; & ce qui nous a obligés en

même tems que nous mesurions les angles que nous pouvons nommer horisontaux, quoiqu'il s'en fallut beaucoup qu'ils le fussent, d'observer respectivement les angles de hauteur & de dépression de tous nos signaux, afin de pouvoir en projettant sur l'horison tous les triangles dont la situation étoit si irréguliere, les reduire à d'autres qui formassent ensemble une surface parfaitement continue.

Méthode de déterminer la hauteur relative des stations.

2. Il est si facile de déterminer l'élévation respective des stations, les unes au-dessus des autres, aussi-tôt qu'on a mesuré tous les angles de dépression, & de hauteur, que nous nous dispenserions d'en parler si nous ne nous proposions de mettre tous les Lecteurs en état de vérifier plus aisément nos calculs. Soient A & H (*Fig. 22.*) deux stations consecutives, C le centre de la terre & AD un arc de cercle, qui ayant ce point pour centre, passe par la station la plus basse : la seconde station H, sera plus haute que la premiere, de toute la quantité HD ; & il s'agit donc de découvrir cette hauteur. La principale attention qu'il faut avoir afin de diminuer la prolixité de l'opération, c'est d'éviter de se servir des rayons de la terre, qui ne s'exprimeroient que par de très-grands nombres : on peut aussi en faveur de la facilité, ne pas s'attacher à la précision géométrique ; pourvû qu'il soit certain qu'on ne s'expose à tomber dans aucune erreur sensible.

Figure 22.

3. La distance AH est connue par la résolution des triangles qui servent à lier les stations ; triangles que nous nommons horisontaux pour les distinguer des autres. Comme cette distance AH, n'est jamais inclinée que de quelque degrés, on peut en la supposant horisontale, l'évaluer en minutes, & en secondes de degrés de grand

cercle, & on aura la valeur de l'angle C au centre de la terre, mesuré par l'arc AD. Prenant la moitié de cet angle, on obtiendra l'angle EAD formé par la corde AD & la tangente AE au cercle au point A, laquelle sert d'horifon à ce même point. Il n'y aura donc qu'à ajoûter ce dernier angle à l'angle de la hauteur du signal H, pour avoir l'angle HAD de sa hauteur au-dessus de la corde AD. On doit seulement considerer que la réfraction terrestre fait paroître le signal H plus haut qu'il n'est réellement; qu'elle le fait paroître en B, & que c'est l'angle BAE, & non pas l'angle HAE qu'on obtient par l'observation. Ainsi il faut retrancher de l'angle de la hauteur apparente BAE la réfraction BAH, pour avoir l'angle vrai de hauteur HAE; & c'est à ce dernier qu'il faut ajouter l'angle EAD, égal à la moitié de l'angle au centre C de la terre, pour avoir l'angle HAD. Quant à l'angle ADB, ce sera toujours l'angle droit augmenté du même demi-angle au centre de la terre, ou de l'angle que fait la corde AD avec la tangente au cercle au point D. Enfin resolvant le triangle HAD dont on connoîtra les angles, & le côté AH, on trouvera la quantité verticale requise HD, dont la seconde station H est élevée au-dessus de la premiere A.

Figure 22.

4. La base, par exemple, que nous avons mesurée dans la plaine d'Yarouqui est de 6274. 057 toises : elle occupe un espace de $6'\,37\frac{1}{2}''$; & lorsque du terme Boreal A on observe la hauteur du terme Austral H, on la trouve de $1^d\,6'\,30''$, ce qui donne $1^d\,5'\,43''$, pour la hauteur vraye, ou pour l'angle HAE, en retranchant la réfraction. L'angle total HAD est donc de $1^d\,9'\,2''$, l'angle ADH de $90^d\,3'\,19''$; & par conséquent, l'angle H de $88^d\,47'\,39''$. Or il suit de toutes ces *données* que la hauteur HD, du terme Austral de la base *d'Yarouqui*, sur le terme Boréal, est d'un peu moins de 126 toises. J'ai passé successivement de la même maniere aux hauteurs de toutes les autres stations : je les rapporte ici, &

DE LA TERRE, II. SECT. 119

je transcris en même tems tous les angles d'inclinaisons, observés presque toujours en compagnie de M. de la Condamine, quoiqu'avec mon quart de cercle. Ces angles sont les apparents, c'est-à-dire, ceux que m'a donné le quart de cercle après qu'il a été vérifié, & ils sont affectés de la réfraction, & de ses irrégularités qui sont quelquefois très-considérables. Ces irrégularités sont en partie cause qu'il n'est pas possible, sur tout dans les circonstances où nous nous sommes trouvés, de déterminer la hauteur des montagnes les unes par rapport aux autres avec la même précision, qu'on réussit à déterminer leurs distances.

Angles de hauteurs & de dépressions apparentes observées à chaque station.

5.

A Carabourou extrêmité Septentrionale de notre premiere base.
- Hauteur d'Oyambaro terme Austral de la premiere base. 1^d $6'$ $9'''$
- Hauteur de Pambamarca.   5   33   5
- De Tanlagoua.   3   1   34
- De la Croix de Pichincha.   4   10   28
- Du sommet pierreux de Pichincha.   5   35   33
- Du sommet de Cotopaxi.   2   41   9

A Oyambaro extrêmité Méridionale de notre premiere base.
- Dépression de Carabourou terme Boréal de la premiere base. 1^d $12'$ $20'''$
- Hauteur de Pambamarca.   4   20   12
- De Tanlagoua.   1   18   30
- Du sommet pierreux de Pichincha.   4   21   45
- De la *Tola* de Cochesqui.   0   27   34

A Pambamarca.
- Hauteur du signal de Pichincha. 0^d $9'$ $53'''$
- Dépression de Tanlagoua.   1   25   42
- Dépression d'Oyambaro.   4   30   27
- Dépression de Changailli.   2   21   47

A Pambamarca,
- Dépression du signal de Guapoulo de M. Godin. 2^d $10'$ $17'''$
- De Guamani signal de M. Godin.   0   14   12

LA FIGURE

A la *Tola* de Cochesqui.
- Hauteur de Pambamarca. . . . . . $3^d\ 49'\ 2''$
- Hauteur de la croix de Pichincha. . . $1\ 34\ 42$
- Hauteur de Tanlagoua. . . . . . . $1\ 34\ 22$
- Dépression d'Oyambaro. . . . . . $0\ 40\ 32$

Au Signal de Pichincha.
- Dépression de Carabourou. . . . . $5^d\ 3'\ 26''$
  Le fil aplomb fortoit des divisions du Limbe, & il a fallu estimer le mieux qu'on a pu cette premiere dépression.
- Dépression d'Oyambaro. . . . . . $3\ 55\ 51$
- Dépression de Pambamarca. . . . . $0\ 28\ 26$
- Dépression de Tanlaguoa. . . . . . $2\ 16\ 11$
- Dépression de Changailli. . . . . . $3\ 39\ 11$
- Dépression du signal du Coraçon. . . $0\ 12\ 6$

Sur le plus haut sommet pierreux de Pichincha.
- Dépression d'Oyambaro. . . . . . $4^d\ 33'\ 53''\frac{1}{2}$
- Dépression de Pambamarca. . . . . $1\ 2\ 28$
- Dépression de Tanlagoua. . . . . . $3\ 12\ 53$
- Dépression de Chimboraço. . . . . $0\ 1\ 30$

A la croix de Pichincha.
- Dépression de Carabourou. . . . . $4^d\ 1'\ 30''$

A Changailli,
- Hauteur de Pambamarca. . . . . . $2^d\ 4'\ 56''\frac{1}{2}$
- Hauteur du signal de Pichincha. . . $3\ 25\ 47$
- Du sommet pierreux de Pichincha. . $4\ 3\ 26$
- Du signal du Coraçon. . . . . . . $2\ 24\ 31$
- De notre signal de Cotopaxi. . . . $2\ 24\ 17$
- Du sommet de Cotopaxi. . . . . . $4\ 17\ 46$

Au Coraçon.
- Hauteur du sommet pierreux de Pichincha. . . . . $0^d\ 25'\ 15''$
- Hauteur du sommet de Cotopaxi. . $2\ 45\ 15$
- Hauteur de notre signal de Cotopaxi. $0\ 6\ 50$
- Dépression du signal de Pichincha. . $0\ 7\ 59$
- Dépression de Changailli. . . . . . $2\ 42\ 10$
- Dépression du signal de Cotopaxi de M. Godin . . . . $0\ 8\ 39$
- Dépression de Papa-ourcou. . . . . $1\ 45\ 19$
- Dépression de Milin. . . . . $1\ 24\ 35$

DE LA TERRE, III. SECT.

À Cotopaxi.	Dépression de Changailli.	2ᵈ 42′ 54″
	Dépression du Coraçon.	0 19 34
	Dépression de Mîlin.	1 39 14
	Hauteur du sommet du Coraçon.	0 46 6
À Papa-ourcou.	Hauteur de notre signal de Cotopaxi.	4ᵈ 59′ 8″
	Hauteur du signal de Coraçon.	1 30 58
	Hauteur du sommet du Coraçon.	2 35 17
	Hauteur du sommet aigu d'Ilinissa	4 20 19
	Hauteur de l'autre sommet d'Ilinissa	3 51 40
	Hauteur d'Oüangotassin.	1 0 48
	Hauteur de Chimboraço.	1 26 5
	Dépression de Mîlin.	0 16 32
À Mîlin.	Hauteur du signal du Coraçon.	1ᵈ 5′ 50″
	Hauteur de notre signal de Cotopaxi.	1 23 35
	Hauteur de Papa-ourcou.	0 3 30
	Hauteur de Choulapou.	0 24 16
	Hauteur d'Oüangotassin.	1 11 20
À Oüangotassin.	Dépression de Papa-ourcou.	1ᵈ 14′ 45″
	Dépression de Mîlin.	1 23 45
	Dépression de Choulapou.	0 40 45
	Dépression de Hivicatsou.	2 14 52
À Choulapou.	Hauteur d'Oüangotassin.	0ᵈ 27′ 15″
	Dépression de Hivicatsou.	2 42 50
	Dépression de Mîlin.	0 40 40
	Dépression de Chichichoco.	0 39 55
À Chichichoco.	Hauteur de Choulapou.	0ᵈ 27′ 05″
	Hauteur de Hivicatsou.	1 9 19
	Hauteur de Moulmoul.	1 13 10
	Hauteur de Gouyama.	3 29 35
	Hauteur du sommet de Tongouragoua.	3 11 20

Q

LA FIGURE

A Moulmoul.
- Hauteur de Gouyama. 2ᵈ 7′ 35‴
- Hauteur du fommet de Chimboraço. 4 19 55
- Hauteur du fommet du Coraçon. 0 7 5
- Hauteur du fommet de Cotopaxi. 0 55 15
- Hauteur du fommet de Tongouragua. 6 4 45
- Dépreſſion de Chichichoco. 1 20 30
- Dépreſſion de Hivicatſou. 1 55 0
- Dépreſſion d'Ilmal. 0 22 25

A Ilmal.
- Hauteur de Moulmoul. 0ᵈ 10′ 9‴
- Huateur de Gouyama, 1 22 59
- Hauteur de Siça-pongo. 0 23 39
- Hauteur de Chimboraço. 3 55 4
- Hauteur de Tongouragua. 2 58 4
- Dépreſſion d'Amoula. 0 53 16
- Dépreſſion de Zagroum. 0 38 46

A Siça-pongo.
- Hauteur de Gouyama. 0ᵈ 22′ 40″
- Hauteur du bas de la flamme du Volcan de Macas. 0 43 0
- Hauteur de Lanlangouſſo. 0 29 45
- Dépreſſion d'Imal. 0 40 15
- Dépreſſion de Nabouſſo. 1 17 30
- Dépreſſion de Zagroum. 1 7 45

A Lanlangouſſo.
- Dépreſſion de Siça-pongo 0ᵈ 42′ 35″
- Dépreſſion de Zagroum. 2 4 20
- Dépreſſion de Senegoualap. 0 22 35
- Dépreſſion de Chougeaï. 1 20 5

A Senegoualap.
- Hauteur de Lanlangouſſo. 0ᵈ 10′ 39‴
- Hauteur du fommet de Sangaï, Volcan de Macas. 1 27 44
- Hauteur de Sachattian. 0 3 49
- Dépreſſion de Zagroum. 2 3 51
- Dépreſſion de Chouſeay. 0 58 31

DE LA TERRE, III. SECT.   123

À Sachattian.	{ Hauteur de Sinazahoüan. Dépreſſion de Senegoualap. Dépreſſion de Quinoa-loma.	0ᵈ 26′ 31″ 0 15 39 0 58 59
À Sinazahoüan.	{ Dépreſſion de Sachattian. Dépreſſion de Quinoa-loma. Dépreſſion de Chouſeaï. Dépreſſion de Boüeran.	0ᵈ 40′ 14″ 1 33 6 1 42 24 1 43 4
À Quioa-loma par M. Godin.	{ Hauteur de Sachattian. Hauteur de Sinazahouan. Dépreſſion de Boüeran. Dépreſſion d'Yaſſoüay.	0ᵈ 48′ 32″ 1 21 4 0 20 57 0 48 27
À Boueran.	{ Hauteur de Sinazahoüan. Hauteur de Quinoa-loma. Dépreſſion d'Yaſſoüay. Dépreſſion de Cahoüapata.	1ᵈ 30′ 42″ 0 3 52 0 32 28 1 14 0
À Yaſſoüay.	{ Hauteur de Quinoa-loma. Hauteur de Boueran. Dépreſſion de Cahoüapata. Dépreſſion de Borma.	0ᵈ 37′ 23″ 0 21 8 0 21 14 1 1 7
À Borma.	{ Dépreſſion de Pougin.	0ᵈ 53′ 13″
À Pougin.	{ Hauteur de Cahouapata. Hauteur de Borma. Hauteur de Pillachiquir. Hauteur d'Ailparoupachca.	1ᵈ 2′ 30″ 0 44 15 2 4 47 1 1 0
À Cahouapata par M. de la Condamine.	{ Hauteur de Boüeran. Hauteur d'Yaſſouay. Dépreſſion de Borma. Dépreſſion de Pougin.	1ᵈ 6′ 55″ 0 8 58 0 59 40 1 18 55

Q ij

A Chinan, terme Sud de la seconde base. { Hauteur de Pougin. $\quad$ 0^{d} 45' 11"
Hauteur d'Ailparoupachca $\quad$ 6 23 26
Dépression de Hoüa-hoüa-Tarqui, me Nord de la seconde base. $\quad$ 0 32 29

A Hoüa-hoüa Tarqui terme N. de la seconde base. { Hauteur de Pougin. $\quad$ 11^{d} 36' 19"
Hauteur de Chinan, terme Sud de la seconde base. $\quad$ 0 27 44

Hauteurs des stations de la Méridienne & de quelques autres montagnes au-dessus du niveau de Carabourou, extrémité Septentrionale de la premiere base. *

Hauteurs
en Toises.

6.
- 126 D'Oyambaro.
- 883 De Pambamarca.
- 517 De Tanlagoua.
- 261 De la *Tola* de Cochesqui.
- 999 Du signal de Pichincha.
- 818 De la croix de Pichincha.
- 1,208 Du sommet pierreux de Pichincha, qui est à peu près le terme constant du bas de la Neige.
- 318 Du signal de Gouapoulo de M. Godin.
- 240 De Quito dans la grande Place.
- 1,783 Du sommet de Cayambour, montagne toujours neigée.
- 1,774 D'Antisana, montagne toujours neigée, d'où sort le Napo.

*Il faut augmenter toutes ces hauteurs de 1226 toises, lorsqu'on veut avoir les hauteurs absolues au-dessus du niveau de la Mer, comme on le verra dans l'article VII. de cette Section.

DE LA TERRE, III. SECT.

Hauteurs
en Toises.
- 182 De Changailli.
- 937 Du signal du Coraçon ou de Chousalong.
- 1250 Du sommet du Coraçon, qui est un peu plus haut que le terme inférieur de la glace dans la Zone Torride.
- 1486 Du sommet aigu d'Ilinissa, montagne toujours neigée.
- 1037 De notre signal de Cotopaxi.
- 1724 Du sommet de Cotopaxi ; Volcan ancien, enflammé derechef, & toujours neigé.
- 601 De Papa-ourcou.
- 563 De Milin.
- 854 D'Ouangotassin.
- 719 De Choulapou.
- 342 De Hivicatsou.
- 591 De Chichichoco.
- 773 De Moulmoul.
- 1009 De Gouyama.
- 1394 De Tongouragoua, Volcan éteint, mais qui jette cependant de la fumée de tems en tems & qui est toujours neigé.
- 1991 De Chimboraço, * la plus haute montagne que nous ayons observée, qui est toujours neigée à quelques lieues au Nord de la petite Ville de Riobamba.
- 482 De Nabousso.
- 709 D'Ilmal.
- 558 D'Amoula.
- 868 De Siça-pongo.
- 582 De Zagroum.
- 1008 De Lanlangousso.
- 942 De Senegoualap.

* *Raço* signifie neige en Indien & *Chimboraço* les neiges de *Chimbo* peuplade d'Indiens qui est au pied.

Hauteurs
en Toises.

1450	De Sangaï, Volcan de Macas, actuellement enflammé & toujours neigé.
730	De Chouseai.
979	De Sachatrian.
1108	De Sinazahoüan.
808	De Quinoa-loma.
746	De Boüeran.
652	D'Yassouay.
592	De Cahouapata.
386	De Borma.
256	De Pougin.
504	De Pillachiquir.
357	D'Ailparoupachca.
185	De Chinan, terme Sud de la seconde base.
140	De Hoüa-hoüa-Tarqui, terme Nord de la seconde base.

I I.

De la réduction des côtés des triangles de la Méridienne à l'Horison.

Figure 22.   7. Nous n'avons également qu'à résoudre le triangle ABD (*Fig. 22.*) pour découvrir le côté AD, auquel se réduit chaque distance AB d'une station à l'autre, lorsqu'on rapporte cette distance à l'Horison. Nous obtiendrons l'angle BAD, en ajoutant à l'angle BAE de la hauteur apparente du signal H le demi-angle au centre de la terre, ou l'angle que fait la tangente AE avec la corde AD : nous trouverons l'angle D comme cidevant, en ajoutant à l'angle droit, le demi angle au centre C, & il ne restera plus qu'une seule analogie à faire pour déterminer le côté de projection requis AD.

Nous employons ici dans la résolution du triangle BAD Figure 22. la hauteur apparente du signal H sans la corriger de la réfraction : on verra la raison de cette omission, si l'on considere que lorsque nous mesurions avec nos quarts de cercles, placés à peu près horisontalement, les angles formés par nos signaux, la réfraction ne laissoit pas de produire son effet sur ces angles. Nous ne pointions pas précisement aux signaux, mais à leur image qui étoit plus haute. Lorsque nous croyons aussi par le calcul trigonométrique, découvrir la vraye longueur des côtés compris entre les stations, nous ne découvrions les distances qu'entre leurs simples apparences. Ceci seroit susceptible de différentes exceptions, sur lesquelles il est d'autant moins nécessaire d'insister, qu'elles seroient plus propres à satisfaire la curiosité de quelques Lecteurs, qu'elles ne seroient utiles par elles-mêmes. Mais enfin il est toujours évident que quoique le sommet H observé du point A paroisse en B par la réfraction, & que quoiqu'on trouve la distance AB, au lieu d'obtenir AH par les triangles horisontaux, on conclura cependant ensuite par la résolution du triangle vertical BAD la vraye longueur de la ligne de projection AD du côté AH, précisement comme si la réfraction, n'avoit rien altéré : & ce seroit encore la même chose si le point apparent B, étoit beaucoup plus élevé par rapport au vrai point H.

8. Outre l'opération précédente, par le moyen de laquelle j'ai réduit les stations de deux en deux au niveau de la plus basse, j'ai encore été obligé de faire une autre réduction pour rapporter absolument tous les côtés de la Méridienne à la même surface horisontale, sans quoi on ne pourroit les considerer à l'extrêmité les uns des autres. Carabourou, le terme Septentrional de notre premiere base, étant l'endroit le plus bas de toutes nos stations, il étoit naturel de tout réduire à son niveau. Ainsi A & H représentant deux montagnes voi-

fines, fur lefquelles nous fommes montés, comme Tanlagoua & Pichincha, nous n'avons pas dû nous contenter de réduire la diftance AH à la corde AD, il nous
a fallu encore réduire AD à FG qui eft un peu moindre & qui eft au-deffous, de toute la quantité AF dont
Carabourou eft plus bas que Tanlagoua. On voit clairement que pour découvrir la petite déduction que doit
recevoir AD, il fuffit de tirer du point G, la droite GI
parallelement au rayon CA : on aura le petit triangle
ifofcelle DGI dont l'angle G eft égal à l'angle au centre C de la terre ; les deux côtés GD, GI feront égaux
à AF, & par la réfolution de ce petit triangle, on trouvera la petite quantité ID, qui étant retranchée de AD,
donne AI ou FG que nous pouvons regarder comme
le côté AB ou AH dernierement réduit.

Figure 22.

9. On ne doit pas craindre au refte qu'il naiffe d'erreur dans les déterminations précédentes, de la premiere fuppofition qu'on eft obligé de faire, lorfqu'on
déduit de la longueur du côté AB la valeur de l'angle
au centre C. Si cette crainte fe trouvoit fondée, il fuf-
firoit toujours de recommencer à calculer en prenant
AD ou FG déja trouvée, & non pas AB pour la valeur
de cet angle : ce fera affez de faire cet effai une feule
fois pour fe convaincre que ce fecond calcul donneroit
précifement la même chofe que le premier. Je n'ai pas
manqué non plus de m'affurer par un examen pouffé
jufqu'au dernier détail, qu'on pouvoit négliger fans s'expofer au plus leger inconvénient, la diverfe direction
des côtés ou des diftances des ftations les unes aux autres, laquelle apporte auffi quelque différence à la réduction qu'il faut y faire. Cependant comme je n'ai pas
pû me livrer à cet examen fans découvrir le petit changement que recevoit derechef chacun des côtés réduits,
il m'a été tout auffi facile d'y avoir égard.

10. Si la terre étoit parfaitement ronde, il n'impor-
teroit qu'elle fut la direction du côté AB, il n'occu-
peroit

DE LA TERRE, III. SECT.   129

paroît toujours que le même nombre de minutes & de secondes de la circonférence. Ce ne doit pas être précisément la même chose, si la terre est un sphéroïde allongé ou applatti; selon que le côté AB sera dirigé selon le Méridien, ou selon l'Equateur, le rayon AC sera différent, puisque les degrés de l'Equateur ne seront pas alors égaux aux premiers degrés de latitude; & il est évident que si c est le centre de la terre, au lieu du point C, la verticale BC prenant la situation Bc rendra un peu plus longues les cordes AD & FG auxquelles on reduisoit d'abord le côté AB. On peut supposer que le petit intervalle Cc est la 100me partie du rayon AC: ainsi tirant la petite ligne CK parallelement à la corde AD, elle sera sensiblement la 100me partie de cette corde, ou pour approcher davantage de la rigueur géométrique, elle en sera la 101me partie; & il n'est pas moins clair que la petite augmentation Gg que recevra FG par la transposition de la verticale BC en Bc, sera une pareille partie de CK, que la hauteur BG de la plus haute station au-dessus de la premiere ou au-dessus de Carabourou, le sera du rayon BC.

11. supposé donc que BG soit de 1000 ou 1200 toises, ou d'une 3000me partie du rayon terrestre, il s'ensuivra, que la petite augmentation Gg sera une 3000me partie de CK qui est déja une 101me partie de FG; & par conséquent elle sera, eu égard à tout, une 30300me partie de cette même corde FG. C'est le terme de la grandeur qu'elle peut avoir; & cela lorsque le côté AB sera dirigé à peu près selon l'Equateur : car lorsque ce côté approchera d'être dirigé selon le Méridien, la longueur du degré selon cette direction, differera moins de celle des premiers degrés de latitude; & l'intervalle Cc se trouvant plus petit, l'équation Gg diminuera dans la même raison, de même que CK. La diminution se fait selon le quarré du Sinus de l'angle que forme le côté AB avec le Méridien : car le petit chan-

Figure 22.

R

Figure 22.

*Voyez Num. 53. de la sixiéme Section.

gement que souffre le degré selon ses diverses directions, suit ce même rapport, comme nous aurons occasion de le montrer.* C'est une des utilités du premier calcul que je fis d'abord grossierement des triangles horisontaux de la Méridienne, que de m'avoir donné avec nos premieres observations Astronomiques, une notion anticipée de la Figure de la Terre : j'ai pû ensuite m'en servir pour revenir sur mes pas & distinguer entre les divers Elemens que j'avois employés, ceux qui en étoient trop dépendans. Je transcrirai ici pour ne pas éterniser mes détails, qui sont déja si longs, la longueur réduite des seuls côtés Occidentaux de nos triangles; parce que c'est de ces seuls côtés dont je déduirai la grandeur de chaque partie de la Méridienne. Je le pouvois faire également par les côtés Orientaux; mais outre que le peu de distance de Quito à laquelle passent les autres côtés m'a porté à les préférer, il m'a paru encore qu'ils me conduisoient d'une maniere un peu plus directe, d'une des extrêmités de la Méridienne à l'autre.

Liste des côtés Occidentaux des triangles de la Méridienne reduits à l'Horison & au niveau de Carabourou, exprimés en centiémes de toises.

Distances reduites.
Toises.

8802. 01.   12. De Cochsequi à Tanlagoua.
12678. 78.   De Tanlagoua à Pichincha.
21072. 93.   De Pichincha au Coraçon.
19169. 57.   Du Coraçon à Milin.
16763. 84.   De Milin à Choulapou.
13214. 92.   De Choulapou à Chichichoco.
6758. 35.   De Chichichoco à Gouyama.
16514. 31.   De Gouyama à Siça-pongo.
13134. 59.   De Siça-pongo à Lanlangousso.

DE LA TERRE, III. SECT.

Toises.
12926. 92. De Lanlangousso à Chouseai.
13583. 94. De Chouseai à Sinazahoüan.
12677. 31. De Sinazahoüan à Boueran.
 7642. 82. De Boueran à Cahouapata.
16432. 83. De Cahouapata à Pougin.
 5175. 71. De Pougin à Chinan.

III.

De la réduction des angles des triangles de la Méridienne à l'horison.

13. Il suffiroit de rapporter à l'Horison par la méthode précédente les trois côtés de chaque triangle de la Méridienne, pour avoir le triangle entierement projetté sur un plan horisontal; & connoissant les trois côtés de ce dernier triangle, il n'y auroit qu'à en chercher les angles; & de cette sorte les angles du premier ou les angles actuels, formés par les stations, se trouveroient reduits à l'Horison. Mais outre que cette méthode n'est pas parfaitement reguliere, vû la premiere application que je me propose de faire des angles réduits, elle est encore extrêmement longue; de sorte que je me trouve invité de toutes manieres à chercher quelqu'autre moyen. Celui qui m'a paru le plus facile, dont j'ai toujours fait usage, & qui a paru aussi assez simple aux Mathématiciens de notre Compagnie pour qu'ils l'adoptassent en le préferant aux autres méthodes dont on s'étoit servi jusques à présent; c'est de rapporter la question à la trigonométrie sphérique. Je prolonge par la pensée jusques dans le Ciel les rayons visuels dirigés aux deux objets ou signaux: & je considere le triangle sphérique que forment le Zénith avec les deux points de projection. Les trois côtés de ce triangle sont connus: la distance d'un point de projection à l'autre, est égale à l'angle en-

Q ij

tre les deux objets observés avec le quart de cercle, & la distance de chaque point de projection au Zénith est le complement de la hauteur apparente des objets qu'on ne pouvoit pas se dispenser de mesurer, & que j'ai rapporté ci-devant pour tous nos signaux. * Il s'agit ensuite comme on le voit évidemment de trouver l'angle au Zénith, compris entre les deux verticaux, lequel a pour mesure l'arc de l'Horison intercepté entre les mêmes verticaux, & qui est égal à l'angle rectiligne qu'on cherche, formé par les deux rayons visuels, mais abaissés jusqu'au plan de l'Horison. Or tous les Lecteurs sçavent que la Trigonométrie sphérique fournit pour cela un abregé qui ne demande que très-peu de calcul, aussitôt qu'on se sert des logarithmes. On remarquera que je me sers encore dans cette opération de la hauteur apparente des objets ; & je le dois faire, quelque grande que soit la réfraction terrestre qui l'altere ; les raisons que j'ai alleguées ci-devant, n'admettant dans cette rencontre aucune exception.

* N. 5 de cette Sect.

Examen de l'erreur qu'on commet en réduisant les angles à l'Horison par la méthode précédente.

14. Mais en même tems que nous nous permettons de négliger l'exactitude Mathématique, toutes les fois que nous pouvons le faire sans inconvéniens pour gagner quelque chose du côté de la promptitude des calculs, il semble aussi que cette exactitude se refuse à nous de toutes parts. Nous supposons dans la réduction précédente des angles, au moins implicitement, qu'on peut toujours imaginer un plan qui passe par les verticales de deux endroits différens ; mais il se peut faire que cette supposition n'ait pas lieu, parce qu'elle dépend de la figure qu'a la terre. Il s'agit donc encore ici de voir si l'on ne s'engage dans aucune erreur qui puisse tirer à conséquence ; nous nous livrons d'autant plus volontiers

à cet examen, que ce que nous allons expliquer aura encore son usage dans la suite.

Figure 3.

15. Supposé que P (*Fig.* 23.) soit un des Poles de la terre, AQ une portion de l'Equateur; AP & DP deux Méridiens, & que du point A on observe les deux signaux ou objets E & B; il est vrai que la verticale du point A & celle du point E seront dans un même plan, puisqu'elles seront dans le plan du Méridien même ACP, & elles se couperont en G; de même que les verticales des points D, B, &c. du Méridien DP seront aussi toutes dans un même plan. Mais si la terre est un sphéroide allongé ou applatti, les premiers degrés du Méridien DP ne seront point égaux aux degrés de l'Equateur; les rayons DF, ou BF qui appartiendront à ces degrés seront donc plus ou moins grands que les rayons AC, ou DC de l'Equateur, lesquels concourent exactement au centre C de la terre. Les premiers rayons se couperont au point F : & plus ce point sera au dessus ou au-dessous du centre C, plus il s'en faudra, toutes choses d'ailleurs égales, que le rayon ou la verticale BF du point B puisse se trouver dans le plan ABC qui passant par le point B & par le rayon AC, est seulement vertical à l'égard de l'observateur situé en A. Il résulte de-là ce paradoxe ou cette verité extraordinaire, que si la terre n'est pas sphérique & qu'on éleve une haute Tour au point B en la rendant exactement verticale, elle paroîtra inclinée lorsqu'on la considerera d'une infinité d'endroits. L'axe de cette Tour sera la ligne BK prolongement de la verticale BF; & observée du point A, son inclinaison apparente sera l'angle FBI, formé par le rayon BF & par le plan ABC.

16. Le cas est entierement semblable; & il n'est pas douteux qu'on ne soit exposé à se tromper, lorsque pour réduire ou pour rapporter à l'Horison le sommet K d'une montagne qu'on observe d'une autre station A, on abaisse du point K une ligne qu'on regarde comme verticale,

parce qu'elle paroît l'être, vûe de l'autre endroit : le point K devroit se projetter en B, & la projection se faire par la perpendiculaire KF. Ainsi c'est encore ici une de ces circonstances qui se sont déja présentées, lesquelles obligent après qu'on est parvenu à une premiere connoissance de la figure de la terre, de se livrer derechef à un nouvel examen, pour vérifier si cette figure n'apporte aucune alteration considérable à quelqu'une des *données* dont on s'est servi. Heureusement la discussion dans laquelle ce doute nous engage, n'est ni longue ni difficile.

Figure 23.

17. Supposé que le côté AB soit d'une longueur déterminée, comme de 19 ou 20 mille toises & décline de 45 degrés de la direction du Méridien, les différences en latitude DB & en longitude AD seront de 14 ou 15′, l'angle au centre C de la terre formé par les deux rayons AC & DC de l'Equateur sera de la même quantité, puisqu'il aura l'arc AD pour mesure ; & il sera très-facile de comparer cet angle DCA ou FCG à l'angle FBI qui est plus petit par deux chefs. Premierement, les côtés FB, IB du dernier sont plus longs que les côtés FC, GC de l'autre, & ils le seront 100 fois, si l'on suppose que la différence FC entre le rayon de l'Equateur & le rayon du premier degré de latitude, est d'une 100me partie. Secondement, l'angle FCG est soutenu par FG, au lieu que l'angle FBI est soutenu par FI qui est plus petit que FG dans le rapport du Sinus de 45 degrés au Sinus total, ou dans le rapport d'environ 7 à 10 ; ce qui fait encore diminuer l'angle FBI dans la même raison. Tout consideré, cet angle est à l'angle ACD ou FCG environ comme 7 est à 1000, & n'est donc que d'environ 6″ à proportion de l'autre qui est de 14 ou 15 minutes.

18. Ainsi il ne reste plus qu'à chercher combien cette petite inclinaison dans une ligne qu'on regarde mal à propos comme verticale, peut produire d'erreur lors-

DE LA TERRE, III. SECT. 135

qu'on fait tomber cette ligne du sommet de quelque signal K, sur le plan de l'Horison. Mais qu'on suppose que le point K est élevé de 2400 toises, l'inclinaison de 6″ dans la verticale ne portera le point de projection à côté, que d'environ 5 pouces, & cette petite quantité vûe de 20000 toises de distance, ne soutiendra pas un angle d'une seconde. Il faut encore remarquer que si cette erreur qu'on est très en droit de négliger, se trouve ici en deffaut, elle se trouvera en excès sur l'angle de complement BAD, & précisément de la même quantité; ce qui rendra l'erreur absolument nulle sur l'angle droit : & ce sera la même chose de tous les angles qui feront ensemble 180 degrés, & qui seront compris entre deux parties consécutives du Méridien.

Figure 23.

Angles aux stations Occidentales de la Méridienne, réduits à l'Horison.

19. A Oyambaro, terme Austral de la premiere base.	Entre la base & Pambamarca.	63ᵈ 36′ 57″
	Entre Pambamarca & Tanlagoua.	74 14 3
A Tanlagoua.	Entre Oyambaro & Cochesqui.	62ᵈ 39′ 15″
	Entre Oyambaro & Pambamarca.	35 56 17
	Entre Pambamarca & Pichincha.	89 16 31
A Pichincha.	Entre Tanlagoua & Pambamarca.	52ᵈ 8′ 40″
	Entre Pambamarca & Changailli.	61 4 42
	Entre Changailli & le Coraçon.	58 22 54
Au Coraçon.	Entre Pichincha & Changailli.	38ᵈ 31′ 51″
	Entre Changailli & Cotopaxi.	74 6 52
	Entre Cotopaxi & Papa-ourcou.	21 17 31
	Entre Papa-ourcou & Milin.	41 37 57
	Entre Cotopaxi & Milin.	62 55 28

LA FIGURE

A Mîlin.	Entre le Coraçon & Papa-ourcou.	44ᵈ 15′ 43″
	Entre Papa-ourcou & Ouangotaſſin.	60 31 16
	Entre Ouangotaſſin & Choulapou.	52 18 35
A Choulapou.	Entre Mîlin & Ouangotaſſin.	49ᵈ 17′ 14″
	Entre Ouangotaſſin & Hivicatſou.	73 51 57
	Entre Hivicatſou & Chichichoco.	75 57 19
A Chichoco.	Entre Choulapou & Hivicatſou.	35ᵈ 8′ 11″
	Entre Hivicatſou & Moulmoul.	72 4 17
	Entre Moulmoul & Gouyama.	48 51 5
A Gouyama.	Entre Chichichoco & Moulmoul.	76ᵈ 55′ 47″
	Entre Moulmoul & Ilmal.	91 26 11
	Entre Ilmal & Siça-pongo.	71 36 27
A Siça-pongo.	Entre Gouyama & Ilmal.	41ᵈ 2′ 43″
	Entre Ilmal & Zagroum.	48 32 7
	Entre Zagroum & Lanlangouſſo.	47 26 56
A Lanlangouſſo.	Entre Siça-pongo & Zagroum.	80ᵈ 31′ 23″
	Entre Zagroum & Senegualap.	47 45 52
	Entre Senegualap & Chouſeai.	66 28 47
A Chouſeay.	Entre Lanlangouſſo & Senegualap.	57ᵈ 50′ 56″
	Entre Senegualap & Sachattian.	45 21 49
	Entre Sachattian & Senazahouan.	50 53 18
A Sinazahouan.	Entre Chouſeai & Sachattian.	77ᵈ 12′ 22″
	Entre Sachattian & Quinoa-loma.	50 38 57
	Entre Quinoa-loma & Boueran.	86 41 59
A Boueran.	Entre Sinazahouan & Quinoa-loma	44ᵈ 26′ 1″
	Entre Quinoa-loma & Yaſſouay.	47 11 36
	Entre Yaſſouay & Cahouapata.	85 7 51

A

À Cohouapata.	Entre Boueran & Yaſſouay.	61ᵈ 57′ 5″
	Entre Yaſſouay & Borma.	77 41 48
	Entre Borma & Pougin.	34 8 57
À Pougin.	Entre Cahouapata & Borma.	54ᵈ 6′ 56″
	Entre Borma & Pillachiquir.	83 55 9
	Entre Pillachiquir & Ailparoupachca.	38 4 25
	Entre Ailparoupachca & Chinan, terme Auſtral de la ſeconde baſe.	16 24 57
À Chinan, terme Auſtral de la ſeconde baſe.	Entre Pougin & Houa-houa-Tarqui, terme Nord de la ſeconde baſe.	6ᵈ 12′ 45″

IV.

De la direction des côtés des triangles comparés au Méridien.

20. Connoiſſant comme nous le faiſons maintenant les angles horiſontaux que forment les côtés de nos triangles, il ſuffit de ſçavoir par quelques obſervations Aſtronomiques la direction de quelqu'un de ces côtés par rapport aux vrayes Régions du monde, pour pouvoir connoître la direction de tous les autres. Nous avons déja dit ci-devant que notre baſe d'Yarouqui, déclinoit du Septentrion vers l'Occident de 19ᵈ 26′, en négligeant quelques ſecondes; & le calcul nous a apris que l'angle à Oyambaro réduit à l'Horiſon entre la baſe & Pambamarca eſt de 63ᵈ 36′ 57″; il ſuit de-là que la direction d'Oyambaro à Pambamarca décline du Septentrion vers l'Orient de 44ᵈ 10′ 49″. Celle d'Oyambaro à Tanlagoua déclinera par conſéquent du Septentrion vers l'Occident de 30ᵈ 3′ 14″; puiſque l'angle horiſontal à Oyambaro entre Pambamarca & Tanlagoua eſt de 74ᵈ 14′ 3″. En ſe ſervant après cela des angles horiſontaux calculés

pour le dernier de ces endroits, on trouvera les autres directions qui s'y terminent; & continuant de la même maniere, mais en appliquant une petite équation ou correction dont je ferai mention plus bas, on obtiendra toutes les autres que j'offre ici.

Directions des côtés Occidentaux des triangles de la Méridienne.

21. La *Tola* de Cochesqui décline par rapport à Tanlagoua, du Septentrion vers l'Orient de   87ᵈ 17′ 31″

Tanlagoua par rapport à Pichincha, du Septentrion vers l'Orient de   23ᵈ 17′ 0″

Pichincha par rapport au Coraçon, du Septentrion vers l'Orient de   14ᵈ 53′ 19″

Le Coraçon par rapport à Mîlin du Septentrion vers l'Orient de   10ᵈ 27′ 32″

Mîlin par rapport à Choulapou du Septentrion vers l'Occident de   12ᵈ 26′ 57″

Choulapou par rapport à Chichichoco, du Septentrion vers l'Orient de   6ᵈ 39′ 36″

Chichichoco par rapport à Gouyama, du Septentrion vers l'Occident de   17ᵈ 16′ 54″

Gouyama par rapport à Siça-pongo, du Septentrion vers l'Orient de   42ᵈ 41′ 50″

Siça-pongo par rapport à Lanlangousso, du Septentrion vers l'Occident de   0ᵈ 16′ 22″

Lanlangousso par rapport à Chouseay, du Septentrion vers l'Orient de   14ᵈ 29′ 25″

Chouseay par rapport à Sinazahouan, du Septentrion vers l'Occident de   11ᵈ 24′ 38″

Sinazahoüan par rapport à Boueran, du Septentrion vers l'Orient de   23ᵈ 8′ 51″

Boueran par rapport à Cahouapata, du Septentrion vers l'Orient de   19ᵈ 54′ 26″

DE LA TERRE, III. SECT.

Cahouapata par rapport à Pougin, du Septentrion vers l'Orient de   13ᵈ 42′ 32″
Pougin par rapport à Chinan, du Septentrion vers l'Orient de   26ᵈ 14′ 3″
Hoüa-hoüa-Tarqui par rapport à Chinan,
ou le terme Nord de la base de Tarqui par rapport à l'autre, du Septentrion vers l'Orient de   32ᵈ 26′ 28″

22. L'avantage que nous avons eu de consommer notre ouvrage au milieu de la Zone torride, pouvoit nous autoriser à regarder tous les Méridiens comme s'ils étoient exactement paralleles; & à supposer que les côtés de nos triangles ne changeoient de direction par rapport aux Régions du monde que par la seule obliquité qu'ils ont les uns à l'égard des autres. Carabourou observé d'Oyambaro décline du Septentrion vers l'Occident de 19ᵈ 26′, & Oyambaro observé réciproquement de Carabourou décline exactement de la même quantité, du Midi ou du Sud vers l'Orient. Ce n'est plus la même chose aussi-tôt qu'on est dans les autres Zones; les directions respectives ne sont plus exactement contraires quant à leur dénomination; puisque les Méridiens different sensiblement d'être paralleles; ce qui est cause que le même côté ou la même ligne fait des angles de divers grandeurs avec les deux Méridiens qui passent par ses deux extrêmités. Cependant nous devons encore le reconnoître, que quoique nos triangles ne s'éloignent de l'Equateur que d'un peu plus de 3 degrés, ils ne laissent pas de commencer à se trouver un peu sujets à cet inconvénient: la convergence, quoique naissante des Méridiens, apporte déja une différence d'environ 1′ sur la direction de nos derniers côtés; tant il est vrai que l'attention que nous indiquons mérite qu'on l'ait toujours présente. Cette déviation est cependant si petite qu'elle pouvoit aisément rester méconnue, quoi-

S ij

qu'on verifiât avec soin par voye Astronomique la situation des côtés des triangles dans tout le cours de la Méridienne. Mais puisqu'il n'est que trop certain qu'elle est réelle malgré sa petitesse, & qu'il ne dépend même que de quelques circonstances qu'elle n'aille plus loin sur les derniers côtés, il a sans doute été plus à propos d'y avoir égard.

23. Je pouvois rapporter la question à la Trigonométrie sphérique; mais il m'a paru plus simple de n'avoir recours qu'à la Trigonométrie rectiligne, & je le pouvois sans commettre d'erreur sensible, puisque le peu d'étendue des triangles permet non-seulement de considerer leurs côtés comme des lignes droites; mais de regarder même leur assemblage comme s'ils étoient tous dans un même plan, aussi-tôt qu'ils sont déja réduits. Supposons que QAP (*Fig. 24.*) soit une partie de la surface de la terre; AQ une portion de l'Equateur; P un peu des Poles; que BE soit un des côtés d'un des triangles & qu'on sçache déja sa direction par rapport au Méridien AP. Il faut d'abord remarquer que la liberté qu'on a de regarder l'espace BFE comme un plan, ne donne aucun droit de considerer les deux Méridiens qui passent par les points B & E, comme paralleles: ce sont deux choses absolument distinctes, car si on transporte le côté BE à très-peu de distance du Pole, il sera tout aussi permis de traiter la surface de la terre en cet endroit là comme si elle étoit plane dans un petit espace; & cependant il est clair que le voisinage du Pole rendra les deux Méridiens dont il s'agit beaucoup plus convergens l'un par rapport à l'autre, & pourra même les rendre perpendiculaires. En général, il n'y a qu'à abaisser du point E la perpendiculaire EF sur le Méridien AP, & tirant deux tangentes aux deux Méridiens aux points F & E, on les prolongera jusqu'à ce qu'elles se rencontrent en H sur le prolongement de l'axe CP, & l'angle qu'elles formeront en H sera l'obliquité d'un

Figure 24.

Méridien par rapport à l'autre. C'est substituer à la surface sphérique une surface plane ou plûtôt une surface conique, dont le sommet est en H & dont tous les côtés répréfentent les Méridiens. C'est ne plus négliger qu'en partie la courbure de la surface de la terre : on ne la néglige que du Septentrion au Midi, pendant qu'on la répréfente exactement par celle du Cone dans le sens parallele à l'Equateur. Mais il n'est pas moins clair que l'angle EHF étant appuyé sur EF de même que l'angle ECF qui a sa pointe au centre de la terre, ils feront sensiblement l'un à l'autre en raison inverse de la longueur de leurs côtés : c'est-à-dire que l'angle H sera plus petit que l'angle ECF, en même raison que EC est plus petit que EH, ou en même raison que le Sinus total est moindre que la tangente du complement de la latitude, ou que la tangente de la latitude même est plus petite que le Sinus total ; car tous ces rapports sont précisément les mêmes.

24. Si le côté BE est, par exemple, la distance de Siça-pongo à Gouyama, dont la longueur est de 16514 toises & qui décline du Méridien d'environ 42^d 42′, la perpendiculaire EF sera de 11199 toises, & l'angle ECF au centre de la terre sera de 11′ 46″. La latitude ou la distance à l'Equateur du point moyen entre Gouyama & Siça-pongo est d'environ 1^d 36′ dont la tangente est 35 ou 36 fois plus petite que le Sinus total. Ainsi l'angle H qui est plus petit que l'angle ECF le même nombre de fois, doit être de 20″. Telle est donc la petite quantité dont il s'en faut que les deux Méridiens qui paffent par les deux stations spécifiées, ne puissent être regardés comme paralleles. La différence n'est pas la même à l'égard de tous les autres côtés; elle est nulle à l'égard de quelqu'uns, & en sens contraire à l'égard de quelques autres : c'est pour cette raison que sur la suite entiere, elle ne parvient qu'à environ une minute, comme on peut aifément s'en affurer.

Diverses observations Astronomiques pour vérifier la direction des côtés des triangles.

25. Il nous reste maintenant à rendre au moins compte des observations Astronomiques qui nous ont appris la direction de la base d'*Yarouqui*, dont nous avons ensuite conclu la direction de tous les autres côtés. Nous ne nous contenterons pas de satisfaire à notre engagement sur ce point; nous tâcherons de convaincre le public, que nous n'avons pas eu moins en vûe l'exactitude & la sureté de notre ouvrage à l'égard de cette partie dont nous connoissions l'extrême importance, qu'à l'égard de toutes les autres. Il faut convenir aussi que le voisinage de l'Equateur donne une extrême facilité pour faire réussir ces sortes d'observations. Le Soleil monte ou descend à son lever ou à son coucher en suivant long-tems le même vertical, & on a tout le loisir de le comparer aux objets éloignés, sans avoir à craindre, je ne dis pas les effets de la réfraction puisqu'ils sont connus, mais les effets mêmes de ses irrégularités. On ne sçauroit trop priser cet avantage considérable, dont on est privé dans la Sphére oblique. Comme les cercles diurnes coupent l'Horison très-obliquement, lorsque le Pole est très-élevé, l'Astre à son lever ou à son coucher fait plus ou moins de chemin dans le sens horisontal que dans le vertical: ainsi il ne faut pas alors se tromper le moins du monde à le saisir à la hauteur précise. Car si pendant qu'il est à une certaine élevation, on s'imaginoit, prévenu par quelque faux systême sur la réfraction qu'il est plus bas de 4 ou 5 minutes, on pourroit se tromper de la même quantité dans la situation du vertical, & on pourroit commettre une erreur encore plus grande si l'observation se faisoit sur le Soleil dans le tems des solstices; puisque les Tropiques coupent l'Horison plus obliquement; ce qui fait que la même erreur dans la hauteur

répond alors à une plus grande dans le sens horisontal.

26. Le seul moyen de prévenir le mal lorsqu'on est par une grande latitude, c'est d'employer toujours une pendule exactement reglée; afin de se dispenser de prendre la hauteur de l'Astre pour un des Elemens du calcul. L'instant de l'observation fait connoître l'angle formé par le cercle horaire & par le Méridien; & cet angle avec la déclinaison de l'Astre & la latitude du lieu, mettent en état d'obtenir l'Azimuth, en éludant les illusions de la réfraction & de la parallaxe. Il ne faut pas douter que les Académiciens voyageurs au cercle Polaire n'ayent usé de cette précaution essentielle; * puisqu'ayant contr'eux toutes les circonstances fâcheuses, la grande obliquité de la Sphére & les réfractions encore plus irrégulieres vers les Poles que par tout ailleurs, ils n'eussent pas même pû répondre du cinquiéme ou du quart d'un degré sur la direction des côtés de leurs triangles. Pour nous, on le voit assez; nous avons pû indifféremment en nous prévalant de la Sphére droite, ou nous servir d'une horloge, ou nous dispenser de nous en servir, sans avoir à craindre que la constitution de l'atmosphere ou quelqu'autre cause d'erreurs nous en imposât. Pour épargner au Lecteur une trop longue énumeration, je ne lui exposerai ici que les seules observartions destinées à vérifier la direction des côtés Occidentaux, lesquels comme je l'ai déja dit plusieurs fois me serviront seuls à découvrir la longueur des parties de la Méridienne.

27. Je commence par une observation de M. Godin à laquelle j'ai eu part, faite à *Oyambaro* le 25 Novembre 1736 au matin. Le bord inférieur du Soleil rasant une montagne dont la hauteur nous étoit connue, le bord Septentrional de cet Astre se trouva éloigné vers le Sud du signal de Pambamarca de 66^d 28$'$ 57$''$: la hau-

---

* C'est ce que j'ai vû depuis avec plaisir, en consultant les observations faites aux deux extrémités des triangles à Kittis & à Torneo.

teur apparente du centre du Soleil étoit de $11^d 40' 55''$, & celle du signal de Pambamarca étoit de $4^d 20' 12''$, ainsi que nous l'avons rapporté ci-devant. On trouve en résolvant le triangle sphérique formé par la distance de Pambamarca au centre du Soleil & par les deux verticaux qui passent par Pambamarca & par le Soleil, que l'angle au Zénith étoit de $67^d 8' 14''$, ou ce qui revient au même, que la distance horisontale de Pambamarca au centre du Soleil étoit de cette quantité. Je connoissois les trois côtés de ce triangle, puisque le côté d'en bas qui étoit la distance de Pambamarca au centre du Soleil, n'étoit autre chose que la distance $66^d 28' 67''$ fournie par le quart de cercle, & augmentée du demi diamétre de l'Astre; & à l'égard des deux autres côtés, c'étoient les complémens de la hauteur du Soleil, & de la hauteur de Pambamarca. Ces hauteurs sont affectées de la réfraction qui a élevé considerablement l'un & l'autre objet; mais conformement à une remarque sur laquelle il nous a déja fallu insister, le quart de cercle nous a donné leur intervalle précisément comme si les deux objets avoient été placés plus haut: la distance du Soleil à Pambamarca est accommodée à l'effet des réfractions produit sur les deux hauteurs, & l'angle au Zénith est exactement le même. D'un autre côté connoissant la latitude Australe d'Oyambaro de 12′ 20″, la déclinaison du Soleil & sa hauteur vraie, j'ai trouvé en résolvant encore un triangle sphérique dont j'avois les trois côtés, que l'Azimuth du Soleil faisoit au Zénith avec le Méridien un angle de $68^d 40' 57''$; c'est-à-dire que le centre du Soleil étoit éloigné du point du vrai Sud, de cette quantité à mesurer sur l'Horison. Or ajoutant cette distance horisontale avec la premiere $67^d 8' 14''$, il vient $135^d 49' 11''$ pour la distance horisontale du signal de Pambamarca au point vrai du Sud. Ainsi ce signal est éloigné du point du vrai Nord de $44^d 10' 49''$; & comme la base d'Yarouqui fait à Oyambaro avec

la

la direction de Pambamarca un angle horifontal de 63ᵈ 36′ 57″, * il s'enfuit que la bafe décline du Septentrion vers l'Occieent de 19ᵈ 26′ 8″. J'ai d'autres obfervations dans lefquelles j'ai comparé le Soleil au même fignal de Pambamarca, & d'autres dans lefquelles je l'ai comparé le foir au fignal de Pichincha: mais comme le milieu entre toutes n'eft pas éloigné de la détermination précédente, j'ai crû devoir m'y arrêter, après y avoir mûrement penfé.

*Voyez Num. 19.

28. Le 28 d'Août 1738 étant au pied du fignal de Mílin, par un peu moins de 52′ de latitude Auftrale, je ne pû comparer le Soleil couchant à aucun de nos fignaux; mais je mefurai la diftance de fon bord Septentrional au pied d'un arbre qui étoit vers le Nord & je la trouvai de 65ᵈ 35′ 58″. La hauteur apparente de cet objet étoit de 2ᵈ 8′ 25″ & celle du centre du Soleil de 8ᵈ 31′; comme je le reconnu en mefurant la hauteur du point de la montagne que le bord inférieur de cet Aftre touchoit à l'inftant de l'obfervation. Toutes ces données apprenent que la direction de l'arbre déclinoit du Septentrion vers l'Occident de 14ᵈ 15′ 57″, & comme la diftance mefurée auffi avec le quart de cercle entre cet arbre & le fignal du Coraçon de Barionuero, fe trouva de 24ᵈ 43′ 27″, dont le fignal me paroiffoit plus vers l'Orient que l'arbre, & que cette diftance réduite à l'Horifon eft de 24ᵈ 42′ 42″, il s'enfuit que le Coraçon obfervé de Mílin décline de 10ᵈ 26′ 45″ du Septentrion vers l'Orient: au lieu que cette déviation par la fuite des triangles & par les obfervations d'Oyambaro eft de 10ᵈ 27′ 32″, comme je l'ai marqué ci-devant.

29. Le 29 Septembre de la même année, étant à *Chichichoco* qui eft par 1ᵈ 25′ 20″ de latitude Aftrale; la hauteur apparente du centre du Soleil levant étant de 1ᵈ 10′, le bord Septentrional de cet Aftre parut éloigné & plus Nord que le fignal de *Gouyama* de 70ᵈ 32′ 54″. Il fuit de ces Elemens & de la hauteur apparente de

Gouyama, que ce dernier signal vû de Chichichoco, décline du Midi vers l'Orient de 17ᵈ 17′ 32″; au lieu que c'eſt ſelon la ſuite des triangles de 77ᵈ 16′ 54″.

30. Le 20 Novembre encore de la même année 1738 étant au pied du ſignal de *Siça-pongo*, M. de la Condamine & moi nous obſervâmes que le bord Auſtral du Soleil qui ſe couchoit, étoit éloigné du ſignal de Lanlangouſſo de 70ᵈ 15′ 42″. La hauteur apparente du centre du Soleil étoit de 5ᵈ 18′; celle de Lanlangouſſo de 0ᵈ 29′ 45″ comme je l'ai marqué dans la liſte de ces hauteurs; & la latitude de Siça-pongo eſt Méridionale de 1ᵈ 42′ 30″. Le calcul fondé ſur ces Elemens donne 0ᵈ 16′ 34″ pour la quantité dont la direction de Lanlangouſſo à Siça-pongo décline du Septentrion vers l'Occident; ce qui ne différe que de 14″ de la direction fournie par la ſuite des triangles.

31. Le 18 Octobre 1739 je fis planter verticalement une regle ou jalon dans la plaine de Tarqui, préciſement ſur la direction de la baſe & vis-à-vis de la maiſon de campagne (*de Mama-Tarqui*) dans laquelle nous étions déja occupés à obſerver la diſtance d'Orion au Zénith. Le ſommet de ce jalon nous paroiſſoit de 22′ 56″ au-deſſous de l'Horiſon, & nous trouvâmes M. de la Condamine & moi qu'il étoit éloigné du bord Auſtral du Soleil & plus Nord de 69ᵈ 37′ 47″. Il étoit alors exactement 5ʰ 24′ 0″ du ſoir au tems vrai. D'où il ſuit & de la latitude de *Mama-Tarqui* qui eſt Auſtrale d'environ de 3ᵈ 4′ 50″, que la direction de nous au jalon déclinoit de 30ᵈ 21′ 27″ du Septentrion vers l'Occident. Nous nous tranſportâmes enſuite ſur la baſe, & meſurant l'angle formé au jalon par Chinan, terme Sud, & par l'endroit où nous avions fait l'obſervation, nous le trouvâmes de 62ᵈ 47′ 14″. Ainſi la direction de la baſe de Tarqui décline du Septentrion vers l'Orient de 32ᵈ 25′ 47″ au lieu qu'on trouve cette direction de 32ᵈ 26′ 27″, lorſqu'on l'a déduit des obſervations d'Oyambaro par la ſuite de tous les triangles.

32. Ces observations montrent assez que nous connoissons aussi exactement qu'il est possible la direction de la Méridienne. C'est ce que confirmeroient également plusieurs autres observations que j'ai faites à Cochesqui, à Changailly, à Ilmal, &c. de même qu'un très-grand nombre d'autres particulieres de Messieurs Godin & de la Condamine que nous nous sommes réciproquement communiquées dans le tems. Il est surprenant que la diverse hauteur de nos stations qui a placé tous nos triangles dans des plans si différens & si inclinés les uns par rapport aux autres, n'ait pas fait glisser dans un intervale de plus de 60 lieues d'erreur plus considérable dans cette partie de notre ouvrage. Les différences qui s'y trouvent & qui ne vont jamais à une minute ne sont d'aucune conséquence; & on doit remarquer outre cela qu'il ne faut pas tout donner à quelques observations faites dans des postes incommodes où le vent se joignoit à la difficulté de l'opération, qui est d'autant plus délicate, qu'elle dépend presque toujours du concours de deux Observateurs. Enfin puisque nous connoissons non-seulement la longueur réduite à l'Horison des côtés Occidentaux des triangles, mais aussi leur direction, rien ne nous empêche maintenant de déterminer la longueur de la Méridienne qui en résulte, laquelle est l'unique objet de toutes les recherches précédentes.

V.

De l'exacte longueur de la Méridienne.

33. Si nous faisons passer un Méridien par une des extrêmités B (*Figure* 24) d'un des côtés BE des triangles, & que nous lui abaissions une droite perpendiculaire de l'autre extrêmité E, il est évident qu'elle interceptera la partie BF qui pourra être regardée comme la différence en latitude entre les stations B & E. Pour trai-

Figure 24.

148   LA FIGURE

Figure 24. ter la chose avec plus d'exactitude, il n'y auroit qu'à résoudre le triangle rectiligne EBH, en supposant connus les deux côtés BH & BE, & l'angle B qu'ils comprennent qui est l'obliquité du côté BE par rapport au Méridien. Il est vrai qu'à parler dans la rigueur Mathématique, les angles B qu'il faudroit ici employer sont un peu plus petits que ceux que nous avons rapportés dans l'article précédent en donnant la direction de chaque côté. Car ces angles que nous avons déja trouvés, sont parfaitement horisontaux à l'égard de chaque station, puisqu'ils sont formés par les tangentes à la surface de la terre; au lieu que ceux dont il faudroit ici faire usage sont un peu inclinés au-dessous de l'Horison, puisqu'ils sont réellement formés par les cordes correspondantes: mais le Lecteur voit assez que la différence doit être absolument insensible. On chercheroit donc en résolvant le triangle EBH le côté EH; & le retranchant de BH, il viendroit avec précision la différence en latitude qui n'est pas effectivement interceptée par la perpendiculaire Ef, mais par un arc de cercle décrit sur la surface conique BHE du point H comme centre, lequel arc est en même tems parallele à l'Equateur.

34. Nous pouvons aussi sans nous donner la peine de résoudre rigoureusement le triangle EBH, découvrir aisément la petite inégalité Ff qui résulte de ces deux différentes manieres de procéder, lorsqu'on intercepte la différence en latitude BF par un arc de cercle EF comme on le devroit, ou lorsqu'on la détermine par une simple ligne droite perpendiculaire Ef. Supposons qu'il s'agisse de la différence en latitude entre Gouyama & Siça-pongo, où de la partie de la Méridienne interceptée entre ces deux stations, la perpendiculaire Ef sera de 11199 toises, ainsi que nous l'avons déja dit; & si on la considere comme un arc de grand cercle, elle vaudra $11'51''$. Or si nous cherchons dans les tables le

DE LA TERRE, III. SECT. 149

Figure 24.

Sinus verse de cet arc en prenant 10000000 pour Sinus total, nous trouverons qu'il est de 60 parties pendant que le Sinus droit est de 34470; & par la comparaison de ce dernier Sinus avec l'arc EF ou son Sinus EZ, car on peut ici identifier l'un avec l'autre, vû leur peu de différence, on trouvera que le Sinus verse FZ est de 19.49 toises : c'est ce que donne cette analogie, le Sinus droit 34470 des tables est au Sinus verse correspondant 60, comme 11199 toises est à 19.49 toises. Mais si le petit Sinus verse FZ est d'une quantité si considérable, c'est par rapport au centre C, ou lorsqu'on le cherche dans le plan ECF : au lieu que rapportant l'arc EF au plan BEH, ou si l'on examine sa courbure dans ce plan, le point H lui servira de centre, & le Sinus verse doit se trouver d'autant plus petit que le nouveau rayon EH est plus grand, c'est-à-dire qu'il doit être moindre que le premier Sinus verse FZ, dans le même rapport que la tangente du complement de la latitude est plus grande que le Sinus total. Ainsi dans le cas présent où la tangente FH est 35 ou 36 fois plus grande que le Sinus total comme nous l'avons vû ci-devant, le petit Sinus verse ou la petite partie Ff du Méridien, que nous avons intérêt de connoître & qui est interceptée entre la perpendiculaire Ef & l'arc de cercle EF décrit du point H comme centre, est seulement de $\frac{55}{100}$ toif.

35. La curiosité m'a insensiblement engagé à chercher de la même manière, les petites équations qu'exigent les autres différences en latitude que j'avois déjà trouvées en abaissant de chaque station des perpendiculaires sur la Méridienne, & il ne m'a ensuite rien coûté d'en faire usage. Si sur la différence en latitude entre Gouyama & Siça-pongo, quoiqu'on soit tenté par l'extrême proximité à l'Equateur de regarder les Méridiens comme exactement paralleles, nous trouvons déja plus d'une demie toise d'équation, il est facile de juger que dans la Zone temperée ou dans la Zone froide,

150 La Figure

l'erreur pourroit selon les circonstances, devenir très-considérable. Il faut observer encore qu'elle va toujours en s'accumulant, puisqu'elle se trouve dans le même sens, ou continuellement positive ou négative pour tous les côtés, selon qu'on procéde dans le calcul en s'approchant du Pole ou en s'en éloignant.

Différences en latitude & en longitude réduites au niveau de Carabourou, exprimées en centièmes de toises, entre toutes les stations Occidentales consécutives des triangles de la Méridienne.

	Diff. en latitu. toises.	Diff. en longi. toises.
36. Entre la Tola de Cochesqui & Tanlagoua.	415.85	8792.24
Entre Tanlagoua & Pichincha.	11646.23	5011.63
Pichincha & le Coraçon.	20365.46	5414.50
le Coraçon & Milin.	18851.05	3479.85
Milin & Choulapou.	16369.64	3613.83
Choulapou & Chichichoco.	13125.72	1532.63
Chichichoco & Gouyama.	6453.15	2007.70
Gouyama & Siça-pongo.	12136.60	11198.73
Siça-pongo & Lanlangousso.	13134.46	62.51
Lanlangousso & Chouseai.	12515.73	3234.52
Chouseai & Sinazahouan.	13315.38	2687.40
Sinazahouan & Boueran.	11656.54	4983.41
Boueran & Cahouapata.	7186.07	2605.81
Cahouapata & Pougin.	15964.00	3894.31
Pougin & Chinan.	4642.53	2287.84

37. Enfin il ne reste plus qu'à ajouter ces différences en latitudes particulieres pour avoir toute la longueur de la Méridienne depuis la *Tola* de Cochesqui jusqu'à Chinan ; on aura 177778.41 toises; dont il faut d'abord retrancher $5\frac{68}{100}$ toises, si l'on veut assujettir la

seconde partie des triangles depuis Gouyama, à la mesure de la base de Tarqui, comme nous en sommes convenus: il vient donc 177772. 73. toises. Il faut encore après cela retrancher 857. 48. toises pour la quantité dont l'Observatoire de Mama-Tarqui dans la plaine de Tarqui est plus Septentrional que Chinan, comme il résulte de la position de cet Observatoire par rapport à la base; en même tems qu'il faut ajouter vers l'autre extrêmité de la Méridienne 10$\frac{2}{3}$ toises pour la quantité dont l'Observatoire de Cochesqui qui nous servit à M. de la Condamine & à moi au commencement de 1740 est plus Nord que la *Tola*, à laquelle se terminent nos triangles du côté du Septentrion. C'est donc 176925. 91. toises pour la différence en latitude entre les deux Observatoires, ou pour la vraye longueur de la Méridienne.

38. Cette différence en latitude n'est pas tant, lorsqu'on la considere dans la rigueur Mathématique, un arc de ligne courbe qu'une portion de Poligone inscrit au dedans; chaque côté que nous avons déterminé à part étant la corde d'un arc qui est un peu plus long. Mais il est facile de reconnoître que la différence entre les deux n'est d'aucune importance sur le tout; puisqu'elle ne va qu'à environ 1 pied sur les 60 & tant de lieues de la longueur de la Méridienne. Presque tous les arcs de lignes courbes se peuvent considerer comme des arcs de cercles, lorsqu'ils sont très-petits; & le Lecteur qui sera initié dans la nouvelle Géometrie, se convaincra aisément que l'excès d'un petit arc de cercle sur sa corde, est sensiblement égal au cube de cette même corde, divisée par 24 fois le quarré du rayon. On trouve par ce Théorême dont il suffit dans le cas présent de faire une application grossiere, qu'il faut ajouter $\frac{3}{100}$ toises à la différence en latitude, entre Pichincha & le Coraçon pour réduire la ligne droite à un arc d'une courbure convenable. On peut chercher de la même ma-

nière les autres petits excès, afin de réduire le Poligone à une ligne courbe uniforme. Il suffit d'en avoir calculé un seul avec précision pour pouvoir découvrir aisément tous les autres, puisqu'ils sont proportionels aux cubes de la longueur de chaque corde, ou de chaque arc. Mais nous le repetons, cette sévérité de calcul ne change en rien la longueur entiere de la Méridienne dont nous pouvons déja supposer que toutes les parties forment un arc parfaitement régulier.

39. Si l'on joint ensemble les différences en longitudes énoncées ci-dessus, en distinguant des *positives*, celles qui sont *négatives*, on verra que Chinan est à l'Occident de la *Tola* de Cochesqui de 44064. 03. toises. La petite correction que la mesure de la seconde base nous a apris qu'il falloit faire à cette différence, est de 1. 54. toises, laquelle est soustractive. Il faut outre cela retrancher 1173. 35. toises pour la quantité dont l'Observatoire de *Mama-Tarqui* est à l'Orient par rapport à *Chinan*, & encore 32⅔ toises dont l'Observatoire de Cochesqui à l'autre extrêmité de la Méridienne, étoit à l'Occident par rapport à la *Tola*. Ainsi il vient, toutes réductions faites, 42856. 48. toises pour la différence en longitude entre les deux Observatoires; & si on la combine avec la différence en latitude déja découverte, on reconnoîtra que la direction d'un Observatoire à l'autre décline à très-peu près de 13ᵈ 37′ du Septentrion vers l'Orient. Cet écart du Méridien qui n'a pas été volontaire de notre part, puisque nous nous vû sommes assujettis dans notre marche, pour ne pas nous perdre dans des Déserts & dans des Forêts impénetrables, à suivre les deux chaînes de montagnes de la Cordeliere, ne peut avoir ici aucune suite fâcheuse; au lieu que si l'obliquité étoit beaucoup plus grande, la moindre erreur dans la direction sur les côtés des triangles tireroit à conséquence sur la longueur de la Méridienne. Il est facile de reconnoître que les *momens* ou les effets produits par

la

la même erreur font proportionels aux Sinus des déviations, & qu'une demie minute de différence fur la direction ne produit que 6 toifes dans le cas préfent fur la longueur totale, & n'introduiroit par conféquent qu'une erreur d'environ 2 toifes fur la grandeur du degré de latitude qu'il s'agit de découvrir.

40. Je dois encore avertir pour prévenir toute équivoque que la différence en latitude 176926 toifes entre les deux Obfervatoires de *Mama-Tarqui* & de *Cochefqui* eft celle qui convient à nos premieres obfervations. Nous avons depuis jugé à propos M. de la Condamine & moi de les repeter, afin de les rendre parfaitement *fimultanées* aux deux extrêmités; il a fallu pour cela nous féparer; M. de la Condamine eft allé au Sud, pendant que j'ai obfervé au Nord. Il a fait fon obfervation à *Tarqui* précifement dans le même endroit de la maifon de *Mama-Tarqui*; au lieu que j'ai été obligé à *Cochefqui* d'établir mon Obfervatoire dans un autre appartement, quoique toujours dans la même maifon. Ce fecond endroit étoit environ $14\frac{1}{2}$ toifes plus au Nord que le premier ou 25 toifes $1\frac{1}{2}$ pied plus Septentrional que la *Tola*. Lorfqu'il s'agira donc des dernieres obfervations, on doit fe reffouvenir de prendre 176940 toifes pour la longueur totale de la Méridienne.

V I.

De la fituation de Quito par rapport aux triangles de la Méridienne.

41. Comme nous avons fait différentes obfervations à Quito, & que c'eft outre cela comme la Méridienne de cette Ville que nous avons tracée par nos triangles, il eft à propos d'en déterminer l'exacte fituation. J'ai reconnu par des éclipfes de Lune, & par des immerfions & emerfions des Satellites de Jupiter, que Quito

est vers l'Occident par rapport à Paris de 5ʰ 21′ ou de 80ᵈ 15′, & que la latitude observée aux environs de Ste Barbe une de ses Eglises Paroissiales, est Australe de 13′ 6″. Mais ce qu'il s'agit ici principalement de sçavoir, c'est la situation par rapport à nos triangles. Cette Ville étant dans une espece de bassin fermé de tous côtés, ne se voit qu'avec peine des endroits éloignés ; & il nous manquoit pour la facilité de la détermination de pouvoir l'observer de deux de nos stations consecutives. J'avois déja obtenu la situation de la Croix de Pichincha qui commande à cette Ville, en mesurant à Carabourou, & à Oyambaro les deux angles du triangle qu'elle forme avec la base. Le premier de ces angles s'étoit trouvé de 81ᵈ 55′ 40″, & le second de 66ᵈ 29′ 13″, ce qui me donnoit presque 11860 toises pour la distance de cette Croix à Oyambaro terme Sud de la base. D'un autre côté le premier des signaux particuliers de M. Godin étoit placé à peu de distance, & dans un endroit dont on découvre le haut d'une petite montagne nommée *le Panecillo* qui est au Sud de la Ville & qui y est immédiat. J'avois même pris à la recommandation de M. Godin un des angles du triangle que ce signal placé au-dessus d'un Bourg ou Village nommé Gouapoulo, formoit avec les signaux précédens qui nous étoient communs, & j'avois aussi mesuré l'angle d'inclinaison. Tout cela me détermina à lier Quito avec la Croix de Pichincha & avec le signal de Gouapoulo, dont j'ai eu occasion depuis de vérifier l'entiere position ; * quoique cela ne fût pas nécessaire.

* Voyez Num. 52.

42. On verra en jettant les yeux sur la Figure 25. les deux premiers triangles qui ont servi à notre Méridienne, & outre cela le triangle qui est le troisiéme de la disposition particuliere de M. Godin. Les trois angles de ce triangle, formé par Pambamarca, Tanlagoua & Gouapoulo sont à la premiere de ces stations de 67ᵈ 17′ 33″, à la seconde de 65ᵈ 39′ 42″, & à la

Figure 25.

troisiéme de $47^d 2' 45''$; ce qui donne lorsqu'on prend la distance déja connue de Pambamarca à Tanlagoua pour base, 15863 toises pour la distance de Gouapoulo à Pambamarca, & 12742 pour la distance à Tanlagoua. Je cherchai la direction de ce dernier côté, je le réduisis au niveau de Carabourou & je trouvai que la différence en latitude entre Gouapoulo & Tanlagoua étoit de 12738 toises. J'avois aussi réduit à l'Horison les différences d'Oyambaro à Pambamarca & à la Croix de Pichincha, & cherché l'angle horisontal que formoient ces deux distances par la réduction des deux angles partiaux. L'angle total horisontal étoit de $129^d 58' 48''$, & résolvant le triangle formé par Pambamarca, Oyambaro & la Croix de Pichincha dont je venois de trouver l'angle à Oyambaro & dont je connoissois les deux côtés, je trouvai la distance horisontale 19624. 12 tois. de la Croix de Pichincha à Pambamarca; d'où je passai à la distance inclinée & absolue 19624. 26. toises, en observant les attentions spécifiées ci-devant; mais en suivant l'inverse de la méthode, comme cela étoit nécessaire. Je cherchai aussi l'angle horisontal à Pambamarca, lequel étant comparé avec l'angle horisontal formé au même signal entre Tanlagoua & Gouapoulo, m'aprit que l'angle horisontal à Pambamarca entre la Croix de Pichincha & Gouapoulo étoit de $4^d 46' 44''$. Cet angle avec les deux côtés qui le comprenoient 19624 toises & 15863 toises, mais réduits à l'Horison de Pambamarca, me donnerent par la résolution du triangle la distance horisontale de la Croix de Pichincha à Gouapoulo, & cherchant ensuite l'actuelle ou l'absolue, il me vint 4077. 35. toises sur une direction qui déclinoit du Septentrion vers l'Orient de $89^d 13' 31''$.

43. Nous prîmes M. de la Condamine & moi cette distance de la Croix de Pichincha à Gouapoulo pour base; nous fîmes placer un signal sur le Panecillo; nous montâmes à ce signal & ensuite à la Croix de Pichin-

Figure 25.

cha, nous mesurâmes avec un petit quart de cercle qui appartenoit à cet Académicien, l'angle dans ce second endroit entre Gouapoulo & le Panecillo de 66ᵈ 9′ 30″, après avoir déja trouvé l'angle au Panecillo entre la Croix de Pichincha & Gouapoulo de 75ᵈ 54′ 20″; ce qui apprend que les distances du Panecillo à la Croix de Pichincha & à Gouapoulo sont de 2584. 24. toises & de 3845. 17. toises, sur des directions qui déclinent du Septentrion vers l'Occident de 22ᵈ 18′, & du Septentrion vers l'Orient de 53ᵈ 14′. La seconde de ces distances en vertu de sa direction & de son inclinaison qui étoit au Panecillo de 51′, répondoit à 2301 toises de différence en latitude réduite au niveau de Carabourou. Enfin nous formâmes un dernier triangle par la Croix de Pichincha, le Panecillo & le coin de notre maison, dont on ne découvroit que le haut, lorsqu'on étoit à la Croix. L'angle à la Croix étoit de 17ᵈ 36′ 31″, & celui au Panecillo de 54ᵈ 11′ 50″; ce qui donne 2207 toises pour la distance de notre maison à la Croix, & 823 toises pour sa distance au Panecillo sur une direction qui décline du Septentrion vers l'Orient de 29ᵈ 53′. Il ne restoit donc plus après cela qu'à réduire cette derniere distance à l'Horison, en me servant de son inclinaison qui étoit d'environ 6ᵈ 3′ au Panecillo; & à rapporter cette distance au Méridien pour déterminer la différence en latitude qui se trouvera de 711 toises.

44. Ainsi, en résumant les résultats précédens, on voit que le signal de Gouapoulo est 12738 toises au Sud de Tanlagoua; que le Panecillo est 2301 toises au Sud de Gouapoulo & 15039 toises au Sud de Tanlagoua, & que la maison de Quito dans laquelle nous avons fait diverses observations & déterminé principalement l'obliquité de l'Ecliptique est 14328 toises au Midi de Tanlagoua. Ainsi elle divise la longueur de toute la Méridienne, de maniere que la partie Septentrionale jusqu'au second Observatoire de Cochesqui est de 14769.

DE LA TERRE, III. SECT. 157

toises; & la partie Australe jusqu'à l'Observatoire de Mama-Tarqui de 162171 toises.

45. Notre maison étant ainsi placée par rapport à la longueur de la Méridienne, tout le reste de Quito s'y place naturellement par le moyen du plan de cette Ville que j'ai cru comme je l'ai déja dit pouvoir me dispenser de donner ici. Ce n'est que plus de deux ans après avoir obtenu la détermination précédente, que j'ai sçû que M. Godin avoit vû cette même Ville & observé une de ses Tours de deux de ses stations consécutives. J'ai déja rapporté les trois angles du triangle formé par Pambamarca, Tanlagoua & Gouapoulo : le triangle suivant dont je mesurai encore un angle à la recommandation de M. Godin, est formé par Pambamarca, Gouapoulo & Gouamani qui tombe au Sud de Pambamarca sur la même Cordeliere Orientale ; & les trois angles sont dans le même ordre de 47^d 57′ 21″, de 72^d 8′ 58″ & de 59^d 53′ 45″. C'est de Pambamarca & de Gouamani que la Tour du Couvent de la Merci de Quito a été observée, & les trois angles de ce triangle sont de 46^d 41′ 1″ à Pambamarca, de 72^d 40′ 4″ à Gouamani, & de 60^d 38′ 55″ à la Tour de la Merci. Il suit du calcul Trigonométrique que j'en ai fait, que cette Tour est environ 14401 toises au Sud de Tanlagoua, ce qui s'accorde avec l'autre détermination, & ce qui la confirme.

VII.

De la hauteur absolue des stations de la Méridienne par rapport au niveau de la Mer, & de la diminution qu'il faut faire en conséquence à la longueur du premier degré du Méridien mesuré dans la Cordeliere.

46. Il manque encore à toutes nos opérations quoi-

que si longues & quoiqu'en si grand nombre, une partie essentielle : nous avons réduit les côtés & tous nos triangles & toutes les dimensions de la Méridienne au niveau de Carabourou, extrêmité Septentrionale de notre premiere base : Nous sçavons les hauteurs respectives des montagnes que nous avons parcourues; mais il nous reste à sçavoir la hauteur de Carabouru même au-dessus de la surface de la Mer, & la hauteur absolue de toutes nos stations. Il est vrai que les expériences du Barometre pouvoient nous faire juger à peu près qu'elle étoit cette hauteur. J'avois formé une regle très-simple, qui satisfaisoit aussi heureusement qu'il étoit possible à toutes ces experiences, tant aux premieres que nous avions faites au bord de la Mer, qu'à celles que nous avions faites ensuite aux environs de Quito. Mais si nous avions recueilli un très-grand nombre d'observations sur ce sujet, elles étoient toutes restreintes entre des limites trop étroites; les unes étoient renfermées vers le sommet de la Cordeliere, & ne tomboient que sur des différences relatives vers la fin de la progression, pendant que les autres vers le commencement n'avoient pour objet que de trop petites hauteurs au bord de la Mer; ce qui laissoit absolument inconnu & sans examen tout l'espace intermédiaire, quoique fort étendu. Il n'étoit donc pas tems de former encore des hypothéses comme notre impatience naturelle pouvoit nous y inviter; ou au moins il n'y avoit aucune certitude que ces hypothéses qui représentoient le mieux les Phénomenes déja connus, représentassent également ceux qui restoient à connoître. La simplicité de la regle que j'avois trouvée & sa parfaite conformité avec tous les faits que nous avions rassemblés, ne pouvoit pas me faire illusion; pendant que je connoissois une infinité d'autres regles qui satisfaisoient tout aussi-bien aux expériences, qui donnoient précisément les mêmes hauteurs relatives & qui différoient néanmoins de 100 & de 150 toises sur les hauteurs absolues : les progréssions Arihmétiques composées de tous les ordres étoient pour moi un fond intarissable où je pouvois puiser ces hypothéses ou ces différentes regles qui étoient toutes alors également recevables, parce qu'elles l'étoient toutes réellement aussi peu. C'est ce que je justifiai à M. Godin dans diverses lettres, que je cru devoir lui écrire sur ce sujet afin de prouver l'utilité d'un voyage vers la Mer Pacifique à quelque endroit de la côte dont on put observer la Cordeliere. Il me paroissoit qu'après les peines infinies que nous nous étions données pour porter à sa fin un ouvrage de l'espece du nôtre, nous ne devions pas consentir à ignorer cette circonstance trop essentielle. Il étoit d'ailleurs absolument nécessaire de connoître la hauteur absolue de nos montagnes, puisque le degré du Méridien mesuré sur leur sommet étoit considérablement trop grand, quoique déja réduit, & qu'il falloit sçavoir la diminution qu'il étoit à propos de lui faire subir une seconde fois, pour le réduire du niveau de Carabourou au niveau de la Mer.

Descente vers la Mer par la Province des Emeraudes.

47. Il s'agissoit donc en partant de Quito de franchir la Cordeliere Occidentale, & de descendre de l'autre côté au moins aussi bas qu'il m'étoit arrivé d'autres fois de monter haut, lorsqu'en tenant le Barometre à la main, je partois du bord de la Mer. Cependant pour plus de sureté j'allai beaucoup plus loin, malgré toutes les fatigues dont j'ai eu occasion de rendre compte dans les Mémoires de 1744. Comme je fis à mon retour à Quito une Relation assez étendue de ce voyage pour la divulguer dans notre Compagnie, il me suffira d'en faire ici une espece d'extrait, laissant à part tout ce qui n'a pas rapport à l'objet qui nous occupe présentement. J'eus la

précaution de faire élever un signal sur le plus haut sommet pierreux de Pichincha, que je n'avois jamais vû que du côté de l'Orient & que j'eusse pû méconnoître en le voyant de l'autre côté. J'entrai après cela au travers des bois dans la Province des Emeraudes, qui n'est elle-même qu'une Forêt immense; je portois un quart de cercle, celui dont je me servois ordinairement, une Horloge à pendule, & plusieurs lunettes ; & après quelques jours de marche j'arrivai à *Niguas* qui est comme au centre de cette Forêt, qui s'étend depuis la Cordeliere jusqu'à la Mer. J'étois déja considérablement descendu, puisque le Mercure qui ne se soutenoit dans le vuide à Quito qu'à 20 pouces 1 ligne, s'arrêtoit à 24 pouces $11\frac{1}{4}$ de hauteur, environ $\frac{1}{2}$ lig. plus haut qu'au piton du petit Goave dans l'Isle de St. Domingue dont la hauteur au-dessus de la Mer fut trouvée géométriquement de 550 toises. * Ainsi s'il étoit permis de comparer une experience à l'autre, *Niguas* seroit élevé au-dessus de la Mer de 542 toises.

48. J'observai dans la place de ce Village à l'extrémité Septentrionale de la maison Presbiterale, la hauteur du sommet de Pichincha de $4^d\ 30'\ 30''$, & par la comparaison du Soleil levant je trouvai que la direction de cette montagne déclinoit du Midi vers l'Orient de $59^d\ 52'\ 53''$. On voyoit aussi une autre montagne nommée Ilinissa qui est sur la Cordeliere Occidentale de même que Pichincha à peu de distance au Sud du Coraçon, & qui se rend remarquable par les deux pyramides fort hautes & continuellement neigées dans lesquelles elle se partage : mais ce fut principalement à mon retour quand je passai par Niguas, que je me décidai sur l'an-

---

* Je suis remonté sur ce piton le 29 Décembre 1743 en repassant à St. Domingue ; & par le moyen d'un Barometre exactement divisé, & qui est le même qui me servit dans mon voyage à la Province des Emeraudes, je trouvai d'un beau tems à 5 heures du soir que le Mercure se soutenoit à 24 pouces $10\frac{3}{5}$ lig.

gle

gle horifontal qu'elle formoit avec le fommet de Pichincha. Lorfque je m'arrêtois à la maffe que forment les deux Pyramides en fe confondant par la bafe, l'angle étoit de 43ᵈ 57′ 15″ dont Iliniffa étoit plus vers le Sud; mais en confiderant la partie qui paroiffoit appartenir plus particulierement à la pointe obtufe qui fe préfentoit toute entiere à Niguas, l'angle étoit plus voifin de 43ᵈ 58′. La hauteur du fommet aigu qu'on voyoit un peu par deffus l'autre, & qui ne s'en demêloit qu'à peine, étoit de 2ᵈ 40′ 10″.

49. Je continuai à defcendre en marchant toujours au travers des bois fans rencontrer aucun endroit peuplé, comme je n'en avois point rencontré avant que d'arriver à Niguas. J'arrivai au premier Port de la riviere des Emeraudes, où les ordres de M. Maldonnado Gouverneur & Capitaine Général de la Province, me firent trouver des Pirogues & des Indiens. Je defcendis environ deux lieues plus bas, en m'arrêtant dans une Ifle qui eft une efpece de Delta que forment les deux bras d'une autre riviere nommée de l'*Inca* qui vient fe joindre à la premiere. Six ou fept obfervations de la hauteur Méridienne du Soleil s'accorderent à m'apprendre, en fuppofant la plus grande obliquité de l'Ecliptique de 23ᵈ 28′ 30″, que j'étois par 14′ 33″ de latitude Septentrionale; & ayant vû deux fois Iliniffa, je trouvai par l'obfervation de l'Azimuth du Soleil que fon fommet aigu déclinoit du Midi vers l'Orient de 36ᵈ 3′ 10″; fa hauteur apparente fe trouva deux fois d'un beau tems entre neuf & dix heures du matin de 1ᵈ 53′ 43″. Le Mercure dans le Barometre fe foutenoit ordinairement dans le même endroit à 27 pouces 9⅓ lignes; ce qui me faifoit juger que je n'étois élevé que de trente & quelques toifes au-deffus du niveau de la Mer; & ce qui pouvoit me le confirmer, c'étoit la pente qu'avoit la riviere. En la nivelant dans deux endroits, dans l'un au-deffus de l'Ifle, elle avoit 3 pieds 4 pouces d'inclinai-

X

son sur une longueur de 484 toises ; & dans l'autre qui étoit au-dessous elle avoit 3 pieds 11 pouces de pente sur une espace de 540 toises, qui mesuré en ligne droite, n'étoit que de 370. Sa vitesse dans ce second endroit lui faisoit parcourir 20 toises en 21″ ; j'en réiterai l'expérience en présence de M. Maldonnado qui alloit visiter les Ports & la côte de son Gouvernement : il se munit d'une pendule simple & des autres mesures, & voulut bien se charger de faire la même expérience 14 ou 15 fois en descendant. Il trouva quelques endroits encore plus rapides que le passage de l'Inca, mais ils étoient tous très-courts ; & la grande rapidité diminuoit subitement, quoiqu'elle fût toujours assez grande pour s'opposer en bas aux effets du flux & reflux de la Mer. La riviere pour parcourir 20 toises employoit 30″, 40, 52 & jusqu'à 54 proche de son embouchure ; ce qui joint à la longueur connue de son cours, me fit voir que la déposition du Barometre n'étoit pas fort éloignée de la vérité.

50. Je n'avois garde de descendre plus bas ; car la trop grande distance des montagnes dont je voulois obtenir la hauteur, eut rendu toutes mes déterminations trop incertaines. Il y avoit encore un autre inconvénient à craindre pour le moins aussi considérable ; c'est que quoique la disposition du terrein me fît soupçonner qu'on pouvoit voir Pichincha des environs du Bourg des Emeraudes, qui est dans la Riviere à peu de distance de la Mer, j'étois cependant comme sûr qu'il devoit se passer des années entieres sans qu'on pût découvrir cette montagne. Tout ce pays dont le sol continuellement à l'ombre par les arbres qui le couvrent, est toujours mouillé, ne forme qu'un vaste bourbier ; & les vapeurs qui s'en élevent ne manquent pas d'y retomber, vû le calme perpetuel qui y regne ; la Cordeliere interceptant le vent d'Orient qui domine comme on le sçait dans toute l'étendue de la Zone torride. Ainsi c'est par

une espece de prodige que les endroits intermédiaires dans lesquels il ne manque jamais de pleuvoir chaque jour, s'accordent quelquefois tous ensemble à donner un Ciel parfaitement serein proche de l'Horison, & permettent de voir les objets éloignés. Si dans l'Isle de l'Inca j'avois pû compter quelques fois comme cinq ou six rideaux distincts, formés par les nuages qui me déroboient tout le haut de Pichincha; que ne devoit-ce pas être, si j'eusse été encore deux fois plus loin, lorsque chaque endroit d'entre deux contribuoit à augmenter les obstacles : il n'y a que ceux qui sont un peu versés dans l'art des combinaisons, qui puissent juger combien la difficulté est multipliée de fois par la plus grande distance. J'avois consulté aussi le Curé du Bourg des Emeraudes & les plus anciens de ses Paroissiens qui passerent deux fois par mon Isle, & tous m'assurerent qu'ils n'avoient jamais vû du lieu de leur habitation ni des environs aucune partie de la Cordeliere. Je n'avois donc d'autre parti à prendre que de m'en revenir ; la détermination de la latitude de l'Isle de l'Inca, & la direction d'Ilinissa pouvant suppléer à l'observation d'un second objet, qu'un séjour prolongé un mois & demi dans le même Désert malgré toutes les incommodités imaginables, n'avoit pas suffit à me faire voir au moins assez distinctement.

Retour à Quito : Opérations pour placer exactement Ilinissa par rapport aux triangles de la Méridienne & conclure sa hauteur au-dessus de la Mer.

51. De retour à Quito, il me falloit pour tirer quelque utilité de mes observations, déterminer plus exactement que nous ne l'avions fait la situation d'Ilinissa. Il y avoit long-tems que j'avois la position exacte du sommet pierreux de Pichincha par un triangle qui s'y terminoit & qui s'appuyoit sur notre premiere base. J'a-

vois trouvé l'angle à Carabourou de $91^d\ 54'\ 3''$, celui à Oyambaro de $61^d\ 10'\ 33''$, & celui à Pichincha de $26^d\ 55'\ 24''$; d'où on infère que ce sommet est éloigné de Carabourou de 12156 toises, d'Oyambaro de 13848 toises, & qu'il est élevé au-dessus de Carabourou de 1208 toises, en employant l'angle d'élévation qui étoit également connu. * Ce sommet n'est marqué ni dans la Figure 25 ni dans la Carte de la Méridienne pour éviter la confusion ; mais il est facile de le placer sur ce que nous disons ; & il ne se trouvera pas fort éloigné de la croix ni du signal qui a servi à la Méridienne. Si la casite que nous avions sur ce plus haut sommet eut subsisté, il me suffisoit d'y monter; & avec quelques jours de patience je consommois une des stations pour déterminer Ilinissa. La seconde station devoit se faire naturellement à Papa-ourcou, mais malheureusement ce second poste n'est pas visible du premier. Ainsi de quelque maniere que ce fut, je me trouvois toujours condamné à employer un assez long circuit pour parvenir à la détermination que je me proposois.

* Voyez Num. 5.

52. D'autres occupations m'ayant appellé au Quinché petit Bourg qu'on trouvera marqué dans la Carte & dans la Figure 25 à peu de distance de Pambamarca, je me résolu à y prendre le milieu de la porte principale de l'Eglise, pour point de la premiere station. M. de la Condamine qui étoit présent voulut bien se joindre à moi pour mesurer tous les angles dont j'avois besoin, de même que pour mesurer l'angle au signal de Gouapoulo où nous allâmes quelques jours après. Nous avions aussi besoin lui & moi de plusieurs de ces angles pour autre une détermination, & nous nous servîmes du petit quart de cercle qu'il avoit & dont j'ai parlé. Le point de la station au Quinché fut déterminé par les signaux de Tanlagoua & de Gouapoulo ; nous mesurâmes non-seulement deux angles de ce triangle, nous observâmes la direction du Quinché à Tanlagoua qui déclinoit du

Septentrion vers l'Occident de 49ᵈ 21′ 30″, de sorte que nous nous mîmes non-seulement en état par les seuls angles que nous avions observés de placer le Quinché, mais de placer aussi Gouapoulo s'il ne l'avoit déja été par M. Godin. L'angle au Quinché se trouva de 65ᵈ 28′ 40″, & celui à Gouapoulo de 65ᵈ 33′ 0″. Nous obtîmes aussi les directions du Quinché aux deux sommets aigus & obtus d'Iliniſſa; elles déclinoient du midi vers l'Occident de 37ᵈ 21′ 30″ & de 38ᵈ 24′ 30″. Je fis ensuite exprès le voyage de Papa-ourcou; & deux obſervations du Soleil couchant faites au centre même du signal, avec un grand quart de cercle que j'y avois fait apporter, s'accorderent à me donner pour la direction du sommet aigu d'Iliniſſa une ligne qui déclinoit du Septentrion vers l'Occident de 70ᵈ 8′, en négligeant 7 ou 8″ en défaut qui ne sont ici d'aucune conséquence : le sommet obtus déclinoit de 67ᵈ 15′ du même côté, & ſa hauteur apparente étoit de 3ᵈ 51′ 39″, au lieu que celle de l'aigu étoit de 4ᵈ 20′ 19″.

53. Il seroit trop long de rapporter en détail tous les calculs qu'il me fallut faire ensuite sur ces Elemens. Il me fallut commencer par chercher la distance du Quinché à Papa-ourcou qui devoit servir de base pour déterminer Iliniſſa. Le Lecteur verra aisément sur la Carte les triangles qu'on a été obligé pour cela de résoudre. cette distance en ligne droite qui passe au travers de plusieurs montagnes qui sont entre deux, est de 37564 toises sur une direction qui décline du Septentrion vers l'Orient de 20ᵈ 29′ 22″. Cette direction avec celle d'Iliniſſa observée aux deux stations, donnent les trois angles du triangle qu'il étoit impossible de mesurer actuellement. Enfin après bien des suputations, on trouvera que le sommet aigu de cette montagne est éloigné du sommet pierreux de Pichincha de 29589 toises sur une direction qui décline du Midi vers l'Occident de 16ᵈ 36′, & le sommet obtus éloigné de 29003 toises sur une di-

rection qui décline de 17ᵈ 40′. De forte que le fommet obtus eft à environ 800 toifes, de l'autre fur une direction qui décline du Septentrion vers l'Occident de 26ᵈ. Le dernier fommet qui a été obfervé de Niguas & de l'Ifle de l'Inca eft plus haut que Pichincha de 278 toifes, & plus haut par conféquent que Carabourou de 1586 toifes.

54. Prenant enfuite la diftance de Pichincha à Iliniffa pour bafe, il a été facile de déterminer la fituation de Niguas. J'avois mefuré l'angle à ce Bourg foutenu par cette bafe, & il faut remarquer que la direction connue de Niguas à Pichincha, avec celle de Pichincha à Iliniffa, connue depuis, tenoient lieu de la mefure d'un autre angle. La réfolution du triangle donne 23109 toifes pour la diftance de Niguas à Pichincha, & on apprend en même tems que le fommet de cette montagne eft élevé de 1896 toifes au-deffus de la place de ce Bourg. C'eft ce qui n'avoit pas befoin d'être confirmé, & ce qui l'a cependant été par la hauteur d'Iliniffa, quoique déterminée avec moins de précifion, qui fe trouve de 2179 toifes, à 4 ou 5 toifes près de ce qu'elle devroit être.

55. Il eft non-feulement plus difficile de découvrir la hauteur de Pichincha fur l'Ifle de l'Inca, la détermination doit être moins fure. On trouve en fe fervant des différences en latitude entre cette Ifle & Iliniffa, & de leur direction, qu'Iliniffa eft élevée de 2670 toifes fur cette Ifle; & fi on retranche 278 toifes, il reftera 2392 pour la hauteur de Pichincha, à laquelle après avoir mûrement tout pefé, on ne peut ajouter au plus que 40 ou 42 toifes, au lieu de 30 que je croyois devoir employer d'abord, pour la différence de niveau entre l'Ifle de l'Inca & la mer. Il vient donc 2434 toifes pour la hauteur abfolue de Pichincha; celle de Niguas fera de 538 toifes, & celle de Carabourou la plus baffe de toutes nos ftations, fera de 1226 ; ce qui nous met en

DE LA TERRE, III. SECT. 167

état de trouver la hauteur absolue de toutes les montagnes dont nous n'avons que la hauteur relative. La hauteur de Quito dans la grande place sera de 1466 toises au-dessus de la Mer : celle du sommet du Coraçon de Bario-nuevo, qui est vraisemblablement, comme nous l'avons déja dit, l'endroit le plus haut du monde où l'on soit jamais monté, & où nous avons vû que le Mercure se soutenoit dans le Barometre, à 15 pou. $9\frac{1}{4}$ lig., sera de 2476 toises. Celle de Chimboraço la plus haute montagne de la Cordeliere dans la partie que j'ai parcourue, sera de 3217 toises, &c.

De la diminution qu'il faut faire à la longueur du degré du Méridien, pour le réduire au niveau de la Mer.

56. La hauteur de Carabourou étant ainsi fixée à 1226 toises, au-dessus de la surface de la Mer Pacifique, nous n'avons plus qu'à supposer que la corde ou l'arc AD (*Fig. 22.*) représente la longueur du premier degré du Méridien qui résultera de nos opérations, pendant que C est le centre de sa curvité ; & si AF & DG sont de 1226 toises, la corde ou plûtôt l'arc FG sera la longueur du degré dernierement réduit. Pour trouver la petite déduction DI qu'il faut faire à la premiere longueur, nous n'avons donc, conformément à ce que nous avons dit ci-devant qu'à résoudre le triangle isoscelle IGD dont les deux côtés sont maintenant connus, & dont l'angle compris G est exactement d'un degré. On trouve $21\frac{2}{5}$ toises pour la valeur de DI, qu'il faut par conséquent retrancher de la longueur du degré, soit du Méridien, soit de l'Equateur, &c. mesuré au niveau de Carabourou, pour obtenir la longueur qu'il a au niveau de la Mer.

Figure 22.

Qu'il n'y a aucune erreur à craindre dans la réduction précédente, quoique les lignes verticales ne soient pas droites.

57. Nous avons dans toute cette Section été inquiétés de différens scrupules qu'on peut pour ainsi dire nommer géométriques : nous avons toujours craint que le deffaut de précision Mathématique n'apportât dans nos conclusions quelques legeres erreurs, qui en se multipliant devinssent considérables. Ici il se présente un dernier doute qui pouvoit même s'offrir plûtôt, & qui est d'une autre espece, puisque c'est la Physique qui nous le suggere. Nous n'avons pas tardé à reconnoître en le discutant qu'il n'y a rien à craindre de l'erreur qu'il a pour objet : cependant nous croyons qu'il est bon de l'expliquer dans le détail, parce que cette discussion sera susceptible de quelque nouvelle utilité dans la suite.

58. Lorsque nous réduisons nos stations au niveau de Carabourou ou au niveau de la Mer, nous les projettons par le moyen des lignes verticales ou des directions de la pesanteur. Mais nous ne sçavons pas si ces verticales ne sont pas sujettes à recevoir quelque changement dans leur cours vers le bas, & si le point qui est par une certaine latitude sur le sommet d'une montagne haute comme Pichincha, par exemple, répond au dessus du point qui est précisément par la même latitude au niveau de la Mer. En effet si AFD (*Fig. 26.*) est un quart de la circonférence de la terre ; AC le rayon de l'Equateur, P un des Poles ; & si B est une de nos stations, & que BE soit la direction de la gravité, nous rapportons le point B au point F; & supposé que *a* B soit l'étendue précise de 3 degrés de latitude déterminés dans la Cordeliere depuis l'Equateur, nous regardons AF comme l'étendue des mêmes degrés au niveau de la Mer. Cependant il est très-possible

Figure 26.

possible que le changement que souffrent la pesanteur & sa direction sur la ligne BF qui est très-longue, vû l'extrême élevation de nos montagnes, soit cause que le point F ne soit pas précisément par 3 degrés de latitude, comme le point B qui est au-dessus. Il suffit pour cela que FE ne soit pas la direction de la pesanteur en F; car la latitude qui est la distance angulaire AEC à l'Equateur, se trouvera différente.

Figure 26.

59. Il faut que nous insistions ici sur la distinction qu'il y a entre la pesanteur primitive, cette force originaire telle qu'elle soit, qui agit sur tous les corps, & la pesanteur actuelle que nous expérimentons, qui n'est autre chose que la premiere, mais alterée par la force centrifuge qui naît du mouvement diurne de la terre au tour de son axe. Le grave qui est en B tend à s'approcher du centre ou de quelque point C avec la force BC; mais puisqu'il est entraîné avec toute la vitesse du mouvement de révolution de la terre, il est dans le même cas, comme nous le sçavons, que la pierre qui est dans la fronde, & il doit continuellement faire effort pour s'éloigner de l'axe CP. La petite ligne BD représente cet effort, & de la combinaison des deux forces BC & BD contraires en partie, il résulte la pesanteur actuelle, qui conformement aux loix de la composition des mouvemens, s'exerce sur la diagonale BE du parallograme DBCE; & ce sont les effets de cette derniere pesanteur que nous éprouvons, lorsque nous voyons les corps tomber, ou les liqueurs prendre leur niveau. Il est outre cela facile de reconnoître que lorsque le point B est par 3 degrés de latitude, ou que lorsque la direction BE fait un angle de trois degrés avec le rayon AC de l'Equateur, l'angle EBC formé par les directions de la pesanteur primitive & de la pesanteur actuelle, est de 37 ou 38"; puisque la détermination anticipée de M. Hugens & de plusieurs autres Mathématiciens, se trouve comme justifiée par nos expériences; la force

Figure 26.

centrifuge répréfentée par BD ou CE eſt à très-peu près la 289me partie de la peſanteur primitive répréſentée par BC.

60. Mais tranſportons-nous maintenant au point F : la peſanteur primitive y ſera plus grande, c'eſt ce que nous pouvons encore atteſter. Elle ſera plus grande, en même raiſon ſans doute que le quarré de CF eſt moindre que celui de CB. La force centrifuge en F ſera au contraire plus petite ; puiſque la rapidité du point F eſt moins grande. Or il réſulte de ces deux changemens, lorſqu'on ſuppoſe même que la peſanteur primitive agit toujours vers le même centre C, que la direction FE de la peſanteur actuelle doit changer & faire un angle plus aigu avec le rayon AC de l'Equateur en s'approchant de FC ; puiſque les graves qui ſont en F ſont pouſſées avec plus de force ſelon FC, & en même tems moins détournés de cette direction par la force centrifuge qui eſt plus foible. Il eſt donc évident que la latitude du point F eſt dans la rigueur Mathématique plus petite que celle du point B ; notre ſcrupule paroît fondé ; mais quoiqu'on réuniſe les deux cauſes qui détournent la direction BE, le Lecteur verra aiſément que la déviation totale échappera toujours à la plus grande délicateſſe de nos ſens.

61. La force centrifuge en F eſt plus petite qu'en B, ſenſiblement dans le rapport de CF à CB ou de CI à CF, ſi l'on fait IF égale à FB. Le côté CE qui étoit égal à BD diminuera dans le même rapport, & l'angle EFC ſouffrira un changement ſenſiblement proportionel. Outre cela l'angle EFC ſubira une autre diminution, ou ce qui revient au même, FE changera encore de direction, parce que la peſanteur primitive au point F, au lieu d'être répréſentée par CF, le ſera par CH qu'on déterminera en faiſant BH ou KH double de BF, puiſque la peſanteur primitive en F eſt plus grande qu'en B, dans le même rapport que le quarré de BC eſt plus

DE LA TERRE, III. SECT. 171

grand que celui de FC, & qu'on sçait que les différen- Figure 28.
ces des quarrés des grandeurs qui diffèrent peu entr'elles,
font deux fois plus grandes à proportion que les différences même de ces grandeurs. C'est-à-dire en resu-
mant les deux changemens que l'angle EFC diminue
par le second chef dans le rapport que CH à CF, &
par le premier dans le rapport de CF à CI. Tout consideré, le changement total que souffre la direction E
F de la pesanteur actuelle, est donc à l'angle EFC ou
à l'angle EBC que nous pouvons regarder ici comme
égaux, dans le même rapport que IH qui est quadru-
ple de la hauteur BF, est aux rayons CF ou CB de la
terre. Ainsi on voit que malgré l'extrême élévation de
nos stations, je ne dis pas les unes au-dessus des autres,
mais au-dessus même de la surface de la Mer, le détour
de la direction de la gravité est comme nul, puisqu'il
n'est que la 600me partie ou tout au plus la 400me de l'angle EFC, qui n'est que de 37 ou 38″. Le point F peut
se considerer comme s'il étoit par la même latitude que
le point B; & nous n'avons pas la moindre erreur à
craindre dans la manière dont nous projettons les dimensions de notre Méridienne a B sur la surface AF.
Lorsque nous ne considerions que notre seule élevation au-dessus du niveau de la Mer, nos soupçons ne
laissoient pas d'être fondés; il a fallu que notre voisinage à l'Equateur détruisit d'un autre côté l'effet de
cette grande hauteur.

62. Mais enfin, quoique nous sçachions généralement
qu'il faut retrancher $21\frac{3}{5}$ toises de la longueur du degré
pour le réduire à la surface de la Mer, à cause de la
hauteur absolue 1226 toises de Carabourou au niveau
duquel nous avons rapporté toutes nos mesures, nous
ignorons cependant encore combien il faut retrancher
de l'arc total de notre Méridienne, ou de la différence
en latitude 176940 toises qu'il y a entre les deux Observatoires de ses extrémités. C'est qu'il faut attendre

Y ij

pour le sçavoir que les observations Astronomiques nous apprenent la valeur de cet intervalle en degrés & en minutes, ou quelle partie il est de la circonference du cercle.

QUATRIEME SECTION.

Des précautions qui ont été prises dans les Observations Astronomiques faites aux deux extrêmités de la Méridienne.

I.

1. Nous voici parvenus à la partie la plus délicate de toutes nos opérations ; à celle qui demandoit que nous redoublassions d'attention & de scrupule ; parce que tout le succès de notre entreprise en dependoit. Il étoit question en cessant de nous occuper de mesures terrestres, de déterminer par voye Astronomique l'amplitude de l'arc de notre Méridienne ; de comparer la même Etoile aux Zéniths des deux extrêmités de l'arc, afin d'en découvrir la valeur par la somme ou par la différence des deux distances. Il faut que l'Etoile soit extrêmement élevée ; c'est une condition absolument nécessaire ; afin d'avoir moins à craindre des irrégularités de la réfraction, de même que des erreurs inévitables des divisions de l'instrument, auxquelles on est exposé, lorsqu'on se sert d'une trop grande partie du limbe. Mais d'un autre côté rien n'est plus difficile que d'observer avec précision la hauteur d'un Astre très-voisin du Zénith : il n'est pas possible en se bornant même aux premieres circonstances de l'observation, de répréfenter tout l'embarras où se trouve un Observateur qui ne sçait à quoi s'en prendre, lorsqu'il ne peut concilier ces

trois conditions, mettre fon Secteur dans une fituation exactement verticale, en diriger le Limbe dans le plan du Méridien, & faire paffer l'Aftre par le centre de la lunette ou par l'interfection des foyes, à l'inftant précis de la médiation. Il effaye quelque fois inutilement toutes les fituations qu'il peut donner à fon Secteur; & ce n'eft qu'après en avoir éprouvé cent différentes, qu'à la fin il renonce à quelqu'une des conditions fpécifiées; en fe contentant, peut-être, de fatisfaire à celle qui eft la moins importante, pendant qu'il néglige les deux autres ou qu'il leur fait violence.

2. M. Picard qui étoit plus en état que perfonne s'il l'eut voulu, de découvrir les caufes précifes de toutes ces difficultés & de nous les indiquer, a mieux aimé les éluder dans fes fameufes opérations pour la mefure de la Terre. Il choifit de propos délibéré une Etoile confidérablement éloignée du Zénith, & il crut qu'il étoit plus fimple de tranfporter fon Secteur fur des brancards d'une extrêmité de la Méridienne à l'autre, au rifque de le voir fe déranger, que de fe fervir du moyen ingénieux qu'il avoit inventé, de vérifier les inftrumens, en obfervant deux fois la hauteur méridienne de la même Etoile, pendant que le Limbe eft tourné fucceffivement vers l'Orient & vers l'Occident. On fçait combien il eft rare que cette opération auffi généralement connue qu'elle eft peu mife en ufage, réuffiffe fur les quarts de cercles ordinaires. Cependant l'obfervation eft incomparablement plus hazardée, lorfqu'on joint à tous les autres obftacles, l'embarras qui ne peut pas manquer de naître des dimenfions d'un Secteur dont le rayon eft quatre ou cinq fois plus grand. S'il ne falloit obferver que les feules variations auxquelles eft fujette la fituation apparente d'une Etoile, la ftabilité & la folidité tiendroient fouvent lieu à l'inftrument de toute autre perfection : mais il ne s'agit pas de déterminer de fimples différences, on demande les quantités

abſolues mêmes ; & il faut pour cela porter toutes les précautions juſqu'au dernier ſcrupule. Enfin on peut ajouter que l'eſpece de Théorie qui devroit éclairer ici la pratique comme par tout ailleurs, a été comme négligée juſqu'à préſent. Chaque Aſtronome s'eſt tiré comme il a pû de ce pas difficile, & l'a franchi ſans ſe mettre en peine le moins du monde d'aider à en ſortir les autres Obſervateurs qui s'y trouveroient.

3. Je ne ſçai qu'un ſeul Auteur qui par le titre d'un Ecrit qu'il publia en 1738, s'engagea à éclaircir cette matiere. Il avoit différens réſultats à examiner, & il s'agiſſoit pour lui de marquer ceux auxquels on devoit donner la préférence. Il falloit pour cela établir les regles qui devoient ſervir à former la déciſion : il falloit réduire en Art autant qu'il étoit poſſible, la maniere de peſer le mérite des obſervations & d'aſſigner à chacune ſon degré de bonté. Mais l'Auteur ſe contentant d'éfleurer ſon ſujet ne vit rien de mieux que de compter de quel côté les opérations étoient en plus grand nombre. Ce n'eſt nullement l'envie de faire une critique inutile qui m'invite à le dire ; mais j'ai crû pouvoir marquer mon ſentiment ſur une diſpute qui a fait du bruit, & dont je vois que peu de perſonnes ſoient encore exactement inſtruites ; parce que la plûpart de ceux qui pouvoient en connoître, étoient parties intéreſſées. On peut dans une conteſtation litteraire tendre un piege très-ſubtil à la perſonne contre laquelle on diſpute ; on peut dans un Ecrit anonyme lui prêter des ſophiſmes tellement ſpécieux, qu'elle ſoit tentée de les adopter & de croire qu'on prend réellement ſa deffenſe. Peut-être que preſque tous ceux qui ont entendu parler du Livre dont il s'agit, s'en ſont formé cette idée. Mais il n'eſt rien de cela. On y agite ſimplement une queſtion qu'on n'approfondit point ; on y expoſe les choſes comme ſi l'on n'en voyoit que l'exterieur, on ne dit rien de tout ce qu'il y avoit à dire en entreprenant une diſcuſ-

DE LA TERRE, IV. SECT. 175

fion réflechie du sujet, & on fait tout de bon & très-serieusement, quoiqu'on eut peut-être une intention toute contraire, un Factum en faveur de l'adversaire contre lequel on avoit à plaider.

4. Il ne faut pas penser que l'Auteur se proposât de nous mettre dans la nécessité de tirer nous-mêmes différentes conséquences qu'il ne vouloit pas développer. Outre qu'il seroit desavoué en cela du Public, il n'est pas douteux que si l'on avoit quelque chose à conclure d'un examen qui ne va pas au but, les conclusions ne regarderoient que l'Auteur. Tout ce qui résulte bien certainement de toutes les parties de cette dispute, c'est que les sciences partiques se perfectionnent plus difficilement que les spéculatives, à cause des diverses recherches qu'elles supposent sur des points indépendans les uns des autres. Les matieres n'y étant pas liées entr'elles comme dans la Théorie, ne se prêtent pas reciproquement de la lumiere; & au contraire elles se donnent, pour ainsi-dire, une sorte d'exclusion, parce que l'attention que chacune exige ne fait pas naître celle qu'on doit aux autres. Rien n'est plus propre à justifier aux yeux mêmes de l'Auteur, la verité de ce que nous avançons, que le trait que nous trouvons dans un autre de ses livres, publié deux ans après, & lorsqu'on devoit voir beaucoup plus clair dans toutes ces matieres. Si l'on en juge par la remarque qu'il fait à la page XXX sur la fléxion du rayon des Secteurs, on en conclura que s'il eût fait seul des observations, il dépendoit du hazard qu'il trouvât les degrés du Méridien plus petits ou plus grands, & qu'il adoptât des hypothéses tout à fait opposées sur la figure de la Terre. On ne me sera sans doute que plus obligé après tout cela, de ce qu'en exposant, comme je le dois ici, les précautions qui ont été prises dans la construction de nos instrumens au Pérou, je tâche de répandre une nouvelle lumiere sur toutes les parties de ce sujet, en y joignant des moyens simples & sûrs de faire réussir les observa-

tions. J'entrerai pour cela dans le détail de plusieurs choses qu'on pourroit regarder comme des minuties, si elles n'étoient toutes d'une application fréquente, & si la précision qui fait tout le prix de cette sorte de travail, ne dépendoit d'une discussion, pour ainsi dire, superstitieuse des plus petites quantités qu'on négligeroit dans toutes les autres rencontres. Mes éclaircissemens au reste serviront toujours à justifier, de même que ceux que j'ai déja donnés, que rien n'a été executé dans nos opérations qu'avec connoissance de cause.

II.

De la forme générale du Secteur pour faire les observations Astronomiques.

5. Aussi-tôt qu'il ne s'agit d'observer que des Astres très-voisins du Zénith, on doit rendre très-court le Limbe de l'instrument, puisqu'on ne feroit en l'étendant, qu'augmenter inutilement la grandeur & le poids du tout, & communiquer, peut-être encore à l'assemblage de toutes les parties plus de facilité à se déranger. On ne manque pas d'être muni de quarts de cercles ordinaires ou d'autres instrumens équivalens, lorsqu'on entreprend ces sortes d'observations ; ainsi on sçait à peu près d'avance la distance de l'Etoile au Zénith ; ce qui apprend la grandeur qu'il faut donner au Limbe qui doit avoir une étendue double. Pour observer un Astre dont le complement de la hauteur est de 2 ou 3 degrés, il faut faire le Limbe de 5 ou 6 degrés : la raison en est évidente. Lorsqu'on vise à l'Etoile, le fil aplomb qui est suspendu au haut de l'instrument au centre du Secteur, s'éloigne autant par en bas de la lunette, que l'Etoile est éloignée du Zénith : mais malheureusement on ignore le terme précis duquel il faut compter l'éloignement du fil aplomb, puisqu'on ne sçait pas, au moins avec l'exactitude qu'on exige dans cette rencontre, le
point

point du Limbe auquel répond l'axe de la lunette. C'est pourquoi il faut conformément à l'idée de M. Picard, faire faire un demi tour à l'inſtrument, tourner le Limbe vers l'Occident, ſuppoſé qu'il fut tourné d'abord vers l'Orient. Lorſqu'on obſervera enſuite la diſtance méridienne de la même Etoile au Zénith, le fil aplomb s'écartera de la lunette vers l'autre extrêmité du Limbe : cette diſtance ſera égale à la premiere ; & les deux en s'étendant en ſens contraire, commenceront également à ce point inconnu qui ne peut varier auſſi-tôt que l'inſtrument ne ſe dérange pas. Il eſt donc clair que l'arc total ou que tout l'intervalle parcouru ſur le Limbe par le fil aplomb ſera égal au double de la diſtance de l'Etoile au Zénith ; & il ne reſte par conſéquent qu'à prendre la moitié de cet arc pour avoir cette diſtance apparente, de même que pour ſe mettre en état de marquer ſur le Limbe, ſi on le veut, le point précis auquel répond l'axe optique de la lunette.

6. Cette ſimple explication de la choſe ſuffit ce ſemble, pour montrer qu'elle doit être en général la forme du Secteur, & que la lunette doit être étendue le long du rayon du milieu, ou doit au moins lui être parallele. On peut de cette ſorte ſe contenter de former l'inſtrument d'une ſeule barre de fer qui repréſentera ce rayon principal, & on lui attachera en bas perpendiculairement une regle pour ſervir de Limbe, en la faiſant plus ou moins longue, ſelon que les Etoiles qu'on veut obſerver, ſont plus ou moins éloignées du Zénith. Nous laiſſons à l'experience de l'ouvrier à regler les largeurs & les épaiſſeurs que doivent avoir ces pieces, pour ne pas manquer de ſolidité ; quoique nous nous propoſions de faire dans la ſuite quelques remarques qui pourront l'aider à ſe déterminer. Dans le Secteur de 12 pieds de rayon que nous avons porté de France au Pérou, la barre de fer ou plûtôt les deux barres, qui entées à l'extrêmité l'une de l'autre, alloient depuis le bas juſqu'au

haut, avoient environ trois pouces de largeur sur 2 lignes d'épaisseur, & elles étoient outre cela fortifiées par une autre regle de fer posée de champ derriere. Il semble qu'il n'y avoit point à craindre que de pareilles pieces fussent sujettes à fléchir : cependant le tout souffriroit une courbure très-considérable, & c'est ce qui me détermina lorsque je fis construire depuis à Quito un autre instrument, de rendre le rayon beaucoup plus fort, quoiqu'il n'eut que 8 pieds de long, sans aucune brisure au milieu.

De la suspension de l'Instrument.

7. Il ne nous reste plus qu'à dire un mot de la suspension de l'instrument, pour achever de donner une idée générale de sa disposition. On peut le soutenir par un genouil & un pied comme les quarts de cercles ordinaires, quoique la croisée du pied puisse gêner alors l'Observateur dont la situation la plus naturelle est d'être assis à terre, de maniere qu'en renversant un peu la tête, son œil se trouve à portée de la lunette. Quelques Astronomes ont parlé de l'attitude extrêmement incommode dans laquelle ils se mettoient pour observer les Astres qui sont proche du Zénith ; ils se tenoient couchés ou à demi couchés, & alors ils ne devoient soutenir leur tête à la hauteur précise qu'avec beaucoup de travail, malgré les secours qu'ils pouvoient se procurer : au lieu qu'on ne ressent aucune incommodité aussi-tôt qu'on a eu le soin d'élever assez le Secteur pour qu'on puisse y observer étant assis pendant que le corps est dans une situation droite. Quant à la suspension de l'instrument on peut si aisément en imaginer de différentes, qu'il n'y a pas beaucoup de mérite à en trouver de nouvelles. Il m'étoit venu en pensée de faire tourner le Secteur sur un pivot qui en soutiendroit tout le poids : je regardois comme un avantage considéra-

ble de pouvoir le diriger fans y toucher, & en n'agiſſant que ſur un levier qui ſeroit attaché derriere. Cependant comme le Sieur Hugot notre Horloger venoit d'exécuter un autre ſuſpenſion pour l'inſtrument de M. Godin, & que je ne voulois pas perdre le tems en tentatives, j'abandonnai la choſe à ſon choix, & il aima mieux imiter un ouvrage qu'il ne faiſoit que d'achever, que d'en entreprendre un tout différent.

8. On voit dans la Figure 27 la principale piece d'en haut de la ſuſpenſion qui ſervit alors. Elle avoit ſix à ſept pouces de hauteur, elle étoit de cuivre, elle étoit formée d'un hémiſphere & d'une pate, joints l'un à l'autre par un colet qui paſſoit dans la main de fer PQ, laquelle étoit attachée à la charpente du toit. La pate N étoit arrêtée par le moyen de pluſieurs vis au haut de l'inſtrument; & comme le colet avoit du jeu dans la main de fer & la liberté de s'y mouvoir, on pouvoit donner au Secteur toutes les ſituations néceſſaires. Pendant que l'inſtrument étoit ſoutenu de cette ſorte par en haut, il étoit arrêté en bas par un banc étroit placé dans la direction du Mériden: il n'y touchoit pas immédiatement: mais il étoit engagé par deux tenons dans une regle qui étoit mobile ſur ce banc par le moyen de pluſieurs vis de régie, qui ſervoient à donner les petits mouvemens dont on avoit beſoin dans les préparatifs de l'obſervation. Lorſqu'il étoit néceſſaire de faire faire un demi tour à l'inſtrument pour préſenter ſon Limbe ſucceſſivement à l'Orient ou à l'Occident, on dégageoit la regle d'en bas; & en montant enſuite en haut, on faiſoit tourner l'inſtrument, en touchant ſeulement à l'hémiſphere de cuivre qui le ſoutenoit.

9. M. Godin a employé depuis à Mira, extrêmité Septentrionale de ſa Méridienne l'autre maniere de ſuſpenſion que j'avois d'abord propoſée au Sieur Hugot. Je l'ai auſſi fait mettre en exécution avec quelque différence pour ma derniere obſervation à Cocheſqui. Je

m'étois d'abord proposé de me servir d'une piece de bois comme d'un axe mobile & presque vertical, qui soutiendroit le Secteur à quelque distance par deux bras; mais nous avons même réussi à suprimer cet axe, en appliquant immédiatement au bas du Secteur un long pivot, & en le coudant, afin qu'il se trouvât à quelque distance du Limbe, & n'ôtât rien des commodités de l'Observateur toujours assis à terre.

10. Ce pivot entroit dans une crapaudine de métal qui étoit arrêtée dans un morceau de bois de trois ou quatre pouces en quarré, & ce morceau de bois retenu par des coulisses avoit la liberté de glisser dans le sens du Méridien sur un autre un peu plus grand, lorsqu'on le poussoit ou qu'on le retiroit par une longue vis de régie. Le second morceau de bois étoit soutenu par un troisiéme encore plus grand sur lequel il pouvoit aussi glisser, mais dans le sens perpendiculaire au Méridien, lorsqu'on faisoit agir les vis qui le retenoient; & le tout avoit la liberté de tourner sur la tête cilindrique d'un poteau qui entroit dans la terre & qui avoit un peu plus de deux pieds & demi de hauteur. Par en haut il y avoit une simple tige attachée à l'instrument, laquelle montoit presque verticalement & qui étoit coudée de même que le pivot d'en bas & pour les mêmes raisons. Cette tige passoit avec facilité & pouvoit tourner à la maniere d'un gond dans une main de fer dont le bras étoit fort long, & qui étoit arrêté à la charpente du toit. Cette main sans presque rien soutenir du poids de l'instrument, ne servoit qu'à l'empêcher de tomber, & il est évident qu'elle ne devoit par répondre tout à fait verticalement au-dessus du poteau d'en bas, mais s'éloigner de la verticale, d'une distance reglée sur celle du Zénith aux Etoiles qu'on vouloit observer. Enfin un assez long levier placé horisontalement n'étoit pas attaché à l'instrument, mais au coude du pivot d'en bas, & venoit s'appuyer sur deux tringles horisontales qu'on

avoit mis à quelque distance à droit & à gauche ; & c'étoit par le moyen de ce levier qu'on faisoit tourner le Secteur. Tout cet arrangement, je l'avoue, m'a paru très-préférable à l'autre, après que j'ai long-tems essayé des deux. J'ai toujours eu le soin de faire construire en haut proche le toit un échafaut, pour avoir la commodité de visiter le centre de l'instrument & toutes les parties superieures, & pour qu'on pût aussi toujours aller avec facilité & sans risque, retirer & remettre les tuiles du toit qui se trouvoient dans la direction de la lunette.

11. C'est au surplus à l'Observateur en faisant quelques essais, à varier la méchanique de cette disposition, selon les divers avantages qu'il a en vûe ou selon les autres circonstances. L'usage du Micrométre, par exemple, attaché à la lunette, dispense de toucher au corps même de l'instrument pendant l'observation, ce que nous regardons comme une commodité très-considérable, au lieu que si l'on se servoit des transversales marquées sur le Limbe, il faudroit pouvoir en même tems qu'on a l'œil à l'oculaire, étendre la main jusqu'à quelque vis qui poussât ou retirât le bas du Secteur selon que l'exige la situation de l'Astre. Il suffit pour fixer un peu plus l'imagination du Lecteur de donner ici une seule représentation de l'instrument tout monté. La Planche ci-jointe représente la premiere maniere de suspension qui ne me paroît inférieure à l'autre, que parce que le Limbe étant saisi ou arrêté par les deux extrêmités, on peut craindre que cette action ne fasse quelques fois un peu tordre le rayon du Secteur. Mais on peut lever cet inconvénient de plusieurs manieres, sans rien changer dans le total de la disposition. Nous avons tâché de ne rien oublier dans la Planche : on voit jusqu'au gnomon dont nous parlerons dans la suite, & le fil tendu horisontalement qui indique la direction du Méridien. On voit aussi l'ouverture du toit.

III.

De la matiere dont on doit faire l'Instrument.

12. La forme générale du Secteur étant déterminée, la premiere chose qui se présente à examiner c'est la matiere dont on doit le construire. On se sert ordinairement de fer dans la construction des quarts de cercle; sans doute parce que ce métal qui est en même tems très-commun, a beaucoup de force; car il n'y a pas d'apparence qu'on l'ait regardé comme celui de tous qui est le moins sujet aux changemens d'extensions par les vicissitudes du froid & du chaud, quoiqu'il soit très-vrai qu'il jouisse de cette proprieté. Cependant comme il seroit très-difficile de graver sur le fer avec l'exactitude nécessaire les divisions de la graduation, on fait ordinairement le Limbe de cuivre ou de laiton; & on peut douter si cette diversité de matiere ne produit pas quelques inconvéniens. Il est clair qu'aussi-tôt qu'un quart de cercle est entierement formé du même métal, il n'y a rien à craindre de la plus grande extension ou contraction de ses parties, puisqu'elles doivent toutes changer proportionellement: la figure de l'instrument ne change pas, pendant qu'il change de grandeur, & les angles indiqués par les divisions du Limbe sont absolument les mêmes. Le cas est tout différent lorsque l'instrument est fait de fer & en partie de cuivre: ces dernieres parties plus susceptibles de variation changent considérablement pendant que les autres restent presque dans le même état; & le quart de cercle doit devenir non-seulement plus ou moins grand, il doit perdre aussi de l'exactitude de sa figure. Ainsi c'est un sujet de question, & la chose demande à être examinée, de sçavoir si la différence va assez loin pour préjudicier à l'exactitude des observations.

13. C'est en partie ce qui m'a engagé dans toutes ces expériences dont j'ai déja rendu compte & que j'ai

Figure de la Terre. Page 182.

repétées tant de fois sur l'extension que souffrent les métaux par la chaleur. * Dans les endroits très-fermés comme l'ont toujours été ceux dans lesquels j'ai fait les observations, ou sans me contenter d'interdire toutes les fenêtres, je faisois encore faire des retranchemens interieurs avec des nattes, pour éviter le moindre vent, une barre de fer de 6 pieds de longueur ne recevoit gueres que $\frac{2}{100}$ ou $\frac{3}{100}$ de lig. de changement depuis le matin jusqu'au tems de l'après midi de la plus grande chaleur. Dans les galeries seulement couvertes d'un toit & ouvertes par les côtés, ce changement ainsi que je l'ai dit lorsque j'ai traité expressément de cette matiere, alloit ordinairement à $\frac{5}{100}$, lig.; je l'ai souvent vû de $\frac{10}{100}$, & quelques fois il est allé à $\frac{14}{100}$ ou $\frac{15}{100}$ de lig., & même plus loin.

14. Je m'arrête au changement de $\frac{10}{100}$ lig. ce qui réduit à $\frac{5}{100}$ lig. le changement d'extension que reçoit le rayon d'un quart de cercle de 3 pieds. Le Limbe s'il étoit de même matiere recevroit en même tems sur 90 degrés un allongement qui seroit plus grand, dans le même rapport que le quart de la circonférence du cercle est plus long que le rayon ; l'allongement seroit d'environ $\frac{79}{1000}$ lignes, & dans ce cas comme nous l'avons déja dit, & comme la chose est évidente par elle-même, la grandeur de l'angle ne changeroit pas. Le Limbe étant de laiton au lieu d'être de fer, & les extensions de ces deux métaux par le même degré de chaleur étant à peu près dans le rapport de 11 à 8, l'extension sera de $\frac{109}{1000}$ lig. Mais il faut remarquer qu'il n'est pas question dans le cas présent de l'allongement total, mais seulement de son excès sur celui que recevroit un Limbe de fer, puisque c'est ce seul excès qui produit le mal, en alterant les angles. Cet excès est de $\frac{30}{1000}$ lig. ou de $\frac{3}{100}$ qui répondent dans un quart de cercle de 3 pieds de rayon à environ 14″. Ainsi quoiqu'on eut le

* Voyez les Mémoires de l'Académie Royale des Sciences de l'année 1747 page 230 & suiv.

foin de fe garantir de la grande chaleur du Soleil, l'erreur dans la mefure des angles feroit fenfible du matin au foir, lorfqu'on fe fert de l'arc de 90 degrés, fuppofé que le Limbe fut entierement de laiton pendant que les autres parties font de fer. L'erreur feroit encore plus grande, elle feroit de plus de 30″, fi le Limbe étoit d'argent.

15. Mais le mal feroit encore plus grand, fi l'on expofoit l'inftrument aux rayons d'un Soleil vif, quoique l'extenfion ne fut caufée que par la chaleur immédiate & par le fimple contact de l'air. Peut-être n'ai-je pas faifi dans mes expériences qui n'ont pas été autant multipliées à l'égard de ce cas particulier qu'à l'égard des autres, le plus grand degré de l'allongement; mais s'il eft vrai qu'il ne foit que d'environ $\frac{1}{5}$ lig. fur une barre de fer de fix pieds & de $\frac{1}{10}$ lig. fur 3 pieds, la différence fur l'angle droit fera d'environ 28″. Nos quarts de cercles ordinaires feroient donc fujets à nous tromper de toute cette quantité, fi ce n'eft que la maniere dont font affemblées les barres de fer qui les compofent, & encore plus la barre de fer qui eft courbée en arc & qui eft clouée au-deffous du Limbe, s'oppofent à ces extenfions ou contractions. Je me fuis affuré par l'expérience que ces expédiens qu'on ne regardoit pas fans doute comme tels, prévenoient le mal prefqu'entierement. Ayant placé horifontalement dès le matin un quart de cercle dans un endroit abfolument découvert, & ayant dirigé fes deux lunettes fur deux objets éloignés l'un de l'autre de 90 degrés, j'attendis qu'il acquit tant de chaleur qu'à peine on y pouvoit toucher. Le Limbe en s'allongeant devoit donc faire paroître l'angle plus petit au moins de 28″, ou faire paffer de cette quantité les deux lunettes en dehors des deux objets ; mais à peine pûs-je en y regardant avec le plus de fcrupule, appercevoir quelque différence, & s'il y en avoit, elle n'étoit au plus que de 5″. Cela montre combien il eft important de fortifier

fier le Limbe de laiton par un autre encore plus fort de fer qui le foutienne. Cependant on ne doit jamais mettre ces inftrumens de plat au grand Soleil que le moins qu'on peut; afin de ne pas expofer les rivets qui joignent les deux regles à un trop grand effort.

16. Il eft facile au refte de remarquer que l'erreur dont il s'agit, ne dépend pas de la grandeur de l'inftrument; c'eft-à-dire qu'il n'importe que le quart de cercle foit d'un pied de rayon, par exemple, ou de 3 : l'alteration étant proportionelle vaudra toujours le même nombre de minutes & de fecondes. Ce fera encore la même chofe fi l'inftrument eft de 18 ou 20 pieds; le changement d'extenfion ou de contraction par la chaleur ou par le froid, étant fix ou fept fois plus grand, répondra toujours au même nombre de minutes & de fecondes fur le Limbe, dont les intervalles des divifions feront auffi plus grands dans la même proportion. Mais fi la grandeur de l'inftrument ne produit aucune différence, il eft clair que l'amplitude du Limbe, c'eft-à-dire, le nombre de degrés qu'il contient, doit en apporter. Suppofé que l'erreur foit de 14″ fur 90 degrés, elle ne fera que de 7″ fur 45 degrés, de 2 ou 3″ fur 15 degrés; & elle fera donc abfolument infenfible dans les Secteurs toujours placés à l'ombre dont on fe fert pour mefurer la diftance au Zénith des Etoiles qui font fort hautes.

17. Une derniere attention qui ne coute rien & qui peut néanmoins contribuer encore à nous raffurer fur l'invariabilité de figure du Secteur, c'eft fuppofé qu'on n'ait pas recours à quelque autre expédient, de faire le tuyau de la lunette qui fert de pinnule, de même métal que le rayon fur lequel il eft appliqué. L'un & l'autre, recevant enfuite les mêmes changemens par les viciffitudes du chaud & du froid, le tuyau n'aura aucun effort à foutenir qui puiffe alterer la direction de fon axe. Il eft vrai qu'on peut suppléer à cette précaution, en faifant enforte que le tuyau foit de différentes pieces

qui étant engagées les unes dans les autres sans être soudées, soient liées chacune séparement sur le rayon. Dans les quarts de cercles ordinaires le tuyau de la lunette est presque toujours de laiton & sur une longueur de 3 pieds, il peut recevoir environ $\frac{1}{27}$ lig. plus d'allongement que la regle de fer à laquelle il est parallele, lorsque l'instrument reste exposé pendant quelques heures au grand Soleil. Il ne faut pas douter que cet excès d'extension qui est très-considérable ne produisît des effets marqués & dangereux, si le hazard n'avoit voulu qu'on y remediât sans y penser. Le tuyau de la lunette est toujour formé de différentes pieces qui sont inserées, avec quelque force les unes dans les autres; mais cette force doit toujours céder aisément à l'effort que font ces mêmes pieces lorsqu'elles s'étendent ou qu'elles se contractent. A considerer les choses dans la derniere rigueur, il seroit nécessaire que le tuyau de la lunette fut brisé dans les cas mêmes où il est de même métal que le reste de l'instrument; car aussi-tôt que la lame qui le forme n'a pas la même épaisseur que les autres pieces, elle ne peut pas manquer de recevoir plus promptement les effets du chaud & du froid. Cette remarque prouve qu'il seroit même à propos, si on devoit pousser le scrupule à l'excès, que toutes les regles qui entrent dans la construction du Secteur fussent précisément de la même grosseur ou au moins également épaisses, & outre cela de métal également bien forgé ou écroüi, afin qu'elles changeassent toutes d'extension dans le même tems & par les mêmes degrés. Lorsque ces regles ne sont pas également grosses quoiqu'elles soient de la même matiere, celles qui sont plus minces souffrent presque tout à coup une extension ou une contraction que les autres pieces qui sont épaisses ne reçoivent que lentement, & la figure du Secteur qui doit s'en ressentir, se trouve exposée de cette sorte à une alteration qui ne cesse le plus souvent que lorsqu'il en survient une autre toute contraire.

IV.

De la longueur que doit avoir la Lunette par rapport au rayon du Secteur.

18. Nous nous trouvons naturellement conduits à un autre point de discussion qui est d'une importance beaucoup plus grande que les précédens sur lesquels nous croyons avoir assez insisté. On demande s'il est à propos que la lunette soit de même longueur que le rayon du Secteur, ou s'il ne seroit pas permis de la faire beaucoup plus courte. La lunette augmente la grandeur apparente des objets autant de fois que le verre objectif est d'un plus long foyer que le verre oculaire; elle grossit les objets 30 ou 40 fois; il n'est donc pas nécessaire de la rendre si longue que le fil aplomb ou que le rayon du Secteur; puisque plus courte, elle fournira à cause de la proprieté qu'elle a d'augmenter l'apparence des objets, tout autant de précision qu'on peut en obtenir dans l'autre partie de l'observation, je veux dire dans l'examen du nombre de minutes & de secondes qu'indique le fil aplomb sur la graduation. Si l'on rend au contraire la lunette plus longue, si on la fait égale au rayon du Secteur, on visera plus parfaitement à l'Astre, on sera sujet à une moindre erreur, on verra mieux la plus petite quantité; mais cette plus grande exactitude sera inutile, puisque celle qu'on obtiendra du côté fil du aplomb n'y répondra aucunement.

19. Ce raisonnement qui n'est que possible a pû quelques fois en imposer, quoiqu'il ne soit fondé que sur des suppositions toutes également fausses. Si la grossiereté & l'imperfection de nos sens font que nous sommes sujets à commettre des erreurs considérables dans quelque partie de nos opérations, ce n'est du tout point une raison pour que nous devions négliger l'avantage qui

s'offre à nous de mieux réuſſir dans les autres. Nous nous trompons, il eſt vrai, en examinant le point du Limbe ſur lequel tombe le fil aplomb; le Fabricateur de l'inſtrument a auſſi peut-être commis des fautes conſidérables dans les diviſions de la graduation; mois qu'importe tout cela? Faut-il parce que nous ne pouvons pas remedier à ces erreurs, en commettre encore de nouvelles comme de propos délibéré, afin qu'elles ſe compliquent avec les premieres, lorſque nous pourrions les éviter? La quantité qu'il s'agit de découvrir eſt une intervalle compris entre deux termes: ſaiſiſſons donc s'il eſt poſſible l'un de ces termes avec exactitude, en attendant que nous réuſſiſſions mieux à l'égard de l'autre; & au lieu d'avoir deux erreurs à craindre qui ont toujours entr'elles quelque proportion, nous n'en aurons plus qu'une ſeule.

26. Il faut remarquer outre cela, que c'eſt notre faute ſi nous ne diſcutons pas toujours les diviſions du Limbe avec une loupe qui groſſiſſe autant & même plus les objets que ne le fait la lunette. La longueur du foyer de l'objectif ne fait que former un rayon plus long, de même que le fait auſſi de l'autre part le fil aplomb: l'angle compris eſt conſtaté avec plus de précifion, parce qu'il a pour côtés des lignes plus longues. Mais ſi l'on recevoit l'image de l'Aſtre ſur des tablettes placées au foyer de l'objectif, & qu'on examinât ſa ſituation à la vûe ſimple, la plus grande longueur de la lunette ne donneroit rien autre choſe que ce que donne également la plus grande longueur du fil aplomb: il n'y auroit aucun avantage d'un côté ni d'autre. Il eſt vrai qu'on ne regarde pas à la vûe ſimple l'image de l'Etoile tracée dans la lunette; mais on doit faire attention que rien n'empêche de ſe ſervir auſſi d'une loupe pour diſcuter la ſituation du fil aplomb; & alors la longueur du rayon du Secteur combiné avec la loupe, ſera abſolument le même effet qu'une lunette de même longueur.

Il y aura même cette différence qui favorise notre sentiment, que si l'instrument est 3 ou 4 fois plus grand, on pourra employer toujours pour regarder les divisions, une loupe de la même force ou qui grossisse également les objets, indépendamment du plus de distinction qu'y aportera le plus grand rayon de l'instrument: au lieu que tous les Opticiens sçavent qu'on est ordinairement obligé d'affoiblir l'oculaire qu'on adopte à une lunette trois ou quatre fois plus longue. Ainsi le fil aplomb examiné sur le Limbe avec une loupe convenable, est équivalent à une lunette plus longue que l'autre ; & il n'y a donc aucun motif pour diminuer la longueur de cette derniere.

De la nécessité de donner la même longueur à la lunette qu'au rayon de l'instrument, & d'attacher l'objectif au haut du rayon.

21. Au défaut des raisons précédentes prises de l'Optique, la Méchanique nous en fournit d'autres, qui font toucher au doigt l'extrême péril auquel on s'expose de manquer toutes ses observations, lorsqu'on ne fait pas la lunette précisément de même longueur que le rayon des grands Secteurs.

Une barre de fer de 10 ou 12 pieds de long, quoiqu'elle ait 3 pouces ou 3 pouces & demi de largeur sur 2 ou 3 lignes d'épaisseur, n'est pas exempte de se courber par son propre poids ; je ne dis pas dans le sens dans lequel il est évident qu'elle a le plus de flexibilité, mais même dans l'autre. Soit qu'on l'appuye par ses deux extrêmités, ou qu'on la soutienne seulement par le milieu, ce qui revient au même, la courbure est la plus grande, comme il est évident, dans la situation horisontale ; mais on est étonné de voir jusqu'où elle va dans cet état. A mesure qu'on incline la regle, la quantité de la flexion diminue : car lorsque la barre ou la regle est située horifontalement, fa pefanteur qui travaille à la faire plier, agit avec un levier qui a précifement pour longueur celle de fes différentes parties : au lieu que le bras du levier diminue par l'inclinaifon ; il diminue proportionellement au Sinus de l'angle formé avec la ligne verticale. Si cet angle eft de 30 degrés la courbure ne fera donc qu'environ la moitié de ce qu'elle étoit, & elle ira toujours en diminuant à mefure qu'on élevera la regle par une de fes extrêmités ; ainfi que chacun l'a experimenté plufieurs fois.

22. On fçait auffi que cet effet eft beaucoup plus grand lorfque la regle eft plus longue : la pefanteur eft plus grande ; cette même pefanteur eft appliquée à des leviers plus longs, par rapport à chaque point qui participe à la flexion ; il y a un plus grand nombre d'endroits fujets à fe courber ; & outre cela le même degré de flexion produit un plus grand écart à l'extrêmité de la regle. Ainfi toutes les autres circonftances étant les mêmes, une barre de fer deux ou trois fois plus longue, doit fe courber 16 fois ou 81 fois davantage ; les courbures en général lorfqu'elles font petites comme le font celles que nous confiderons ici, doivent fuivre à peu près le rapport des quarrés quarrés des longueurs. Si l'on prenoit pour la quantité de la courbure l'angle formé par les tangentes aux deux extrêmités de la regle, elle n'augmenteroit que comme le cube de la longueur; puifqu'elle dépendroit feulement de la plus grande pefanteur de la regle, du plus long levier auquel elle feroit appliquée, & du plus grand nombre d'endroits fujets à fe courber : au lieu que mefurant la flexion par la quantité dont une des extrêmités s'éloigne de la direction ou de la ligne droite qui eft tangente de la courbure que forme l'autre, la longueur de la regle doit s'introduire encore une fois dans le rapport, par la raifon que les deux côtés d'un angle vont en s'éloignant l'un de l'autre à mefure qu'ils deviennent plus longs. J'ai eu la cu-

riofité de voir combien fe courboit effectivement la toife de fer que nous avions aportée de France, laquelle avoit $1\frac{1}{2}$ pouce de largeur fur $3\frac{1}{3}$ lignes d'épaiffeur. J'ai trouvé lorfque je la mettois horifontalement de champ en la foutenant feulement par fes deux extrêmités, que la flexion confiderée dans le fens que je viens de fpécifier, étoit tantôt de $1\frac{7}{20}$ lignes & tantôt de $1\frac{1}{12}$ lig. La différence des expériences peut venir de diverfes caufes, mais il faut l'attribuer en partie aux différens degrés de temperature de l'air, qui faifoient augmenter ou diminuer l'élafticité du fer. Je mettois au milieu de la longueur de la toife un objectif d'environ 18 pouces de foyer. Je plaçois une mire à une des extrêmités, & j'en recevois à l'autre l'image fur une efpece de Micrométre ou de chaffi au-delà duquel j'avois mis un oculaire. Enfin mettant la toife dans les deux fituations contraires, je trouvois par le Micrométre la quantité de la courbure ou la quantité dont une des extrêmités s'éloignoit de la ligne droite; & il me venoit toujours plus d'une ligne.

23. J'ai fait la même expérience fur une barre de fer beaucoup plus forte, laquelle fur 8 pieds de long avoit 2 pouces 8 lignes de largeur par un bout & 3 pouces 3 lignes par l'autre avec $2\frac{1}{2}$ lignes d'épaiffeur. Je dis que cette feconde barre étoit plus forte que la premiere, car la plus grande épaiffeur n'ajoute gueres ici à la force. Une barre deux fois plus épaiffe doit prefque fe confiderer comme deux barres d'une épaiffeur fimple qui feroient appliquées l'une contre l'autre, & la flexion doit être à peu près la même. Cette barre étant pofée horifontalement de champ, & lorfqu'elle devoit donc fe courber le moins, elle le faifoit encore de $\frac{18}{25}$ lignes. La Figure 28 repréfente cette barre avec fa courbure qu'il a fallu exagerer. Le petit efpace BD repréfente la quantité dont s'écartoit l'extrêmité B de la ligne droite ACD, qui partant de l'extrêmité A paffoit exactement

Figure 28.

par le point C du milieu. Le renversement de la barre me donnoit $\frac{18}{25}$ lignes pour le double de cette quantité. Ainsi BD étoit de $\frac{9}{25}$ lig. & la flêche GC de la courbure de $\frac{9}{50}$ lig. Mais si nous cherchons comme ci-devant la flexion BE par rapport à la ligne droite AE qui étant tangente à l'autre extrêmité A de la courbure en marquoit la direction; il est clair sans qu'il soit nécessaire d'entrer ici dans la recherche de la nature de la courbe ACB, qu'on ne se trompe gueres de doubler BD, pour avoir BE qui se trouve donc de $\frac{18}{25}$ lig. Or prenant ces expériences pour principes, on verra qu'une barre de fer de même grosseur & de 18 pieds de long, doit se courber de plus de 18 lignes, conformement au rapport des quarrés quarrés des longueurs. Si l'on cherche la courbure d'une barre de fer seulement de 12 pieds, on trouvera $3\frac{64}{100}$ lig.: & si en élevant une de ses extrêmités, il ne s'en faut que 6 degrés qu'elle ne soit exactement verticale, sa flexion sera encore de $\frac{38}{100}$ ou de près de deux cinquièmes de ligne, conformément à la proportion des Sinus d'inclinaison.

24. Il est facile de reconnoître les mauvaises suites que doit avoir cette courbure dans les Secteurs qui sont d'un grand rayon & qui ne sont armés que d'une lunette très-courte. On peut négliger la petite quantité dont le rayon se racourcit par sa fléxion comme ne produisant que très-peu d'effet; & c'est par cette raison qu'il n'y a presque rien à craindre de la courbure qui se fait en avant ou en arriere. Mais si le rayon a 10 ou 12 pieds de longueur pendant que la lunette n'en a que 3 ou 4, il arrivera infailliblement que sa courbure dans le sens lateral transportera le centre & le fil aplomb du côté que l'instrument est incliné, & que le fil aplomb trop porté vers l'extrêmité du Limbe, fera paroître la distance de l'Astre au Zénith trop grande. Pendant que le rayon AC du Secteur réprésenté dans la Figure 29, est inflexible, le fil aplomb bat sur le Limbe au point F

&

& donne l'arc AF pour le complement de la hauteur
de l'Aftre, mais auffi-tôt que le rayon en se courbant   Figure 29.
porte le centre de C en c, le fil aplomb bat en f, pendant que la lunette ED est toujours dirigée exactement
sur le même point du Ciel : & on se trompe par conséquent en excès de toute la petite quantité Ff. Ce sera
la même chose lorsqu'on tournera l'instrument ou qu'on
présentera vers l'Occident sa face qui étoit tournée vers
l'Orient, le fil aplomb se trouvera également porté en
dehors vers la seconde extrêmité G du Limbe; on se
trompera encore en excès. Ainsi l'erreur étant doublée,
se retrouvera de sa premiere quantité lorsqu'on prendra la moitié de l'arc total.

25. L'erreur deviendra encore plus grande si l'Aftre
est plus éloigné du Zénith; & elle ira en augmentant jusqu'à l'inclinaison de 45 degrés. La quantité Cc
dont le centre change de place par la flexion, est proportionelle, ainsi que nous l'avons dit au Sinus CI de
l'inclinaison de l'instrument; mais cette erreur du centre ne se doit pas compter toute entiere, elle se décompose; & la partie qu'elle produit dans le sens horisontal ou dans la situation du fil aplomb, qui n'est transposé
que de la quantité Ff égale à Oc, est un peu moindre.
Cc est à cO, comme le Sinus total AC est au Sinus
complement AI de l'inclinaison du Secteur. Ainsi composant les deux rapports ou considerant le changement
de Cc, & celui de cO, l'erreur ulterieure cO ou fF
dérivée de la premiere, est comme le produit du Sinus
CI de l'inclinaison par son Sinus de complement AI,
comparé au quarré du Sinus total; & les Géometres sçavent que ce produit augmente jusqu'à ce que les deux
Sinus soient réduits à l'égalité, ou qu'ils soient chacun
les Sinus de 45 degrés. Alors l'erreur seroit sensiblement
la moitié de la quantité dont se courbe la barre de fer
qui forme le rayon, lorsqu'on la met horisontalement;
c'est-à-dire que la barre de 12 pieds dont nous avons

Bb

Figure 29. parlé, rendoit Ff d'environ $1\frac{82}{100}$ lig. quantité qui doit effrayer les Observateurs, puisqu'elle produiroit une erreur en excès de presque $3'\ 40''$ sur la distance de l'Astre au Zénith.

26. La quantité Ff va ensuite en diminuant, soit qu'on éleve le Secteur ou qu'on l'abaisse ; & se réduit à rien, aussi-tôt que l'Astre est au Zénith ou qu'il est à l'Horison. Elle va en diminuant dans les moindres hauteurs, parce que si la quantité absolue Cc de la courbure devient plus grande, sa situation presque verticale est cause qu'elle produit moins d'effet cO ou fF dans le sens horisontal. L'erreur va aussi en diminuant dans les grandes hauteurs ; parce que si cO aproche alors davantage d'être égale à la flexion absolue cC, cette derniere quantité devient en récompense beaucoup plus petite. Ce petit espace n'est néanmoins toujours que trop grand pour l'exactitude des observations, de même que cO & que fF : nous l'avons trouvé de $\frac{2}{7}$ lig. lorsque l'inclinaison est de 6 degrés ; malgré l'extrême force que nous avons attribuée à la barre de fer AC : & il est facile de reconnoître que $\frac{2}{7}$ lig. valent environ $48''$ dans un Secteur de 12 pieds de rayon.

27. Les différentes précautions qu'il a été naturel de prendre pour rendre l'instrument plus solide ont souvent été nuisibles, en faisant encore croître le mal. On a mis presque toujours derriere le rayon d'autres barres de fer étendues sur les premieres, mais de champ ou perpendiculairement. Bien loin de condamner cet usage nous l'approuvons, parce qu'il empêche la flexion en avant ou en arriere ; nous prétendons seulement qu'il faudroit en même tems remédier à l'inconvénient auquel il est sujet. Il est évident que ces dernieres barres de fer contribuent beaucoup plus par leurs poids à faire augmenter la courbure dans le sens qui est à craindre, qu'elles ne peuvent s'y opposer par le nouveau degré de force qu'elles donnent à l'instrument. Lorsqu'au lieu de soute-

nir le centre par un seul rayon, on en a mis deux, l'erreur a dû suivre d'autres loix & se trouver différente selon que le fil aplomb est tombé en dedans ou en dehors de ces rayons. D'ailleurs cette disposition exige qu'on employe un plus grand nombre de vis pour maintenir l'assemblage de toutes les pieces; & si leur jeu imperceptible se joint à l'effet de la flexion, on peut alors commettre des erreurs immenses sans qu'on s'en apperçoive. Il suffit pour introduire ce jeu, d'avoir mis de l'huile aux vis, comme ne manquent jamais de le faire, à moins qu'on ne s'y oppose, les ouvriers qui prêtent leurs mains à cet ouvrage. Ils serrent toutes les pieces avec force; tout paroît solide, sans l'être : l'huile qui agit par la qualité corrosive qu'elle conserve toujours un peu, rend bientôt lâches les parties qu'on avoit le plus serrées, & on en voit les fâcheuses suites. Nous ne devons pas craindre d'occuper le Lecteur de détails si petits en apparence, puisqu'il n'est que trop vrai que le succès des observations en dépend entierement.

28. Il est étranger à notre sujet de décider la question de fait, si quelqu'un des cas dont nous parlons est quelques fois arrivé. Mais si un Secteur tel que ceux que nous venons de décrire ne s'accordoit pas avec des quarts de cercles ordinaires & qu'il augmentât par rapport à ces autres instrumens, la distance d'une Etoile au Zénith, nous imputerions au Secteur toute la non-conformité. Nous dirions que le rayon en fléchissant, a porté le fil aplomb plus loin; pendant que la lunette plus courte n'a pas participé aux mêmes changemens de directions ou ne les a reçûs qu'en partie. Il faut remarquer outre cela qu'on ne remédieroit point au mal en repétant les observations, puisque les erreurs dont il s'agit viennent d'une cause Physique constante & qu'elles doivent être toujours à peu près égales, non-seulement lorsqu'on se sert du même Secteur, mais encore lorsqu'on en employe d'autres disposés ou construits à peu

près de la même façon. De même qu'on a été trompé la premiere fois, on doit l'être toutes les autres; & le mécompte ne peut que prendre force & s'accréditer.

29. Le Lecteur qui se donne la peine de nous suivre, ne peut pas manquer de nous prévenir en imaginant le seul moyen d'éviter tout le mal. C'est de rendre la lunette aussi longue que le rayon du Secteur, & d'attacher solidement l'objectif au centre, afin qu'il en suive tous les mouvemens. Mais on travaillera également à rendre l'instrument solide. Nous avons déja remarqué que la plus grande épaisseur ne suffit pas; parce que si elle augmente le nombre des parties interieures qui s'opposent à la flexion, elle augmente précisément dans le même rapport la pesanteur totale qui en est l'unique cause. C'est la largeur des regles ou barres de fer qu'il faut principalement augmenter: car il est facile de reconnoître que la quantité de la flexion suit au moins la raison inverse des quarrés de ces largeurs. En doublant ou en triplant celle du rayon, il sera sujet à une courbure au moins 4 fois ou 9 fois plus petite. Mais enfin ce qui restera de la flexion ne produira aucun mauvais effet, aussi-tôt que le haut de la lunette sera toujours situé de la même maniere par rapport au centre à tous les mouvemens duquel il participera, & que la partie d'en bas (le Micrométre,) sera assujettie aussi à répondre toujours exactement au même point du Limbe.

30. Nous croyons même qu'on pourroit sans risque, lorsqu'on ne perd pas de vûe les deux précautions absolument décisives dont nous venons de parler, se hazarder de briser l'instrument par le milieu, pour transporter ses parties séparement d'un endroit à l'autre, & s'en servir en le remontant, comme s'il n'avoit pas changé d'état. Supposons que l'objectif soit arrêté solidement contre le centre C, & que d'un autre côté le foyer ou les soyes qui l'indiquent par leur intersection, répondent toujours exactement vis-à-vis du point A du Lim-

be, il arrivera peut-être, lorsqu'on remontera le Secteur que les deux barres de fer qui forment le rayon, prendront la disposition AB*c* au lieu de ABC, le petit intervalle C*c* sera d'une ligne ou de deux lignes; ce qu'on pourra toujours reconnoître aisément, si on a eu le soin de marquer des repaires qui puissent servir à vérifier la direction des deux barres ; mais si le centre est porté en *c*, l'objectif sera sujet au même changement ; & l'angle A*c*F soutenu par le même arc AF sera égal sans aucune différence sensible à l'angle ACF.

31. La lunette aura la droite A*c* pour axe optique, au lieu de AC; & comme il faudra l'élever pour qu'elle soit toujours pointée à l'Astre, la ligne *c*F deviendra verticale, & le fil aplomb indiquera donc toujours sensiblement le même point F sur la graduation. Pourvû cependant, nous mettons cette condition qui a même lieu dans tous les cas, que l'Astre soit assez élevé pour qu'on puisse regarder comme nul l'excès du rayon *c*F ou CA sur le Sinus AI du complement de l'inclinaison, ou supposer qu'il y a même rapport de AC à C*c* que de F*c* à *c*O; ce qui rend égaux les deux angles CA*c* & OF*c*. Sans cela le fil aplomb au lieu de prendre la situation *c*F prendroit la situation *c*φ, en coupant CF dans le point M où AM rencontre perpendiculairement CF ; & il faudroit appliquer à l'observation une petite équation pour corriger l'erreur φF. On trouveroit cette équation par cette analogie, le Sinus total AC est à l'angle CA*c* de la flexion, comme l'excès de CF sur AI ou comme le Sinus verse HI de l'inclinaison de l'instrument est au petit arc φF qu'il faudroit ajouter à l'arc Aφ, si le centre C étoit porté vers *c*; mais qu'il faudroit soustraire au contraire si le centre étoit jetté de l'autre côté. On doit remarquer que ces deux différens cas peuvent avoir lieu lorsque le rayon est sujet à se courber par sa seule pesanteur. Si l'instrument n'est suspendu que par un seul point pris vers son milieu, le centre passera de C en *c* par la

flexion du rayon: & ce fera tout le contraire fi le Secteur eft foutenu par fes deux extrêmités par en haut & par en bas; car alors le rayon tournera la concavité de fa courbure en haut, & ce fera la même chofe que fi le centre C avançoit un peu vers H.

32. Pour réfumer tout ceci en peu de mots, nous avons toujours trois petites quantités à confiderer. 1°. La quantité Cc dont le centre s'éloigne de fa vraie place; 2°. La petite quantité cO ou fF dont on fe trompe dans les obfervations lorfque l'objectif de la lunette ne fuit nullement les mouvemens du centre; 3°. La plus petite quantité φF qui réprefente l'erreur à laquelle on eft encore fujet, lorfque l'objectif eft exactement attaché au centre, de maniere qu'il participe à tous fes mouvemens. Or on n'a qu'à fe reffouvenir que ces trois quantités font entr'elles comme le Sinus total, comme le Sinus de la hauteur de l'Aftre, & comme le Sinus verfe du complement de cette hauteur. Dans mes dernieres obfervations le rayon du Secteur s'éloignoit de la ligne droite par fa courbure d'environ 1 ligne lorfqu'on le plaçoit horifontalement, & il ne devoit s'en écarter à proportion que de $\frac{1}{40}$ lig. lorfque l'inftrument n'étoit incliné que de $1^d 25'$ ou $26'$, conformément à la diftance de l'Etoile ϵ d'Orion au Zénith. Cet écart Cc de $\frac{1}{40}$ lig. que la folidité de l'inftrument & fa fituation prefque verticale rendoient fi petit, valoit environ $4\frac{1}{2}''$ fur la circonférence d'un cercle dont le rayon eft de 8 pieds; mais l'objectif étant attaché au centre, l'erreur devoit diminuer dans le rapport du Sinus total au Sinus verfe de $1^d 26'$ ou dans le rapport de 100000 à 32; ce qui, eu égard à nos fens trop bornés, l'annéantiffoit entierement.

V.

De la maniere de rendre l'axe optique de la Lunette parallele au plan du Secteur.

33. Les raisons précédentes prouvent que la lunette ne sçauroit être placée à trop peu de distance du rayon, afin d'y être plus immédiatement attachée ; & il n'en sera que plus facile de rendre son axe exactement parallele au plan de l'instrument. Il suffira pour cela après avoir couché le Secteur, de viser à quelque objet très-éloigné par le bord du Limbe & par la platine du centre : on le fera avec plus de précision, en se servant de deux pinnules & en les changeant réciproquement de place pour mieux reconnoître si elles ont exactement la même hauteur, ou si elles rendent le rayon visuel exactement parallele au plan de l'instrument ; & il ne restera plus qu'à ajuster la lunette sur le même objet. Nous avons le soin d'avertir qu'il faut viser sur un point suffisamment éloigné ; parce qu'autrement il faudroit avoir égard à l'éloignement de l'axe de la lunette au plan du Limbe, ou faire attention à l'angle quoiqu'extrêmement aigu, que forment les deux rayons visuels. On reconnoîtra aussi à peu près par la même opération le point du Limbe qui répond à l'axe de la lunette ; ce point qui doit servir de commencement aux divisions de la graduation, ou de part & d'autre duquel elle doit s'étendre également, lorsqu'on se propose de rectifier le Secteur par le moyen proposé par M. Picard.

34. Cette maniere de s'assurer du parallelisme de la lunette & du Secteur, est si facile, que je me suis moins proposé de l'expliquer dans cet article, que de la recommander. En effet il paroît qu'on n'insiste pas autant sur cette précaution qu'on le devroit : on pensoit que la lunette étoit toujours assez bien placée, aussi-tôt que sa

déviation ne se manifestoit pas à l'œil ; & on ne remarquoit pas que la moindre négligence sur ce point, est non-seulement une source d'erreurs dans toutes les observations, mais qu'elle est aussi l'unique cause de cette grande difficulté qu'on éprouvoit à observer la hauteur des Astres qui sont très-voisins du Zénith, & que redouta le grand Astronome que nous avons cité déjà plusieurs fois dans cette Section. Les Fabricateurs d'instruments de Mathématique apportent en particulier si peu de soin à cet égard, que j'ai vû plusieurs quarts de cercles où il y avoit 4 ou 5 minutes d'erreur dans le parallélisme dont il s'agit ; & il ne faut pas douter qu'on n'ait encore souvent commis de plus grandes fautes dans la disposition des grands secteurs. Il est certain que tant qu'on se borne à un examen grossier, ou que même on n'y regarde pas, 5 ou 6 lignes sont très-peu de chose sur la direction d'une lunette qui est formée d'un gros tuyau, dont l'axe, comme on le sçait, n'est pas une ligne palpable, & qui a par exemple, 10 pieds de longueur. On peut se tromper encore plus considérablement sur cette direction, si la lunette est beaucoup plus courte que le rayon de l'instrument, & si elle est outre cela rejettée vers une des extrêmités du Limbe comme dans la Figure 29 ; puisqu'on manque alors de terme vers le haut, qui aide à rendre le défaut sensible. La déviation de la lunette se trouvera donc aisément de 13 ou 14 minutes, & peut-être de 20 ou 25, ce qui ne répond qu'à un écart de 11 ou 12 lignes. Or on laisse à juger s'il est possible après cela de diriger en même tems le Secteur dans le plan du Méridien, & de faire passer l'Etoile par le centre de la lunette à l'instant précis de la médiation ? Il falloit nécessairement que l'Observateur optât, comme nous l'avons dit au commencement de cette Section, entre les conditions dont il ne sentoit que trop l'incompatibilité, sans en connoître assez la cause. Pendant qu'il prenoit à tâche de saisir l'Astre dans l'instant précis de la médiation

diation, il se contentoit de voir que l'instrument étoit à peu près dirigé selon la Méridienne; mais il renonçoit à lui donner exactement cette direction.

35. Ce n'est pas assez que l'axe de la lunette soit bien placé de même que l'intersection des deux soyes qui sont au foyer; il faut encore qu'une de ces soyes soit exactement parallele au Limbe & que l'autre lui soit perpendiculaire, quoique cette derniere particularité ne soit pas si essentielle que l'autre. Si l'on se trouvoit près de la Mer, on pourroit se prévaloir de l'Horison qu'elle fournit, en ajustant dessus successivement les deux soyes; pendant qu'on mettroit le Limbe exactement de niveau & dans une situation verticale. Lorsqu'on ne sera pas à portée de se servir de ce moyen, il n'y aura qu'à suspendre à 40 ou 50 toises de distance une ficelle chargée d'un poids, & faire concourir dessus les soyes de la lunette, pendant que par le moyen d'un niveau on placera successivement le Limbe verticalement & horisontalement. Au lieu de la ficelle verticale, je me suis encore servi quelques fois d'une petite soye simple suspendue dans la lunette même, à très-peu de distance du foyer, & chargée par en bas d'un grain de sable ou de quelqu'autre petit poids. Si on ménageoit à la lunette une ouverture pour remettre & ôter ce petit aplomb, on pourroit en tirer plusieurs utilités que ce n'est pas ici le lieu d'expliquer. Il est de conséquence qu'une des soyes soit parallele au Limbe; mais à l'égard de la situation perpendiculaire de l'autre, elle n'est importante qu'afin d'avoir quelques secondes de tems plus à soi, dans les observations. On voit l'Astre suivre le fil; au lieu que si ce fil n'étoit pas exactement perpendiculaire au Limbe, on n'auroit toujours qu'un seul instant pour observer l'Astre, le seul instant de son passage pour l'autre fil.

VI.

De la maniere de mettre les foyes du Micromètre exactement au foyer de la lunette.

36. Nous continuons à traiter de la disposition de la lunette, & de toutes ses particularités, en exposant comme nous le devons toutes les précautions que nous avons prises. On se trouve quelques fois assujettis pour découvrir la juste longueur du foyer de la lunette, ou même pour déterminer la valeur des parties du Micromètre qui y est appliqué, de se servir d'objets terrestres trop voisins : on cherche la longueur qui fait voir avec plus de distinction l'objet & en même tems les soyes qui sont au foyer commun des deux verres; & on examine en changeant l'œil de place si l'objet paroît invariable par rapport aux soyes. Si son image recevoit un changement qui s'accordât avec celui de l'œil ou qui y fût contraire, ce seroit une marque que cette image peinte dans la lunette, ne se formoit pas précisément sur le chassis du Micromètre, mais en-delà ou en-deçà, comme le sçavent les Lecteurs qui sont initiés dans l'Optique : & alors il faudroit racourcir ou rallonger la lunette, en approchant ou en reculant l'objectif. Mais après avoir déterminé par ces tentatives la longueur de la lunette, il faudra la racourcir toujours un peu pour l'accommoder aux objets fort éloignés qui ne seront pas plus lumineux que les premiers. On trouvera la quantité de cet acourcissement par cette analogie ; la distance du premier objet à l'objectif moins la longueur de son foyer est à la longueur du foyer, comme cette même longueur est à la petite quantité dont la lunette doit être racourcie. Cette proportion est fondée sur cette proprieté connue, que le foyer souffre par rapport au verre des changemens de distance qui sont contraires à ceux de l'objet

qui s'éloigne ou qui s'approche; & que ces changemens du foyer font en raison inverse des distances de l'objet non pas précisément au verre, mais à un point qui en est autant éloigné vers l'objet que le foyer en est éloigné de l'autre côté. A mesure que l'objet s'éloigne, l'image se raproche donc un peu du verre ou plûtôt du vrai foyer; & elle ne tombe dans ce dernier point qui est un vrai point asymptotique, que lorsque l'objet est à une assez grande distance pour qu'on puisse la regarder comme infinie. Pendant que le Fabricateur de l'instrument travaille à disposer le plus exactement qu'il est possible toutes les parties dont nous venons de parler, il doit penser qu'on sera toujours obligé dans l'usage, d'y faire quelques changemens, soit à cause de la conformation particuliere des yeux de l'Observateur, soit par d'autres motifs: il ne doit donc jamais négliger de procurer par quelques vis le moyen de changer un peu la disposition de toutes ces choses.

Que le foyer dans les grandes lunettes est différent selon la constitution des yeux de l'Observateur, & selon aussi qu'on enfonce ou qu'on retire l'oculaire.

37. Cette attention est d'autant plus nécessaire qu'il faut ordinairement enfoncer ou retirer un peu l'oculaire pour chaque Observateur; & que ce changement en aporte presque toujours un peu dans le foyer commun des deux verres, principalement dans les grandes lunettes dont il est ici question. Comme la lumiere des Etoiles est formée de même que celle du Soleil de rayons de différentes couleurs, & que ces rayons en se séparant conservent toutes leurs proprietés spécifiques, leurs divers degrés de force, leur teinte, leur différente refrangibilité, le foyer de l'objectif dans le tems même que ce verre a la figure la plus parfaite n'est pas un point unique; mais il occupe un espace considérable sur l'axe.

Les rayons rouges vont se terminer plus loin parce qu'ils souffrent moins de réfraction; au lieu que les rayons violets qui sont les plus réfrangibles se réunissent plûtôt, & l'intervalle entre ces deux foyers extrêmes, (car les rayons de toutes les autres couleurs se réunissent entre deux,) est comme on le sçait depuis les expériences de M. Newton, environ la $27\frac{1}{2}^{me}$ partie de la distance de l'objectif au foyer moyen: c'est-à-dire que dans une lunette de 12 pieds cet espace est de plus de 5 pouces. Il est vrai que les rayons des couleurs extrêmes sont si rares ou forment une lumiere qui a si peu d'intensité, qu'ils ne sont gueres capables en présence des autres de faire impression sur les yeux; mais si nous considerons les seuls rayons orangés & jaunes qui sont les plus capables d'agir, leur foyer occupera encore plus de deux pouces. Or si deux Observateurs dont l'un est Myope & l'autre Presbite essayent sur une Etoile la même lunette déja disposée pour les vûes ordinaires, le premier qui ne voit distinctement que les objets voisins, ne verra bien aussi que celle de ces images qui sera la plus voisine de lui sur l'axe; les autres ne faisant qu'une impression confuse sur sa retine, faute de s'y peindre dans un assez petit espace: au lieu que le Presbite verra mieux l'image la plus éloignée. Ainsi le foyer de l'objectif se trouvera différent à l'égard de ces deux personnes: il semblera même que les deux vûes différentes seront inégalement affectées par des rayons de diverses couleurs; ce qui peut bien arriver aussi quelques fois par la différente teinte des humeurs de l'œil, comme je crois l'avoir experimenté. Mais enfin il résulte de tout cela que pour faire concourir le foyer avec les soyes du Micromètre, il faut allonger la lunette pour le 1^r. Observateur; c'est-à-dire qu'il faut faire par rapport à l'objectif le contraire de ce qu'on fait par rapport à l'oculaire; car on enfonce comme on le sçait, ce dernier verre pour les vûes courtes, & on le retire au contraire en dehors pour les vûes longues. Toutes circonstances qui prouvent que ces deux especes d'Observateurs ne doivent pas ordinairement s'associer ensemble.

38. Nous ne devons pas manquer d'avertir encore que le seul changement de place de l'oculaire est capable de faire changer un peu le foyer de l'objectif pour la même personne. Quoique la constitution particuliere de nos yeux demande que l'oculaire ait une situation déterminée, elle s'accommode cependant aux autres dispositions, pourvû qu'elles ne soient pas extrêmement différentes. Lorsque nous retirons l'oculaire, nous le disposons pour les images les plus voisines de nous dans la lunette, ou les plus éloignées de l'objectif; de sorte que le foyer de ce dernier verre paroît s'allonger. Si au contraire nous enfonçons l'oculaire, nous voyons mieux les images les plus éloignées de nous; ce qui produit le même effet que si le foyer de l'objectif se racourcissoit. Il faut même que cette différence soit assez considérable; car je l'ai trouvée d'environ $\frac{1}{2}$ ligne dans une lunette qui avoit seulement $2\frac{1}{2}$ pieds de longueur.

39. Tout ce que nous venons de dire deviendra plus clair, si l'on jette les yeux sur la Figure 30 qui représente une lunette formée de deux verres convexes, comme le sont toutes celles dont on se sert dans la pratique de l'Astronomie. AB est l'objectif; RS est l'oculaire, & FG le chassis du Micromètre ou des soyes qui devroient se couper au foyer commun des deux verres. C représente une des images de l'Etoile qu'on regarde avec la lunette; cette image est peinte par une infinité de rayons AC, OC, BC, &c. qui venant de l'Etoile se rompent en traversant l'objectif & se rendent tous dans le même point C. Comme un seul rayon OC ne feroit pas une impression assez forte sur l'œil, l'Auteur de la Nature a voulu que les autres rayons qui en partant du même objet prenoient d'autres chemins, fussent détournés par la refraction en traversant la cornée & le

Figure 30.

cristallin & fortifiassent la premiere impression en frappant la retine précisement dans le même point. C'est ce que l'Art a sçû imiter avec succès en taillant les verres & en composant les lunettes. Mais supposons que l'image C soit formée par les rayons jaunes qui partent de l'Etoile, il y aura une infinité d'autres images formées depuis C jusqu'en *c* par les rayons verts, bleus, &c. & d'autres depuis *c* jusqu'en *x* peintes par les rayons orangés & rouges. Ce sont ces différentes images qui sont toutes comme enfilées sur l'axe OC, que chaque œil saisit selon qu'il est disposé pour mieux voir les objets voisins ou éloignés, & selon aussi qu'on avance ou qu'on recule l'oculaire RS.

40. Ce dernier changement produit environ une demie ligne sur la situation de l'image C dans une lunette de deux pieds & demi : c'est ce que j'ai reconnu de la maniere suivante. Après avoir remarqué que l'angle ACB formé par les rayons extrêmes rompus AC & BC, étoit d'environ 2^d 30', j'enfonceai l'oculaire le plus qu'il me fut possible sans rendre la vision confuse, afin de voir une image de l'objet un peu plus éloignée, & de pouvoir en changeant l'œil de place la rapporter à différens endroits du Micrométre : je la voyois tantôt vis-à-vis du point H & tantôt vis-à-vis du point I, selon que je mettois l'œil en L ou en N, & la différence IH mesurée par le Micrométre étoit de 13″. Or connoissant le petit espace qu'occupent ces 13″ & de plus l'angle ICH de $2\frac{1}{2}$ degrés que soutenoit ce petit espace, il m'étoit facile de découvrir que les deux côtés CI & CH étoient d'environ une demie ligne, ou qu'ils étoient un peu plus longs. Telle étoit la distance de l'image C au chassis du Micrométre ; au lieu qu'elle venoit s'y remettre exactement lorsque je tirois assez à moi l'oculaire.

Que le foyer des grandes lunettes est encore sujet à changer par la constitution de l'Atmosphére.

41. Mais le foyer est sujet à un autre changement dont nous n'avons point encore parlé, qui fait un tort extrême aux observations. Selon la force & la couleur qu'a la lumiere dont on se sert pour éclairer les fils, lorsqu'on observe de nuit, l'air intérieur de la lunette devient comme un diaphane différent qui admet certains rayons & qui reçoit plus difficilement les autres. Je ne parle pas de l'effet que peut causer la chaleur de la bougie avec laquelle on éclaire : l'air s'échauffant avec la plus grande facilité, on doit craindre que celui qui est renfermé dans la lunette ne se raréfie, ce qui produiroit infailliblement quelque variation irréguliere dans le foyer. Je ne considere l'air interieur que comme un milieu imbu de certaine couleur. L'Atmosphére considerée de nuit & ensuite de jour est sujette au même changement : la présence du Soleil, la rend de jour un corps coloré, & il paroît en général qu'elle se trouve alors plus disposée à donner passage aux rayons rouges ou orangés qu'à ceux des autres couleurs ; ce qui fait que le foyer pour l'ordinaire se rallonge. J'ai le soin de dire pour l'ordinaire & je n'ose pas même trop l'assurer : car outre les autres causes de varietés dont ce sujet est susceptible comme tous ceux de Physique, il peut arriver ainsi que je l'ai déja insinué plus haut, que la constitution particuliere des yeux de l'Observateur donne occasion à une autre séparation de la lumiere qui prédomine ; ce qui répand de l'incertitude à cet égard sur des expériences qu'il ne m'a pas été permis de multiplier autant que je l'eusse souhaité. Mais c'est pendant la nuit que l'effet se produit de la maniere la plus marquée, selon que le Ciel est serein ou legerement couvert de nuages. Le foyer change alors assez & cela d'un instant à l'autre, pour

rendre nulle ou pour rendre excessive l'espece de parallaxe que nous venons d'expliquer ; ce qui est cause qu'on ne sçait quelques fois à quel point rapporter l'image de l'Etoile, tant est grand le jeu IH auquel elle semble sujette. Dans le tems même que le Ciel paroissoit parfaitement serein & que la différence ne pouvoit pas venir de la maniere d'éclairer les fils, le peu de vapeurs ou d'exhalaisons qu'il y avoit dans l'air, ne laissoit pas de donner lieu à ce Phénomene, qui est outre cela différent à l'égard de diverses Etoiles, selon que leur lumiere est plus ou moins vive, ou plus ou moins rouge. Enfin il ne faut pas croire qu'il s'agisse ici de quantités peu considérables. M. de la Condamine a vû tout comme moi avec une lunette de 12 pieds aller jusqu'à 20 ou 25″ & même plus loin, ce jeu de l'image ; au lieu que d'autres nuits nous n'en remarquions absolument aucun. Cette variation qui peut se trouver encore plus grande pour d'autres Observateurs, en indique une dans le foyer d'environ $1\frac{1}{2}$ pouce, ce qui montre assez qu'on ne peut pas l'attribuer au changement de longueur du tuyau de la lunette produit par le chaud ou par le froid, puisque ce dernier changement ne devoit être au plus que de 5 ou 6 centiémes de ligne dans les endroits fermés qui nous servoient d'Observatoires. Cette variation doit croître à peu près dans le même rapport que la longueur des foyers ; ainsi elle contribue à donner aux dimensions des instrumens, dont le rayon doit être reglé comme nous l'avons vû sur la lunette, des limites qu'il n'est pas à propos de passer.

Moyen de se précautionner contre les variations que souffre le foyer dans les grandes lunettes.

42. Il seroit presque inutile d'avoir si fort insisté sur les inconvéniens auxquels on est sujet dans l'usage des grandes lunettes, si nos recherches ne nous mettoient

en

en état de les sauver, au moins en partie. Une premiere précaution, c'est de faire en sorte que l'Astre passe à peu de distance du centre du champ, comme à 1′ ou 2′, car le Micromètre n'est jamais d'un meilleur usage, que lorsqu'il porte mieux son nom ou que lorsqu'on s'en sert pour mesurer de plus petites quantités : on évite de cette sorte une obliquité dans la vision de l'objet, qui ne peut être que préjudiciable. Cette attention m'a paru si essentielle que je n'ai pû me résoudre dans mes observations à comprendre plusieurs Etoiles dans le champ de la lunette, en la laissant dans la même situation ; & que j'ai toujours été exact à pointer en particulier sur chacune, afin de l'avoir plus près du centre.

43. Une seconde attention dont je n'oserois pas absolument assurer le succès, parce que je n'en ai pas fait l'expérience, mais qui doit, ce me semble, réussir ; c'est de renoncer aux rayons de couleurs différentes, en se servant d'un objectif qui étant coloré ne donnera que difficilement passage aux rayons qui seront de quelqu'autre couleur. M. de la Condamine ayant par mégarde laissé aller son haleine sur l'oculaire pendant qu'il observoit à Quito, remarqua que la parallaxe de l'Etoile par rapport aux soyes, étoit extrêmement diminuée. Je soupçonne que la lunette étoit un peu trop longue : les rayons verds & bleus mêlés avec les autres se réunissoient avant que d'être parvenus au Micromètre ; mais aussi-tôt qu'ils furent interrompus, les rayons rouges qui traversent l'air de même que l'eau qui a une certaine épaisseur avec plus de facilité que les autres rayons, resterent seuls ou prévalurent ; & le foyer parut s'être allongé & rapproché des soyes. Je ne serois pas d'avis malgré cela d'avoir à la main des verres enfumés ou colorés pour s'en servir, selon que le Ciel est plus ou moins pur : on s'exposeroit à manquer beaucoup d'observations, en s'amusant à faire un choix qui se trouveroit souvent inutile. Mais puisqu'il est ordinaire que les rayons bleus

Dd

ou verds qui nous viennent des Aſtres ſont interceptés en traverſant la partie baſſe de l'Atmoſphére, il n'y a, s'il ſe peut, qu'à ſe les interdire pour toujours, en rendant l'objectif rouge ou jaune : il ſemble que le foyer ſera enſuite beaucoup moins ſujet à changer, s'il n'eſt pas abſolument invariable ; & il ſuffira de le ſaiſir une fois & d'y faire répondre le Micrométre, pour n'avoir plus rien à craindre.

44. Enfin rien n'empêche de diminuer beaucoup de l'étendue de l'objectif, en couvrant ſes bords d'un diaphragme, puiſque la lumiere des objets celeſtes eſt toujours aſſez vive. L'image deviendra d'autant plus nette, que c'eſt le milieu du verre qui eſt ordinairement travaillé avec le plus de ſoin, & qu'on interrompera outre cela tous ces rayons que les bords d'une lentille Sphérique réuniſſent néceſſairement dans d'autres foyers & qui ne ſervent qu'à rendre la viſion confuſe. Il eſt évident que ſi on diminue de cette ſorte l'angle ACB que forment les rayons extrêmes juſqu'à le rendre 3 ou 4 fois plus petit, la parallaxe IH, ou le jeu de l'image ſera auſſi trois ou quatre fois moindre ou même diminué encore davantage : & il ne ſera donc au plus que de 4 à 5″. On en évitera enſuite les mauvais effets avec la plus grande facilité, en changeant l'œil de place, & en ſaiſiſſant le milieu du petit eſpace que l'image paroîtra parcourir. On doit faire attention qu'il ſuffit toujours de ſaiſir ce milieu ou de placer l'œil ſur le rayon moyen CQP pour ne pouvoir tomber en aucune erreur, auſſi-tôt que l'objectif eſt bien centré ; car que le foyer s'approche ou s'éloigne & qu'au lieu de ſouffrir le changement cx par les mutations de diaphanité de l'air, il en ſouffre un, deux ou trois fois plus grand ; l'image C ſe trouvera toujours ſur le rayon principal ou moyen OQ, & obſervée du point P, on la rapportera préciſément au même point du Micrométre, que ſi elle étoit reſtée dans le même endroit, ou qu'elle ſe peignît continuel-

lement au milieu du petit intervalle IH. Ainsi tout con- Figure 30.
siste à choisir exactement pendant l'observation ce rayon
CQP qui garde le milieu ou qui sert d'axe au cone
que forme la lumiere; & il me paroît que le moyen le
plus simple est de le chercher immédiatement chaque
fois.

45. J'ai eu le soin d'avertir qu'il falloit pour cela que
l'objectif fut bien centré, car s'il ne l'étoit pas, le mouvement réel de l'image ne se feroit plus sur le rayon qui
est au milieu des autres. Un verre n'est pas bien centré,
dans le sens que nous l'entendons ici, lorsque sa plus
grande épaisseur ne se trouve pas exactement en son milieu. On a bien senti que ce défaut étoit considérable,
mais il paroît que jusqu'à présent on n'a pas reconnu
quel en étoit le vrai inconvénient. Nous ne pouvons pas
mieux représenter un verre deffectueux par cet endroit,
qu'en supposant que l'objectif AB est rompu par le milieu, & qu'on ne se serve que d'une de ses deux moitiés,
comme de la superieure AO. La plus grande épaisseur
se trouvera au bord même du verre. L'image C de l'objet ne sera ensuite peinte que par les seuls rayons compris entre OQ & AK; mais il est clair que si le foyer
change de longueur par les divers accidens que nous
avons indiqués, l'image reculera ou avancera sur la ligne
OQ qu'on doit toujours par cette raison regarder comme rayon principal, quoiqu'elle soit fort éloignée d'être
rayon moyen ou axe du cone ou du demi cone de lumiere, puisqu'elle en sera un des côtés. Il ne faut pas
croire qu'on puisse reconnoître le défaut, en examinant
la différence des épaisseurs du verre; car elle est ordinairement si petite qu'elle échaperoit à toutes les mesures : mais l'Optique nous fournit d'autres moyens qu'on
peut employer avec succès.

46. Les Observateurs connoissent une pratique dont
ils se servent utilement. C'est de faire faire un demi tour
à l'objectif dans le même plan & dans sa propre place,

D d ij

pendant qu'on conserve à la lunette sa même direction. Si ce changement de situation de l'objectif n'en produit aucun dans la situation de l'image ; c'est une marque que le centre d'étendue au tour duquel s'est fait le mouvement concourt exactement avec la plus grande épaisseur de verre. L'expérience dont nous avons parlé plus haut,* nous fournit un autre expédient très-simple auquel on peut avoir recours. Il n'y a qu'à viser à un objet voisin très-éclatant, comme à une mire blanche éclairée du Soleil & posée sur un fond noir, & faire concourir exactement son image avec l'intersection des soyes qui sont au foyer, en enfonçant le plus qu'on pourra l'oculaire. On tirera ensuite à soi ce verre le plus qu'il sera possible, sans déranger la direction de la lunette : on choisira pour ainsi dire par ce changement de l'oculaire, une autre image qui sera toujours sur le rayon OQ, mais qui sera plus voisine, & qui étant comparée aux soyes, sera sujette à parallaxe ; & il n'y aura donc qu'à examiner si son mouvement apparent se fait autant d'un des côtés des soyes que de l'autre. ** S'il y a une égalité parfaite, ce sera une marque que le rayon principal ou que le rayon qui traverse l'objectif par l'endroit le plus épais & le long duquel se fait le transport C x de l'image, est exactement le rayon du milieu, & qu'il passe par conséquent par le centre d'étendue de l'objectif. S'il y a de la différence, & qu'elle ne soit pas excessive, on pourra corriger le défaut en couvrant une plus grande partie d'un des bords de l'objectif, par le diaphragme dont nous avons déjà parlé & qu'on appliquera dessus. Mais il faudra absolument rejetter le verre de tous les usages astromoniques dans lesquels la lunette sert de pinnule, aussi-tôt que le mal sera trop grand.

Figure 30.

*Voyez Num. 38.

** On peut pour faire mieux réussir l'expérience donner deux couleurs différentes à la mire placée dans le même endroit ; il n'y aura qu'à la rendre d'abord bleue ou violette & ensuite jaune ou rouge, & on pourroit outre cela l'éclairer par des couleurs prismatiques.

47. Nous n'avons garde d'approuver dans cette rencontre l'usage d'un autre Diaphragme qu'on met souvent entre l'œil & l'oculaire. Il ne serviroit ici qu'à dissimuler le mal ou plûtôt à l'augmenter ; car s'il est quelques fois avantageux de s'en servir, c'est lorsque le foyer de l'objectif se trouve considérablement éloigné des soyes par une disposition trop imparfaite de la lunette, & qu'il s'agit cependant d'observer quelques objets terrestres. Alors le Diaphragme qui oblige de mettre l'œil dans la même place, est un remede à la négligence ; il sauve la parallaxe à laquelle l'image est sujette par rapport aux fils du Micrométre ; parallaxe qu'on peut regarder dans ce cas comme constante, parce que le foyer souffre peu de variation, aussi-tôt que la lunette n'a que deux ou trois pieds de longueur, & qu'elle est outre cela pointée sur des objets peu lumineux, & suffisamment éloignés. Mais le cas est ici tout différent : l'Astronome qui ne néglige rien pour faire réussir ses observations, a déja fait concourir le Micrométre avec le foyer aussi exactement qu'il est possible ; il est question de remedier après cela aux variations que souffre ce point, lesquelles sont un effet réel ou Physique qu'il ne dépend pas de nous d'empêcher. Il est certain qu'on sera également sujet à se tromper malgré l'usage du Diaphragme, si pendant que l'œil est toujours dans le même point N d'un des rayons extrêmes, l'image de l'Etoile qu'on observe, passe tout à coup de C en x en suivant une autre direction : il est évident qu'on la rapportera à un autre point du Micrométre. Le Diaphragme ne serviroit donc alors qu'à nous entretenir dans une fausse securité, en nous cachant une erreur qu'il ne nous empêcheroit pas de commettre, & qu'il ne feroit que rendre moins variable en la portant peut-être jusqu'à son dernier terme de grandeur.

48. Enfin il est clair qu'aussi-tôt qu'on ne découvre pas en son entier le jeu apparent IH de l'image, on se trouve hors d'état d'en saisir le milieu, & de s'assurer si l'on

Figure 30.

satisfait à celle des conditions qui est la plus importante ou qui est même la seule. L'Obfervateur myope
qui approchera l'œil se fervira par préférence des rayons
comme KL, & au contraire l'Obfervateur presbite se
fervira des rayons MN, & l'un de ces Obfervateurs se
trompera prefque toujours en excès pendant que l'autre fe trompera en défaut : au lieu qu'ils ne commettront
aucune erreur, s'ils fe conforment à notre avis. Comme
nous avons affez infifté ce me femble, fur la difpofition
entiere du Secteur & de fa lunette, il est tems de paffer
à la maniere d'en graduer le Limbe, afin d'achever tout
ce qui concerne l'inftrument.

Figure 30.

VII.

De la maniere de graduer le Limbe.

49. Si la pratique & l'adreffe de l'ouvrier font nécef-
faires dans la conftruction entiere des grands Secteurs,
elles le font encore beaucoup plus, lorfqu'il s'agit de
graduer le Limbe, & de rendre fenfibles les plus petites parties de la graduation par le moyen des tranfverfales. Ce n'est pas précifément la même chofe lorfque
l'Obfervateur fe fert d'une lunette armée d'un Micrométre; il n'a befoin que de quelques points fur le Limbe;
& il pourra toujours lui-même, comme nous le ferons
voir, les marquer avec facilité, ce qui le mettra plus
en état de répondre de l'exactitude de toutes les circonftances de fes opérations, & ce qui lui procurera en même tems plufieurs autres avantages. Quelque attention
qu'apporte un Fabricateur d'inftrument de Mathématiques
dans la divifion des degrés, il fuffit de jetter les yeux fur
fon travail, pour y remarquer des erreurs monftrueufes
qu'il feroit lui-même tout étonné d'avoir commifes, vû
la peine infinie qu'il s'eft donnée ; fi ce n'eft qu'il n'a
que trop appris par une fâcheufe expérience qu'il faut fe

contenter dans cette matiere d'un fuccès très-borné. On a encore à craindre d'autres erreurs qui font d'autant plus de conféquence qu'elles font moins expofées à être vûes. Quelque petit que foit l'arc qu'on veut graduer, il faut le prolonger fur un grand plan jufqu'à 60 degrés, & on defcend enfuite par des fubdivifions jufqu'à l'arc propofé. Cette opération préliminaire de tracer fur une table ce grand arc de 10 ou 12 pieds de rayon & de le fubdivifer eft extrêmement délicate, & l'Aftronome eft expofé à toutes les fautes fecretes que peut y avoir commis l'Artifte. Qu'on fe ferve au contraire du Micromètre & de l'expédient que je vais propofer, on évitera tous les inconvéniens. Il fuffira pour cela de marquer pour toute graduation un feul arc terminé par deux points; & l'Obfervateur fans fçavoir graver, fans avoir aucune pratique difficile ou longue à acquerir, & en ne travaillant pour ainfi-dire que groffiérement, réuffira à déterminer cet arc avec autant de précifion que, fi on l'ofe dire, il ne pourra pas même fe tromper de ces plus petites quantités qu'on a de la peine à appercevoir en fe fervant d'une loupe. Tout le fecret confifte, non pas à faire l'arc comme à l'ordinaire un foûmultiple exact de 60 degrés, mais à lui donner pour corde une partie aliquote exacte du rayon, fans fe mettre en peine de la longueur abfolue de l'un & de l'autre. On peut attendre, fi on le veut, que l'inftrument foit tout monté, qu'il foit fufpendu, que la lunette foit difpofée, qu'on foit en un mot fur le point de commencer à obferver. C'eft par toutes ces raifons qu'on peut épargner l'opération à l'ouvrier, pour en faire une des parties ou des circonftances de l'obfervation.

50. La diftance de l'Etoile au Zénith étant connue à peu prés, on fçaura de combien doit être l'arc tracé fur le Limbe qui doit être deux fois plus grand.* On cherchera enfuite dans les tables trigonométriques l'arc le plus voifin dont la corde eft une partie aliquote exac-

* Voyez Num. 5 de cette Sect.

te du rayon, & on en reglera la longueur sur les dimensions connues du Secteur. Nous avons employé aux extrêmités Auſtrale & Septentrionale de la Méridienne en obſervant l'Etoile du milieu du baudrier d'Orion deux différens arcs. Je fis la corde du premier égale à la dix-ſeptiéme partie du rayon ; & celle du ſecond à la vingtiéme ; parce que la diſtance de l'Etoile au Zénith du ſecond poſte étoit à peu près de $1^d 26'$, & que le double de cette diſtance ne différe que très-peu de $3^d 51' 54''$ que me fourniſſoit cette derniere corde. J'avois déterminé à peu près le point A (*Fig. 29*) auquel ſe rendoit le rayon CA parallele à la lunette, & de part & d'autre duquel devoit s'étendre l'arc FG ſur le Limbe. J'étois outre cela muni d'une regle auſſi longue que le rayon, & j'y avois fait appliquer des platines de métal de diſtance en diſtance pour recevoir les pointes du compas dont je me ſervois, pour multiplier la longueur de la corde. Ce compas étoit ſolide & ſe maintenoit dans le même état par le moyen d'un arc de fer qui alloit d'une jambe à l'autre, & qu'on arrêtoit avec des vis, comme dans les compas des horlogers. Auſſi-tôt que j'avois porté ſur la longue regle la longueur de la corde répetée autant de fois qu'il étoit néceſſaire pour en former le rayon, je prenois cette derniere longueur avec un grand compas à verge ; je m'en ſervois pour décrire du point C comme centre l'arc FG ; & il ne me reſtoit plus qu'à porter ſur cet arc depuis F juſqu'en G la longueur de la corde que le premier compas (le compas d'horloger) tenoit pour ainſi dire en dépôt, & je marquois les points F & G. C'eſt ce que j'exécutois avec le compas même ou au moins ce que je commençois à faire, parce que ſes pointes extrêmement aigues étoient d'acier trempé & que j'avois eu le ſoin de leur faire donner une ſituation preſque perpendiculaire au Limbe par la courbure qu'avoient les deux jambes par en haut. Tout cela s'exécutoit avec une extrême facilité, & preſqu'en

moins

Figure 29.

moins de tems qu'il ne m'en a fallu pour l'expliquer.

51. Il est évident qu'on n'est point sujet à se tromper dans cette pratique sur la longueur de la corde : on n'a pour cela qu'à ne toucher qu'avec précaution au compas qui la marque par son ouverture ; & pour plus de sûreté, il faut faire toute l'opération à l'abri & le plus promptement qu'il est possible, afin que les changemens du chaud ou du froid n'apportent aucune altération aux mesures. A l'égard de la longueur du rayon, on peut s'y tromper lorsqu'on la prend avec le compas à verge sur la regle pour la porter sur l'instrument ; mais on doit remarquer qu'il faudroit y commettre une erreur considérable, pour qu'elle tirât à conséquence : c'est ce qui m'a empêché de me servir de l'expédient qui m'étoit venu en pensée, de faire sur l'instrument même la multiplication de la longueur de la corde. On peut aussi, si le Limbe est assez long & si on le veut, répéter l'arc GF, ou en mettre quelqu'autre à son extrêmité dont la corde soit quelqu'autre partie aliquote du rayon. Il est vrai enfin qu'on n'obtient jamais par cette pratique que des arcs dont la valeur va par sault ; mais le Micromètre supplée au reste, & c'est pour cela qu'on est obligé de s'en servir. Il fournit les petites quantités qui sont à ajouter à l'arc FG, ou qu'on doit en soustraire, & de cette sorte le tout se trouve exactement mesuré.

52. Il pourroit venir en pensée de donner beaucoup plus d'étendue à l'usage du Micromètre dont la principale partie, comme le sçavent tous les Lecteurs, est une longue vis. Il semble qu'on pourroit mesurer le rayon de l'instrument par le moyen d'un fil assez gros de métal qui ne seroit qu'une vis dans toute sa longueur, dont on compteroit les pas ; & on se serviroit d'un morceau de ce même fil étendu sur le Limbe pour déterminer la corde, ou même pour faire mouvoir une petite platine, qui en glissant d'une extrêmité à l'autre porteroit

avec elle le point fur lequel doit battre le fil aplomb; & on pourroit pouffer la précifion jufqu'à difcuter les fractions des fpires. L'exactitude de ce moyen dépend de l'égalité parfaite des pas de la vis ; & différentes caufes Phyfiques peuvent y apporter des irrégularités, qui fans être confidérables fur un efpace de 2 ou 3 pouces, le deviendroient, peut-être, lorfqu'on donne à la vis plufieurs pieds de longueur. Le fil de métal plus ou moins doux peut céder avec plus ou moins de facilité dans un endroit que dans l'autre ; l'ouvrier peut auffi ne pas toujours regler également fon effort ; & enfin l'expérience m'a montré qu'on appercevoit quelques fois quelque différence entre les vis paffées par la même filiere, quoiqu'elles n'euffent que 3 ou 4 pouces de longueur. Or il n'en faut pas davantage pour rendre abfolument fufpecte la prétendue égalité de toutes les parties d'une vis qui aura 10 ou 12 pieds, quelque précaution qu'on prenne pour la former. Suppofé d'ailleurs qu'on parvînt par un bonheur inefperé à cette irrégularité parfaite, il faudroit pour diffiper le fcrupule qui fubfifteroit toujours, revenir aux manieres ordinaires de mefurer. On fuppofe outre cela qu'on ait trouvé une méchanique commode pour faire mouvoir fur le Limbe la petite platine dont on a parlé. Car il n'eft que trop évident que fi l'on fe contentoit de prendre avec un compas fur la vis la longueur de la corde, on pourroit commettre une erreur qui feroit d'autant plus à craindre qu'elle ne fe fubdiviferoit pas, & que toute entiere elle préjudicieroit à l'exactitude de l'obfervation. Ainfi tout bien confideré, on ne craint pas de préférer le premier moyen, qui confifte à rendre toujours la corde une certaine partie aliquote exacte du rayon : on avoue même ingénuement que ce moyen paroît fi fimple par le peu de circonftances dont il dépend, qu'on doute qu'il puiffe s'en préfenter d'autre qui doive jamais le faire exclure.

VIII.

De la maniere de donner au plan de l'inſtrument la direction qu'il avoit.

53. Le reſte eſt facile auſſi-tôt que le Secteur a été conſtruit avec toutes les attentions que nous venons d'indiquer. Il ſuffit de le diriger dans le plan du Méridien, & de faire tomber le fil aplomb ſur un des points marqués ſur le Limbe, pour que l'obſervation ſe conſomme ſans aucune peine: il ne ſera ſimplement queſtion que de meſurer avec le Micrométre combien l'Étoile paſſe au-deſſus ou au-deſſous de la ſoye horiſontale fixe du foyer. Il faut abſolument mettre le Secteur dans le plan du Méridien, puiſque c'eſt la ſeule diſtance méridienne de l'aſtre au Zénith qu'il s'agit d'obtenir. Mais il n'eſt pas douteux, vû les précautions que nous avons priſes, que l'inſtrument une fois diſpoſé, l'Aſtre ne vienne comme de lui-même paſſer dans la lunette & qu'il n'y paſſe à l'inſtant précis de la médiation, puiſque la lunette parallele au Secteur ſe trouvera néceſſairement bien dirigée. Ainſi on réuſſira avec ces ſeules attentions qui ſont ſi ſimples à diſſiper tous les obſtacles par leſquels on avoit été arrêté juſqu'à préſent, & qui avoient dû ſi fort embarraſſer les Obſervateurs capables de ſcrupule.

54. On ſe contentoit ordinairement, pour ne pas dire toujours, de diriger les grands inſtrumens en faiſant paſſer l'Etoile par la lunette à l'inſtant de la médiation; & pour mieux s'en aſſurer, on prenoit des hauteurs correſpondantes de l'Etoile vers l'Orient & vers l'Occident. Ce n'eſt encore que lorſqu'on vouloit pouſſer l'exactitude très-loin qu'on avoit recours à ce ſecond expédient; car ſouvent on croyoit avoir aſſez fait, de chercher la médiation par le calcul, en ſuppoſant connues les aſcenſions droites. On ne remarquoit pas que l'un & l'autre

E e ij

moyen étoit fort éloigné de suffire, & que la formalité plus spécieuse de prendre des hauteurs correspondantes ne répondoit nullement à ce qu'on devoit avoir en vûe. L'Etoile passant très-près du Zénith doit changer très-subitement de vertical; il se peut faire qu'elle en change de plus d'un degré en 3 ou 4″ de tems. Ainsi il suffiroit de se tromper de ce court intervalle pour qu'on fut exposé à le faire sur la direction du Secteur de plus d'un degré, lorsque la Lunette est même disposée avec le plus de soin; & c'est bien pis lorsque la lunette n'est pas parallele au plan du Secteur, comme cela a dû arriver presque toujours.

55. Au lieu de se servir pour orienter l'instrument de l'Etoile même qu'il s'agit d'observer; il faut donc absolument choisir quelqu'autre Astre qui étant moins élevé donne la direction du Méridien avec plus d'exactitude. Il n'est pas nécessaire de montrer qu'on peut faire en cela un choix qui est plus avantageux, selon que l'Astre passe plus ou moins loin du Zénith & selon qu'il est situé par rapport à l'Equateur. Pendant que j'étois au Pérou j'ai toujours eu recours au Soleil, à l'égard duquel l'opération se trouve beaucoup plus simple. Il étoit d'abord question de regler une pendule; & aussi-tôt que j'en connoissois l'état, je formois un gnomon, en faisant un très-petit trou dans le toit par lequel je faisois passer l'image du Soleil à l'instant de midi; & j'indiquois la Méridienne par un long assemblage de cheveux ou par un fil de pite. Ce fil traversoit l'observatoire à peu près à la hauteur du bas de l'instrument, il étoit soutenu sur deux petits crampons attachés aux deux murailles opposées;* on le tendoit presque chaque jour avant l'observation; & on examinoit avec une Echelle divisée en très-petites parties combien les deux extrémités du Limbe en étoient éloignées. On pouvoit de cette sorte répondre de la direction de l'instrument, à moins d'une minute de degré; & il est certain que cette précision, qui ne dispensoit

* Voyez la Planche de la pag. 186.

pas de comparer l'inſtant du paſſage de l'Etoile à celui de ſa médiation, étoit plus que ſuffiſante pour qu'il n'y eut abſolument aucune erreur à craindre. Car l'effet que produit ſur l'obſervatoin une petite différence dans la direction, diminue comme ſon quarré, au moins dans le cas dont il s'agit maintenant.

Examen de l'erreur qu'on a été ſujet à commettre en obſervant la hauteur des Aſtres avec un inſtrument dont la lunette étoit déviée, lorſqu'on mettoit cet inſtrument exactement dans le plan du Méridien.

56. Mais ſuppoſons qu'on n'ait pas été auſſi ſcrupuleux que nous l'avons été ſur le paralleliſme de la lunette, & voyons ce qui a dû arriver, ſelon les différens procedés qu'on a pû ſuivre en dirigeant l'inſtrument. Il s'offroit deux divers moyens, comme nous l'avons déja inſinué, l'un de diriger le Secteur par le ſecours d'une Méridienne exactement tracée, ſans faire attention à l'inſtant du paſſage de l'Etoile par la lunette; l'autre de regarder ce paſſage comme la marque caracteriſque des obſervations préférables, ainſi qu'il paroît qu'on l'a fait preſque toujours juſqu'à préſent.

56. Pour examiner d'abord le premier moyen, ſuppoſons que MZN (*Fig.* 31.) ſoit le plan du Méridien, Figure 31. dans lequel eſt exactement ſitué l'inſtrument, que Z ſoit le Zénith, & P le Pole; que la lunette ſoit dirigée obliquement ſelon CA qui fait avec le plan de l'inſtrument & du Méridien l'angle ACB. Le Lecteur ne trouve ſans doute aucune difficulté à imaginer l'inſtrument d'un auſſi grand rayon que le Méridien & que le Ciel; il voit aſſez que cela ne doit rien changer aux raiſonnemens que nous devons faire. L'Aſtre A après avoir paſſé par la lunette viendra rencontrer le Méridien en E, & ce ſera ME ſa hauteur méridienne, au lieu que l'Obſervateur ne pourra pas s'empêcher de prendre l'arc MB

pour cette hauteur ; puifque c'eft au point B du Limbe
que la lunette répond perpendiculairement, & que toutes les méthodes qu'on a de vérifier les inftrumens ne
fervent qu'à déterminer ce point. L'erreur qu'on commet eft compliquée ; l'inftrument ne repréfente pas exactement les angles que fait l'axe de la lunette avec l'horifon ; & d'un autre côté l'Aftre qui eft vers l'Orient ou
vers l'Occident, n'a pas la même hauteur que lorfqu'il
paffe au Méridien : mais tout compté, l'Obfervateur fe
trompe de la petite quantité BE, qu'il eft donc queftion de découvrir.

Figure 31.

58. Je conçois un plan tangent à la Sphére & au
Méridien en B, qui rencontre l'axe PC prolongé en
G. Je puis à caufe de la petiteffe de AB (car la déviation de la lunette n'eft pas fuppofée exceffive) confiderer dans ce plan la petite ligne AB & le petit arc AE,
& prendre le point G pour le centre de cet arc ; & fi
nous achevons de décrire du point G comme centre, &
fur le plan tangent, le cercle dont le petit arc AE eft
une portion, il arrivera à caufe de la proprieté du cercle que AB fera moyenne proportionnelle géométrique
entre EB & l'autre partie du diamétre. D'un autre côté
cette feconde partie du diamétre fera fenfiblement égale
au diamétre même ou au double de GE ; puifque la petiteffe de BA rend BE comme infiniment petite par rapport à EG. Ainfi l'erreur BE commife fur la hauteur de
l'Aftre fera égale au quarré de la déviation de la lunette,
divifé par le double de la tangente du complement de
la déclinaifon de l'Aftre.

59. Ainfi le peu de hauteur de l'Aftre ou fa grande
élevation n'entre pour rien dans l'erreur dont il s'agit
actuellement : C'eft feulement fa diftance plus ou moins
grande au Pole. Nous n'avons eu dans toutes nos obfervations au Pérou ; foit pour la mefure des degrés terreftres, foit pour la détermination de l'obliquité de l'E-
cliptique, que de grandes hauteurs méridiennes à ob-

DE LA TERRE, IV. SECT. 223

ferver; l'Aftre a toujours été voifin de l'Equateur; & l'erreur $BE = \frac{AB^2}{2GE}$ dans laquelle nous avons pû tomber, a toujours été fort petite, auffi-tôt que nous avons été attentifs à bien diriger le Limbe, puifque la tangente GE a toujours été fort grande. Mais fi nous avions eu au contraire à obferver la hauteur méridienne de quelque Aftre voifin de l'horifon, ou en général fi quelque Obfervateur étoit obligé d'obferver une Etoile très-voifine du Pole, on voit que la déviation de la lunette jetteroit alors dans des erreurs très-confidérables

Figure 31.

Examen de l'erreur qu'on a été fujet à commettre, lorfqu'au lieu de mettre l'inftrument dans le plan du Méridien, on a fait paffer l'Aftre à l'inftant de la médiation par le centre de la lunette quoique déviée.

60. Examinons maintenant l'erreur à laquelle on a été expofé, lorfqu'au lieu de bien placer le quart de cercle ou l'inftrument dans le plan du Méridien, on s'eft contenté de le difpofer en faifant paffer l'Aftre dans la lunette à l'inftant de la médiation. Nous verrons que généralement parlant, l'erreur a été incomparablement plus grande, & que les conféquences ont pû quelques fois en être énormes; parce qu'elles dépendent du peu de diftance au Zénith de l'Aftre qu'on obferve, diftance qui eft ordinairement moindre que la diftance au Pole. Si MZN (*Fig.* 32) eft le Méridien, la lunette CA fera dans le même plan: mais l'inftrument, le fecteur ou le quart de cercle ZCV en fera donc éloigné, puifqu'il fait un angle ACB avec la lunette. Du point A où répond l'Aftre & la lunette dans le Méridien, j'abaiffe la perpendiculaire AB fur le plan du quart de cercle; & le point B fervira de terme à la hauteur qu'on attribuera

Figure 32.

Figure 32. à l'Aftre. Le vrai complement de la hauteur est AZ qui est égal à ZD, retranché sur l'instrument par l'almicantarat ou arc de petit cercle AD qui passe par l'Astre & qui est décrit du Zénith comme Pole ; mais comme on prendra sur l'instrument l'arc BZ pour complement de la hauteur, on se trompera donc de la petite quantité BD. Or cette erreur qui est toujours en défaut sur le complement de la hauteur de l'Astre, est égale au quarré de la déviation AB de la lunette par rapport à l'instrument, divisé par le double de la tangente AF du complement de la hauteur : c'est ce qu'on peut prouver par un raisonnement semblable à celui que nous avons fait plus haut (N. 58.)

61. Ainsi l'erreur est nulle, lorsque l'Astre est tout à fait proche de l'horison, parce que la tangente AF est infinie, ou parce que AD & AB se confondent ; & c'est tout le contraire lorsque l'Astre est tout à fait proche du Zénith. Dans ce dernier cas l'arc AZ devient sensiblement égal à la tangente AF ; & par conséquent l'erreur qu'on commet dans les observations, est alors égale à $\frac{AB^2}{2AZ}$, c'est-à-dire au quarré de la déviation de la lunette, divisé par le double du complement de la hauteur. Si la déviation est par exemple, de 10′ & que l'Astre ne soit éloigné du Zénith que de 30′, on se trompera de $\frac{100}{60}$ ou $\frac{5}{3}$′ ou de 1′40″. Enfin l'erreur croît en raison doublée des déviations de la lunette, & en même rapport que la distance de l'Astre au Zénith est plus petite.

62. Si la distance de l'Etoile au Zénith étoit moindre que la quantité dont la lunette est *déviée*, on ne pourroit plus même quelque erreur qu'on se permît sur la direction de l'instrument, faire passer l'Etoile par le centre de la lunette ; il faudroit encore se permettre une faute d'un autre genre ; il faudroit l'incliner l'instrument en lui faisant perdre la situation verticale qu'il doit avoir. Il est évident que si l'Etoile passoit par le

Méridien

DE LA TERRE, IV. SECT. 225

Méridien, par exemple, en *a* seulement à 8' de distance du Zénith pendant que la lunette est *déviée* de 12', on seroit obligé d'incliner l'instrument au moins de 4' de l'autre côté du Zénith, afin que la lunette se trouvât pointée sur l'Astre. Mais le Limbe au lieu d'être alors dirigé selon le Méridien seroit placé dans le sens tout à fait perpendiculaire; & comme cette disposition dont le défaut sauteroit aux yeux, ne seroit pas tolerable, on se trouveroit dans la fâcheuse nécessité pour diminuer le mal d'un côté, de l'augmenter de l'autre, en rendant l'inclinaison encore plus grande. L'embarras de l'Observateur dans de pareilles circonstances ne pourroit pas manquer d'être extrême; cependant toutes ses peines seroient inutiles tant qu'il ne s'aviseroit pas de remonter jusqu'à la source du mal.

63. N'ayant aucune certitude que la lunette de l'instrument de M. Picard fut parfaitement bien disposée, rien ne nous empêche de supposer qu'elle étoit *déviée* de 8 ou 10', ou même d'une quantité plus grande. * Il paroît aussi que ce Mathématicien n'observoit de regle pour diriger son Secteur, que de saisir l'Etoile à l'instant précis de la médiation qu'il inferoit par le calcul, après avoir pris quelques hauteurs du même Astre encore fort éloigné du Méridien. Il embrassoit donc le plus mauvais des deux moyens que nous venons d'examiner. Mais nous reconnoissons l'extrême sagacité de ce grand Astronome, lorsque nous le voyons choisir de propos délibéré une Etoile qui passoit à une distance très-considérable du Zénith, afin d'éluder la difficulté qu'il avoit comme ressentie ou qu'il avoit au moins prévûe. Si la déviation de sa lunette étoit effectivement de 10', & si l'on employe à la place des tangentes les arcs même, on aura pour l'erreur commise à Malvoisine ou le génouil (ε) de la Cassiopée étoit éloigné du Zénith de 9^d 59' ou de 599'; on aura, dis-je, $\frac{100'}{2 \times 599}$ ou environ 5" pour l'erreur sur cette distance. La même Etoile étoit

* Voyez Num. 34.

éloignée du Zénith d'Amiens d'environ 8ᵈ 36′ ou de 516″, & l'erreur étoit en conséquence de $\frac{100'}{2 \times 516}$, ou d'environ $5\frac{4}{5}″$. Il faut retrancher une de ces erreurs de l'autre, puisqu'il faut faire la même chose à l'égard des deux distances : ainsi la différence $\frac{4}{5}″$ est à peu près la plus grande quantité dont M. Picard a pû se tromper sur l'arc de 1ᵈ 23′ compris entre les parallèles de Malvoisine & d'Amiens, ce qui justifie pleinement la bonté de la précaution à cet égard. Mais ce ne seroit pas la même chose, nous ne pouvons assez le repéter, si avec un instrument dont la lunette étoit peut-être encore plus *déviée*, on se hazardoit d'observer des Etoiles beaucoup plus voisines du Zénith, & qu'il fallut outre cela ajouter ensemble les deux distances : il ne seroit pas étonnant que l'erreur allât alors à plusieurs minutes. C'est encore une fois, qu'on ne sçauroit, sans oublier les autres attentions que nous avons prescrites, pousser trop loin le scrupule sur le parallelisme de la lunette & de l'instrument, & qu'il faut toujours malgré cela, lorsqu'on observe des Astres qui sont beaucoup plus voisins du Zénith que du Pole, s'attacher à mettre immédiatement le Limbe dans le plan du Méridien, en le rendant parallele à une méridienne tracée avec la plus grande exactitude.

CINQUIEME SECTION.

Détail des observations Astronomiques faites pour déterminer l'amplitude de la Méridienne de Quito, & pour conclure la grandeur du premier degré de latitude.

I.

1. J'ai rapporté toutes mes remarques sur la maniere d'observer, avant que de rendre compte des observations même; parce qu'il y a eu effectivement le même ordre entre ces remarques & les observations. Il n'arrive que trop souvent qu'on ne pense qu'après avoir agi: mais l'intérêt de la vérité, sans qu'il s'y mêle aucun autre motif, m'oblige d'assurer que je n'ai point à me reprocher une pareille faute, & que les attentions dont je viens de faire le détail, sur lesquelles je n'ai eu que trop le tems de reflechir par l'extrême longueur de notre séjour au Pérou, n'ont pas été imaginées après coup. Les recherches dans lesquelles j'avois à m'engager pour cela n'étoient pas difficiles: mais je ne dûs pas tarder à sentir de quelle importance elles étoient, pour perfectionner malgré leur extrême simplicité, toute la partie de l'Astronomie pratique dont nous avions besoin. Je vis bien qu'elles assuroient le succès d'un voyage pour lequel toutes les Nations sçavantes s'intéressoient; & que nous pouvions au contraire perdre entierement le fruit de notre mission, en nous contentant d'opérer avec des instrumens aussi imparfaits que ceux dont on se servoit en Europe lorsque nous en partîmes.

2. Je spécifiai dans un premier rapport à la fin des premieres observations que nous fîmes ensemble M. de

la Condamine & moi à l'extrêmité Auſtrale de la Méridienne, toutes les attentions eſſentielles que j'avois eûes dans la conſtruction & dans la diſpoſition de notre Secteur. La fidelité de ce rapport fut atteſtée par M. de la Condamine & par M. Verguin Ingenieur de la Marine qui y mit auſſi ſon Certificat. Le premier de ces deux Meſſieurs déclare que s'il n'a pas vû diſpoſer l'inſtrument, il a été informé de toutes les précautions que j'ai priſes & qu'il les a vérifiées depuis pour la plûpart. Je dreſſai un ſemblable Procès-verbal pour les ſecondes obſervations: & ſi je n'inſiſtai alors que ſur les faits qu'il importoit de conſtater, c'eſt ce que je me reſervois à expliquer dans un Mémoire relatif à ces deux écrits & qui devoit leur ſervir de ſupplément, toutes mes réflexions particulieres & les motifs qui m'avoient déterminés. Ce Mémoire que j'ai eu l'honneur à mon retour de faire voir à l'Académie & que je n'ai gueres fait que tranſcrire dans la Section précédente, a été paraphé en pleine aſſemblée le 17 Février 1745; il eſt daté de Cocheſqui, extrêmité Septentrionale de notre Méridienne le 20 Mars 1740, & il a été légaliſé au Pérou avec les ſolemnités uſitées dans le Pays, de même que les deux Procès-verbaux. C'étoit bien malgré moi que j'avois recours à ces formalités qui devroient être inconnues des Philoſophes ou au moins bannies de leurs diſcuſſions. Mais la ſéparation de M. Godin devoit faire craindre qu'on ne jettât de l'obſcurité ſur une infinité de choſes. Nous ne pouvions preſque plus rien faire de concert avec cet Aſtronome; nous nous voyons pour toujours privés du conſeil réciproque les uns des autres; & il s'agiſſoit de prevenir l'indéciſion où l'on ſe trouveroit un jour en France, ſi nos réſultats ne s'accordoient pas aſſez & qu'il fut queſtion de prononcer ſur nos différends. Il pouvoit alors devenir extrêmement utile pour l'intérêt de la vérité & pour le bon droit de notre cauſe, de prouver non-ſeulement qu'on avoit eu préſentes de notre côté les attentions nécessaires pour bien observer, mais qu'on avoit murement pesé combien chacune en particulier influoit sur la justesse des opérations.

3. On voit par cet exposé qu'on peut donner une entiere confiance à notre travail, principalement s'il a été vérifié ou repété assez de fois pour qu'on n'ait point à y craindre ces erreurs qu'on n'est pas toujours exempt de commettre, quoiqu'on ne pêche pas contre les regles que prescrit la Théorie. C'est dans le dessein de dissiper les doutes à ce dernier égard & même de desarmer jusqu'aux objections les moins fondées, que je suis resté dans le pays encore près de trois ans. Pendant tout ce tems-là je n'ai point eu d'autre objet, & toutes mes occupations s'y sont rapportées, si l'on excepte le voyage dont j'ai parlé & que j'entrepris vers la Mer du Sud en 1740, pour déterminer la hauteur absolue des montagnes sur lesquelles étoient appuyés nos triangles. Cependant je vais commencer par communiquer des observations dont je ne puis répondre que jusqu'à un certain point, malgré l'extrême peine qu'elles nous donnerent. Ce sont celles que nous fîmes sur l'obliquité de l'Ecliptique peu de tems après notre arrivée au Pérou. J'insererai ici le Mémoire que j'envoyai en Europe sur cette matiere : mais j'ai cru afin de pouvoir faire entrer diverses remarques qui sont devenues nécessaires, devoir refondre les éclaircissemens que j'y joignis quelques mois après. Si l'obliquité de l'Ecliptique n'a point de rapport immédiat avec le sujet principal de notre mission, elle pouvoit elle-même en être un objet particulier très-considérable. Outre cela nous ne pûmes pas nous occuper de cette recherche, sans découvrir la latitude de Quito & observer la distance de quelque Etoile au Zénith de cette Ville pour rectifier le Secteur dont nous nous servions ; ce qui rentroit dans le plan de nos autres travaux & ce qui en étoit comme un prélude.

4. Enfin je dois avertir une fois pour toutes que sup-

posé que le voisinage des montagnes altere la direction des fils aplomb, il n'y a néanmoins rien à craindre à cet égard pour l'exactitude des obfervations que je donnerai ici. J'ai eu le foin de m'en affurer par l'examen des circonftances locales: j'ai mefuré à peu près la folidité des montagnes pour la comparer à celle de la Terre; j'ai évalué la gravitation dont nous pouvions reffentir les effets; je l'ai fait pour Quito, pour Mama-Tarqui, & pour Cochefqui, & j'ai vû toujours que la partie qui pouvoit alterer les obfervations étoit nulle. J'ai pouffé la difcuffion auffi loin à l'égard de *Pueblo-viejo* extrêmité Septentrionale de la Méridienne de M. Godin, pour laquelle la chofe méritoit davantage d'être examinée. J'avois reconnu ce pofte dès 1737, & je l'avois indiqué comme celui où l'on pouvoit conduire les triangles du côté du Septentrion fans trouver de nouvelles difficultés. J'ai eu la curiofité de l'examiner derechef, lorfque je m'en fuis trouvé à portée, en m'en revenant en Europe. Il y a des montagnes précifement au Nord, *Pouckoués*, *Chiltaçon*; & le tout forme une maffe confidérable & fort élevée au-deffus de la Riviere de Mira & de la plaine qui eft au Sud; mais fi la ligne verticale s'eft détournée par en bas vers la montagne, & par en haut vers le Sud, ce qui aura diminué un peu l'amplitude de l'arc de la Méridienne dont il s'agit; je fuis perfuadé que la différence n'a été tout au plus que de quelque fraction de feconde.

II.

Relation des Obfervations faites à Quito pour déterminer l'obliquité de l'Ecliptique au dernier Solftice de 1736 & au premier de 1737 avec un inftrument de 12 pieds de rayon.

5. Ce n'eft gueres que dans la Zone Torride & pro-

che de l'Equateur qu'on peut observer l'obliquité de l'Ecliptique avec une assez grande précision. Les hauteurs solsticiales du Soleil y étant fort grandes, on n'a rien à craindre des irrégularités de la réfraction; & comme les complements de ces hauteurs sont presques égaux & qu'ils ne surpassent gueres 23^d, on peut les mesurer aussi bien l'un que l'autre avec un instrument d'un grand rayon. Nous eussions pû commencer cette observation importante dès le mois de Juin 1736 & je le souhaitois; mais retardés par quelques obstacles, nous ne l'avons entreprises qu'au mois de Décembre de la même année.

6. L'instrument dont nous nous sommes servis est formé d'un Limbe de cuivre exactement divisé par des points de minute en minute & subdivisé mais avec moins de précision de cinq en cinq secondes par des transversales. Deux barres ou regles de fer d'environ cinq pieds de long, & fortifiées par d'autres placées derriere & mises de champ partent des deux extrêmités de ce Limbe & vont se joindre en haut à une troisiéme regle de fer qui part du milieu. Cette derniere de même que celle qui est de champ derriere est prolongée jusqu'à 12 pieds de hauteur pour soutenir le centre & le bout objectif de la lunette. Tout l'instrument est maintenu dans un état constant par des vis & des clavetes, & la lunette qui est armée d'un Micromètre & qui a douze pieds de longueur est non-seulement arrêtée par les deux extrêmités, mais aussi par le milieu par le moyen d'un bras de fer qui vient se rendre à la jonction des trois premieres barres. Enfin tout l'instrument est soutenu par un génouil sur un pied, comme les quarts de cercles ordinaires.

7. Le Ciel étant couvert le 19 & 20 de Décembre 1736, nous ne pûmes commencer à observer que le 21, & nous trouvâmes M. Godin, M. de la Condamine & moi la distance Méridienne du bord Austral du Soleil

au Zénith de 23ᵈ 18′ 53″. Nous continuâmes le 23, le 24, le 25 & le 27 du même mois. Je joins ici à ces observations le changement qu'avoit souffert la déclinaison du Soleil depuis l'instant du Solstice. J'ai employé pour les calculer l'obliquité de l'Ecliptique de 23ᵈ 29′ qui ne s'est pas ensuite trouvée exacte ; mais cela n'empêche pas que les changemens ne soient toujours les mêmes.

1736. Decemb.	Dist. appa. du bord Austral du Sol. au Zénith.			Chang. en déclin. depuis l'inst. du Solstice.		Distance apparente Solst. du bord Aust. ☉ au Zénith.		
Jours.	D.	M.	S.	M.	S.	D.	M.	S.
Le 21	23	18	53	0	1	23	18	54
Le 23	23	17	49	1	9	23	18	58
Le 24	23	16	41	2	31	23	19	12
Le 25	23	14	51	4	18	23	19	9
Le 27	23	9	51	9	16	23	19	7

8. Je ne mets pas entre ces observations une autre du 13 Janvier 1737, où la distance du bord Austral du Soleil au Zénith se trouva de 21ᵈ 14′ 4″, parce que la conclusion que j'en pourrois tirer de la distance du Tropique, seroit trop dépendante de la Théorie du Soleil. Mais les cinq autres lorsqu'on en prend le milieu donnent 23ᵈ 19′ 4″ pour la distance solsticiale du bord Austral du Soleil au Zénith ; & si on en retranche 16′ 22″ pour le semi-diamétre de cet Astre, on aura 23ᵈ 2′ 42″ pour la distance apparente du Tropique de ♑ au Zénith. Cette distance est affectée de la réfraction, de la parallaxe & de l'erreur de l'instrument.

9. Nous commençâmes le 31 Décembre à examiner cette erreur en observant la distance au Zénith de l'Etoile de la seconde grandeur qui est au milieu de la ceinture d'Orion, & qui est désignée par ε dans Bayer. Cette
observation

observation de même que celles des 4 & 8 Janvier 1737 nous parurent défectueuses. Mais le 9 nous observâmes la distance de 58′ 18″, le 10 de 58′ 21½″ & le 11 & le 12 de 58′ 19″; ce qui donne environ 51′ 19½″ pour la distance moyenne. Nous fimes ensuite faire un demi-tour à l'instrument au tour de son pied, afin d'observer la distance de l'Etoile au Zénith sur la partie du Limbe qu'on peut appeller *négative*. Alors nous nous trouvâmes seuls M. Godin & moi, parce que M. de la Condamine partit pour se rendre à Lima. Le 26 Janvier la distance de l'Etoile fut de 1^d 22′ 56½″, & le 27 de 1^d 22′ 54½″; le 31 de 1^d 22′ 42½″, & le premier de Février que je me trouvai seul de 1^d 22′ 56″. L'observation du 31 Janvier s'éloigne un peu des autres ; mais je n'ai aucun moyen de la rejetter. La quantité moyenne entre les quatre est un peu moins de 1^d 22′ 52½″, & l'erreur de l'instrument causée par la disposition de la lunette, résulte de 12′ 16½″ ; mais si on rejette l'observation du 31 Janvier comme je crois après tout qu'on le doit faire, on aura 12′ 18″, qui étant ajoutées à la distance apparente 23^d 2′ 42″ du Tropique de ♑ au Zénith, donnent 23^d 15′ 0″ pour la distance apparente corrigée. Mais on doit encore augmenter, comme je le montrerai ci-après, cette distance de 12½″ pour la seconde erreur de l'instrument produite par la disposition particuliere de son centre. Ainsi la distance apparente du Tropique de ♑ au Zénith corrigée de toute erreur est de 23^d 15′ 12½″.

10. Nous avons ensuite laissé l'instrument en place jusques à ce dernier Solstice (celui de Juin 1737) je me proposois pendant les six mois d'intervalle d'observer de tems en tems les hauteurs du Soleil ; mais j'en ai été empêché ou par d'autres occupations ou par les pluyes ordinaires dans cette saison. Je ne suis arrivé que quelques jours avant le Solstice d'un voyage que j'ai fait au Nord de Quito pour reconnoître le terrain par rapport à la Méridienne ; & M. de la Condamine est arrivé en

même tems de son voyage de Lima. Les 20, 21 & 23 Juin nous observâmes le bord Septentrional du Soleil & le 24 son bord Austral ; je mets ici ces observations avec les distances que j'en ai conclu du Tropique de ♋ au Zénith ; j'ai pris 15′ 49″ pour le semi-diamétre du Soleil.

1737. Juin.	Dist. apparente du centre du Soleil au Zénith.			Quantité dont la décli. est moindre qu'à l'inst. du Solst.		Dist. apparente du Tropique de ♋ au Zénith.		
Jours.	D.	M.	S.	M.	S.	D.	M.	S.
Le 20	23	29	9	0	8	23	29	17
Le 21	23	29	19	0	½	23	29	19 ¼
Le 22	23	29	7	0	17	23	29	24
Le 23	23	28	14	1	1	23	29	25
Le 24	23	27	19	2	6	23	29	25

11. En prenant le milieu il vient à très peu près 23ᵈ 29′ 20″ pour la distance apparente du Tropique de ♋ au Zénith, distance qui est non-seulement affectée de la parallaxe & de la réfraction ; mais aussi de l'erreur de l'instrument qui pourroit bien n'être pas la même qu'à l'autre Solstice par ce qu'on avoit été obligé de toucher aux fils du Micrométre.

12. Quoique ce fut peu avant onze heures du matin que l'Etoile ε d'Orion passât par le Méridien, nous nous proposâmes de nous en servir encore, comptant pouvoir la découvrir. Cela nous a réussi comme nous l'esperions ; mais cependant elle n'a jamais gueres paru que vers le milieu du champ de la lunette ; ce qui nous l'a fait manquer plusieurs fois, & ce qui joint au mauvais tems nous a obligé de la poursuivre pendant plus d'un mois. Le premier de Juillet sa distance apparente au Zénith se trouva de 1ᵈ 22′ 29″ sur la partie négative du Limbe ; le 2 de 1ᵈ 22′ 27″, le 5 de 1ᵈ 22′ 34″, & le 7 de 1ᵈ 22′ 33″. La distance moyenne est de presque 1ᵈ 22′

DE LA TERRE, V. SECT.

31″ qui devient 1ᵈ 22′ 32″ en ajoutant environ 1½″ à cause de la disposition du centre. Dès-lors nous pouvions connoître l'état de l'instrument; mais craignant quelque variation de la part de l'Etoile soit par la parallaxe de l'Orbe annuel ou par quelques autres causes, nous voulumes prendre encore quelques distances, en nous servant de la partie positive de l'arc. Ce ne fut que le 28 Juillet que nous pûmes obtenir une observation revêtue de tous les caracteres d'exactitude que nous demandions. La distance de l'Etoile au Zénith se trouva de 58′ 39″. Le 30 je trouvai précisement la même chose, & le 3 du mois présent d'Août nous l'avons trouvée de 58′ 41″ ou de 58′ 44″ (la premiere estime est de moi) je prends pour milieu 58′ 40″ qui devient 58′ 41½″ ou 58′ 42″ en appliquant la petite correction pour la disposition du centre. Il suit delà que l'erreur de l'instrument n'est plus de 12′ 18″, mais de 11′ 55″. Or ajoutant ces 11′ 55″ à la distance apparente 23ᵈ 29′ 20″ du Tropique de 69 au Zénith, on a 23ᵈ 41′ 15″ pour la distance apparente premierement corrigée; & ajoutant encore 12½″ pour la seconde correction, celle qu'exige la disposition du centre de l'instrument, il vient 23ᵈ 41′ 27½″ pour la distance apparente dernierement corrigée.

13. C'étoit le 3 de ce mois après avoir fait notre derniere observation qu'étant sur le point de démonter l'instrument, nous examinâmes la situation de son centre. Nous prîmes six pieds de Roy avec un compas à verge, & portant cet intervalle sur le Limbe, nous reconnûmes qu'il étoit la corde d'un arc de 28ᵈ 58′ 43″. Nous vîmes très-distinctement M. Godin, M. de la Condamine & moi, car nous ne pouvions pas plus manquer d'être tous présens à cet examen qu'aux observations mêmes, que l'arc étoit d'un peu plus de 28ᵈ 58′ 40″ & d'un peu moins de 28ᵈ 58′ 45″; & nous nous sommes arrêtés au nombre que je viens de dire, en tendant sur les transversales un fil attaché au centre. Il suit de-là que le rayon de l'ins-

Gg ij

trument doit être de 11 pieds 11 pouces $10\frac{64}{100}$ lignes. Mais en le mesurant deux fois actuellement le long de la regle de fer qui soutenoit le centre, & en prenant le milieu des deux quantités qui ne différoient pas entr'elles d'un 10me de ligne, nous reconnûmes qu'il étoit de 11 pieds 11 pouces $10\frac{46}{100}$ lignes, trop court de $\frac{18}{100}$ lig. Ce rayon actuellement mesuré étoit éloigné de la direction de la lunette de $13\frac{1}{2}$ degrés.

14. Nous attachâmes ensuite au centre un fil de pite chargé d'un plomb, & nous déterminâmes sur ce fil la longueur du rayon par le moyen d'un nœud que nous pouvions faire glisser. Le faisant après cela battre sur divers endroits du Limbe, nous trouvâmes qu'à $25\frac{1}{2}$ degrés de distance de la lunette le rayon étoit plus long précisement d'une ligne que le rayon parallele à la lunette. Il nous étoit difficile de prendre d'autres mesures, l'instrument étant monté; & nous avions à craindre qu'en le mettant à terre, il ne reçût quelque changement: ainsi il est devenu comme nécessaire de chercher par ces *seules données*, la position du centre actuel par rapport au vrai centre.

Figure 33.

15. Dans la Fig. 33, CA représente le rayon parallele à la lunette. AD est la partie du Limbe de $25\frac{1}{2}$ deg. & AB celle de $13\frac{1}{2}$. Le point C est le vrai centre; de sorte que CB est de 11 pieds 11 pouces $10\frac{64}{100}$ lig. ainsi que nous l'avons trouvé à proportion de la corde de $28^d 58' 43''$. Mais comme en mesurant le rayon actuel qui répond au point B nous l'avons trouvé trop court de $\frac{18}{100}$ lig. c'est une marque que le centre actuel, au lieu d'être en C, est comme en K sur une ligne droite FG, située $\frac{18}{100}$ lig. au-dessous de CE qui est perpendiculaire à CB ou parallele à une très-petite portion de l'arc prise en B, que nous supposons droite à cause de sa petitesse. *D'un autre côté si par le vrai centre C,

* Nous pouvons bien supposer ici que tous ces petits arcs sont des lignes droites, puisque sur 2 lignes de longueur leur courbure n'est pas de $\frac{1}{1000}$ lig.

on tire deux petites lignes droites CL & CI, l'une perpendiculaire à CA & l'autre perpendiculaire au rayon CD, il eſt clair que la petite perpendiculaire KL abaiſſée du centre actuel K ſur CH, ſera la quantité dont le rayon actuel ſera trop court au point A, & que la petite perpendiculaire KM abaiſſée du même centre actuel K ſur CI exprimera la quantité dont le rayon actuel qui répond au point D ſera trop grand. Tout cela eſt vrai à cauſe de l'extrême petiteſſe des lignes CL, CM, &c. par rapport au rayon de l'inſtrument. Mais il ſuit de-là que pour choiſir ſur FG le point K, où ſe trouve le centre actuel, il n'y a qu'à choiſir ce point; de manière que KL & KM, faſſent jointes enſemble, un eſpace d'une ligne. Car alors le rayon actuel pris vis-à-vis de D ſera d'une ligne plus long que le rayon pris vis-à-vis de A, comme nous l'avons effectivement trouvé par nos meſures.

16. On a cet avantage en ſuivant cette méthode, que ſans s'engager dans aucun calcul, & qu'en ne ſuppoſant outre cela que des meſures qu'on peut prendre aiſément pendant que l'inſtrument eſt en pied & qu'il n'a pû ſouffrir aucun dérangement, on peut par le moyen d'une figure & d'une conſtruction très-ſimple déterminer le point K. Il n'y a qu'à conduire une parallele HN à CI qui en ſoit éloignée de la quantité MO (1 lig.) dont le rayon actuel qui vient ſe rendre en D eſt plus long que celui qui vient ſe rendre en A. Cette ligne HN coupera CH en quelque point H : on diviſera enſuite l'angle CHN par la moitié par HK, & le point K où la ligne HK rencontrera FG, ſera la place du centre actuel qu'on vouloit découvrir. Car KL étant égale à KO, la ſomme de MK & de KL, ſera égale à la quantité MO dont le rayon actuel qui appartient au point D, doit être plus long que celui qui appartient au point A. Outre cela le centre K étant ſur la ligne FG, le rayon actuel qui aboutit en B ſera plus court que le vrai, de

la quantité (de $\frac{18}{100}$ lig.) dont la ligne FG est éloignée de CE, comme il étoit aussi question de le faire. Il ne seroit pas possible d'exécuter cette construction avec quelque sorte d'exactitude, si on se contentoit de donner aux parties de la figure la grandeur qu'elles ont effectivement ; mais rien n'empêche de représenter (à peu près comme je l'ai fait dans la Figure 34.) l'étendue d'une ligne par un espace de deux ou trois pouces, & il suffira d'imaginer en même tems que toutes les parties de l'instrument qui n'entrent pas dans la figure, sont plus grandes dans le même rapport.

Figure 33. & 34.

17. C'est de cette sorte que j'ai découvert que le centre actuel K de notre instrument étoit trop bas de la quantité KL de $\frac{70}{100}$ lig. qu'il est éloigné du rayon CA en dehors de l'instrument de $2\frac{17}{100}$ lig., & qu'il est éloigné de l'endroit C où il devoit être de la quantité KC de $2\frac{285}{1000}$ sur le rayon qui fait un angle d'environ 72^d avec la lunette.

18. Cela supposé, il ne m'a pas été difficile de découvrir les petites erreurs auxquelles toutes les observations ont été sujettes. Si la distance d'un Astre au Zénith est représentée par exemple (*Fig.* 35) par l'angle sKa & qu'on prenne pour sa mesure l'arc sa, il est évident qu'on s'est trompé & que la vraie mesure de cet angle n'est pas l'arc sa, mais l'arc SA compris entre les rayons CS & CA qui partent du vrai centre C, & qui sont parallèles à Ks & à Ka. Il faut convenir que si Ss & Aa étoient égaux, il n'y auroit pas d'erreur dans la mesure, parce que les deux arcs as & AS seroient aussi égaux. Mais Ss étant plus grand Aa, on se trompe de $Ss - Aa$. Ainsi il faut appliquer cette correction $Ss - Aa$ à l'arc as & l'y ajouter. Dans toutes les observations que nous avons faites des distances du Soleil au Zénith, l'angle SCA s'est trouvé d'environ $23\frac{1}{2}$ deg. & l'angle SCK ou plûtôt QCK de $84\frac{1}{2}$ deg. Mais dans le petit triangle rectangle CQK, l'angle C étant de $84\frac{1}{2}$ deg. &

Figure 35.

DE LA TERRE, V. SECT. 235

l'hypothéneuse CK de $2\frac{28}{100}$ lig. Le côté KQ est d'environ $2\frac{275}{1000}$ lig., & comme le petit arc S s est sensiblement égal à KQ, de même l'arc A a l'est à PK $= 2\frac{17}{100}$ lig. Il s'en suit que S s surpasse A a de $\frac{105}{1000}\frac{1}{2}$ lig. & que l'arc AS est plus grand que l'arc a s de cette même quantité, qui sur la circonférence de notre instrument vaut environ $12\frac{1}{2}''$. Ainsi c'est cette correction qu'il a fallu appliquer comme nous l'avons fait à toutes nos observations du Soleil, pour les rendre exactes. Nous avons trouvé de la même maniere les petites corrections dont avoient besoin les observations de l'Etoile.

19. Enfin la distance apparente du Tropique ♑ au Zénith s'est trouvée de $23^d\ 15'\ 12\frac{1}{2}''$, & celle du Tropique de ♋ de $23^d\ 41'\ 27\frac{1}{2}''$. Mais ces deux distances qui sont affectées par la réfraction & la parallaxe sont un peu trop petites, parce qu'elles sont plus diminuées par l'une qu'elles ne sont augmentées par l'autre. J'ai déja rendu compte à l'Académie dans un Mémoire que j'ai eu l'honneur de lui envoyer, de mes recherches sur les réfractions Astronomiques dans la Zone Torride, dont j'ai donné deux tables, l'une pour les endroits qui sont au bord de la Mer, l'autre pour le niveau de Quito, avec les différences que produisent les changemens d'élevation de l'Observateur. En employant ces réfractions & les parallaxes de feu M. Cassini que je crois encore plus autorisées qu'aucunes autres, je trouve qu'il faut ajouter environ $12''$ aux distances apparentes des Tropiques au Zénith; il vient $23^d\ 15'\ 24\frac{1}{2}''$ & de $23^d\ 41'\ 39\frac{1}{2}''$ pour les distances vraies: ainsi la distance d'un Tropique à l'autre est de $46^d\ 57'\ 4'''$, & l'obliquité de l'Ecliptique de $23^d\ 28'\ 32''$.

20. Je reconnois par les observations de M. Richer faites à Cayenne qu'elle étoit en 1673 de $23^d\ 28'\ 48''$. M. de la Hire ne la déduit des mêmes observations, de $28^d\ 29^h\ 3\frac{1}{2}'''$ dans l'usage de ses Tables astronomiques que par ce qu'il s'est servi des réfractions observées en France; après que M. Richer avoit jugé qu'elles étoient

les mêmes dans la Zone Torride qu'à Paris, parce que le Crepuscule y étoit à peu près de même longueur. Mais ce n'étoit là qu'une simple conjecture, que des observations immédiates donnent sans doute droit de recuser. Des hauteurs solsticiales observées, je ne sçai pas précisément en qu'elle année par George Margraff, il résulte aussi que l'obliquité de l'Ecliptique étoit de 23^d $28'\ 56''$ au lieu de $23^d\ 29'\ 12''$. Ainsi on peut croire qu'il y a déja long-tems qu'elle est moindre que $23^d\ 29'$ & que si elle diminue, comme cela est vraisemblable, la diminution n'est gueres que d'un quart ou d'un tiers de seconde chaque année. Pour décider la question d'une maniere qui pût satisfaire l'impatience qui nous est si naturelle ; j'avois parlé à M. Godin & à M. de la Condamine d'un Gnomon que nous pourrions construire dans quelqu'unes des Eglises de cette Ville. Nous eussions sans doute choisi celle des PP. Jesuites, non pas tant parce qu'elle est solidement bâtie qu'afin de rendre le Gnomon plus utile ; ces Peres ayant ici comme en Europe ce goût déclaré qu'on leur connoît pour les Sçiences & qu'ils sçavent si bien allier, avec leur zéle pour la religion. Les tremblemens de terre seroient seulement à craindre, & il se trouvera peut-être quelques autres difficultés, qui nous empêcheront de construire ce Gnomon. On pourroit encore, mais cela est reservé à d'autres qu'à nous, faire en quelque endroits sous un des Tropiques, comme par exemple dans quelques unes des Isles Lucayes, un puits d'une certaine profondeur, au fond duquel on recevroit au solstice le rayon du Soleil, qu'on feroit passer en haut par un très-petit trou. Si l'obliquité étoit sujette à quelque changement, la différence se manifesteroit en très-peu d'années aux yeux même qui ne seroient pas d'Astronomes.

21. La latitude de Quito déduite de notre observation est dans notre maison de $13'\ 7\frac{1}{2}''$ Australe, & celle de l'Eglise Cathédrale qui n'est gueres plus Nord que celle
des

des Jésuites de 13′, 19 ou 20″. Jamais latitude ne fut observée entierement ni immédiatement avec un instrument d'un si grand rayon.

22. La déclinaison Méridionale de l'Etoile ε d'Orion se trouve au mois de Juillet de 1ᵈ 22′ 44 ou 45″.

23. Au reste, je suis extrêmement flaté de pouvoir communiquer le premier cette observation à l'Académie. Si je le puis faire deux jours après que le tout a été consommé, ce n'est que parce que je m'étois chargé pendant le cours des observations de regler la pendule & de faire quelques autres opérations préparatoires ; ce qui m'a donné occasion de réduire mes calculs de jour en jour. M. Godin, M. de la Condamine & moi nous ne pouvons pas manquer de nous accorder dans les faits, puisque nous en avons été également témoins. Mais j'espere que l'accord entre nous sera entier, aussitôt que ces Messieurs auront achevé leurs suputations & qu'ils se seront donné la peine de vérifier la Table que j'ai faite des réfractions Astronomiques pour Quito, dont je crois qu'il faut absolument se servir dans cette rencontre. *A Quito le 7 Août 1737.*

Additions au Mémoire précedent.

PREMIER ECLAIRCISSEMENT.

24. Ayant remarqué en relisant l'écrit précédent, que je n'avois pas expliqué la raison pour laquelle j'ai employé plûtôt toutes les observations que nous avons faites du Soleil, que celles que nous fîmes les propres jours des Solstices ; j'ai cru que je devois aux Lecteurs un éclaircissement sur cet article, de même que sur quelques autres. Comme chaque observation avec quelque soin qu'elle soit faite, est toujours sujette à quelque leger défaut, on est exposé lorsqu'on l'employe seule à se trom-

per de toute la petite erreur dont elle peut être chargée : mais ce n'est pas la même chose aussi-tôt qu'on a plusieurs observations revêtues des caracteres d'exactitude qu'on demande, & qu'on prend le milieu entre toutes. Il est certain que le risque de se tromper est toujours beaucoup moindre ; puisqu'à moins que toutes les erreurs ne soient dans le même sens, ce qui n'est du tout point naturel, elles doivent en se modifiant les unes les autres, se corriger mutuellement. Ce que nous disons ici a lieu si souvent dans l'Astronomie pratique, qu'il n'y a point d'Observateur qui n'ait éprouvé qu'on ne parvient dans une infinité de cas à une certaine précision, qu'en fondant ainsi plusieurs observations ensemble, ou qu'en les liant par quelque espece de système, qui en diminuant le trop grand excès des unes, & en réparant le trop grand défaut des autres, leur donne à toutes un cours uniforme & réglé. C'est d'ailleurs ce qui est toujours légitime & ce qui ne suppose aucun défaut d'exactitude, si entre les quantités observées & celles qu'on leur substitue en avertissant, il n'y a que ces très-petites différences dont il est pour ainsi-dire permis de se tromper, parce qu'elles se refusent à nos sens, malgré tous nos soins, & tous les secours que nous pouvons nous procurer.

25. Mais il se présente ici une autre considération que nous ne devons pas manquer de faire, puisqu'elle pourroit changer quelque chose dans ce que nous avançons. Il n'est pas absolument question dans le cas présent d'observations nues ou simples, exemptes de toute modification : car comme nous les avons faites à quelques distances de l'instant du Solstice, il est non-seulement nécessaire de sçavoir combien la déclinaison a changé depuis cet instant ; mais il faut encore appliquer ce changement à chaque observation, pour pouvoir en conclure la distance du Tropique au Zénith. Il y a eu un tems où ce recours indispensable à la Théorie du Soleil eût été dangereux : mais si les tables ne sont pas encore assez

parfaites pour donner le lieu exact de cette Planete dans l'Ecliptique, l'ascension droite, la déclinaison, il est certain qu'elles fournissent au moins avec précision les différences de ces quantités, principalement pour un petit intervalle de jours. Nous ne craignons point lorsque nous rendons ce témoignage à la perfection qu'on a réussi dans ces derniers tems à donner à l'Astronomie, qu'on nous accuse de trop de complaisance pour la mémoire des grands hommes qui y ont travaillés. J'ai rejetté comme on l'a vû l'observation du 13 Janvier 1737, parce que la différence en déclinaison depuis le Solstice commençoit à être assez grande, pour qu'elle pût, lorsqu'on la cherche par les tables, se ressentir de ce leger défaut d'exactitude, auquel les déclinaisons mêmes sont sujettes. Mais encore une fois, ce n'est pas la même chose lorsque les plus grandes différences ne sont que de 8 ou 9'. Car les erreurs qui peuvent naître alors de l'usage de la Théorie du Soleil doivent être toujours très-petites, en comparaison de celles qu'on peut commettre dans les meilleures observations.

26. Je m'étois d'abord contenté de chercher, non pas les différences en déclinaisons dans le Livre de la Connoissance des tems, mais d'y prendre les lieux du Soleil, & de calculer ensuite les différences en déclinaisons. J'ai depuis refait les mêmes calculs avec plus de soin; & au lieu des différences que j'avois trouvées pour les 21, 23, 24, 25 & 27 Décembre 1736; j'ai trouvé les suivantes $1''$, $1'\ 11''$, $2'\ 29''$, $4''\ 14''$ & $9'\ 11''$ dont la somme est plus petite de $9''$ que des premieres, ce qui fait une diminution de $1\frac{4}{5}''$ sur la distance du Tropique de ♑ au Zénith. Pour le Solstice suivant il m'est venu ces nouvelles différences $7''$, $\frac{1}{2}'$, $18''$, $1'\ 1''$ & $2'\ 7''$ pour les 20, 21, 22, 23 & 24 Juin 1737: Leur somme est plus grande d'une seconde que de celles que j'avois employées; ce qui fait une augmentation de $\frac{1}{5}''$ dans le résultat; de sorte que tout compté, c'est une seconde &

demie d'incertitude fur le tout, ou fi l'on veut une feconde & demie à rabattre fur la diftance des deux Tropiques.

27. D'ailleurs un fait que l'intérêt de la vérité ne me permet plus de taire, depuis que j'ai fait attention à toute l'importance dont il étoit, empêche de comparer avec l'obfervation du 21 Juin 1737, la feule du 21 Décembre 1736, fans ufer auparavant de quelque précautions. Pendant que le 21 Décembre M. Godin étoit encore occupé à la lunette, je regardois avec foin l'endroit du Limbe de l'inftrument fur lequel battoit le fil aplomb; M. de la Condamine y regarda après moi & nous vîmes tous les deux fans équivoque & très-diftinctement un plus grand nombre que celui que vît enfuite M. Godin & que nous vîmes auffi avec lui. Soit que l'inftrument ne fût pas bien calé ou que quelqu'une des vis de fon pied eût depuis cedé fous le poids, je crû qu'il étoit retombé un peu après l'obfervation. M. Godin ne put pas être témoin de cette circonftance; il ne l'a pû fçavoir que de nous, puifqu'il ne pouvoit pas voir en même tems à la lunette & au Limbe; mais elle n'en eft pas moins certaine. Outre que nous la lui déclarâmes dès-lors, je l'écrivis un inftant après fur le Livret qui me fervoit de Journal : ce Livre fubfifte & je le montrerai à qui en fera curieux. M. de la Condamine en fit auffi mention dans le tems fur le fien : ainfi ce n'eft point là un fait imaginé après coup, contre ce que nous nous devons à nous-mêmes, pour favorifer une certaine conclufion plûtôt qu'une autre. Enfin, fi voyant fur le Limbe un autre nombre que celui que j'y avois vû d'abord, je confenti à m'arrêter au dernier, ce ne fut que parce que nous devions faire plufieurs autres obfervations que je me propofois toujours de combiner avec la premiere, & que je fçavois que ce moyen feroit infailliblement difparoître la plus grande partie de l'erreur. Je ne penfois point alors & je n'y penfois pas même encore en travaillant à mon Mémoire, que quelqu'un pourroit bien par la fuite, ne vouloir em-

ployer que les seules observations des jours Solsticiaux. Cette réflexion qui m'est survenue depuis m'a fait sentir combien la circonstance dont je viens de parler étoit de conséquence, & combien il étoit nécessaire de ne la pas laisser ignorer du Public. Cette différence que je vis sur le Limbe étoit de 10″, qui sont à ajouter à la distance que j'ai marquée pour le 21 Décembre 1736 du bord Austral du Soleil au Zénith.

28. Il ne s'est jamais trouvé dans aucune de nos autres observations de celles que nous avons adoptées, une pareille irrégularité; & quand il y a eu quelque incertitude, comme elle ne procedoit que de la difficulté d'estimer, à cause de l'agitation du fil aplomb, nous sommes toujours venu aisément à bout de la dissiper. Une fois & vraisemblablement par une cause semblable à celle dont j'ai parlé, c'étoit le 10 Janvier 1737 que nous travaillions à la vérification de l'instrument, je vis sur le Limbe dans le tems même que l'Etoile passoit dans la lunette, un nombre différent de $7\frac{1}{2}''$ de celui que remarquerent un instant après Messieurs Godin & de la Condamine; mais comme j'insistai alors davantage & que mon nombre s'accordoit mieux avec l'observation précédente dont nous étions contens, on ne pût pas se dispenser de le préférer.

29. On peut remarquer au reste en jettant simplement les yeux sur l'observation dont il s'agit, qu'elle ne porte pas le caractere d'une exactitude particuliere, tant qu'on ne lui applique pas la correction que nous croyons nécessaire. Les observations les plus exactes sont naturellement (& cela suit de ce que nous avons dit) celles qui approchent le plus de la quantité moyenne; au lieu que l'observation du 21 Décembre 1736 est une des deux qui s'en éloignent le plus. Les distances apparentes Solsticiales du bord Austral du Soleil au Zénith sont les suivantes.

1736 Décembre.   Diſtance apparente. Solſt. du bord
                 Auſtral du ☉ au Zénith.

Jours.	D.	M.	S.
21	23	18	54
23	23	19	0
24	23	19	10
25	23	19	5
27	23	19	2

30. La quantité moyenne entre ces diſtances eſt 23^د 19′ 2$\frac{1}{5}$″, & c'eſt donc un fort préjugé contre les deux obſervations du 21 & du 24, de ce qu'elles ſe trouvent dans les deux cas extrêmes. Mais ſi on ajoute 10″, comme il le faut, à la premiere, le tout ſe racommode, & cette premiere obſervation devient 23^d 19′ 4″ qui doit être réputée enſuite une des meilleures.

31. Je ne me ſuis pas propoſé de parler dans ces éclairciſſemens de tous les moyens de calcul qu'on employera, peut-être, pour conclure la diſtance d'un Tropique à l'autre ; mais je ne puis pas me diſpenſer de faire encore quelques réflexions ſur la méthode qu'ont ſuivi Meſſieurs les Officiers Eſpagnols, nos compagnons de voyage. Ces Meſſieurs qui demeuroient alors dans une maiſon aſſez éloignée de la nôtre, ayant aſſiſté à quelques unes de nos obſervations, ont cru devoir les inſerer dans leur Recueil & les ſoumettre au même titre, avec celles que nous leur communiquâmes & qui étoient contenues dans le Mémoire précédent que je prêtai à M. de Ulloa. Elles ſont même expoſées dans ce Livre d'une maniere qui laiſſe croire au Lecteur qu'on les a faites ſans que nous y ayons eu aucune part, quoiqu'avec un inſtrument qui étoit à nous, & auquel nous n'avions fait donner à Paris un Limbe d'une certaine grandeur, que parce que nous les avions dès-lors en vûe. D. George Juan qui les a examinées, a parfaitement bien remarqué

que les différences qu'il y avoit entre les quantités qu'elles nous avoient fournies, ne fuivoient pas la vraie loi; & il a travaillé à la rétablir, en appliquant de petites corrections. Mais il s'eft contenté de rendre les différences proportionnelles aux quarrés des tems écoulés depuis l'inftant du Solftice, fans faire attention qu'il y avoit une autre condition qui n'eft pas moins effentielle & qu'il étoit auffi peu permis d'oublier; puifqu'elle n'eft pas moins fondée fur les principes les plus inconteftables de la Théorie du Soleil. C'eft que les différences en déclinaifon doivent être non-feulement proportionelles aux quarrés des tems, elles doivent avoir encore un certain rapport avec ces quarrés. On ne peut pas dire que Gregori & quelques autres fe foient abfolument trompés en négligeant cette feconde condition. La maniere générale dont ils confidéroient la chofe, pouvoit laiffer indéterminé le rapport dont il s'agit : au lieu que le cas eft tout différent dans la circonftance préfente. Les différences en déclinaifon & les tems peuvent être fenfiblement repréfentés par les co-ordonnées d'une parabole: mais il faut abfolument regarder comme *donné* le Paramétre de cette ligne courbe, car il l'eft effectivement, par toutes les particularités du mouvement du Soleil que nous connoiffons affez exactement pour cela, telles que la viteffe angulaire de cet Aftre, la fituation de la ligne des Apfides, l'obliquité de l'Ecliptique.

23. Nous n'employons un arc de parabole, que parce qu'on peut le confondre lorfqu'il eft très-court, avec un petit arc de cercle d'un certain diamétre. La nature même du problême détermine le genre & l'efpece de la ligne courbe qui s'éloigne de fa tangente, par les mêmes degrés que l'Ecliptique s'éloigne du Tropique. Cette ligne courbe eft un cercle, qu'il ne tient pas à nous de faire changer: ce cercle refte toujours le même, quoique le Ciel foit couvert, ou quoique le beau tems nous permette d'obtenir un plus grand nombre d'obfer-

vations dans le même intervalle de jours. Quelques personnes très-sçavantes ont cru, que le problême devenant plus que déterminé dans ce second cas, il falloit avoir recours à une parabole d'un genre mixte & plus élevé. Mais nous ne pouvons nous rendre à cet avis. Nous ne devons toujours employer que la même courbe; & si nous ne réussissons pas à la faire passer par les points donnés, nous n'avons point d'autre parti à prendre que d'avouer que toutes nos observations ne sont pas également exactes. Le Paramétre de notre parabole est $40\frac{1}{7}$ pour le Solstice d'Hiver, lorsque les intervalles des observations sont évalués en heures & que les changemens en déclinaison sont réduits en secondes. C'est-à-dire qu'il n'y a dans le siecle où nous sommes, qu'à diviser les quarrés des tems par $40\frac{1}{7}$, & on aura au quotient les changemens en déclinaison en secondes depuis le Solstice d'Hiver, pourvû que les intervalles ne soient pas trop grands. Le Paramétre de la parabole Solsticiale pour l'Eté est $49\frac{4}{9}$.

33. Nous avons encore une remarque importante à faire, qui oblige également de faire des changemens considérables au calcul que nous examinons. Il n'est pas douteux que la connoissance que l'on a de l'instant du Solstice, par toutes les observations qui ont servi dans ces derniers tems d'Elemens à la Théorie du Soleil, ne soit incomparablement plus sûre que celle qu'on inféreroit de nos observations particulieres, qui ne pouvoient pas avoir cette recherche pour objet. On peut se flater en effet d'avoir le Solstice à quelques minutes près; au lieu qu'il seroit absurde de le vouloir fixer avec quelque exactitude, par des observations qui sont sujettes à des erreurs aussi considérables que les changemens mêmes qu'a souffert la déclinaison certains jours. C'est donc encore une troisiéme considération à faire entrer dans la solution, ou une troisiéme condition à laquelle il falloit avoir égard, en la joignant aux deux premieres; &

il

il ne falloit pas oublier sur tout que l'heure du Solstice se trouvoit changée par la différence des Méridiens entre Paris & Quito. En un mot, nous croyons qu'on ne pouvoit pas se dispenser d'employer, comme nous avons tâché de le faire, tout ce qui étoit parfaitement connu d'ailleurs, afin de mieux déterminer les distances du Soleil au Tropique. Notre maniere d'opérer est outre cela aussi lumineuse qu'elle est naturelle. Elle est naturelle, puisqu'elle satisfait également à toutes les parties de la loi, bien loin de faire violence à rien. Elle est lumineuse, puisqu'elle fait voir la part qu'à chaque observation dans le résultat commun, & qu'elle fait même distinguer les erreurs qui s'y trouvent, & dont il faut que nous consentions ingénument à nous charger, parce qu'elles sont du fait de l'Observateur. L'autre procédé au contraire, indépendament de tous ses autres défauts, jette un voile presque impénétrable sur tout le calcul. Rien ne force ensuite d'adopter une détermination plûtôt qu'une autre; tout devient arbitraire, & il semble qu'on ne sort de cet état fâcheux d'indécision, que parce qu'on avoit choisi d'avance l'avis qu'on vouloit favoriser.

SECOND ECLAIRCISSEMENT,

Sur les Observations faites pour déterminer l'obliquité de l'Ecliptique.

34. Après avoir ainsi mis le Lecteur en état d'agir avec connoissance de cause, supposé qu'il fasse un autre usage que nous de nos observations, il me reste à lire un mot sur un autre article qui n'est pas moins important. J'ai dit dans le Mémoire que je tâche d'éclaircir, que nous mesurâmes avec soin le rayon actuel de l'instrument vis-à-vis de $13\frac{1}{2}$ degrés à compter depuis la lunette, & qu'en prenant le milieu des deux mesures, nous trouvâmes 11 pieds 11 pouces $10\frac{46}{100}$ lignes. Pour

consommer les deux opérations, nous portâmes depuis le centre deux fois six pieds avec un compas à verge, sur le rayon du milieu, & nous traçâmes sur le Limbe un petit trait, pour marquer l'endroit où se terminoient les 12 pieds. Les deux intervalles de 6 pieds portés le long du rayon ne formoient pas exactement une ligne droite dans une des opérations. Nous examinâmes qu'elle différence le détour apportoit, & nous discutâmes sur diverses Echelles de combien étoit la petite espace dont les douze pieds excédoient le rayon. La maniere dont il fut exprimé $1\frac{11}{25}$ lig. prouve assez que l'examen se fit avec quelque soin. Dans la seconde opération nous rétablîmes la rectitude du rayon, en appliquant au milieu un morceau de bois qu'on attacha fermement, & dans lequel on avoit fait entrer une espece de clou de fer ou de cuivre dont la tête devoit soutenir la pointe du compas à verge. On estima cette fois ci le petit excès des 12 pieds sur le rayon actuel, de $1\frac{292}{700}$ lig., ce qui montre encore qu'on y regarda d'assez près. Cependant on reconnut depuis que la mesure n'étoit pas exacte, & qu'elle rendoit le rayon top court d'environ $\frac{1}{20}$ lig. ou de $\frac{5}{100}$. Je ne perdrai point ici le tems à nous disculper de cette faute. On m'y donnera quelle part on voudra; & je consentirois même à m'en charger entierement, si l'on pouvoit supposer que toute l'opération fût de moi.

35. Les traits formés par le compas subsistant toujours, M. Godin qui avoit le Limbe dans sa disposition eût la commodité de remarquer la différence, & de l'examiner plusieurs fois. C'est ce qu'il fit dès le 5 d'Août 1737; mais nous n'en sçûmes rien M. de la Condamine & moi que long-tems après; & je devois être (c'est ce que M. Godin ne desavouera pas) dans une parfaite sécurité sur l'exactitude des deux mesures, le 7 du même mois lorsque j'adressois ma relation à l'Académie des Sciences. Ce ne fut enfin que deux mois après, ce ne

fut que le 7 d'Octobre qu'il m'en avertit la premiere fois, ayant toujours été dans la persuasion, disoit-il, que cette petite différence ne devoit pas tirer à conséquence dans nos conclusions. En effet il négligeoit dans ses premiers calculs non-seulement cette différence, mais même toute celle qui se trouve entre le rayon vrai & le rayon actuel; ce qui réduisoit presque à rien l'erreur de l'instrument, causée par la disposition du centre. L'éclaircissement que nous eûmes sur cet article fut cause que les deux traits furent examinés derechef, & j'avoue que M. Godin me parut avoir poussé l'exactitude si loin dans ce nouvel examen que je crû pouvoir m'y rapporter, avant même que je cherchasse à m'en convaincre par moi-même. Il mesura de quatre manieres différentes le petit intervalle dont il s'agit, & les quatre opérations qui ne différerent pas entr'elles de $\frac{2}{100}$ lig. & qui ne pouvoient pas être portées à une plus grande perfection, s'accorderent à faire le rayon actuel de 11 pieds 11 pouces $10\frac{55}{100}$ lig; au lieu que nous le faisions auparavant par la même mesure qui étoit la premiere de 11 pieds 11 pou. $10\frac{50}{100}$ lig.

36. On ne peut pas certainement se dispenser d'admettre la nouvelle détermination; mais il reste à sçavoir si nous devons toujours avoir égard à l'autre à laquelle nous parvîmes en mesurant en ligne droite par le moyen du morceau de bois dont j'ai parlé & qui rendoit le rayon encore plus court. Le trait que fournit cette seconde opération n'étoit pas si net que le premier; ce qui vint sans doute de ce que la pointe du compas à verge trouva dans cet endroit du Limbe quelques parties de cuivre qui résisterent moins ou qui résisterent inégalement; mais ce qui n'empêchoit pas que le milieu du trait ne fut toujours un terme exact. Il est si vrai que nous fûmes alors également satisfaits des deux especes de mesures, que nous convîmes de faire ce qu'on fait ordinairement en pareille rencontre; c'est-à-dire que

nous prîmes le milieu. M. Godin a depuis à ma prière, examiné le second trait & la seconde opération; & il a trouvé qu'elle faisoit le rayon de 11 pieds 11 pouces $10\frac{494}{1000}$ lig. De sorte qu'on voit que notre maniere de procéder, nous avoit fait tromper dans le même sens sur les deux petits intervalles.

37. Il me paroît après avoir tout consideré, que de même que nous prenions le milieu entre les deux anciennes mesures, nous la devons prendre encore entre les deux nouvelles; & assigner un peu plus de 11 pieds 11 pouces $10\frac{52}{100}$ lig. au rayon actuel de $13\frac{1}{2}$ degrés. La complaisance a pû pendant quelque tems m'empêcher de suivre ce parti; mais je n'ai jamais cessé de déclarer qu'il me paroissoit le meilleur. Peut-être qu'une des deux mesures seroit plus favorable aux conclusions particulieres que nous en voudrions tirer. Mais il faut remonter au tems même de la vérification de l'instrument. Le 3 d'Août 1737 nous ne sçavions pas qu'elle seroit la quantité de l'obliquité de l'Écliptique que nos observations nous fourniroient, notre jugement étoit parfaitement libre, & nous crûmes alors, comme je l'ai déja dit, devoir adopter les deux mesures. Nous devons donc le faire encore maintenant, puisqu'il ne nous est survenu aucune lumiere qui puisse nous faire préférer l'une à l'autre. Le rayon actuel étant vis-à-vis de $13\frac{1}{2}$ deg. de 11 pieds 11 pouces $10\frac{52}{100}$ lig. au lieu qu'il devroit être de 11 pieds 11 pouces $10\frac{64}{100}$ lig. la différence est de $\frac{12}{100}$ lig. & cette différence subsiste malgré l'examen severe qu'en a fait M. Godin. Ainsi nous ne pouvons pas en annéantissant cette petite quantité, parce que cela feroit, peut-être, plus commode pour nous, supposer que le rayon actuel & le vrai rayon sont égaux entr'eux, au moins vis-à-vis de $13\frac{1}{2}$ deg. où la discussion a été faite. Tout ce qui pourroit nous porter à croire que les deux rayons sont égaux; c'est l'adresse connue de l'ouvrier qui a construit l'instrument: mais le rayon étant brisé ou for-

DE LA TERRE, V. SECT. 253

mé de barres de fer qu'il faut enter les unes aux autres, & attacher par des clavetes ou par des cloux qui ferrent plus ou moins, felon qu'on les enfonce ou qu'on change un peu leur direction en les frappant, je fuis perfuadé que fi on montoit dix fois l'inftrument, l'affemblage des barres de fer qui foutiennent le centre, fe trouveroit avoir dix longueurs différentes.

38. On a jetté auffi quelque incertitude fur la longueur du rayon vrai, celui qui dépend de la courbure précife des arcs tracés fur le Limbe. Il eft inutile que je réponde à des objections que j'ai fuffifamment réfutées pendant que j'étois au Pérou, & qui à ce que je crois ne fe reproduiront pas. Mais on a prétendu que nous eûmes tort de négliger l'obliquité du fil que nous tendions fur les tranfverfales & qui venoit d'un centre qui n'étoit pas le vrai, lorfque nous eftimâmes à combien de degrés & de minutes répondoit fur le Limbe la corde qui avoit exactement fix pieds de longueur. Pour moi j'ai continué à ne point avoir égard à cette obliquité, parce que je n'ai pas voulu contredire un fait certain dont on voit des veftiges dans mon Mémoire & qui n'eft contefté de perfonne. C'eft qu'avant de nous fervir du fil tendu fur les tranfverfales, nous nous affurâmes avec une loupe que la corde de fix pieds de longueur répondoit à plus de 28^d $58'$ $40''$ & à moins de 28^d $58'$ $45''$. Nous voyons diftinctement que le petit intervalle étoit plus grand que les deux tiers d'une minute & moindre que les trois quarts. Or il falloit pour cela que le petit efpace tombât vers le milieu de ces deux quantités fractionnaires; autrement il fe feroit confondu avec l'une ou avec l'autre. La confidération des tranfverfalles ne fervit donc qu'à nous faire préférer $43''$ à $42\frac{1}{2}''$, en nous obligeant de fixer la valeur de l'arc à 28^d $58'$ $43''$: d'où nous avons déduit, comme nous l'avons déja dit tant de fois, le rayon vrai de 11 pieds 11 pouces $10.\frac{64}{100}$ lignes.

I iij

39. Il m'a fallu depuis le changement qu'a reçu la mesure du rayon actuel, chercher derechef l'erreur causée dans les observations par la disposition du centre. C'est ce que j'ai fait en suivant la méthode que j'ai expliquée dans l'écrit précédent, & j'ai trouvé que cette erreur étoit de $9\frac{1}{2}''$. J'ai aussi eu le soin depuis que je connois l'aberration de la lumiere d'en tenir compte, ou au moins d'avoir égard aux variations apparentes de situations, qu'à souffert e d'Orion pendant que nous l'observions après chaque Solstice. Je me proposois d'employer ici les diamétres du Soleil observés avec le nouvel instrument que j'ai imaginé depuis mon retour en France pour mesurer les petits arcs célestes : mais quoique tout soit prêt depuis long-tems pour achever cette recherche que je me proposois de terminer à la fin de 1748, je suis obligé d'y renoncer actuellement par divers embarras qui ne me permettroient pas d'y vacquer, quand même le tems seroit favorable, au lieu qu'il ne l'est pas. On eût ôté presque toute l'incertitude qui naît des diamétres apparens, en observant au Pérou comme je le souhaitois, le même bord du disque dans les deux Solstices, non pas le superieur ou l'inferieur, qui sont réellement différens à Quito dans les deux saisons, mais le Septentrional ou l'Austral. Quoiqu'il en soit, je me sers des diamétres déterminés par M. de la Hire; & il n'y aura que quelque legere modification à faire à nos conclusions, lorsque l'usage de l'Héliométre nous aura plus parfaitement instruits.

40. L'obliquité de l'Ecliptique à laquelle je m'arrête est $23^{d} 28' 28''$, comme on le verra par la table que je joins à la fin de cet article, laquelle contient tout le calcul. La latitude de Quito prise dans notre maison aux environs de l'Eglise de Ste Barbe ne se trouve diminuée que d'un peu plus d'une demie seconde ; elle est Australe de presque $13' 7''$, & celle de l'Eglise Cathédrale de $13'$, 18 ou $19''$. La déclinaison de l'Etoile e d'Orion

corrigée de l'aberration étoit les premiers jours d'Avril 1737 de 1ᵈ 23′ 44 ou 45″.

41. Il me reste encore à dire que nous nous occupâmes assez long-tems à la fin de 1737 M. de la Condamine & moi à vérifier les divisions du Secteur. J'avoue qu'il est si difficile de réussir dans ces sortes de vérifications que si je n'oserois assurer qu'on dût y adjouter une foi entiere, quoique nous fissions tout notre possible pour parvenir à une certaine exactitude. Nous rapportions autant que nous le pouvions l'étendue des différens arcs dont nous nous étions servi, à celui dont nous avions mesuré la corde & qui s'étoit trouvé d'une toise exacte. Nous comparions outre cela les transversales aux points qui étoient marqués au-dessous & qui indiquoient les minutes. Les équations qu'exigeoit la situation des transversales étoient de différentes especes pour les deux Solstices; ce qui faisoit une vraie compensation, au moins à l'égard de la principale de nos déterminations; mais il restoit l'équation des points qui étoit, peut-être, de 3 ou 4″ & additives aux environs du 24ᵐᵉ degré; ce qui augmenteroit réellement un peu l'obliquité de l'Ecliptique & la porteroit au moins à 23ᵈ 28′ 30″.

42. Au surplus, si le récit que je viens de faire, paroît chargé de trop d'incidens qu'il semble que nous pouvions éviter; je ne m'éforcerai point de montrer que je n'ai nullement contribué à les faire naître. Je me contenterai de faire remarquer que lorsqu'un Observateur opére seul, tout paroît uniforme dans son rapport; il n'a vû les choses que par une seule face; au lieu qu'il eut, peut-être, été très-à-propos que le même objet eut été considéré de divers côtés. Il arrive encore quelque fois que lorsque plusieurs Observateurs travaillent ensemble, quelques-uns d'entr'eux sacrifient leur sentiment particulier pour se réunir à l'avis commun; & cet inconvénient est pour le moins aussi dangereux que le premier; puisque le Public ne voit pas précisement les choses com-

me elles se sont passées. Nous avons au moins cette obligation au grand nombre de personnes qui observions, & à l'amour extrême que nous avions tous pour la vérité, que chacun de nous a ordinairement soutenu son sentiment tant qu'il a cru pouvoir le faire par des raisons valables. Je ne puis mieux montrer mes dispositions sinceres à cet égard, que par l'aveu que je vais faire sur la valeur des observations dont je viens de rendre compte. Pour pouvoir juger de celles que nous avons faites sur le Soleil, il suffit de jetter les yeux sur la table suivante: mais toutes les fois que j'ai pensé à la difficulté, ou pour mieux dire l'impossibilité que nous trouvions à nous satisfaire, lorsque nous observions l'Etoile, je n'ai été rassuré sur la bonté de cette derniere partie de notre travail que par son accord assez parfait avec d'autres observations dans le même genre que j'ai faites depuis. Nous nous trouvions engagés pour la premiere fois dans une opération très-délicate, qui ne s'entreprend que rarement, qui jusques-là n'avoit été décrite que d'une maniere très-imparfaite, & à l'égard de laquelle les Astronomes les plus habiles sont quelquefois peu exercés. Tout ce que je voyois bien clairement, c'est qu'il nous faudroit opposer dans la suite de plus grandes précautions aux obstacles qui se présentoient sans cesse & dont je n'avois pas de mon côté, je l'avoue, encore démêlé la cause.

43. *Observations faites au mois de Décembre 1736. des distances du Soleil au Zénith de Quito.*

1736. Déc. Jours.	Dist. apparente du bord Aust. du ☉ au Zénith.			Dist. apparente du centre du ☉ au Zénith.			Changement en déclin. depuis le Solst.		Dist. apparente du Trop. de ♑ au Zénith.		
	D.	M.	S.	D.	M.	S.	M.	S.	D.	M.	S.
21	23	19	3	23	2	41½	0	1	23	2	42½
23	23	17	49	23	1	27½	1	11	23	2	38½
24	23	16	41	23	0	19½	2	29	23	2	48
25	23	14	51	22	58	29½	4	14	23	2	44
27	23	9	51	22	53	29½	9	11	23	2	41

23ᵈ 2′ 43″ Distance apparente du Tropique de ♑ au Zénith.
     12 16¾   Correction addit. pour la lunette.
          9½   Correction addit. pour le centre.
     12   Refract. addit. moins la parallaxe.

———————————————————
23ᵈ 15′ 21¼″ Distance vraie du Tropique ♑ au Zénith de Quito.

Kk

Observations faites au mois de Juin 1737.

1737. Juin.	Dist. apparente bord Sep. ☉ au Zénith.	Dist. apparente centre ☉ au Zénith.	Changement en déclin. depuis le Solst.	Dist. apparente Trop. de ♋ au Zénith.
Jours.	D. M. S.	D. M. S.	M. S.	D. M. S.
20	23 44 57	23 29 8	0 7	23 29 15
21	23 45 8	23 29 19	0 ½	23 29 19½
22	23 44 56	23 29 7	0 18	23 29 25
23	23 44 3	23 28 14	1 1	23 29 15
	Bord Aust.			
24	23 11 30	23 27 19	2 7	23 29 26

23ᵈ	29′	20″	Distance apparent. Tropique ♋ au Zénith.
	11	53¼	Correction additive pour la lunette.
		9½	Correction additive pour le centre.
		12	Refract. addit. moins parallaxe.
23ᵈ	41′	35″	Distance vrai. Tropi. ♋ au Zénith de Quito.
46	56	56	Distances entre les Tropiques.
23ᵈ	28′	28″	Obliquité de l'Ecliptique en Mars 1737.

III.

Observations faites exprès aux deux extrêmités de la Méridienne de Quito, pour en déterminer l'amplitude.

44. Il faut maintenant passer aux observations faites exprès pour déterminer l'amplitude de notre Méridien-

ne. Je rapporterai d'abord celles que je fis à Mama-Tarqui, extrêmité Sud depuis le mois de Juillet 1741 jufqu'au mois de Décembre de la même année. Ces obfervations devoient être correfpondantes de celles que M. Godin confentoit à faire en même tems du côté du Nord, pendant que M. de la Condamine obfervoit la même Etoile (ε d'Orion) à Quito avec une lunette fcellée contre un mur. Je ne fupprime pas ces obfervations, quoique je fupprime toutes les autres aufquelles je n'ai point eü d'égard dans la fuite, & entre lefquelles il y en a eu auffi quelques-unes aufquelles il a fallu abfolument renoncer. Si les obfervations que je communique ne deviennent pas de quelque utilité, lorfque M. Godin publiera les fiennes, elles ferviront au moins à montrer combien j'ai travaillé à me précautionner contre toutes les caufes exterieures d'erreurs, dont on n'eft jamais trop fûr de fe bien défendre lorfqu'on fe fert d'un inftrument qu'on eft obligé de former en chaque endroit où on obferve, & qu'on ne pouvoit tranfporter que par parties. La difficulté inexprimable des chemins qui font entrecoupés dans la Cordeliere de précipices prefque continuels, ne nous permettoit pas de faire autrement. C'eut été s'expofer non-feulement à déranger l'inftrument mais à le brifer, que de vouloir le tranfporter tout formé. J'ai dit quelqu'autre part combien le Ciel me fut contraire par les pluyes extraordinaires & continues qui durerent près d'un an dans prefque toute l'Amérique Méridionale. Les tremblemens de terre qui étoient fréquens dérangerent auffi plufieurs fois mon Secteur; ce qui rendoit plus néceffaire que jamais la réfolution que j'avois prife, de ne pas me contenter dans chaque fuite d'obfervations, de le tourner fucceffivement vers l'Orient & vers l'Occident, mais de le remettre encore dans fa premiere fituation, pour voir s'il donnoit toujours la même chofe. De propos déliberé j'en changeai auffi la difpofition diverfes fois pour l'eſſayer dans différens états. Mais ce qui contribua le plus à prolonger mon ſejour à Tarqui, quoique je ſçuſſe qu'il y avoit long-tems que M. Godin qui étoit parti très-tard pour l'extrêmité Septentrionale de la Méridienne, étoit déja de retour à Quito, c'eſt que je voulois me décider davantage ſur les variations alternatives & promptes qu'on prétendoit avoir aperçûes dans la ſituation des Etoiles fixes, & que j'avois toujours attribuées au peu de ſolidité des édifices auxquels on attachoit les lunettes.

*Voyez Num. 8.

45. Le rayon du Secteur avec lequel j'obſervois avoit 12 pieds de longueur & l'inſtrument étoit ſuſpendu de la maniere que j'ai décrite dans la Section précédente.* J'avois pris le rayon de l'ancien Secteur que nous avions apporté de France & qui nous avoit ſervi à obſerver l'obliquité de l'Ecliptique; j'avois fortifié ce rayon par deux regles de fer appliquées ſur ſa briſure, & j'avois fait mettre un nouveau Limbe, auquel on donna un peu plus de deux pieds de longueur. Je n'avois pas d'abord fait fortifier le rayon par les deux regles appliquées ſur la jonction de ſes deux principales barres de fer; mais je fis faire cette réparation en paſſant par Quito, où je reſtai 10 ou 12 jours au commencement de Février 1740, en allant d'une extrêmité de la Méridienne à l'autre, & je fis raccourcir en même tems les fourchettes qui ſoutenoient la lunette. Les obſervations de Cocheſqui dont j'aurai occaſion de parler ne furent faites qu'enſuite; ce qui dût contribuer à les rendre plus exactes & plus ſûres. Le voiſinage de Cuenca m'a permis pendant le cours des obſervations faites à Mama-Tarqui dont je vais actuellement rendre compte, de faire faire au Secteur divers autres changemens plus ou moins conſidérables, mais je les indiquerai ſucceſſivement en marquant leur date. Enfin pour éviter l'inconvénient dont j'ai parlé au commencement de la Section précédente (N. 11) & qui étoit uniquement à craindre dans l'uſa-

ge d'un instrument suspendu comme celui dont je me servois, je ne le faisois toujours tourner que par en haut, comme je l'ai déja dit, après qu'on avoit eu le soin d'introduire du suif sous l'hemisphere de la suspension pour diminuer le frotement. Toute l'opération étoit d'autant plus facile que l'instrument n'avoit que peu de pesanteur; & on le soulevoit outre cela un peu par en bas en prenant la précaution de ne toucher qu'au rayon. La direction étant une fois donnée, il ne s'agissoit plus que de procurer l'inclinaison convenable; & c'est ce qu'on exécutoit en arrêtant le Secteur par en bas sans rien forcer, & en le faisant simplement se reposer sur les parties de la regle destinées à le retenir.

46. L'arc que j'employai à Mama-Tarqui étoit de $3^d\ 22'\ 22''$. Je m'étois proposé de le faire de $3^d\ 22'\ 15''$, en donnant exactement à la corde comme je l'ai déja dit, la 17me partie du rayon. Mais ayant mesuré la distance des deux points déja marqués, j'éprouvai que repétée 17 fois, elle excédoit la longueur du rayon, d'un petit intervalle que j'examinai avec soin & dont j'inferai que l'arc étoit réellement de $3^d\ 22'\ 22''$. Je me trouvois en état d'observer dès les commencemens de Mars : le tems contraire ne me permit de voir l'Etoile que deux fois avant qu'elle se cachât dans les rayons du Soleil, & je ne recommençai à la découvrir que vers la fin de Juillet. J'ai déja dit que c'étoit celle du milieu du baudrier d'Orion, que Bayer a désignée par ε.

47. Au lieu de rapporter ici les parties que me fournissoit immédiatement le Micromètre, je crois qu'il vaut mieux en exprimer la valeur en minutes & en secondes. Je les avois examinées en 1739 de diverses manieres, & particulierement en mesurant avec M. de la Condamine des angles de quelques minutes, qui avoient pour côtés toute la longueur de la base de Tarqui, & pour soutendente un certain nombre de toises mesurées perpendiculairement. Les valeurs fournies par le Micro-

métre servent, comme on s'en souvient, de supplément
ou de correction à la portion de l'arc tracé sur le Limbe, qui est comprise entre l'axe de la lunette & le point
sur lequel le Secteur est calé ou sur lequel tombe le fil
aplomb. Je dois aussi avertir que je n'ai jamais mis d'a-
vance la soye mobile dans l'endroit du réticule où je
sçavois que l'Astre devoit passer : je l'y ai toujours conduite de très-loin. Cette maniere d'opérer est cause que
les observations ne s'accordent pas si parfaitement entr'elles ; mais on en est plus sûr de trouver le vrai dans
leur multitude, lorsqu'on prend la quantité moyenne.
Quelquefois on se permet aussi de supprimer les observations qui s'éloignent un peu trop des autres, & on
donne de cette sorte à celles qu'on adopté une plus grande apparence de conformité. C'est ce que je n'ai jamais
crû devoir imiter : j'admets toutes les observations que
j'ai faites avec les mêmes précautions, & contre lesquelles je n'ai à reprocher aucun grief particulier. Je
croirois ne pas exposer assez fidélement l'état des choses
en suivant une autre conduite.

À Mama-Tarqui en 1741.

48. *Le Limbe du Secteur étant tourné vers l'Occident.*

Arc de 3 deg. 22' 22".

Le 28 Juillet.	— 0' 48½'''
Le 29.	— 0' 48½'''
Le premier Août.	— 0' 49½'''

Le Limbe étant tourné vers l'Orient.

Le 9 Août	+ 0' 52''
Le 12	+ 0' 56''

DE LA TERRE, V. SECT. 263

Le Limbe remis vers l'Occident.

Le 15 Août. . . . . . —0′ 50″
Le 16. . . . . . —0′ 52½‴

Le Limbe retourné vers l'Orient.

Le 19 Août. . . . . +0′ 57″

Selon ces obfervations, en prenant les quantités moyennes; il faut ôter d'une part à très-peu près 50″ & ajouter de l'autre 55″; ce qui réduit l'arc de 3ᵈ 22′ 22″ à 3ᵈ 22′ 27″, & fi on en prend la moitié, il vient 1ᵈ 41′ 13½″ pour la diftance apparente de l'Etoile au Zénith, & 1ᵈ 41′ 7″, lorfqu'on corrige l'obfervation pour l'aberration de la lumiere, comme je l'ai fait depuis.

49. Le 25 Août au matin vers 5 heures & demie la Terre trembla très-fortement, & deux jours après, fçavoir le 27, il me fallut remettre d'autres foyes au Micrométre. Ce ne fut que le 12 du mois fuivant que je revis l'Etoile.

Le Limbe étant tourné vers l'Orient.

Le 12 Septembre. . . . . . —0′ 23″

Le Limbe étant tourné vers l'Occident.

Le 13 Septembre. . . . +0′ 21″

Le Secteur ne fut pas remis dans fa premiere fituation; & comme on le voit, on n'a obfervé qu'une fois pour chaque côté. Si malgré cela on adopte ces obfervations on aura le deuxiéme refultat 1ᵈ 41′ 10″, ou 2ᵈ 41′ 2″ pour la diftance de l'Etoile au Zénith, lorfqu'on a égard à l'aberration de la lumiere.

50. Je démontai après cela l'instrument, j'en fis river presque toutes les vis, & fortifier la partie inférieure par une nouvelle regle de fer placée environ trois pouces au-dessus du Limbe.

Le Limbe étant vers l'Orient.

Le 9 Octobre. . . . . +0′ 47″
Le 11. . . . . . +0′ 49″

Le Limbe étant tourné vers l'Occident.

Le 27. . . . . . . −0′ 44″
Le 28. . . . . . . −0′ 41″

Je retournai ensuite le Limbe vers l'Orient sans pouvoir obtenir d'observation d'Orion, mais celles que j'obtins de l'Etoile α du Verseau que j'observois aussi, m'apprirent que l'instrument n'avoit pas changé d'état. Les quatre observations précédentes donnent 1^d 41′ 13$\frac{1}{4}$″ pour troisiéme résultat, ou plûtot 1^d 41′ 6$\frac{1}{4}$″, en corrigeant l'erreur causée par l'aberration de la lumiere.

51. Je démontai encore l'instrument; je fis ajouter une nouvelle fourchette aux trois qui soutenoient déja la lunette, & j'arrêtai cette même lunette en deux autres endroits, de sorte qu'elle se trouva saisie par six points. C'est ce qui me valut les observations suivantes.

Le Limbe vers l'Occident.

Le 18 Novembre. . . +0′ 19″
Le 19. . . . . +0′ 15″

Le Limbe vers l'Orient.

Le 20 Novembre. . . . . −0′ 23″
Le 21. . . . . . −0′ 22″

Le

Le Limbe remis vers l'Occident.

Le 22. . . . . +0′ 20″
Le 23. . . . . +0′ 17½″

Il vient pour quatriéme resultat 1ᵈ 41′ 8¾″ ou plûtôt 1ᵈ 41′ 4¼″, ayant égard à l'aberration de la lumiere.

52. Je retouchai encore à l'instrument, en ajoutant quelques nouvelles ligatures à la lunette, après avoir supprimé toute sa partie du milieu à laquelle je substituai un tuyau de papier noir. Comme je ne pouvois pas arrêter immédiatement l'objectif au centre du Secteur, je voulois voir si les divers points d'appui que je donnois aux deux extrêmités du tuyau, apporteroient du changement dans les observations.

Le Limbe vers l'Occident.

Le 2 Décembre. . . +0′ 57″

Le Limbe vers l'Orient.

Le 3. . . . . . −0′ 54″

Le Limbe remis vers l'Occident.

Le 4. . . . +0′ 52″

Il vient pour cinquiéme resultat 1ᵈ 41′ 11″ qui se réduit à 1ᵈ 41′ 8″, lorsqu'on a égard à l'aberration de la lumiere.

53. On sera, peut-être, étonné de voir que j'ai changé tant de fois la disposition de mon Secteur. Je voulois me rassurer contre la flexion à laquelle cet instrument étoit sujet, & contre celle que souffroit peut-être aussi d'abord quelqu'une des pieces qui soutenoient la lunette. Je ne sentois que trop que c'étoit en observant plu-

fieurs fois avec un inftrument, pour ainfi dire, tout nouveau par les changemens que j'y faifois, que je pouvois me démontrer à moi-même que je n'avois abfolument rien à craindre de fa part, du côté de la folidité. C'eft pourquoi on m'a vû le démonter pour en faire river prefque toutes les vis: d'autres fois pour fortifier le Limbe, ou pour faire ajouter une nouvelle fourchette qui aidât à foutenir la lunette. Il eft vrai que toutes ces précautions nuifoient confidérablement à la délicateffe des obfervations, puifqu'elles empêchoient, en interrompant leur fuite, de compter fur les plus petites inégalités que je pourrois appercevoir. Lorfqu'on a, par exemple, obfervé la hauteur Méridienne du Soleil aux environs du Solftice, on ne va pas prendre le jour d'après la même hauteur avec un autre quart de cercle pour avoir la petite différence en déclinaifon; c'eft ce que je fçavois parfaitement. Mais d'un autre côté, je rendois mes obfervations incomparablement plus fûres, en les rendant plus indépendantes les unes des autres. J'agiffois comme quelqu'un, qui dans le deffein de porter la certitude encore plus loin, travailleroit continuellement comme s'il appréhendoit de s'être trompé & qu'il tachât de fe relever de fon erreur.

54. Si l'on fond enfemble les cinq réfultats, en les rapportant à la fin de Décembre de la même année par le changement reglé & connu que fouffre la déclinaifon de l'Etoile, & en corrigeant l'effet de la réfraction, on trouvera $1^d\ 11'\ 8''$ pour la diftance vraie au Zénith. Un an après, c'eft-à-dire à la fin de 1742, la même Etoile (ε d'Orion) devoit felon cela être éloignée du Zénith de $1^d\ 41'\ 11''$, ou plûtôt de $1^d\ 41'\ 14''$ à caufe de la nutation particuliere de l'axe de la Terre que M. Bradley a non-feulement obfervée, mais qu'il a réuffi à foumettre au calcul.

55. J'obfervois en même tems deux autres Etoiles, celle qui eft dans la main fuivante d'Antinoüs que Bayer

marque par θ, & celle de l'épaule suivante du Verseau marquée α. Je me servois d'un arc dont la corde étoit exactement la 19me partie du rayon. Deux suites d'observations, l'une depuis le 28 Juillet 1741 jusqu'au 16 Août suivant, & l'autre depuis le 30 d'Août jusqu'au 13 Septembre, & que j'ai communiquées à M. de la Condamine dans le tems comme toutes les précédentes, s'accorderent à me donner 1^d 30′ 33$\frac{1}{3}$″ pour la distance apparente de la premiere de ces Etoiles au Zénith.

56. Les observations que je fis de la seconde Etoile, c'est-à-dire d'α du Verseau depuis le 28 Juillet jusqu'au 16 Août me donnerent 1^d 30′ 41″ pour sa distance au Zénith. Les observations du 30 Août au 13 Septembre me firent trouver 1^d 30′ 44$\frac{1}{2}$″. Il faut faire attention que ces résultats sont affectés de la réfraction & de l'aberration de la lumiere, & qu'ainsi ils ont besoin de correction.

Autres observations faites un an après aux deux extrêmités de la Méridienne.

57. Le projet de la correspondance n'ayant pas eu lieu, quoique j'eusse fait de mon côté tout mon possible pour le faire réussir, nous noûames M. de la Condamine & moi une nouvelle partie, & nous voulûmes que le succès ne dependît que de nous seuls. Nous ne pouvions pas consentir à nous voir faire un jour l'objection quoique, peut-être, mauvaise, que nous ne nous étions pas précautionnés contre les balancemens Physiques qu'ont peut être les Etoiles, quoique nous eussions extrêmement multiplié nos observations & que nous en eussions dans toutes les saisons. Il nous falloit donc en faire d'autres les mêmes nuits, & comme aux mêmes instans aux deux extrêmités de la Méridienne, comme je m'étois proposé inutilement de le faire avec M. Godin. C'étoit le moyen de trancher toutes les difficultés. Nous

allions en faisissant les Etoiles dans les mêmes points du Ciel, nous garantir contre leurs variations, & réussir pour ainsi dire à les fixer, malgré tous les mouvemens irréguliers auxquels elles pouvoient être sujettes. M. de la Condamine se rendit à Mama-Tarqui & y observa avec l'instrument de 12 pieds de rayon dont je m'étois déja servi. Il fit l'arc exactement de $3^d\ 22'\ 15''$: voici ses observations.

Mama-Tarqui 1742.

Le Limbe étant vers l'Orient.

58.

Arc de 3 deg, 22' 15".

Le 19 Novembre.	$+ 0'\ 47\frac{1}{2}''$
Le 30.	$+ 0'\ 49\frac{1}{9}''$
Le premier Décembre.	$+ 0'\ 47\frac{1}{3}''$

Le Limbe étant vers l'Occident.

Le 2 Décembre	$- 0'\ 30\frac{2}{3}''$
Le 3.	$- 0'\ 35''$

Le Limbe remis vers l'Orient.

Le 8 Décembre.	$+ 0'\ 38''$
Le 9	$+ 0\ 38\frac{1}{2}''$
Le 13.	$+ 0'\ 37\frac{2}{3}''$

Le Limbe remis vers l'Occident.

Le 17 Décembre.	$- 0'\ 28\frac{1}{2}''$
Le 18.	$- 0'\ 29\frac{4}{5}''$
Le 19.	$- 0'\ 30\frac{1}{5}''$
Le 20.	$- 0'\ 30\frac{1}{5}''$

DE LA TERRE, V. SECT.

Le Limbe retourné vers l'Orient.

Le 3 Janvier 1743. . . . $+ 0' 36\frac{4}{5}''$
Le 11. . . . . . $+ 0' 37\frac{1}{5}''$
Le 15. . . . . . $+ 0' 37\frac{1}{5}''$

59. Des observations faites depuis le 29 Novembre jusqu'au 3 Décembre inclusivement, M. de la Condamine tiroit une premiere détermination, & trouvoit que la distance apparente d'Orion au Zénith étoit de $1^d 41' 15''$. Les autres observations lui donnoient cette même distance de $1^d 41' 11\frac{1}{2}''$. Cet Acadèmicien étoit tenté de préférer le second résultat au premier lorsque nous étions au Pérou, parce que nous ne sçavions pas qu'ils s'accordoient. Les deux donnent $1^d 41' 13''$ pour la distance vraie de l'Etoile au Zénith à la fin de 1742; ce qui ne différe que d'une seconde du résultat moyen des observations que j'avois faites l'année précédente dans le même endroit avec le même instrument.

60. Pendant que M. de la Condamine étoit ainsi occupé à observer à Mama-Tarqui, je faisois la même chose à l'autre extrêmité de la Méridienne. Il m'avoit fallu faire construire exprès pour cela un second Secteur auquel j'avois donné environ 8 pieds de rayon, en me conformant à la longueur d'une lunette dont je pouvois disposer. J'en ai déja parlé, & j'ai exposé aussi la maniere particuliere dont l'instrument étoit suspendu, qui étoit beaucoup plus parfaite que la premiere. Ce seroit celle en effet que j'employerois toujours par préférence, si je voulois me servir d'un très-grand Secteur. Mais dans ce cas j'attacherois l'instrument à une piece de bois presque verticale, comme j'ai eu le soin d'en avertir, * qui serviroit d'arbre ou d'axe; & je l'en éloignerois un peu par deux bras qui fussent assez longs ou qui admissent quelque jeu de charniere, afin d'empêcher que l'action de la piece de bois, lorsqu'elle se tourmente,

* Voyez Sec. précédente N. 9.

ne nuifit au Secteur, en alterant fa figure. Le rayon étoit formé d'une feule barre de fer fortifiée par une autre mife de champ derriere; & la lunette qui étoit en devant étoit fortement attachée à la premiere barre, dont elle n'étoit féparée que par des chevalets de cuivre, auxquels on avoit donné le moins de hauteur qu'on avoit pû, & qui étoient beaucoup plus folides que les fourchettes les plus courtes. Cette fituation étoit un peu incommode; elle m'obligea de tracer l'arc fur le Limbe & d'y marquer les deux points de la graduation, avant que de placer la lunette. Le fil aplomb paffoit en haut fous les chevalets. Toutes ces chofes demanderent du tems, & il fallut y revenir plufieurs fois. La conftruction du nouveau Micrométre m'arrêta auffi beaucoup & m'engagea après cela dans un nouvel examen. Il fut enfuite queftion d'obferver; je pû le faire long-tems avant M. de la Condamine; mais je crois qu'il fuffit de commencer mon détail du jour que nos obfervations fur Orion devinrent fimultanées. J'avois peu de tems auparavant démonté l'inftrument, & je l'avois difpofé derechef, après avoir obfervé θ d'Antinoüs & α du Verfeau, comme je le dirai dans la fuite. L'arc dont je me fervois pour Orion étoit de $2^d 51' 50''$.

Cochefqui 1742.

6 ʙ *Le Limbe vers l'Orient.*

Arc de 2 deg. 51′ 50″.

Le 29 Novembre.	— 1′ 21″
Le 30.	— 1′ 19″

Le Limbe vers l'Occident.

Le 2 Décembre.	+ 1′ 4″
Le 5.	+ 1′ 0″
Le 6.	+ 1′ 2″

Le 8. . . . . . +0′ 59″
Le 9. . . . . . +0′ 59″

Le Limbe remis vers l'Orient.

Le 17. . . . . . . −1′ 16″
Le 29. . . . . . . −1′ 17″
Le 31. . . . . . . −1′ 16″

Le Limbe remis vers l'Occident.

Le premier Janvier 1743. . +1′ 2″
Le 2. . . . . +1′ 2″

Ces observations nous donnent $1^d\,25'\,46\frac{3}{4}''$ pour la distance apparente d'ε d'Orion au Zénith de Cochesqui & $1^d\,25'\,48''$ pour la distance vraie à la fin de 1742, après qu'on a eu égard à l'aberration & à la réfraction. Ce résultat ne s'écarte pas beaucoup de ce que nous trouvâmes ensemble M. de la Condamine & moi aux mois de Mars & d'Avril 1740, en nous servant du Secteur de 12 pieds, & de l'autre espece de suspension. Car il nous vint $1^d\,26'\,8''$ pour la distance de la même Etoile au Zénith, après avoir simplement corrigé la réfraction & pris le milieu entre deux différens résultats qui ne différoient entr'eux que de 2″. Or si après avoir retranché de cette distance 8″ pour l'aberration, on fait la diminution convenable pour le changement en déclinaison, & qu'on adjoute 1″ pour la quantité dont le second Observatoire de Cochesqui est plus Septentrional que le premier, on trouvera à moins de trois secondes près la quantité qui m'est venue en dernier lieu.

VI.

De l'amplitude de l'arc de la Méridienne de Quito, & de la grandeur du premier degré de latitude.

62. Comme nous nous proposons d'employer par préférence les observations simultanées, il faut que nous ajoutions la distance $1^d\ 25'\ 48''$ avec celle $1^d\ 41'\ 13''$ qu'a trouvé M. de la Condamine ; puisque l'Etoile étoit entre nos deux Zéniths. Il vient en négligeant quelque petite fraction de seconde, ce qui n'est que trop permis, $3^d\ 7'\ 1''$ pour l'intervalle entre les deux Observatoires, celui de Mama-Tarqui & le second de Cochesqui. Ce même intervalle réduit au niveau de Carabourou est de 176940 toises. * D'où il suit que le premier degré du Méridien est de 56767 toises. Mais Carabourou, quoique la plus basse de toutes nos stations, étant élevé de 1226 toises au-dessus du niveau de la Mer, il faut faire subir à la grandeur du degré une diminution de $21\frac{2}{5}$ tois. ** ce qui le rend de 56746 toif. Enfin il faut ajouter 6 à 7 toises, parce que l'étalon de nos mesures a dû s'étendre un peu par la chaleur, lorsque nous mesurions nos deux bases, ce qui nous a fait commettre sur le compte une petite erreur en défaut. Cette addition devient nécessaire, pour tout rapporter au terme de 14 ou 15 degrés du Thermomètre de M. Reaumur, comme on l'a fait en Europe. Ainsi ayant égard à tout, nous avons 56753 toises pour la longueur du premier degré du Méridien au niveau de la Mer.

* Voyez Sec. III. Num. 40.

** Voyez Sec. III. Num. 62.

63. J'ai fait aussi à Cochesqui plusieurs observations de θ d'Antinoüs & d'α du Verseau que je puis comparer avec celles que j'avois faites un an auparavant à l'autre extrêmité de la Méridienne. Je me servois à Cochesqui d'un arc de $3^d\ 11'\ \frac{3}{5}''$ dont la corde étoit exactement

tement la 18ᵐᵉ partie du rayon. Par un résultat obtenu depuis le 5 Août 1742 jusqu'au 18 du même mois, j'ai trouvé la distance vraie au Zénith de θ d'Antinoüs de 1ᵈ 36′ 17½″, & celle d'α du Verseau de 1ᵈ 35′ 59½″; les deux vers le Sud, de même qu'Orion. Lorsque je dis que ces distances sont vraies, j'entends qu'elles sont corrigées de réfraction; ainsi il suffit d'avoir égard de plus au changement en déclinaison produit pendant un an; puisque les observations à l'autre extrêmité de la Méridienne furent faites dans la même saison. La premiere des deux Etoiles donne 3ᵈ 6′ 59″ pour l'amplitude de l'arc total, & la seconde, 3ᵈ 6′ 58″.

64. Nous pourrions aussi, puisque nous avons trouvé à quel point de notre Méridienne répond Quito, * nous servir des observations faites dans cette Ville en 1737 sur Orion, & les comparer avec celles de Mama-Tarqui pour parvenir à une autre détermination de la grandeur du degré. Les raisons que nous avons rapportées à la fin de nos éclaircissemens sur l'obliquité de l'Ecliptique, nous empêchent d'insister sur cette comparaison. ** Cependant les observations faites après le Solstice d'Eté donnent une longueur qui n'excéde que de 18 ou 19 toises celle à laquelle nous nous arrêtons.

* Voyez la Sec. III. Num. 44.

* Voyez Num. 42.

65. Au reste notre résultat qui n'a pas besoin de confirmation après qu'il a été vérifié tant de fois & de tant de manieres différentes, se trouve néanmoins justifié par d'autres, auxquels on peut le comparer, qui n'en différent pas d'une quantité excessive & qui en différent dans un certain sens. Messieurs les Officiers Espagnols en se servant d'un instrument qui avoit 20 pieds de rayon, se sont trouvé obligés de l'encastrer dans une piece de bois. Je supprime mes reflexions sur le jeu d'Hygrométre auquel cette piece de bois a pû être sujette. Si ses fibres n'étoient pas exactement paralleles à son axe, elle aura été exposée à se tordre plus ou moins, comme le font les cordes par la sécheresse & par l'humidité, & di-

vers autres corps. Mais il paroît que les Observateurs n'ont pas regardé le parallelisme même de la lunette avec le plan de l'instrument comme une condition de la plus grande importance ; au moins ils n'en parlent pas ; & il faut qu'ils n'y ayent fait aucune attention, lorsqu'ils se sont expliqués comme ils l'ont fait (pag. 4) au sujet du Secteur dont nous nous servîmes pour déterminer l'obliquité de l'Ecliptique, lequel devoit être très-imparfait à cet égard. Il y avoit un moyen de sauver ce défaut, vû les circonstances favorables dans lesquelles nous nous trouvions, au milieu de la Zone Torride ; c'étoit de placer l'instrument avec précision dans le plan du Méridien, en ne se mettant nullement en peine, en observant l'Astre, de l'instant de sa médiation. Mais nous voyons par la page 274 qu'on a pris au contraire cet instant précis pour le *criterium* des observations exactes. On a insisté sur cette précaution, qui étoit non-seulement inutile, mais qui étoit nuisible, tant qu'on n'avoit pas eu les autres attentions qui étoient préalables & d'une plus grande nécessité. Or que la déviation de la lunette par rapport au plan du Secteur ait été seulement de 7 ou 8 minutes, on aura donné au Limbe en disposant l'instrument une direction différente de celle du Méridien de 4 ou 5 degrés ; mais on aura digéré cette différence, ou on n'y aura pas pris garde, de même que pendant les observations de 1737 ; quoique la déviation fût encore plus grande & que la longueur qu'avoit alors le Limbe contribuât à la rendre sensible. Si nous ignorons jusqu'où a été porté le défaut de parallelisme de la lunette, nous sommes au moins sûrs que la différence sur la distance de l'Astre au Zénith s'est faite constamment dans un certain sens. On a toujours, selon ce que nous avons montré dans la Section précédente (Num. 60 ,) trouvé la distance de l'Astre au Zénith un peu moindre ; & il a dû parconséquent en résulter une grandeur du degré qui excédoit la nôtre, comme cela est effectivement arrivé.

66. Ainsi nous n'avons point d'autre parti à prendre que de rester attachés à notre détermination. J'ai fait dans mon particulier un assez grand nombre d'observations sur l'exactitude desquelles je puis compter, pour que rien ne m'empêchât, si mon amour propre s'en trouvoit flatté, de ne devoir qu'à elles seules un résultat qui m'appartiendroit entierement. Mais j'ai crû que par la même raison, qu'il valoit mieux préférer les observations faites dans les mêmes saisons à celles qui avoient été faites dans des saisons différentes ; il valoit encore beaucoup mieux avoir recours aux observations de M. de la Condamine, afin de n'en employer que de faites comme les mêmes nuits & à la même heure. M. de la Condamine apporte d'ailleurs une si grande précision dans tout ce qu'il entreprend, qu'il ne peut y avoir que de l'avantage à fonder le résultat, autant sur son travail que sur le mien. Ainsi *je fixe toujours à* 56753 *la longueur du premier degré de latitude au niveau de la Mer* ; *l'étendue de la minute sera presque de* 945 9/10 *toises* : & admettant le rapport établi par Métius entre le diamétre du cercle & sa circonférence, *le rayon de la curvité du Méridien aux environs de l'Equateur sera de* 325 1707 *toises*.

Mm ij

SIXIEME SECTION.

Qui contient diverses recherches sur la Figure de la Terre & sur les proprietés de cette Figure.

1. Nous pouvons maintenant en recueillant le fruit de notre travail, ou pour mieux dire le fruit de tous les travaux ordonnés par le Roi, réuſſir à déterminer la Figure de la Terre. Notre maniere de conſiderer le Problême le rendra d'une diſcuſſion auſſi ſimple qu'elle ſeroit embaraſſante, ſi on examinoit la choſe ſous une autre face. Ce Problême a pû paroître difficile ; parce que la meſure des degrés de latitude ne fournit pas immédiatement différens points du Méridien par leſquels il ne s'agiſſe que de faire paſſer une ligne courbe : cette meſure ne donne que la longueur des rayons des cercles Oſculateurs, ce qui oblige pour remonter juſqu'à la nature du Méridien, d'avoir recours à la méthode inverſe des tangentes, en employant l'expreſſion générale des rayons donnés, laquelle eſt compliquée, comme on le ſçait, de différentielles de différens ordres. Mais la conſidération de la *gravicentrique*, cette ligne courbe dont nous avons parlé dans la premiere Section, diſſipera toute la difficulté : elle nous offrira un moyen auſſi direct que ſimple de faire regner entre tous les degrés de latitude quelle loi nous voudrons.

I.

Méthode générale d'assujettir la Figure de la Terre à la grandeur particuliere de quel nombre on veut de divers degrés du Méridien.

2. Il est bon de remarquer d'abord jusqu'où va l'indétermination du Problême, tant qu'on a la liberté d'attribuer toutes fortes de courbures à la gravicentrique, quoique sa situation & quelques-unes de ses principales dimensions soient données. Le Méridien AKB (*Fig.* 38) qui est une des lignes d'évolution de la gravicentrique DGE, différe beaucoup d'un quart de cercle, & le demi axe proprement dit CB est considérablement plus petit que le rayon CA de l'Equateur; mais si l'on donnoit beaucoup plus d'infléxion à la gravicentrique vers son milieu G, si on lui faisoit presque imiter dans sa courbure l'angle droit DCE, comme dans la Fig. 36 & comme le feroit une hyperbole qui ayant CD & CE pour tangentes, eut son centre très-peu en dehors du point C, & son premier axe extrêmement petit, il est clair que le Méridien auroit toujours des degrés très-inégaux entr'eux, & que néanmoins le total de sa courbure approcheroit beaucoup de la circulaire. La fléxion de la gravicentrique vers son milieu pourroit même être si grande, ou le point G pourroit être si voisin du point C que la différence entre les deux axes de la Terre devînt absolument insensible. AD seroit toujours le rayon du premier degré de latitude; & GK, rayon du 45me qui seroit sensiblement égal au rayon AC de l'Equateur, seroit plus grand que le premier de tout DC: le rayon EB du 90me degré surpasseroit en même tems celui du 45me de tout EC; & ce qui pourroit passer pour un paradoxe, cela n'empêcheroit pas, comme on le voit, que les trois lignes CA, CK, CB ne fussent sensiblement égales en-

Figure 36, 37 & 38.

tr'elles : quelque grande que fût l'inégalité entre les degrés, ou entre leurs vrais rayons AD, KG & BE.

3. Si au contraire la gravicentrique devenoit presque une ligne droite, ou si elle se réduisoit presque à sa corde DE comme dans la Fig. 37, en souffrant simplement une infléxion subite à son commencement & une autre à sa fin, la Terre se trouveroit avoir une forme très-applatie : on peut même voir que la différence entres ses deux axes (toutes les autres circonstances étant égales) seroit alors la plus grande qu'il est possible. Supposé en effet que la courbe DL soit la premiere ligne d'évolution de la gravicentrique ou celle qui part du même point D que cette autre courbe, LB sera égale à DA, & par conséquent l'excès du rayon de l'Equateur sur le demi axe proprement dit, sera égal à l'excès de CD sur CL ou à celui de EC+CD sur EC+CL =EGD : c'est-à-dire que la différence des deux demi-axes est toujours égale à l'excès de EC+CD sur EGD. Différence qui disparoissoit lorsque la longueur de la gravicentrique étoit presque égale à la somme des deux lignes CD & EC, comme nous le supposions il n'y a qu'un moment, & qui doit au contraire être la plus grande qu'il est possible, lorsque la longueur de la gravicentrique réduite à la ligne droite est devenue un *minimum*, comme nous le supposons maintenant.

4. On doit remarquer de plus que cette extrême variété de Figures, de la Sphérique & du Sphéroide le plus applati, est toujours compatible avec une certaine grandeur donnée du premier degré du Méridien, de même qu'avec celle de quelqu'autre degré mesuré entre le Pole & l'Equateur & avec celle du dernier degré de latitude. Ainsi l'indétermination est excessive, tant qu'on considere la chose abstraitement & d'une maniere absolument Géometrique. Cependant il faut avouer que la mesure des degrés en deux divers climats est comme suffisante pour fixer la forme de la Terre, parce qu'il n'est pas

vraisemblable que la courbe DGE ait cette fléxion ou cette rectitude extrêmes que nous venons de lui attribuer, & qu'il est au contraire plus naturel de penser qu'elle tient une espece de milieu entre ces deux limites.

5. Nous avons d'ailleurs plusieurs raisons de donner l'exclusion à ces deux cas extrêmes. Dans le premier, ou lorsque la gravicentrique suit presque tout le contour de l'angle droit DCE (Fig. 36) & que la Terre a une figure presque sphérique, quoique ses degrés de latitude soient fort inégaux, l'accroissement de ces mêmes degrés seroit partagé en deux parties; la premiere auroit lieu aux environs de l'Equateur, les degrés qui suivroient après cela seroient sensiblement égaux dans un très-grand espace PS qui seroit peut-être de plus de 60 ou 80 degrés, & ensuite ils recommenceroient encore à augmenter & ils continueroient à le faire jusqu'au Pole. Dans l'autre cas où la Terre est extremement applatie, parce que la gravicentrique a perdu toute sa forme angulaire, & qu'elle est presque réduite à la simple ligne droite DE, (Fig. 37.) les premiers degrés du Méridien seroient au contraire sensiblement égaux entr'eux, les derniers le seroient aussi entr'eux, & il se pourroit faire que tout l'accroissement sensible, quelque grand qu'il fût, ne tombât que sur un espace PS qui eût à peine cinq à six degrés d'étendue. Telles sont les propriétés particulieres de ces deux gravicentriques extrêmes; & il n'est pas nécessaire de refléchir beaucoup, pour voir qu'on doit rejetter l'une & l'autre de ces lignes courbes & toutes celles qui en sont voisines. Ce seroit presque faire la même chose de les admettre, que d'attribuer à la Terre quelques angles à sa surface: & il est certain que ces irrégularités ne mettroient pas en défaut sans qu'on s'en apperçût, & toutes les regles de la Géographie & les pratiques ordinaires de nos Pilotes.

6. Mais le doute diminue extrêmement, & nous ne sommes plus si fort livrés à nos conjectures, aussi-tôt

que nous connoiſſons, comme nous le faiſons, la longueur de trois différens degrés à trois diverſes diſtances du Pole. Car c'en eſt aſſez pour commencer à diſtinguer la loi ſelon laquelle ils changent. Nos propres opérations nous fourniſſent le rayon AD du premier degré de latitude; nous connoiſſons outre cela les rayons KG & SR de deux autres degrés, l'un en France & l'autre au cercle Polaire : ainſi nous avons les arcs GD & RD de la gravicentrique qui ſont égaux aux excès de ces deux rayons ſur le premier; & nous ſçavons de plus les latitudes des points K & S; ce qui nous donne les angles que fait la gravicentrique aux points correſpondans G & R avec ſes ordonnées GH & RY. *

*Voyez N. 16. Sec. I.

7. Nous pouvons exprimer d'une maniere très-ſimple toutes ces choſes que nous connoiſſons. Nous n'avons qu'à tirer une ligne droite DE (Fig. 39.) de même longueur que la gravicentrique, & élever aux extrêmités G & R de ſes parties DG, DR des perpendiculaires GN & RX égales aux Sinus des latitudes. Nous aurons déja trois points D, N, X de la nouvelle courbe DNM, qui marque par ſes co-ordonnées la relation qu'il y a, non pas entre la longueur des degrés du Méridien, mais entre leurs augmentations & les Sinus des latitudes. Il ſeroit à ſouhaiter que nous euſſions un plus grand nombre de points; mais quoique nous n'en ayons que trois, nous avons quelque choſe. Commençant à voir comme nous le faiſons, le cours que prend la ligne courbe DNM, nous ſommes beacoup plus en droit de la traiter comme connue; nos concluſions ſeront moins hazardées ou moins hypothétiques. On apperçoit enfin aſſez, ſans qu'il ſoit néceſſaire d'entrer ici dans une plus longue explication, que la meſure des degrés de latitude repetée dans toutes les Régions, ne donnera jamais immédiatement ni la nature des Méridiens ni celle de leur gravicentrique, mais celle ſeulement de cette courbe DNM. Ainſi il s'agit en la conſidérant comme *donnée*, de déduire tout le reſte.

Figure 38. & 39.

8.

8. Il fuffit pour cela de confidérer le triangle rectangle infiniment petit I G g (*Fig.* 38) formé par la gravicentrique, par la petite partie g I de fon ordonnée g h, & par la petite ligne GI perpendiculaire à l'ordonnée ou parallele à la ligne des abfciffes DF. Nous aurons cette proportion; le Sinus total eft à G g, comme le Sinus de la latitude ou comme le Sinus de l'angle g eft à GI ou à H h. Ainfi le rectangle du Sinus de la latitude par l'Elément G g de la ligne courbe eft égal au rectangle du Sinus total par l'Elément H h de l'abfciffe; c'eft-à-dire que le petit rectangle G n de la Figure 39 eft égal au produit du Sinus total par l'Elément H h de l'abfciffe de la gravicentrique. Mais puifque la même propriété fubfifte à l'égard de tous les autres points, & que chaque Elément de l'abfciffe de la gravicentrique eft continuellement proportionel au petit rectangle élementaire correfpondant G n, la même proprieté doit avoir lieu à l'égard des parties finies ou fenfibles. Nous voyons donc la vérité de ce Théoreme général, que *les abfciffes* DH, DY, *&c. de la gravicentrique font proportionelles aux aires correfpondantes* DGN, DRX *d'une autre ligne courbe* (*Fig.* 39.) *qui a pour abfciffes les longueurs de la gravicentrique ou les excès des différens degrés de latitude fur le premier, & pour ordonnées les Sinus de ces mêmes latitudes.* Les abfciffes de la gravicentrique font égales aux aires de l'autre ligne courbe, divifées par le Sinus total.

9. Il nous eft tout auffi facile de trouver une expreffion Géometrique très-fimple des ordonnées de la gravicentrique. Nous voyons dans le petit triangle g I G que leurs élémens g I font continuellement à ceux GI ou H h des abfciffes, comme le Sinus complement de la latitude eft au Sinus de la latitude. Nous n'avons par conféquent dans la Figure 39 qu'à prolonger les ordonnées NG, XR de l'autre côté de l'axe & faire les prolongemens GT, g t, RV égaux aux Sinus de comple-

Figure 38. & 39.

ment de chaque latitude, & nous formerons une autre courbe QTV, dont les petits rectangles élémentaires Tg seront continuellement proportionels aux petites parties gI des ordonnées GH. Nous aurons donc ce Théoreme aussi général que le premier, que *les ordonnées GH, RY, &c. de la gravicentrique sont proportionelles aux aires correspondantes DQTG, DQVR d'une autre ligne courbe, qui a pour abscisses les longueurs des parties de la gravicentrique ou les excès des différens degrés du Méridien sur le premier degré, & pour ordonnées les Sinus complemens des latitudes.* Les ordonnées de la gravicentrique sont égales aux aires de cette autre ligne courbe, divisées par le Sinus total.

10. Ainsi la difficulté est réduite à la simple quadrature des courbes, lorsqu'on connoît par les observations la loi que suivent les degrés de latitude dans leur augmentation ou de leur diminution, depuis l'Equateur jusqu'au Pole; & qu'on veut en conclure la nature de la gravicentrique. Pour descendre un peu de cette généralité & considerer cependant toujours la chose d'une maniere très-étendue, nous désignerons par a le Sinus total & par s le Sinus de chaque latitude, ce qui nous donnera $\sqrt{a^2 - s^2}$ pour le Sinus de complement; nommant u les arcs DG, DR de la gravicentrique ou les accroissemens des degrés du Méridien par rapport au premier, nous supposerons qu'ils sont proportionels aux Sinus s des différentes latitudes, élevés à la puissance m; ou pour satisfaire à la loi des Homogènes, nous ferons continuellement $u = a^{1-m} s^m$. Nous aurons $m a^{1-m} s^{m-1} ds$ pour la valeur de du, ou pour l'expression de la petite partie élémentaire Gg de la gravicentrique ou de l'axe DE (Fig. 39) des deux autres courbes. Multipliant après cela cette expression par $NG = s$ & par $GP = \sqrt{a^2 - s^2}$ pour avoir les petits trapezes élémentaires Gn & Gt, il nous viendra $m a^{1-m} s^m ds$ & $m a^{1-m} s^{m-1}$

$ds\sqrt{a^2-s^2}$ qu'il ne restera plus qu'à intégrer & à diviser par le Sinus total a, pour avoir conformément aux deux Théoremes précedens, la valeur $\frac{m s^{m+1}}{m+1 \times a^m} - m$ des abscisses DH, DY, &c. & celle $\frac{m}{a^m}\int s^{m-1}ds\sqrt{a^2-s^2}$ des ordonnées GH & RY. C'est-à-dire que nommant x ces abscisses & y ces ordonnées, nous aurons les deux formules générales $x = \frac{m s^{m+1}}{m+1 \times a^m}$ & ....

$y = \frac{m}{a^m}\int s^{m-1}ds\sqrt{a^2-s^2}$; pendant que $u = a^{1-m}s^m$. Toutes les circonstances de la gravicentrique seront donc énoncées en termes connus, par rapport aux Sinus s des latitudes.

Figure 38.

11. La seconde intégrale peut souvent ne pas réussir. Il faudra alors avoir recours aux méthodes connues d'aproximation : mais on sçait que l'intégration sera toujours possible en termes exacts & finis, aussi-tôt que l'exposant m sera un nombre positif pair, ou un nombre négatif impair, si l'on excepte l'unité : Ainsi dans tous ces cas la relation qu'il y a non-seulement des ordonnées aux abscisses de la gravicentrique; mais encore aux longueurs de ses différens arcs, sera exprimée d'une maniere parfaite & entierement connue; cette courbe sera Géometrique; & les Méridiens le seront par conséquent aussi.

12. Une proprieté très-remarquable qu'ont toutes ces gravicentriques & qu'il est très-facile de vérifier, c'est que toutes les parties comme GW de leurs tangentes ont un rapport constant avec leurs arcs correspondants GD : les unes sont aux autres comme m est à $m+1$. Nous pouvions avoir déja quelque notion des lignes courbes dont les arcs ont un rapport donné avec leurs tangentes, mais nos diverses connoissances se rapprochent les unes des autres; nous sçavons maintenant que

Figure 38. ces mêmes courbes sont celles dont les arcs sont continuellement proportionels à une certaine puissance des Sinus des angles que font leurs tangentes avec leur axe.

II.

Examen de plusieurs cas particuliers, & premierement de celui dans lequel les accroissemens des degrés du Méridien sur le premier, sont proportionels aux quarrés des Sinus des latitudes.

13. Nous ne disons rien de l'hypothése dans laquelle les accroissemens des degrés par rapport au premier ou leurs diminutions suivent le rapport des Sinus des latitudes ; nous avons déja montré dans la premiere Section * que la barocentrique est alors une cycloïde. Mais si les excès des degrés sur le premier sont comme les quarrés des Sinus s, nous aurons $m = 2$; & nos trois formules générales le réduiront à $u = \frac{s^2}{a}$, à $x = \frac{2s^3}{3a^2}$ &

Num. 25.

à $y = 2 \int \frac{s\,ds}{a^2} \sqrt{a^2 - s^2}$. Lorsqu'on intégre effectivement la derniere quantité, il vient $-\frac{2 \times \overline{a^2 - s^2}^{\frac{3}{2}}}{3a^2}$; mais il faut pour suppléer à ce qui y manque, y ajouter $\frac{2}{3}a$, comme on le reconnoît en supposant nul le Sinus s, comme il l'est au point D à l'origine de la gravicentrique. Ainsi nous avons $y = \frac{2}{3}a - \frac{2 \times \overline{a^2 - s^2}^{\frac{3}{2}}}{3a^2}$; ce qui nous met en état de tracer cette ligne courbe, & de découvrir si nous le voulons tous ses symptomes. Nous avons principalement intérêt de connoître sa longueur totale, de même que sa plus grande ordonnée FE & sa plus grande abscisse DF. Je rend le Sinus s de la latitude égal au Sinus total a, comme il l'est pour le point E ; il vient a pour la longueur DE ou EL ; $\frac{2}{3}a$ pour DF ou CE & la même quantité pour FE ou

DE LA TERRE, VI. SECT. 285

DC. S'il étoit question après cela de faire l'arc DG égal à DC, on auroit $u = \frac{s^2}{a} = \frac{2}{3}a$ & $s^2 = \frac{2}{3}a^2$, ce qui montre avec le secours des tables des Sinus que c'est par environ $54^d\ 44'$ de latitude, comme nous l'avions avancé ci-devant,* que le rayon GK est égal à AC, & que le degré du Méridien est exactement de la grandeur moyenne qui le rend égal aux degrés de l'Equateur.

Figure 38.

* Voyez Num. 24 Sec. I.

14. Les arcs GD ayant continuellement même rapport à l'arc total DE, que les quarrés des Sinus s des latitudes au quarré du Sinus total, les arcs GE seront continuellement proportionels aux quarrés des Sinus complemens des latitudes, puisque les quarrés des Sinus & de leurs Sinus de complement sont toujours égaux joints ensemble au quarré du Sinus total. Ces arcs GE sont égaux à $a - \frac{s^2}{a}$ ou à $\frac{a^2 - s^2}{a}$; & si l'on prolonge l'ordonnée HG jusqu'en Δ, & la tangente au point G jusqu'en Z, le triangle rectangle GΔZ fournira l'analogie suivante; le Sinus $\sqrt{a^2 - s^2}$ de l'angle Z est au Sinus total a, comme GΔ $(=$ HΔ $-$ HG$) = \frac{2 \times \overline{a^2 - s^2}^{\frac{3}{2}}}{3a^2}$ est à GZ; ce qui nous apprend que les tangentes GZ sont égales à $\frac{2}{3} \times \frac{a^2 - s^2}{a}$, & qu'ainsi elles sont toujours égales aux deux tiers des arcs correspondans GE. C'est encore là une propriété très-singuliere, qui sert à distinguer cette ligne courbe; & il en résulte que si l'on divise l'arc GD de maniere que Dω en soit le tiers, la longueur mixtiligne ZGω sera constante, en quelque endroit qu'on prenne le point G; elle sera toujours égale à DC, ou à EC, ou égale aux deux tiers de longueur DGE de la courbe entiere.

15. Non-seulement GZ est les $\frac{2}{3}$ de l'arc GE, l'autre portion GW de la tangente est égale à Gω ou aux

N n iij

deux tiers de l'arc GD, conformement à la remarque générale * que nous avons faite plus haut. C'est ce qu'on reconnoît encore, en confidérant que tout ce qui convient à la branche GE, convient aufli à la branche GD, parce qu'elles font égales. Or il réfulte de-là que la gravicentrique que nous examinons, a encore cette propriété, que toutes fes tangentes entieres ZW qui font interceptées entre les deux côtés de l'angle droit ECD, font égales entr'elles; elles font toutes égales à EC ou à CD, ou aux $\frac{2}{3}$ de toute la courbe EGD.

Num. 12.

Figure 38.

16. Il nous fuffit actuellement de fçavoir que EC & CD font les deux tiers de la longueur totale ED de la courbe ou les deux tiers de EL : nous en conclurons que CL eft la moitié de DC & le tiers de ED ou de EL, & que les quatre lignes fuivantes fe furpaffent de quantités égales, ou font en progreffion arithmétique ; le rayon AD du premier degré de latitude, le demi-axe proprement dit CB, le rayon de l'Equateur AC & le rayon BE du dernier degré de latitude. Si l'on divife donc DC par la moitié en O & qu'on prolonge AC jufqu'au point P, de maniere que CP foit égale à OC, on aura AD, AO, AC & AP pour la longueur de ces 4 lignes ; propriété qui eft particuliere au cas que nous examinons & qui n'eft que fenfiblement vraie dans le Sphéroïde elliptique, excepté lorfqu'il différe infiniment peu de la Sphere. Si enfin cette hypothéfe avoit effectivement lieu, & que des opérations faites en Europe & de celles que nous avons achevées aux environs de l'Equateur, on voulut déduire la Figure de la Terre, on voit évidemment qu'il n'y auroit par la différence qui fe trouve entre la longueur du degré dans ces deux Régions, qu'à chercher l'excès du 90me fur le premier, en fe fervant du rapport des quarrés des Sinus des latitudes ; & ayant obtenu $EL = ED = DP$, il n'y auroit qu'à prendre les $\frac{2}{3}$ de cette quantité, pour avoir la différence entre le rayon du premier degré du Méri-

dien & le rayon de l'Equateur. Le tiers de la même quantité ou la moitié de DC, donneroit l'excès du rayon de l'Equateur sur le demi-axe proprement dit.

Figure 38.

Examen de l'hypothèse particuliere dans laquelle les accroissemens des degrés du Méridien sont proportionels aux cubes des Sinus des latitudes.

17. Supposé que les excès des degrés du Méridien ou leur défaut par rapport au premier soient proportionels aux cubes des Sinus des latitudes, on aura $m=3$, & nos trois formules générales se changeront en $u = \frac{s^3}{a^2}$, $x = \frac{3s^4}{4a^3}$ & $y = 3\int \frac{s^2 ds \sqrt{a^2-s^2}}{a^3} = 3\int \frac{ds\sqrt{a^2-s^2}}{4a} \cdots - \frac{3s\times\overline{a^2-s^2}^{\frac{3}{2}}}{4a^3}$, qui conviennent à toutes les parties finies de la gravicentrique, à commencer à son origine D. Nous déterminerons comme ci-devant ces expressions à ne convenir qu'à la courbe entière, en rendant $s = a$: il viendra $u = a$, $x = \frac{3}{4}a$, $y = 3\int \frac{ds\sqrt{a^2-s^2}}{4a}$; ce qui nous apprend que EC est les $\frac{3}{4}$ de EL ou de la longueur ED de la gravicentrique; & à l'égard de DC, elle est égale à l'aire $\int ds \sqrt{a^2-s^2}$ d'un quart de cercle dont a seroit le rayon, divisée par $\frac{4}{3}a$; c'est-à-dire, que nommant q l'arc de ce quart de cercle, DC sera égale à $\frac{1}{2}aq$ divisée par $\frac{4}{3}a$, ou qu'elle sera égale aux trois huitièmes de l'arc q. En un mot les quantités ED ou EL, EC, DC & CL sont à très-peu près comme ces quatre nombres, 56, 42, 33 & 14.

De l'hypothése dans laquelle l'accroissement des degrés est proportionel à la quatriéme puissance des Sinus des latitudes.

Figure 38. 18. Nous terminerons cette discussion des hypothéses particulieres, en supposant que les excès des degrés du Méridien sur le premier suivent le rapport des 4mes puissances des Sinus des latitudes. Dans ce cas la barocentrique sera Géometrique, de même que le Méridien; nous aurons pour la premiere de ces courbes $u = \frac{s^4}{a^3}$ pour ses arcs à commencer au point D, $x = \frac{4 s^5}{5 a^4}$ pour les abscisses DH & $y = \frac{8}{15} a - \frac{\overline{8 \times a^2 - s^2}^{\frac{3}{2}}}{15 a^2} \ldots \ldots$

$- \frac{\overline{4 s^2 \times a^2 - s^2}^{\frac{3}{2}}}{5 a^4}$ pour les ordonnées HG ; expressions qui se réduisent à $u = a$; $x = \frac{4}{5} a$, & $y = \frac{8}{15} a$, lorsqu'on fait $s = a$, comme cela arrive à l'extrêmité E de la courbe.

19. Nous voyons donc que dans cette hypothése particuliere, EC est les $\frac{4}{5}$ de EL, ou de la longueur totale ED, que DC en est les $\frac{8}{15}$ & que CL en est le $\frac{2}{5}$; c'est-à-dire qu'attribuant 15 parties à ED ou à EL ; EC sera de 12, CD de 8, & CL de 3. Il suit de-là que si l'on transporte CL en DO, & DE ou EL en DP, les quatre lignes AD, AO, AC, AP qui sont le rayon du premier degré de latitude, la longueur du demi-axe proprement dit, le rayon de l'Equateur, & la longueur du rayon du dernier degré de latitude, ne seront pas en progression Arithmétique, comme dans la premiere des hypothéses que nous venons d'examiner, mais qu'elles seront en progression Arithmétique du second ordre. Ce seront leurs différences qui suivront la

progression

progression Arithmétique simple; DO étant de 3 parties, OC de 5, & CP de 7.

Figure 38.

20. Si l'on cherche par les méthodes ordinaires la longueur des tangentes GZ, on trouvera pour leur expression $\frac{8a^4 + 4a\,s^2 - 12 s^4}{15\,a^3}$; & si l'on fait attention que $\frac{s^4}{a^3}$ est la valeur de l'arc DG, on en conclura que les tangentes comme GZ sont égales aux $\frac{8}{15}$ de la courbe entiere EGD moins les $\frac{4}{5}$ de l'arc DG, plus la quantité $\frac{4 s^2}{15 a^2}$. A l'égard de l'autre partie GW de la tangente, elle est les $\frac{4}{5}$ de son arc correspondant GD selon la remarque du N. 12. Il n'y aura non plus aucune difficulté à déterminer le point de la surface de la Terre, où le degré de latitude est exactement de même étendue que les degrés de longitude pris sur l'Equateur : il ne s'agira toujours pour cela, comme on le sçait, que de faire l'arc DG de la gravicentrique égal à DC. L'expression générale de DG est $\frac{s^4}{a^3}$ & celle de DC est $\frac{8}{15} a$. Ainsi on aura $s = a \sqrt{\sqrt{\frac{8}{15}}}$; ce qui nous apprend avec le secours des tables des Sinus, que le point requis est par 58^d 43' de latitude.

Détermination du rapport qu'il y a entre les deux axes de la Terre dans l'hypothèse précédente.

21. Il seroit aussi ennuyeux qu'inutile d'examiner un plus grand nombre de cas; nous avons d'ailleurs de fortes raisons pour nous arrêter à cette derniere hypothése, qui répond assez exactement aux changemens, autant que nous les connoissons, que souffrent les Méridiens dans leur courbure. Si en considérant les observations faites en France, on remarque qu'il n'y a pas une grande différence entre les degrés du Méridien déterminés dans toute l'étendue du Royaume, on conviendra qu'il

est assez indifférent lequel on préfere. Nous prendrons celui dont le milieu tombe par 49^d 23' dont nous devons la mesure Astronomique à Messieurs de Maupertuis, Clairaut, Camus & le Monnier, & la mesure Géodesique à Messieurs de Thury & de la Caille : ce degré est de 57074 toises. D'un autre côté le voyage fait en Laponie nous apprend que le degré qui tombe sous le cercle Polaire ou qui est un peu moins avancé vers le Pole *, est de 57438 toises. Je ne doutois pas lorsque j'étois au Pérou que les Académiciens qui ont déterminé ce degré, n'eussent pris des précautions contre la contraction des métaux produite par le grand froid, qui devoit ôter à l'étalon de leur toise quelque chose de sa longueur. Ils gardoient en effet cette mesure dans un endroit où ils entretenoient par le moyen du feu le Thermométre de M. de Reaumur à 14 ou 15 degrés au-dessus du terme de la congélation, comme il est ordinairement à Paris aux mois d'Avril & de Mai. Il me paroît que dans toute leur opération, ils n'ont négligé que la seule réfraction Astronomique, qui rend l'amplitude de leur arc plus grand d'environ 1", & ce qui réduit leur degré à 57422 toises.

22. Le Lecteur peut se souvenir que nous avons eu de notre côté égard à tout. Nous avons trouvé le premier degré du Méridien au niveau de la Mer de 56753 toises. Les deux autres dont nous venons de faire mention sont plus grands de 321 toises & de 669 : & si l'on se donne la peine d'examiner le rapport que suivent ces deux excès, on verra qu'ils sont sensiblement, comme les quarrés quarrés des Sinus des latitudes 49^d 23' & 66^d 19'. Ils ne sont pas précisément dans ce rapport, ils sont à peu près comme ces Sinus élevés à la puissance $3\frac{10}{11}$: mais on peut sans doute en faveur de la facilité du calcul, & afin aussi de rendre Géométrique la gravicentrique, de même que la ligne courbe que

* La latitude du milieu de l'arc mesuré est 66 deg. 19 ou 20'.

DE LA TERRE, VI. SECT.   291

forme le Méridien, confondre cette puissance fraction- Figure 38.
naire avec la parfaite dont 4 est l'exposant.

23. Il suit de-là que le dernier degré de latitude doit être d'environ 57712 toises, en surpassant le premier de 959 toises. On peut aussi après cela chercher combien un diamétre surpasse l'autre. Employant, comme nous l'avons déja fait plusieurs fois, les longueurs même des degrés à la place des rayons auxquels ils sont proportionels, on aura AD par nos observations de 56753 toises, & ED ou EL étant de 959 toises, EC qui en est les $\frac{4}{5}$, sera de $767\frac{1}{5}$ toises; CL qui en est $\frac{1}{5}$, sera de $191\frac{4}{5}$ toises, & DC qui en est les $\frac{8}{15}$ sera de $511\frac{7}{15}$ toises. Or tout cela supposé, AO ou CB sera de $56944\frac{4}{5}$ toises, & CA de $57264\frac{7}{15}$ toises. On trouvera que le degré de l'Equateur est plus grand que le premier degré du Méridien dans le rapport de 112 à 111, & que le diamétre de l'Equateur est à l'axe proprement dit, comme 179 à 178. Ainsi la Terre, au lieu d'être exactement sphérique, à une 179me partie moins d'épaisseur dans le sens d'un Pole à l'autre. Nous aurons occasion de nous expliquer davantage sur la valeur de cette détermination.

III.

Autre solution du même Problême.

24. Au lieu de comparer les changemens des degrés du Méridien aux Sinus des latitudes, on peut les comparer aux latitudes mêmes ou à quelqu'unes de leurs puissances ou fonctions; & alors la gravicentrique, comme on peut s'en ressouvenir, se trouvera être une des lignes d'évolution du cercle.* Si l'on examine le rapport des excès 321 toises & 669 toises du 50me & du 67me degré sur le premier, on verra qu'ils ne sont ni comme les quarrés des latitudes ni comme leurs cubes, mais qu'ils

*Voyez N.° 30. Sec. I.

fuivent un rapport moyen quoiqu'un peu plus voifin du premier, qui a prefque $2\frac{1}{2}$ pour expofant: car lorfqu'on prend la différence des logarithmes des deux latitudes, il faut la multiplier par ce nombre pour la rendre égale à la différence des logarithmes de 321 & de 669. Ce rapport tenant du cube qui eft la puiffance parfaite immédiatement la plus haute, il faut fe fervir dans cette rencontre de la feconde ligne d'évolution; mais il eft néceffaire de le faire avec quelque modification, pour pouvoir en tempérant le rapport, le rapprocher de celui des quarrés. C'eft ce que nous croyons devoir expliquer plus en détail, à caufe de l'ufage qu'auront peut-être dans la fuite ces fortes de recherches; les feules lignes d'évolution du cercle fuffifant dans la pratique, comme nous avons déja eu le foin de l'infinuer, pour repréfenter tous les rapports imaginables qu'on peut fuppofer entre les degrés du Méridien.

Figure 40.

25. Nous défignons dans la Figure 40 le rayon du quart de cercle GHI par la lettre r, l'arc total IG par q, la longueur variable des arcs IP à commencer du point I, par z, & développant ces mêmes arcs, nous tracerons la premiere ligne d'évolution KMF, mais en ajoutant au fil qui fert à faire le dévelopement, la partie conftante $IK = f$. La reffemblance des Secteurs PHp, & M.Pm nous donne enfuite cette analogie;

$HP = r | Pp = dz \| PM = z + f | Mm = \frac{z\,dz + f\,dz}{r}$;

& fi nous intégrons la valeur de Mm, nous aurons $\frac{\frac{1}{2}z^2 + fz}{r}$ pour celle des arcs variables finis KM de la premiere ligne d'évolution, & $\frac{\frac{1}{2}q^2 + fq}{r}$ pour la longueur totale KF. Nous développons après cela cette courbe, en commençant par le point K, mais nous ajoutons au fil la longueur conftante $KD = h$; & la reffemblance des Secteurs PHp; & NMn nous donnant cette au-

tre analogie, $HP = r \mid Pp = dz \parallel MN = MK + KD$ Figure 40.
$= \frac{\frac{1}{2}z^2 + fz}{r} + h \mid Nn = \frac{\frac{1}{2}z^2\,dz + fz\,dz + rh\,dz}{r}$, nous trouvons par l'intégration, $\frac{\frac{1}{6}z^3 + \frac{1}{2}fz^2 + rhz}{r^2}$ pour la longueur des arcs variables DN de la seconde ligne d'évolution que nous destinons à servir de barocentrique au Méridien AOB. Nous nous arrêtons à cette ligne d'évolution, mais nous passerions à la troisiéme ou à la quatriéme, si les excès des degrés de latitude sur le premier étoient proportionels à une fonction des latitudes dans laquelle la quatriéme ou la cinquiéme puissance entrât.

26. Tout est indéterminé dans cette expression, excepté le rapport de r à z qui est connu pour chaque latitude; ainsi on doit regarder ces deux quantités, comme ne formant qu'une seule inconnue. Mais il y en a encore deux autres f & h, ce qui fait en tout trois indéterminées; & il faudroit par conséquent avoir trois équations pour pouvoir les découvrir. On les aura ces trois équations, aussitôt qu'outre les trois degrés de latitude déja mesurés en trois climats différens, on en mesurera un quatriéme; & alors on pourra en prenant la ligne d'évolution DNE pour gravicentrique, se servir de l'expression générale $\frac{\frac{1}{6}z^3 + \frac{1}{2}fz^2 + rhz}{r^2}$ de ses différens arcs. Dans l'état actuel des choses nous n'avons qu'à supposer nulle h ou KD, ou faire tomber le rayon CA de l'Equateur sur KI, l'expression des arcs de la courbe se réduira à $\frac{\frac{1}{6}z^3 + \frac{1}{2}fz}{r^2}$, & nous aurons après cela assez de *données*, pour pouvoir déterminer les quantités r & f.

27. Connoissant la grandeur du degré du Méridien par $49^d\ 23'$ de latitude & la longueur de son rayon ON, l'excès de ce rayon sur celui AD du premier degré en A, nous fournira la longueur de l'arc DN; & si nous comparons cette longueur avec l'expression in-

determinée $\frac{\frac{1}{6}z^3 + \frac{1}{2}fz^2}{r^2}$, en introduisant aussi à la place de z sa valeur par rapport à r, nous aurons une première équation dans laquelle il n'y aura que les deux seules inconnues f & r. La mesure du degré du Méridien sous le cercle polaire, nous donnera de la même maniere une autre équation, qui ne contiendra que les mêmes inconnues. Ainsi il suffira d'employer les regles vulgaires de l'Algebre pour dégager les valeurs de r & de f; & aussi-tôt tout le reste sera connu, en passant de l'un à l'autre. Il est naturel dans de pareilles discussions de tâcher d'abréger le calcul; c'est pour cela que j'ai continué à employer à la place des rayons la longueur même des degrés. J'ai désigné généralement par e & E les excès des degrés mesurés en France & en Laponie sur le degré mesuré au Pérou, & ayant marqué en même tems par a, b & B le rapport du rayon & des deux diverses latitudes où on a pris les deux mesures en Europe, j'ai trouvé les formules. . . . . $r = \frac{b\,a^3\,b^2\,E - b\,a^3\,B^2\,e}{B^3\,b^2 - B^2\,b^3}$ & $f = \frac{2\,a^2\,B^3\,e - 2\,a^2\,b^3\,E}{b^2\,B^3 - b^3\,B^2}$, qui nous fournissent nos deux indéterminées en grandeurs connues.

28. Ces formules réduites en nombres nous apprennent que r ou le rayon HI du quart de cercle générateur est de 1366 toises, & que IK ou f est de 472. La longueur FK ou FE de la premiere ligne d'évolution se trouvera ensuite de 2430; la ligne EC de 1252; DC de 592; la longueur ED de la seconde ligne d'évolution égale à EL, de 1464 toises; & CL de 212. Or il résulte de tout cela que les degrés de l'Equateur dont la longueur est exprimée par AC sont de 57345 toises, que le dernier degré du Méridien représenté par EB, est de 58217, & que le rayon de l'Equateur est au demi-axe proprement dit à très-peu près comme 151 est à 150; de sorte que la Terre que nous ne trouvions applatie que d'une 179me partie, le seroit un peu plus,

selon cette seconde solution; elle le seroit d'une 151me quoique nous n'employons que les mêmes élémens.

IV.

Troisieme solution du même Problême sur d'autres données, avec des remarques sur le choix qu'on peut faire entre ces différentes déterminations.

29. Mais nous sommes obligés d'avouer que, quoique ce dernier rapport soit déterminé avec plus de soin que le premier, puisque nous avons représenté tout à fait rigoureusement pour le chercher, les changemens que les observations donnent aux degrés du Méridien, nous n'oserions néanmoins assurer qu'il soit préferable à l'autre. Avant que d'en expliquer les raisons, j'exposerai ingénument ici & mes incertitudes & mes différentes tentatives. On verra par mon récit que je n'ai rien négligé dans mes recherches. Je n'ai pour le justifier, qu'à marquer les divers sentimens que j'ai adoptés & ensuite rejettés, à mesure que j'ai eu connoissance, en venant du Pérou, des grandes opérations entreprises en Europe par ordre du Roi. Il n'est pas surprenant qu'il reste des doutes sur cette matiere malgré tout ce que l'Académie a fait pour les dissiper, puisque comme nous l'avons déja vû, nous ne connoissons encore que trois points de la ligne courbe qui exprime par ses co-ordonnées la relation qu'il y a entre l'étendue des degrés du Méridien & leur distance à l'Equateur. Il est vrai que c'en est assez pour que nous ne puissions pas nous tromper sur la situation de la gravicentrique à l'égard des deux axes de notre globe & sur les limites que nous pouvons assigner à ses principales dimensions; ce qui prouve invisiblement que la Terre est un sphéroïde considérablement applati. Mais

bornés que nous sommes à donner simplement l'exclusion à certaines figures, nous ne pouvons rien affirmer d'absolument positif, ainsi que nous en sommes convenus, sur la nature particuliere de la gravicentrique ni sur celle du Méridien.

30. Je n'ai pû d'abord faire dépendre la Figure de la Terre que du seul degré que nous venions de mesurer & de celui qui coupe le cercle Polaire & dont on nous avoit marqué la grandeur. Je croyois par des raisons qui me paroissoient alors n'admettre aucune replique, que la mesure des degrés de France publiée en 1701, quoiqu'elle fût fondée sur la déposition de quarts de cercles ordinaires, pouvoit entrer en concurrence avec les déterminations fournies par des instrumens beaucoup plus grands, mais construits d'une façon particuliere. Cette ancienne mesure faisoit de 57292 toises le degré moyen entre Paris & Colioure : mais d'un autre côté j'étois retenu par plusieurs autres observations, dont j'avois pesé toutes les circonstances & qui rendoient le degré beaucoup plus petit : & je ne pouvois me résoudre à adopter un milieu entre des résultats qui différoient de plus de 230 toises. Prenant pour Elémens les seuls degrés du Pérou & de Laponie, & me conformant aux regles indiquées dans le second article de cette Section, * je trouvois que le 90me degré étoit de 57551 toises, & que les deux axes étoient comme 215 & 214; & ne sçachant pas si nous aurions jamais les éclaircissemens dont je sentois le besoin, je crus ne pas devoir différer à calculer la grandeur de tous les autres degrés terrestres. Je n'insere pas la table que je construisis alors, parce que je n'ai dû la regarder depuis, que comme une simple ébauche, quoique je n'y touchasse que très-peu, comme on le va voir, dans les premiers changemens que j'y fis.

* Voyez Num. 16.

31. Ce fut pendant mon passage par l'Isle de Saint Domingue que je me vis obligé de faire ces premiers changemens

changemens, lorsque j'appris que les Académiciens qui avoient fait le voyage du cercle Polaire, avoient entrepris à leur retour la mesure Astronomique du degré des environs de Paris & l'avoient trouvé de 57183 toises. Mes conjectures se confirmoient en partie, & je voyois outre cela que les différences entre les trois degrés que j'avois désormais à comparer, étoient sensiblement proportionelles aux quarrés des Sinus des latitudes. Je mis en conséquence à 772 toises l'excès du 90me de 57525 toises au lieu de 57551 toises; & je trouvois que le rapport qu'il y avoit entre les deux axes étoit exprimé par 223 & 222. Je réussissois de cette sorte à représenter parfaitement la courbrue du Méridien en trois divers endroits, aux environs de l'Equateur, aux environs de Paris & vers le cercle Polaire: & j'eus peu de tems après un nouveau motif pour m'attacher encore davantage à cette détermination, lorsque je sçû que M. Cassini de Thury & M. l'Abbé de la Caille par des observations très-exactes, & qui sont d'une autorité d'autant plus grande qu'elles sont absolument indépendantes des opérations de la Méridienne, avoient découvert que les degrés de longitude par 43^d 32′ de latitude étoient de 41618 toises. Cette longueur ne diffère que de 11 toises de celle 41607 que je trouvois par le calcul. Je ne pouvois pas manquer de m'applaudir de cette conformité; & je ne dû point être fâché d'avoir déja construit la table suivante.

32.   **TABLE**

De la longueur des degrés Terrestres, dans la supposition que les accroissemens des degrés du Méridien à l'égard du premier suivent le rapport des quarrés des Sinus des latitudes.

Latitudes.	Degrés du Méridien.	Degrés de grands cercles perpen. au Méridien.	Degrés des paralelles à l'Equateur.	Latitudes.	Degés du Méridien.	Degrés de grands cercles perpen. au Méridien.	Degrés des paralelles à l'Equateur.
Degrés.	Toifes.	Toifes.	Toifes.	Degr.	Toifes.	Toifes.	Toifes.
0	56753	57268	57268	46	57153	57401	39874
5	56759	57270	57052	47	57166	57405	39150
10	56776	57276	56405	48	57179	57410	38415
15	56805	57285	55333	49	57193	57414	37668
20	56843	57298	53843	50	57206	57419	36908
25	56888	57313	51944	54 d. 44′	57268	57440	33165
30	56946	57332	49652	55	57271	57441	32947
35	57007	57353	46981	60	57332	57461	28730
40	57072	57374	43951	65	57390	57480	24292
41	57085	57379	43305	70	57435	57495	19665
42	57099	57383	43643	75	57473	57508	14885
43	57112	57388	41971	80	57502	57518	9989
44	57125	57392	41285	85	57519	57523	5013
45	57139	57397	40586	90	57525	57525	0

33. Le diamétre de l'Equateur se trouvoit de 6562391 toises & l'axe de 6532903 toises; de sorte que la Terre devoit être plus élevée à l'Equateur qu'aux Poles de 14744 toises ou de presque $6\frac{1}{2}$ lieues communes de France, pendant que son plus grand diamétre étoit d'environ 2869 de ces mêmes lieues que je faisois chacune de 2287 toises ou de la 25me partie du degré. Connoissant le diamétre de l'Equateur, il étoit facile de déterminer la circonférence de ce cercle, & il n'y avoit pas plus de difficulté à découvrir celle du Méridien.

Il n'y avoit, si on le vouloit, qu'à faire une somme de la longueur de tous les degrés de latitude ; ou pour trouver la même chose d'une maniere plus directe & aussi plus précise, puisqu'elle est fondée sur un théoreme que nous aurons le soin de démontrer, il n'y avoit qu'à chercher tout d'un coup la circonférence d'un cercle dont le diamétre est de 6547647 toises, moyen proportionel Arithmétique entre les deux axes le plus grand & le plus petit.

34. Toutes ces recherches, étoient déja achevées, de même que d'autres dont j'aurai occasion de rendre compte, lorsque j'appris enfin qu'il y avoit eu de l'erreur dans la mesure Géodesique de M. Picard, & que le degré que j'avois supposé de 57183 toises, se réduisoit à 57074 toises. * Le

---

* L'erreur de M. Picard, car il est bien difficile de dire que ce n'en est pas une, n'a pû venir que de ce que ce sçavant Astronome s'est servi d'une toise trop courte d'environ une 1000me partie pour mesurer sa base. Cette mesure trop courte lui a donné une expression trop grande pour toutes les quantités qu'il a entrepris de déterminer. Il n'est gueres permis d'en douter, après que M. Cassini s'est donné la peine de mesurer cinq fois la même base, & qu'il a outre cela par trois nouveaux triangles cherché la distance de Brie à Montlhery, & trouvé qu'elle est réellement moins grande de 13 toises sur 13122 toises que lui attribuoit M. Picard. Le point qui nous importe actuellement le plus, c'est que toutes les opérations que nous comparons, ayent été rapportées précisément à la même mesure, la toise qui donne 36 pouces 8$\frac{57}{100}$ l. pour la longueur du Pendule à secondes à Paris & avec laquelle j'ai trouvé que le pendule Equinoxial est au niveau de la Mer de 36 pouces 7$\frac{7}{100}$ lig. Lorsque nous partîmes pour le Pérou nous portâmes avec nous une grande regle de fer qui avoit été confrontée scrupuleusement avec l'étalon de cette toise qui est attaché au bas de l'escalier du Grand-Châtelet, & nous laissâmes à l'Académie une autre regle qui y étoit parfaitement conforme. Les deux étoient égales à une troisiéme qui est entre les mains de M. de Mairan & qui lui a servi à faire ses expériences du Pendule, de même qu'elles étoient égales à un étalon qui appartient au sieur Langlois & sur lequel toutes ces toises furent faites. Celle que nous laissâmes comme en dépôt fût emportée par les Académiciens qui firent le voyage du cercle Polaire. Ainsi les opérations faites en Laponie & sous l'Equateur ont été exécutées avec des mesures parfaitement conformes: & quant aux opérations consommées en France, les regles qui y ont servi en dernier lieu, ont été comparées non-seulement avec l'étalon du Grand Châtelet, mais avec celui du sieur Langlois par le moyen d'une regle qui subsiste encore & qui avoit servi de modéle à l'étalon même. La regle de fer que nous portâmes au Pérou, y est restée : mais les instrumens que

Lecteur, sçait sans doute, que lorsque Messieurs les Voyageurs au cercle Polaire se chargerent de déterminer astronomiquement l'amplitude de l'arc compris entre Paris & Amiens, il ne fut nullement question pour eux de vérifier les triangles, ni même la base qui avoit servi de fondement à la mesure Géometrique. On a obligation à Messieurs Cassini de cette derniere partie de la vérification qui a fait subir à la grandeur du degré des environs de Paris une diminution de plus de 100 toises. Il me fallut donc encore changer de sentiment ; mais je ne me trouvai pas simplement obligé cette fois-ci comme la premiere, de faire quelques legeres modifications à mes supputations. Il me fallut recourir à une nouvelle loi & tenter l'application de la solution générale pour

j'ai fait construire à Quito pour l'expérience du Pendule & que j'ai comparés souvent avec cette même regle me donnent ici des résultats qui s'accordent aussi exactement qu'il est possible avec les déterminations de M. de Mairan : j'en ai déja fait l'épreuve plusieurs fois. Tout contribue donc à nous confirmer l'identité parfaite, si je le puis dire, de nos mesures, lesquelles ne peuvent plus se perdre, malgré les accidens auxquels sont exposés les modéles qui les représentent ; puisque nous sommes bien sûrs qu'elles rendent le Pendule à Paris de 36 pou. $8\frac{57}{100}$ lig. & qu'elles doivent donner lorsqu'on se borne au résultat que fournissent immédiatement les expériences, 36 pouces $8\frac{1}{5}$ lig. pour la longueur du Pendule par 45 degrés de latitude. Ces mesures seront continuellement invariables, à moinsque la Terre ne souffre quelque variation dans la promptitude de ses révolutions diurnes, ou qu'elle ne change de distance au Soleil dans la suite des siécles : mais si le cas arrivoit, on s'en appercevroit aisément par l'observation de diverses autres apparences celestes.

Je ne parle ici du Pendule à secondes qui doit être de 36 pou. $8\frac{1}{5}$ l. sur le quarante-cinquième parallele que pour avoir occasion de marquer que c'est cette longueur qu'il faudroit naturellement employer si l'on vouloit introduire l'usage d'une mesure universelle. Cette longueur est moyenne entre toutes les autres, elle seroit deux fois moins sujette à changer que la plus courte, si le mouvement de la Terre souffroit les altérations que nous venons d'indiquer. La détermination en est aussi plus facile, & moins dépendante des effets du grand chaud ; effets que nous ne pouvons pas nous flatter de connoître encore assez au moins pour le cas dont il s'agit. Toutes ces raisons nous obligeroient donc de donner la préférence au Pendule de 45 degrés de latitude, quand même il ne seroit pas nécessaire que les Nations qui doivent adopter l'usage de la même toise, pussent recourir de tems en tems à l'expérience comme à la source, pour vérifier les mesures ou pour en juger au moins par comparaison lorsqu'il en est besoin.

un cas tout différent. C'est celle dont j'ai déja parlé vers la fin de l'article II, laquelle m'a forcé de reconnoître que les excès des degrés sur le premier sont comme les 4mes puissances des Sinus des latitudes & qu'il faut mettre à une 179me partie la différence entre les deux axes. Plus j'ai eu de *données* ou d'élémens exacts à employer dans mes calculs; plus aussi la détermination de la Figure de la Terre a reçû, pour ainsi dire, de traits qui ont contribué à la perfectionner. J'ai cependant senti qu'on auroit, peut-être, quelque repugnance, soit par des raisons tirées de la Physique, soit par d'autres motifs, à introduire entre les changemens des degrés une progression si différente de celle des quarrés simples. J'ai voulu voir si on ne pouvoit pas absolument rétablir cette derniere, ou donner même derechef à la Terre la figure d'un Ellipsoïde parfait, en altérant un peu toutes les observations que nous sommes obligés d'adopter.

35. Si l'on supposoit que les trois différens degrés qu'il s'agit de comparer, sont affectés d'une égale erreur, il faudroit les changer chacun au moins de 69 toises; il faudroit diminuer de cette quantité les degrés mesurés au Pérou & au cercle Polaire, & augmenter le degré mesuré en France; & on trouveroit ensuite que les deux axes sont comme 215 & 214. Mais je ne fais pas difficulté d'avouer que cette prétendue correction me paroît excessive. Je ne parle pas de l'extrême exactitude avec laquelle ont opéré les autres Observateurs, & je me dispense aussi de faire remarquer que ce seroit par un hazard bien malheureux que les trois erreurs se trouvassent précisément dans le sens qui leur fait produire le plus grand effet; mais celles dont il s'agit en supposeroient une de près de 220 toises ou près de 14″ sur les trois degrés de la Méridienne de Quito, & il ne m'est pas permis de penser que nous nous soyons si fort éloignés du but. Notre détermination diffère assez considérablement de celle de M^r les Officiers Espagnols, &

elle en différeroit encore beaucoup davantage.

36. L'inconvénient sera le même, ou plûtôt deviendra plus grand, lorsqu'on distribuera l'erreur de quelque autre maniere, comme lorsqu'on supposera qu'elle suit, par exemple, la raison inverse de l'amplitude des trois différens arcs de latitude qui ont été mesurés. Il paroît que c'est la distribution la plus naturelle qu'on en puisse faire, en regardant toutes les observations comme exécutées avec le même succès. Nous avons assez prouvé que l'erreur ne vient gueres des opérations Trigonométriques de la mesure Géodesique, & qu'il faut l'attribuer presque toute entiere aux petits défauts des observations Astronomiques. Or si toutes les observations que nous comparons ont été faites avec le même soin, comme on n'en peut pas douter, les petites erreurs dont elles seront affectées se subdiviseront d'autant plus, que les arcs mesurés seront plus grands. Il ne sera permis par cette raison d'ajouter que 16 ou 17 toises à la longueur du degré moyen déterminé en France, il ne faudra aussi retrancher que 43 ou 44 toises du degré de Quito, mais il faudroit en ôter 140 de la longueur du degré de Laponie. Au lieu que nous trouvions toujours auparavant la Terre plus applatie que ne l'a pensé M. Newton, on s'écarteroit actuellement dans l'autre sens de la détermination de ce grand homme : on auroit 251 & 250 pour le rapport entre les deux axes, & on conserveroit aux Méridiens, si on le vouloit, la courbure exacte d'une Ellipse. Tout ceci combiné avec les expériences faites sur la longueur du Pendule à secondes, satisferoit, peut-être, aux vûes de quelques Physiciens. Mais qu'on fasse attention que 140 toises forment ici une quantité trop considérable, pour qu'on puisse en disposer arbitrairement & sur de simples conjectures. On approuvera sans doute que nous ne nous prêtions pas à faire de semblables corrections par pur attache-

ment pour un certain syſtême, lorſqu'on ne doit ſe laiſſer prévenir par aucun, & lorſqu'on ſe propoſe au contraire de reconnoître celui auquel on doit donner la préférence. Il faut convenir enfin que tant qu'on regarde les obſervations comme exactes, c'eſt leur faire trop de violence que de ſuppoſer entre les augmentations des degrés le rapport ſimple des quarrés des Sinus: il faut abſolument avoir recours à quelqu'autre loi, ou renoncer à quelqu'une des obſervations.

37. Il ne nous reſte, ce me ſemble, après cela que de nous décider entre les deux réſultats que nous fourniſſent les deux ſolutions que nous avons données en premier lieu; celle dans laquelle nous avons employé les quarrés quarrés des Sinus des latitudes pour regler les accroiſſemens des degrés, * l'autre dans laquelle nous nous ſommes ſervi pour gravicentrique d'une des lignes d'évolution du cercle. ** Ce choix devient très-facile, auſſi-tôt que nous avons égard à la grandeur du degré de longitude meſuré par 43^d 32$'$ de latitude. Ce degré dans la ſeconde des deux ſolutions dont il s'agit, ſe trouve trop petit d'environ 80 toiſes; ce qui ſuppoſeroit une erreur de près de 150 dans la meſure totale: au lieu que la premiere hypothéſe ne donne le degré trop grand que de 17 ou 18 toiſes, ce qu'on peut regarder comme un accord très-parfait. On nous objecteroit inutilement que l'autre erreur n'eſt pas exceſſive & qu'il a été facile de la commettre. Nous repondrions que puiſqu'il eſt tout auſſi poſſible qu'on ſe ſoit trompé en excès qu'en défaut, nous devons nous tenir rigoureuſement aux Obſervations ſans chercher à en éluder la force. C'eſt donc un avantage conſidérable dont jouit notre détermination de la Figure de la Terre & dont n'a pû jouir encore aucune autre, que de ſatisfaire en

* Voyez la fin du ſecond Article de cette préſente Section.
** Voyez le troiſiéme Article.

304 LA FIGURE

même tems à quatre diverses conditions, où de se trouver assujettie à quatre *données* ou quatre différentes mesures, celles des degrés du Méridien pris en trois divers climats, & outre cela la grandeur des degrés de longitude obtenue vers la partie la plus Méridionnale de la France. Lorsqu'on s'arrête à cette figure particuliere, le rapport entre les deux axes est exprimé par 179 & 178 comme je l'ai déja dit plusieurs fois; le dernier degré de latitude se trouve de 57712 toises; & celui qui tombe par 58ᵈ 43' de latitude & qui doit être égal aux degrés de longitude pris sur l'Equateur, est de 57264 toises. Tous les autres auront la grandeur exprimée ci-après.

TABLE

38. TABLE

De la grandeur des degrés Terrestres, dans la supposition que les accroissemens des degrés du Méridien à l'égard du premier suivent le rapport des quarrés quarrés des Sinus des latitudes.

Latitudes.	Degrés du Méridien.	Degrés de grands cercles perpen. au Méridien.	Degrés des paralleles à l'Equateur.	Latitudes.	Degrés du Méridien.	Degrés de grands cercles perpen. au Méridien.	Degrés des paralleles à l'Equateur.
Degrés	Toises.	Toises.	Toises.	Degr.	Toises.	Toises.	Toises.
0	56753	57264	57264	46	57010	57449	39907
5	56753	57266	57048	47	57028	57457	39186
10	56754	57272	56402	48	57046	57465	38452
15	56757	57282	55330	49	57065	57473	37706
20	56766	57297	53841	50	57083	57481	36948
25	56784	57316	51946	55	57185	57523	32994
30	56813	57340	49658	58 d. 43′	57264	57553	29886
35	56856	57369	46994	60	57292	57564	28782
40	56917	57403	43973	65	57400	57605	24345
41	56930	57410	43328	70	57501	57640	19714
42	56945	57417	42669	75	57588	57670	14926
43	56961	57425	41998	80	57655	57693	10018
44	56977	57432	41313	85	57697	57707	5029
45	56993	57440	40616	90	57712	57712	00

39. Le diamêtre de l'Equateur est de 6562026 toises & l'axe de 6525377. De sorte que la Terre est plus élevée à l'Equateur qu'aux Poles de 18324 toises. L'autre petite table qu'on va voir mettra en état de tracer à peu près la courbure entiere du Méridien. J'y ai fait entrer aussi un certain nombre de co-ordonnées de la gravicentrique; ce qui pourra servir dans plusieurs recherches qu'on ne peut achever que lorsqu'on connoît les divers centres de tendance qu'a la pesanteur dans les différentes Régions. La Table marque les distances de chaque

point, comme G ou R (Fig. 38) au rayon AC de l'Equateur & à l'axe BE ; c'est la même chose des points du quart AKB du Méridien.

40. **TABLE**
Des Co-ordonnées des Méridiens terrestres & de leur gravicentrique.

Latitudes.	Co-ordonnées des Mérid.		Co-ordonnées de la grav.	
	Distan. au rayon de l'Equateur.	Distances à l'axe.	Distan. au rayon de l'Equateur.	Distances à l'axe.
Degr.	Toises.	Toises.	Toises.	Toises.
0	0	3281012	0	29306
15	841612	3170186	51	29055
30	1626254	2845188	1374	26149
45	2301256	2327125	7772	18110
60	2821393	1649087	21417	7792
75	3150158	855202	36969	1216
90	3262698	00	43965	00

V.

Diverses recherches sur les propriétés Géometriques de la Figure de la Terre, & premierement sur la rectification des Méridiens.

41. La Figure de la Terre étant déterminée, nous ne pouvons pas nous dispenser de chercher quelques-unes de ses propriétés ; mais nous interdisant tout examen qui ne seroit que curieux, nous n'entreprendrons

que ceux qui peuvent être de quelque utilité pour per- Figure 40.
fectionner la Géographie ou l'Astronomie, & nous commencerons par la rectification des arcs du Méridien.
Il suffit de jetter les yeux sur quelqu'une de nos Figures, comme sur la 40°, pour reconnoître que la question
se réduit à chercher la longueur des arcs comme DT
de la premiere ligne d'évolution DTL de la gravicentrique ; car la nouvelle longueur que reçoivent les arcs
du Méridien AOB, à cause du rayon AD du premier
degré, est toujours connue. Cet excès de longueur de
l'arc AO sur DT, est égal à l'arc de cercle que décriroit le point A par le passage de AD en OT, si l'autre extrémité D ne changeoit pas de place. C'est ce
qui est évident à l'égard des petits arcs tT & oO :
car si l'on tire $t\omega$ parallelement à TO, on aura $o\omega$
pour le petit excès de oO sur Tt, & on voit qu'on
peut le considérer comme un petit arc de cercle dont
to qui est égal à DA est le rayon. Or ce sera la même
chose à l'égard des plus grands arcs formés des plus
petits. Le quart entier AB du Méridien, par exemple,
est égal à DL, plus la longueur du quart de cercle qui
appartient à AD.

Rectification du Méridien lorsque les accroissemens des degrés du Méridien sont proportionels aux quarrés des Sinus des latitudes.

42. La question se réduisant à découvrir la longueur
des arcs DT de la ligne DL, il n'est pas difficile de la
résoudre. Nous formons d'abord un quart de cercle
SZX (Fig. 41) dont le rayon est égal à la longueur Figure 40.
de la gravicentrique. Embrassant comme nous le fai- & 41.
sons d'abord, l'hypothése dans laquelle les changemens
des degrés sont comme les quarrés des Sinus des latitudes, nous sçavons que les arcs de cette ligne courbe sont égaux aux quarrés des Sinus des latitudes

divisés par le Sinus total, & que sa longueur entière est égale au Sinus total même. Si l'arc SV dans le quart de cercle de la Figure 41 représente donc une certaine latitude & VE son Sinus, & qu'après avoir conduit le Sinus de complement VF, nous abaissions du point F la perpendiculaire FT sur le rayon ZV, nous aurons ZT pour la longueur de l'arc correspondant de la gravicentrique; puisque l'analogie ......
|| ZV | ZF | ZT, rend ZT égal à $\frac{\overline{ZF}^2}{ZV}$ ou au quarré du Sinus VE de la latitude, divisé par le Sinus total. Si l'arc sv désigne une autre latitude plus petite que la premiere d'une quantité infiniment petite vV, nous aurons par la même raison Zt pour la longueur de l'arc correspondant de la gravicentrique.

43. Il est facile de s'assurer que tM sera en même tems égale à la petite partie élémentaire correspondante de la ligne d'évolution, la petite partie marquée par tT, dans la Figure 40. Car le petit angle vZV de la Figure 41 représente l'angle oNO de l'autre Figure; & Zt étant égale à nD & parconséquent à nt, le petit Secteur tZM d'une Figure est parfaitement égal au petit Secteur tnT de l'autre. Nous n'avons donc qu'à chercher dans la Figure 41 la somme de toutes les parties successives tM pour avoir la longueur des arcs de la courbe DL de l'autre Figure, dans laquelle nous supposons que DNE représente la gravicentrique pour l'hypothèse que nous adoptons actuellement.

44. Du point f j'abbaisse la petite perpendiculaire fL sur FT; & du point G la perpendiculaire GH sur le petit arc vV du quart de cercle. Il est évident que LF sera égale à HV, & il n'est gueres moins clair que vH sera égale à tM; car vV est à vH comme vZ est à Zt, à cause de la ressemblance des triangles vGV & Zfv, & de leurs triangles partiaux; & d'un autre part vV est aussi à tM comme vZ est à Zt. Si nous con-

fidérons après cela que lorsque la latitude augmente, la ligne *tf* qui devient TF augmente par une extrêmité de la petite quantité LF & diminue par l'autre de la petite quantité *t*M, nous aurons LF — *t*M pour son accroissement entier, & si nous retranchons de HV qui est égale à LF la petite partie HK égale à *v*H=*t*M, il nous viendra KV pour ce même accroissement. Or il suit de-là que les accroissemens *v*V que reçoit la latitude S*v*, surpassent continuellement les accroissemens KV de la ligne *tf*, des petits arcs *v*K qui sont doubles de *v*H ou de *t*M. En exprimant ceci à la maniere des infiniment petits, nous aurons $dSV - dTF = 2tM$. C'est la même chose dans tous les points du quart de cercle ou pour toutes les latitudes. Ainsi il est évident que pour obtenir la somme de tous les petits Elémens *t*M qui sont égaux aux *t*T de la Figure 40, nous n'avons qu'à retrancher les lignes comme TF de chaque arc correspondant SV de la latitude, & prendre la moitié de la différence : c'est-à-dire que les portions sensibles DT de la courbe DL de la Figure 40, sont continuellement égales à $\frac{1}{2}SV - \frac{1}{2}TF$ de la Figure 41.

45. Aussi-tôt que la longueur de l'arc DT (Fig. 40) est découverte, il ne reste plus qu'à l'augmenter de l'arc de latitude pris sur un cercle dont AD est le rayon, & on aura la longueur de l'arc AO du Méridien. Mais puisqu'il entre dans la longueur de ce dernier arc celle de deux arcs de cercles; celui qui a AD pour rayon & la moitié de l'arc SV de la Figure 41, nous pouvons trouver les deux à la fois; & il suffit pour cela de chercher la longueur de l'arc de latitude dans un cercle dont le rayon soit égal à AD augmenté de la moitié de SZ pris dans l'autre Figure. Cet arc total qui sera trop grand, doit être ensuite diminué de la moitié de TF qui est comme on le voit une quatriéme proportionelle au Sinus total, au Sinus de la latitude & à son Sinus de complement. On peut outre cela

remarquer aisément que le rayon que nous employons AD+½SZ est exactement dans cette hypothèse le rayon moyen de la Terre, ou celui qui tient exactement le milieu entre le rayon de l'Equateur & la moitié de l'axe proprement dit.

46. Ainsi la vérité de ce Théoreme est parfaitement établie, que la longueur de quelque arc du Méridien que ce soit depuis l'Equateur, est égale à celle d'un arc du même nombre de degrés pris dans un cercle qui auroit pour rayon le rayon moyen de la Terre ; mais qu'il faut retrancher de ce dernier arc la moitié de la ligne FT trouvée dans un quart de cercle qui a pour rayon la longueur de la gravicentrique ou le triple de la différence entre les deux demis-axes terrestres, le plus grand & le plus petit. Il n'est pas moins évident que la ligne FT disparoît, lorsqu'il s'agit d'un arc de 90 degrés : & il suit de-là que la longueur du quart du Méridien est exactement égale au quart de cercle qui a pour rayon, le rayon moyen de la Terre, & que pour trouver la longueur entiere de la circonférence du Méridien, il n'y a qu'à la considerer comme si elle appartenoit à un cercle dont le diamétre fut exactement moyen proportionel Arithmétique entre le grand & le petit axe.

Solution du même Problême lorsque les accroissemens des degrés du Méridien par rapport au premier sont proportionels aux quarrés quarrés des Sinus des latitudes.

47. Il est un peu plus difficile de rectifier les arcs du Méridien dans le second cas ; nous nous contentons d'en indiquer la méthode. Il faut d'abord chercher la longueur de l'arc pour la latitude proposée dans un cercle dont le rayon ne soit pas moyen Arithmétique com-

me ci-devant entre le plus grand & le plus petit du Méridien, mais qui surpasse le plus petit de 21 quarantiémes de l'excès de l'un sur l'autre; & il n'y aura plus qu'à retrancher de cet arc la quantité $\frac{s^3 \sqrt{a^2-s^2}}{4a^3}$. . . . $+\frac{3 s \sqrt{a^2-s^2}}{8a}$, pour avoir l'arc requis. La lettre a désigne ici toujours l'excès du dernier degré de latitude sur le premier, & sert en même tems de Sinus total, pendant que s est le Sinus de la latitude. On peut remarquer que la quantité algébrique s'évanouit aussi lorsqu'il s'agit du quart du Méridien entier ou lorsque $s=a$; ce qui est cause que la circonférence entiere du Méridien est exactement égale à celle du cercle dont nous venons de parler.

De la longueur des degrés terrestres considerés comme degrés de grands cercles, dans des directions différentes du Méridien & premierement dans la direction perpendiculaire.

48. Nous passerons à une autre discussion qui peut avoir son utilité; nous déterminerons la longueur qu'ont tous les degrés terrestres différens de ceux de latitude. Il est évident qu'aussi-tôt que la Terre est applatie par les Poles, la longueur du degré doit changer, selon que le sens dans lequel on le considére participe plus de la direction de l'Equateur ou de celle du Méridien; quoiqu'on le regarde comme degré de grand cercle ou qu'on le suppose dans un plan vertical qui passe par le centre de la Terre. Afin de rendre cet examen plus facile, nous examinerons d'abord le degré qui est exactement perpendiculaire au Méridien, & qui doit differer le plus en longueur du degré de latitude.

42. Supposons donc que APB (Fig. 42.) soit une portion de la surface de la Terre comprise, entre deux

Figure 42.

quarts de Méridiens AP & BP, & que DGE soit la gravicentrique du premier. Le rayon de la curvité de ce Méridien en K est KG; mais si nous examinons un arc KN perpendiculaire à la direction KM, il est sensible que comme les deux extrêmités K & N se trouveront dans deux Méridiens différens, les deux rayons entre lesquels il sera compris ne doivent se couper qu'à la rencontre des plans de deux Méridiens. Ainsi l'arc KN consideré à la maniere d'un arc de grand cercle, n'aura pas simplement KG pour rayon, mais KZ ou NZ qui se terminent à l'axe de la Terre, & qui étant plus longs que KG de toute la quantité GZ, nous font voir que le degré dans le sens perpendiculaire est plus grand dans le même rapport. C'est-à-dire pour nous énoncer plus clairement que GK représentant la longueur du degré de latitude en K, la ligne GZ représentera la quantité dont le degré terrestre qui est étendu dans le sens perpendiculaire sera plus long.

49. La question de cette sorte est toute résolue : car nous sçavons que lorsque les accroissemens des degrés du Méridien sont proportionels aux quarrés des Sinus des latitudes, GZ est les $\frac{2}{3}$ de l'arc GE * & que cet arc qui est proportionel au quarré des Sinus complemens des latitudes & qui est égal à la différence des deux rayons GK & EP, représente l'excès du dernier degré de latitude en P sur le degré de latitude en K. Nous pouvons donc regarder ce Théorême comme démontré, que *les degrés terrestres étendus dans le sens perpendiculaire au Méridien & considerés comme degrés de grands cercles, surpassent les degrés correspondans du Méridien de quantités qui diminuent comme les quarrés des Sinus complemens des latitudes & qui sont égales aux $\frac{2}{3}$ de l'excès du dernier degré de latitude sur ces degrés correspondans du Méridien.* Notre table ** de la longueur des degrés attribue, par exemple, 57119 toises au degré, dont le milieu est par 43^d 32′ de latitude & le 90me est
plus

en marge : Figure 42.

en marge : * Voyez Num. 14.

en marge : ** Voyez Num. 32.

DE LA TERRE, VI. SECT. 313

plus grand de 406 toises. Les deux tiers de cette différence sont 271, & c'est donc cette quantité qu'il faut ajouter à la longueur du 44me degré pour avoir 57390 toises pour celle du degré dirigé d'Orient à l'Occident par la même latitude. Figure 42.

50. On peut aussi au lieu de comparer aux degrés du Méridien, ces degrés étendus dans le sens perpendiculaire, les comparer aux degrés de l'Equateur que nous sçavons être dans cette hypothése de 57268 toises ; ce qui fournira un autre Théoreme. Les rayons KZ ou NZ de ces degrés perpendiculaires sont égaux à AD+DG+GZ, & ils surpassent le rayon AC de l'Equateur de l'excès de DGZ sur DC. Or nous avons vû que cet excès est égal à Dω qui est le tiers de l'arc DG * lequel étant continuellement proportionel au quarré du Sinus de la latitude, est égal à l'excès de KG sur AD. Il suit de-là que *la longueur des degrés perpendiculaires au Méridien augmente à mesure qu'on avance vers le Pole, de même que les degrés de latitude, mais qu'ils n'admettent entr'eux que le tiers de l'inégalité que souffrent les autres ; leur excès sur le degré de l'Equateur étant seulement égal au tiers de celui de chaque degré correspondant du Méridien sur le premier.* Le 44me degré de latitude est par exemple, de 57119 toises, & il surpasse le premier de 366 toises : le tiers de cette différence est l'excès du degré perpendiculaire au Méridien sur le degré de l'Equateur ; ce qui le rend de 57390 toises comme nous l'avons déja trouvé. *Voyez N. 14.

51. Le Problême est également résolu d'avance pour l'hypothése dans laquelle les accroissemens des degrés du Méridien sont proportionels aux quarrés quarrés des Sinus des latitudes, quoique nous ne puissions pas réduire la solution à des termes si simples. Nous avons déja trouvé ** que GZ étoit alors égale aux $\frac{8}{15}$ de la gravicentrique entiere EGD moins les $\frac{3}{4}$ de l'arc GD, plus la quantité $\frac{4\,s^2}{15\,a}$. Ainsi pour obtenir la quantité dont le ** N. 20.

R r

Figure 42. degré pris perpendiculairement au Méridien comme sur un grand cercle est plus grand que le degré de latitude correspondant, nous n'avons qu'à prendre dans la Table du N. 38 les $\frac{8}{15}$ de l'excès du 90me degré du Méridien sur le premier, soustraire de cette quantité constante les $\frac{3}{4}$ de l'excès du degré de latitude correspondant sur le même premier degré, & ajouter au reste la quantité $\frac{4 s^2}{15 a}$ qui est les $\frac{4}{15}$ d'une troisième proportionnelle au Sinus total & au Sinus de la latitude, pendant que l'excès du 90me degré du Méridien sur le premier sert de Sinus total.

De la longueur des degrés de grands cercles situés obliquement par rapport au Méridien.

52. On doit remarquer au surplus que tout ceci n'est applicable qu'aux arcs KN qui n'ont pas une longueur excessive ; car s'ils avoient plusieurs degrés de longueur, ils cesseroient d'être perpendiculaires aux Méridiens, & il leur arriveroit à peu près la même chose qu'à un arc KT qui seroit très oblique. Les verticales ou rayons KZ & TO qui terminent ce dernier arc seroient alors dans différens plans, sans pouvoir se rencontrer ; conformément au paradoxe que nous avons expliqué dans la troisième Section. * Les verticales NO & TO qui appartiennent au même Méridien, ne peuvent pas manquer de se couper, elles sont dans le même plan BPC ; au lieu que KZ est dans le plan du Méridien AP ; & si on conçoit un autre plan ZKT qui passe par cette derniere verticale KZ & par l'arc KT, il est évident que la verticale TO du point T se trouvera éloignée de ce plan par en bas de toute la petite quantité OQ & fera avec le même plan l'angle OTQ. Pour juger donc de la valeur de l'arc KT qui est oblique par rapport au Méridien, ou pour connoître l'angle au cen-

* Voyez Num. 15.

rre de la Terre qu'il soutient, il faut que nous projet- Figure 42.
tions la verticale TO sur le plan KZT; nous en trouverons une autre TQR, qui quoique fictice servira de
rayon; & ce sera l'angle KRT qu'il faudra que nous
regardions comme l'angle au centre, ou comme l'angle soutenu par l'arc proposé KT.

53. On n'a qu'à faire passer pour cela par le point
G un plan parallele à la partie NM de la surface de la
Terre, & former le petit triangle GOV dont les trois
côtés soient paralleles aux trois correspondans du grand
triangle KNT: & abaissant du point O la petite perpendiculaire OQ sur GV, on aura le point Q auquel
se rapporte le point O, lorsqu'on le projette sur le plan
ZKT. Mais l'arc KT étant supposé d'une longueur
déterminée, comme d'un degré, plus il fera un grand
angle avec le Méridien KM, plus l'arc de différence
en longitude TM ou KN augmentera; ces arcs de
longitude croîtront comme le Sinus de l'angle de l'o-
bliquité TKM; il est évident que le petit arc ou la petite ligne droite GO augmentera dans le même rapport. D'un autre côté GQ augmente aussi en même
raison, eu égard à GO; car dans le petit triangle GOQ
rectangle en Q, l'angle en O complement de l'angle
G ou de l'angle TKN, est égal à l'angle de l'obliquité
TKM. Il suit donc de-là en composant les deux raisons,
que GQ augmente comme le quarré du Sinus de l'angle formé par l'arc KT & par le Méridien: & si l'on
fait attention qu'il y a même rapport de RG à GQ que
du rayon GK au degré du Méridien, on en conclura que l'excès GR du rayon de l'arc KT sur le rayon
KG, croît comme le quarré du Sinus de l'obliquité de
cet arc.

54. Lorsque KT fait donc un plus grand angle avec
le Méridien, son rayon KR augmente & approche
davantage d'être égal au rayon KZ qui est son terme
de grandeur, & le degré est parconséquent aussi plus

R rij

long. Ainſi on a ce Théoreme, qui convient aux ſphéroïdes applatis de tous les genres, que plus *l'arc KT fait un grand angle avec le Méridien, plus le degré étendu ſur cet arc eſt grand, & que ſon excès ſur le degré correſpondant de latitude eſt comme le quarré du Sinus de l'obliquité de la direction.* Nous avons trouvé ci-deſſus dans une de nos deux hypothéſes que le degré perpendiculaire au Méridien par 43ᵈ 32ʹ de latitude étoit de 57390 toiſes & qu'il ſurpaſſoit le degré du Méridien de 271 toiſes ; mais ſi l'arc ne décline du Méridien que de 30 degrés, le quarré du Sinus de cette obliquité étant quatre fois plus petit que le quarré du Sinus total, l'excès du degré étendu ſur KT ne ſera que de 68 toiſes par rapport au degré du Méridien, & ſa longueur ne ſera donc que de 57187 toiſes.

De la longueur des degrés de petits cercles paralleles à l'Equateur.

55. La longueur des degrés de petits cercles doit être ſujette à d'autres loix qu'il ſeroit trop long d'examiner : il ſuffit de chercher celles que ſuivent les degrés des parallèles à l'Equateur qui ſont les ſeuls qu'il eſt important de connoître & qui ſont les ſeuls auſſi qui ſe trouvent dans des petits cercles parfaitement réguliers. On découvre ordinairement leur étendue par cette analogie ; le Sinus total eſt au Sinus complement de la latitude, comme la longueur des degrés de grand cercle eſt à celle des degrés du parallèle. Cette proportion eſt exacte dans l'hypothéſe de la ſphéricité de la Terre ; au lieu qu'elle n'eſt légitime dans le cas préſent que lorſqu'on prend pour degrés de grand cercle ceux qui ſont perpendiculaires au Méridien. Le parallèle dont KN eſt une portion, a les lignes KS & NS pour rayons, & ces rayons n'ont effectivement le rapport dont il s'agit, qu'avec les ſeuls rayons KZ ou NZ qui appartien-

nent au degré du grand cercle, étendu le long de KN. Figure 42.
Mais enfin puisque nous avons le moyen de trouver la
longueur de ces derniers, rien ne nous empêchera de
découvrir les autres. Nous devons ajouter que comme
les degrés perpendiculaires au Méridien souffrent peu
de changement, puisque depuis l'Equateur jusqu'au Pole, ils ne sont gueres sujets qu'au tiers de l'inégalité que
reçoivent les degrés de latitude, on peut souvent négliger leur différence, en s'arrêtant à leur quantité moyenne; ce qui permettra dans plusieurs rencontres de chercher la longueur des degrés des paralleles, comme si
la Terre étoit exactement sphérique.

56. C'est néanmoins ce que nous ne croyons pouvoir
avancer qu'avec quelque restriction; car il se peut faire
qu'on soit obligé de traiter la chose plus en rigueur dans
l'usage même le plus ordinaire qu'on en fait, nous voulons dire dans la pratique de la Marine. Il arrive presque toujours que la longueur des degrés des paralleles
se déduit directement de celle des degrés de latitude;
& comme ces derniers admettent un changement environ trois fois plus grand, il est à craindre que cette
plus grande inégalité ne cause dans la réduction quelque erreur sensible. Quoique nos Pilotes s'assurent le
mieux qu'ils peuvent de la quantité du chemin qu'ils
font en se servant des mesures itineraires, ils assujetissent
cependant toujours, aussi-tôt qu'ils le peuvent, toutes
leurs déterminations à l'observation immédiate des latitudes; ce qui leur donne la valeur de leur sillage en
parties du degré du Méridien, quoique presque toujours
sous une autre forme. Or lorsqu'on cherche ensuite le
changement en longitude à proportion du changement
en latitude, & qu'on employe pour cela l'analogie ordinaire ou des pratiques qui la renferment implicitement,
on proportione sans y penser la longueur du rayon SK
du parallele à l'Equateur sur le rayon KG de la curvité du Méridien au point K; au lieu de la regler sur le

rayon KZ. On rend de cette sorte le rayon du parallele trop court & les degrés de ce cercle trop petits ; ce qui fait que le même intervalle doit répondre à un trop grand nombre de degrés & de minutes, & que les Pilotes se trompent toujours en excès, lorsqu'ils réduisent les lieues de longitude en degrés.

Figure 42.

57. Il est évident qu'ils commettent une erreur qui est une pareille partie de la quantité fournie par leurs opérations, que ZG l'est de ZK. L'erreur est plus grande, lorsqu'on navige dans la Zone Torride & aux environs des Tropiques, parce qu'il y a plus de différence entre le rayon AC qu'il faudroit alors employer & celui AD dont on se sert effectivement. Si l'on jugeoit, par exemple, par la comparaison des latitudes & par la direction de la route, qu'on a avancé 300 lieues vers l'Orient ou vers l'Occident sur le parallele de 20 degrés, on croiroit trompé qu'on seroit par les regles vulgaires, qu'on a changé de Méridiens de $15^d\,58'$; mais il faudroit retrancher de ce progrès une cent-huitiéme partie ou environ $9'$, parce que ZG est la cent huitiéme partie de ZK. Je marque ci-après la partie qu'il faut souſtraire lorsque la réduction se fait par les autres latitudes. C'est aux Pilotes à voir s'ils doivent employer cette petite correction, qui est d'ailleurs établie sur des fondemens bien certains, quoiqu'elle se fût trouvé un peu différente si je l'avois tirée de la Table du N. 32, au lieu que je l'ai déduite de la Table du N. 38.

Corrections pour la réduction des degrés de longitude.

Latitudes moyennes.	Corrections Souftractives.	Latitudes moyennes.	Corrections Souftractives.
0^d	$\frac{1}{112}$	55^d	$\frac{1}{170}$
10	$\frac{1}{111}$	60	$\frac{1}{212}$
20	$\frac{1}{108}$	65	$\frac{1}{280}$
30	$\frac{1}{109}$	70	$\frac{1}{414}$
40	$\frac{1}{118}$	75	$\frac{1}{663}$
45	$\frac{1}{128}$	80	$\frac{1}{1518}$
50	$\frac{1}{144}$	85	$\frac{1}{5770}$

De la construction des Tables loxodromiques & de celles des parties Méridionales ou des latitudes croissantes ou réduites.

58. On peut, en suivant à peu près la même méthode, calculer les corrections dont ont besoin les Tables loxodromiques ordinaires & celles des latitudes croissantes ou réduites. Des Sçavans zelés pour l'utilité du Public & pour l'avancement de la Navigation, à la tête desquels il faut sans difficulté mettre Edouard Wright qui est le vrai inventeur des Cartes réduites, se donnerent la peine vers le commencement de l'autre siécle, de mettre ces Tables entre les mains des Marins, pour l'hypothése de la Terre exactement sphérique. Il seroit inutile d'en calculer d'autres absolument nouvelles pour en grossir ce Livre; il vaut mieux par toutes sortes de raisons nous borner à chercher les petites corrections qu'exigent les anciennes Tables, depuis que nous som-

mes bien sûrs que la Terre est un sphéroïde considérablement applati.

59. L'usage de la Boussole introduit dans la Marine est cause que les Navires tracent sur la surface de la Mer des lignes courbes que l'on a été long-tems sans bien connoître. Ce sont les loxodromies, lesquelles se détournent continuellement de la ligne droite ou de la direction des grands cercles pour faire toujours exactement le même angle avec tous les Méridiens qu'elles rencontrent. Si l'on suit, par exemple, le Nord-Est, la loxodromie ou la route du Vaisseau fait successivement un angle de 45 degrés avec tous les Méridiens qu'elle coupe, en tenant une espece de milieu entre les autres loxodromies plus ou moins obliques. On peut comparer ces lignes à des logarithmiques spirales dont elles ne différent que parce que celles-ci sont tracées sur un plan, au lieu que les loxodromies sont décrites sur une surface courbe; de sorte que les logarithmiques spirales ne forment qu'un cas particulier de ces autres courbes. L'arc KT (Fig. 42) peut représenter une petite portion d'une de ces lignes, qu'il est naturel de faire commencer à l'Equateur & qui ne se termine au Pole qu'après avoir fait une infinité de révolutions au tour de ce point. A mesure que le Vaisseau, qui décrit la loxodromie en suivant la route indiquée par la Boussole, s'éloigne de l'Equateur, il fait aussi du progrès en longitude; il passe successivement sur différens Méridiens. Il s'agit de trouver la relation qu'il y a entre ces deux progrès, entre le changement en latitude & le changement correspondant en longitude. Nous nous contenterons de chercher cette relation pour la loxodromie dont l'obliquité est de 45 degrés, parce qu'il est facile d'y rapporter toutes les autres; & qu'outre cela celle-ci a l'avantage de servir plus particulierement à la construction des Cartes réduites, comme on le montre ordinairement dans les traités de Marine, d'après

Figure 42.

Edouard

DE LA TERRE, VI. SECT.

Edouard Wright qui l'a découvert le premier.

60. Nous nommerons a le Sinus total, & nous indiquerons par s le Sinus variable des latitudes & par ds la différentielle de ces Sinus. Nous aurons en même tems $\frac{a\,ds}{\sqrt{a^2 - s^2}}$ pour le petit arc de cercle correspondant à l'accroissement ds du Sinus; & quelque soit la longueur absolue du petit arc KM du Méridien, il est certain que $\frac{a\,ds}{\sqrt{a^2 - s^2}}$ exprimera sa valeur angulaire si ds est le changement que reçoit le Sinus s de la latitude depuis K jusqu'en M. D'une autre part, la loxodromie ayant une obliquité de 45 degrés, tous les petits triangles, comme KMT rectangles en M, sont isoscelles, les petits côtés KM & MT sont égaux; mais MT vaut d'autant plus de scrupules de minute ou seconde, qu'il fait partie d'un plus petit cercle. Si nous voulions avoir sa valeur angulaire ou la grandeur de l'angle qu'il soutient, il faudroit dans l'hypothése de la Terre sphérique, faire cette analogie, le Sinus de complément $\sqrt{a^2 - s^2}$ de la latitude est au Sinus total a comme $\frac{a\,ds}{\sqrt{a^2 - s^2}}$ valeur angulaire de KM est à $\frac{a^2\,ds}{a^2 - s^2}$ qui est celle de MT ou de AB qui est la même, & qui est en même tems le petit progrès en longitude relatif au petit progrès KM en latitude. C'est donc $\frac{a^2\,ds}{a^2 - s^2}$ qu'il faudroit intégrer pour trouver le changement sensible ou total en longitude qui répondroit à tout le progrès en latitude dont s est le Sinus, si la Terre étoit exactement ronde.

61. Il n'est pas difficile de déduire de cette formule $\int \frac{a^2\,ds}{a^2 - s^2}$ une regle très-simple dont la premiere origine n'est dûe qu'au hazard, mais que plusieurs Géometres ont établie depuis & démontrée d'une maniere exacte, principalement M. Halley. C'est que lorsqu'il s'agit de la loxodromie dont l'obliquité est de 45 degrés

Figure 42.

& qu'on veut trouver l'arc de l'Equateur qui répond à une de ses portions, interceptée entre deux parallèles déterminés, il n'y a qu'à chercher dans des tables de logarithmes qui ne contiennent que sept chiffres après la caractéristique, les logarithmes tangentes de la moitié de la distance des deux parallèles à un des Poles, & divisant l'excès d'un de ces logarithmes sur l'autre par le nombre constant 1263, on aura au quotient l'arc de l'Equateur ou la différence en longitude, exprimée en minutes. Si l'on part, par exemple, de l'Equateur & qu'en suivant le NE on parvienne par 80 degrés de latitude, la différence des deux tangentes logarithmiques, sera 10580482 & si on la divise par 1263, il viendra 8377′ ou 139^d 37′ pour le progrès en longitude. Ce résultat est conforme aux tables loxodromiques & à celles des parties méridionales ou latitudes croissantes qui sont entre les mains des Pilotes, mais qui ont été calculées par des méthodes très-différentes, incomparablement plus longues, quelquefois un peu trop hazardées, & qui étoient outre cela sujettes à cette extrême incommodité, qu'il falloit passer par le calcul de tous les degrés précedens, avant que de parvenir aux degrés suivans. La regle que nous venons de rapporter peut, comme nous l'avons dit, se déduire de la formule $\int \frac{a^2\, ds}{a^2 - s^2}$; mais il y a un moyen bien plus facile d'en démontrer la certitude. Il suffit de projeter la loxodromie sur un plan qui soit tangent au Pole, pendant que l'œil est placé dans le Pole opposé; on verra aisément que la ligne courbe qui résulte de cette projection est une logarithmique spirale. Les abscisses de cette derniere ligne feront en se coupant au Pole des angles égaux à ceux que font entr'eux les Méridiens; & les longueurs de ces abscisses seront égales ou proportionelles aux tangentes de la moitié des complemens des latitudes. Une autre proprieté des loxodromies dans la Sphére, & que je crois qu'on n'a point encore remarquée, quoiqu'elle soit extrêmement simple, c'est que si on projette ces lignes non pas sur un plan parallele à l'Equateur, mais sur une surface cilindrique qui ait pour axe, l'axe même de la Terre & que l'œil reste toujours dans la même place, il résultera encore une logarithmique, mais une logarithmique ordinaire, qui aura pour axe ou pour asymptote la circonférence du cercle qui sert de base au cilindre & qui passe par l'œil.

62. On nous pardonnera sans doute volontiers cette digression, qui après tout n'en est pas une, puisque nous nous proposons de rapporter la loxodromie tracée sur les sphéroïdes, à cette même ligne courbe tracée sur la Sphére. La réduction que nous avons employée, en cherchant la valeur angulaire de MT ou de AB n'est pas exacte, aussi-tôt que la Terre n'est pas parfaitement sphérique. Nous avons vû plus haut N. 56 que dans l'état réel d'applatissement où se trouve notre globe, on se trompe en excès par la réduction ordinaire, dans le même rapport que KZ est plus grande que KG. Ainsi nous avons $\frac{KG}{KZ} \times \frac{a^2\,ds}{a^2 - s^2}$ pour la valeur exacte que nous cherchons, & si nous mettons $KZ - ZG$ à la place de KG, nous la changerons en $\frac{KZ - ZG}{KZ} \times \frac{a^2\,ds}{a^2 - s^2}$ & en $\frac{a^2\,ds}{a^2 - s^2} - \frac{ZG}{KZ} \times \frac{a^2\,ds}{a^2 - s^2}$. Or il ne nous reste plus qu'à considérer après cela que, puisque le premier terme de cette expression générale marque toujours la différence en longitude pour l'hypothése de la Terre sphérique, il suffit d'intégrer le second terme, pour découvrir les corrections qu'il faut faire aux tables que nous avons déja & qui contiennent les résultats du premier terme.

63. Nous n'aurons comme il est évident pour nous servir de cette formule générale $\int \frac{ZG}{KZ} \times \frac{a^2\,ds}{a^2 - s^2}$ ...

Figure 42.

qu'à y introduire les valeurs particulieres de ZG & de KZ tirées des figures sphéroïdales que nous attribuerons à la Terre. Si l'on adoptoit l'hypothése dans laquelle les accroiſſemens des degrés du Méridien par rapport au premier ſont proportionéls aux quarrés des Sinus des latitudes, nous n'aurions qu'à déſigner par *a* la longueur de la gravicentrique en la ſuppoſant égale au Sinus total ; & déſignant en même tems par *b* le rayon AD du premier degré de latitude, nous aurions $b + \frac{s^2}{a} =$ = AD + DG pour la valeur de KG, & $\frac{2a^2 - 2s^2}{3a}$ pour celle de ZG. * Ainſi notre formule ſe changeroit en $\frac{2a^2 - 2s^2}{2a^2 + 3ab + s^2} \times \frac{ads}{a^2 - s^2} = \frac{2ads}{2a^2 + 3ab + s^2}$ dont l'intégration dépend de la rectification des arcs de cercle, mais dont on peut abreger le calcul par le moyen des ſéries. La quantité précédente deviendra $\frac{2ads}{2a+3b} - \frac{2s^2 ds}{\overline{2a+3b}^2} +$ $+ \frac{2 s^4 ds}{a \times \overline{2a+3b}^3}$ — &c. & en intégrant, on aura $\frac{2as}{2a+3b} - \frac{2s^3}{3 \times \overline{2a+3b}^2} + \frac{2s^5}{5a \times \overline{2a+3b}^3}$ — &c. On peut ſe contenter dans la pratique de ſe ſervir ſimplement de $\frac{2a}{2a+3b} \times s$. Il n'y aura qu'à évaluer *s* en minutes, en ſe ſouvenant que le Sinus total eſt égal à très-peu près à un arc de $57^d 18'$ ou de $3438'$, & quant à la fraction $\frac{2a}{2a+3b}$ ou $\frac{\frac{2}{3}a}{\frac{2}{3}a+b}$ par laquelle il faut toujours multiplier les Sinus *s*, il eſt facile de voir qu'elle marque le rapport qu'il y a entre la longueur du degré de l'Equateur, & ſon excès ſur le premier degré de latitude. Cette fraction eſt le double de celle qui exprime la différence des deux axes. Dans l'hypothéſe préſente, la différence des deux axes eſt de $\frac{1}{222}$; & la fraction $\frac{2a}{2a+3b}$ dont nous devons nous ſervir eſt $\frac{1}{111}$. Il ſuit de-là que dans les ſphéroïdes plus ou moins applatis,

DE LA TERRE, VI. SECT.

mais du même genre, les corrections dont il s'agit sont Figure 42. proportionelles aux quantités de l'applatissement.

64. Nous supposerons pour ne pas laisser ceci sans quelque application ou sans quelque exemple, qu'en partant de l'Equateur & en singlant au N E, on continue la même route jusques par 80 degrés de latitude. Nous avons trouvé ci-devant que dans l'hypothése de la Terre sphérique, la différence en longitude seroit de 8377′. Mais le Sinus de 80 degrés, évalué en minutes étant de 3386′, si on le multiplie par $\frac{1}{111}$, il viendra $30'\frac{1}{2}$ qui sont donc à retrancher de 8377′, & on aura $8347\frac{1}{2}$ ou $139^d 7\frac{1}{2}'$ pour la diff. en long. sur le sphéroide. J'ai calculé de cette maniere un assez grand nombre de correction, pour pouvoir en former une petite table, & on conviendra si on la consulte que la chose mérite qu'on y ait égard, principalement lorsqu'il s'agit de loxodromies qui font avec le Méridien des angles de plus de 45 degrés. Car les corrections ou différences sont proportionelles aux arcs même de longitude lorsque toutes les autres circonstances sont les mêmes ; elles sont comme les tangentes des obliquités des directions, dans les routes plus ou moins obliques qui sont terminées par les mêmes paralleles.

65. Le calcul ne sera gueres plus difficile si l'on veut que les excès des degrés de latitude sur le premier soient comme les quatriémes puissances des Sinus. Nous avons vû que ZG est alors égale à $\frac{8a^4 + 4a^2 s^2 - 1 s^4}{15 a^3}$, & . . $KG = AD + DG = b + \frac{s^4}{a^3}$. * La petite correction *Num. 20. élémentaire $\frac{ZG}{KZ} \times \frac{a^2 ds}{a^2 - s^2}$, se réduira donc à . . . . . . $\frac{8a^4 ds + 12 a^2 s^2 ds}{8a^4 + 15 a^3 b + 4 a^2 s^2 + 3 s^4}$; & si on l'intégre après l'avoir convertie en série, on aura pour ses deux premiers termes $\frac{8as}{8a + 15b} + \frac{64a + 180b}{3a \times 8a + 15b} \times s^3$ auxquels on peut se borner. J'ai calculé par leur moyen les petites corrections

S s iij

dont il est question, & j'ai reconnu que deux choses contribuoient à les rendre un peu plus grandes que dans l'autre hypothése; l'espece du sphéroide, parce que l'applatissement est d'une 179me partie, & le genre même du sphéroide qui avec le même degré d'applatissement produit sur la longitude des diminutions un peu plus fortes.

66.
Corrections dont ont besoin les tables ordinaires des latitudes croissantes.

Latitudes.	Hypothése du N. 32.	Hypothése du N. 38.	Latitudes.	Hypothése du N. 32.	Hypothése du N. 38.
	Corrections Soustractives.	Corrections Soustractives.		Corrections Soustractives.	Corrections Soustractives.
Degr.	Minutes.	Minutes.	Degr.	Minutes.	Minutes.
5	3	3	45	21	27
10	5	6	50	23	30
15	8	8	55	25	34
20	11	11	60	26	37
25	13	14	65	27	39
30	15	17	70	28	41
35	17	20	75	29	43
40	19	24	80	30	44
			85	31	45

SEPTIEME SECTION.

Détail des Expériences ou Observations sur la gravitation, avec des remarques sur les causes de la Figure de la Terre.

1. Après avoir discuté tout ce qui a rapport à la Figure de la Terre considérée comme corps Géometrique, il nous reste avant que de terminer cet ouvrage à vérifier les faits qui peuvent nous procurer quelque legere connoissance sur la conformation intérieure de cette grande masse, considérée comme corps Physique. Nous n'entreprendrons point de nous élever jusqu'à une Théorie complette de la Figure de la Terre; parce que nous ne voulons rien donner s'il est possible à nos conjectures. Nous ne nous proposons en excluant tout ce qui est hypothétique que d'adopter les conséquences auxquelles on est conduit nécessairement par l'autorité des observations. Cependant les réflexions que nous ferons sur les expériences dont nous rendrons compte, répandront un nouveau jour sur tout ce sujet, & découvriront en même tems les motifs que nous avons eu de mettre des limites si étroites à nos recherches.

2. La premiere question qui se présente sur cette matiere, c'est de marquer quelle part peut avoir à l'applatissement de la Terre la pesanteur qui la comprime de tous les côtés, en poussant tous les graves vers certains points. Nous sçavons, depuis que M. Richer en fit la premiere remarque, que cette force n'est pas égale partout.* Elle est plus grande vers les Poles & plus petite vers l'Equateur : c'est ce qui s'accorde parfaitement

---

* En 1672 dans le voyage de Cayenne.

avec la Figure de la Terre qui paroît effectivement avoir cedé un peu à la plus grande pression vers les Poles, & s'être élevée au contraire un peu vers l'Equateur où la force comprimante étoit plus foible. Mais l'effet répond-il exactement à la cause dont on veut qu'il dépende? La différence dans la pesanteur est-elle portée assez loin pour qu'on puisse lui attribuer toute l'inégalité que nous avons vû qu'il y avoit entre les deux diamétres de notre Globe? Pour pouvoir répondre à cette question, il faut déterminer par des expériences exactes combien la pesanteur est effectivement différente dans les différens climats. M. Richer nous en a fourni lui-même la méthode, & il nous suffit de pousser l'attention un peu plus loin à l'égard de quelqu'unes des circonstances de cet examen. Puisque c'est la pesanteur qui perpetue les balancemens des pendules auxquels nous imprimons un premier mouvement; il est évident que lorsque cette force est plus foible, le même pendule doit faire ses oscillations plus lentement, & que si on veut qu'elles soient toujours exactement de même durée, toujours par exemple d'une seconde de tems moyen, il faut accourcir ce pendule, afin que les arcs semblables deviennent un peu plus petits, & puissent être parcourus dans le même tems, malgré la diminution de la vitesse. Ainsi nous avons deux moyens de reconnoître le changement que souffre la pesanteur, lorsqu'on passe d'une Region dans une autre; nous n'avons qu'à examiner combien un pendule de même longueur fait ses oscillations plus promptement ou plus lentement; ou bien nous n'avons qu'à chercher la longueur exacte du pendule dont les oscillations sont précisement de la même durée comme d'une seconde de tems: les différences que nous trouverons dans la longueur de ce pendule nous marqueront les changemens même que reçoit la pesanteur d'un climat à l'autre.

I.

I.

Détail des expériences faites pour déterminer la longueur du Pendule à secondes.

3. C'est au Petit-Goave dans l'Isle de Saint Domingue que j'ai fait mes premieres expériences sur les pendules : elles ont été rapportées dans les Mémoires de l'Académie de 1735 & de 1736. On m'en a, dans quelques autres Livres, attribué d'autres, faites avant mon départ pour le Pérou ; mais je puis protester que je ne me suis jamais occupé de ces sortes d'expériences que pendant mon voyage & depuis mon retour. Ce n'est pas que je ne sentisse qu'il étoit très-important d'avoir en France un premier terme de comparaison ; mais outre que je n'avois pas les instrumens nécessaires & qu'il me manquoit du tems, je sçavois que nous trouverions tout ce que nous pouvions souhaiter, dans les expériences exactes auxquelles M. de Mairan travailloit alors. Qu'on ait souvent défiguré les miennes, en les rapportant ; je n'en suis nullement surpris ; on peut aisément se méprendre en transcrivant des nombres ; mais qu'on m'en ait attribué d'absolument supposées & de visiblement fausses ; c'est, je l'avoue, ce que je ne tenterai pas d'expliquer. Je crois après cela que le Public ne désapprouvera pas que je souhaite de rendre compte moi-même de mes propres observations. Je suis autorisé à faire cette demande par plus d'un trait de la même espece, que je méprise assez pour ne pas relever, mais auxquels je voudrois bien n'être pas exposé davantage.

4. L'instrument dont je me suis presque toujours servi & dont je me sers encore, est de la plus grande simplicité. Je fais le pendule toujours exactement de la même longueur, & je compare ses oscillations à celles

d'une Horloge que je regle fur le Ciel par des obfervations journalieres. Ce n'eft donc pas à proprement parler par la différente longueur du pendule que je juge de l'intenfité de la pefanteur à laquelle nous fommes fujets dans les différens climats, je n'en juge que par le plus ou le moins de promptitude des ofcillations ou par le nombre que le pendule en fait en 24 heures. Mais l'un revient à l'autre : nous fçavons le rapport qu'il y a entre ces deux quantités, & il me paroît beaucoup plus aifé de répondre du nombre des ofcillations, que d'appercevoir immédiatement quelques centiémes de ligne fur la longueur d'un pendule qu'on eft fujet à ralonger ou à raccourcir.

5. Le petit poids de cuivre dont je me fers eft formé de deux cones tronqués joints par leur plus grande bafe; je le fufpends par le moyen d'un fil de pite très-fin * à une pince dont l'autre extrêmité faite en tariere eft propre à entrer dans les murs, & je donne toujours à ce fil la même longueur, en le mefurant avec une regle de fer que j'applique auprès, entre la pince & le haut du petit poids. J'avois remarqué toutes les difficultés qu'on trouvoit à mefurer la longueur du fil lorfqu'on la rendoit différente dans les diverfes expériences, & lorfqu'il s'agiffoit par le moyen d'un compas à verge ou autrement, de la rapporter à nos mefures ordinaires. J'avois vû d'autres inftrumens plus compliqués qui ne faifoient pas ceffer mes fcrupules, quoiqu'ils diminuaffent beaucoup le travail de l'Obfervateur. Il me paroiffoit que j'évitois tous les inconvéniens en allant, comme je le faifois, directement au but. Il ne s'agiffoit pour moi que de mefurer une bonne fois pour toutes

---

* La pite eft une efpece d'Aloès qui eft très commun dans l'Amérique. La feuille qui en eft très-épaiffe & qui fe termine en pointe fournit, lorfqu'on la macere, des fibres affez longues, très-fortes & affez déliées dont les Indiens font divers ouvrages. Je me fuis affuré en formant des Hygrométres avec ces fibres, qu'elles ne changent pas fenfiblement de longueur par les viciffitudes du tems.

la regle de fer dont je me servois, de même que l'axe du petit poids de cuivre.

.6. Les Figures 43 & 44 repréfentent le tout. On voit en AB (Figure 43) la pince qui a 7 pouces de longueur, y compris la tariere par laquelle elle fe termine par l'autre extrêmité. Le petit poids doublement conique eft repréfenté par EP dont l'axe eft d'un peu plus 10 lignes : & on voit à côté le haut & le bas de la regle de fer dont la longueur CF jointe au demi-axe du petit poids, fait 36 pouces $7\frac{1}{30}$ lig. au lieu de 36 pouces 7 lignes que je me propofois de donner au tout. Lorfque je veux mefurer le fil je mets l'arrête CD tout auprès, en la plaçant perpendiculairement à la longueur de la pince. Quelqu'un tient la regle de fer comme fufpendue dans cette fituation, & je regarde enfuite en bas fi l'extrêmité FG touche exactement au bord du petit plan E. Le bord E m'offre un terme commode, & il fuffit que la regle de fer ne foit fujette à aucun mouvement, de même que le petit poids, pour que je puiffe examiner d'auffi près qu'il eft néceffaire fi les deux longueurs font égales ; je puis me fervir d'une loupe, m'aider d'une lumiere oppofée ou de celle du jour, &c. Il m'eft très-facile auffi, lorfque le fil eft trop long ou trop court, de changer fa longueur par des degrés infenfibles. Je l'attache toujours avec de la cire non pas au-deffus de la pince, mais en dehors à côté, après l'avoir fait paffer fur une des deux branches ou machoires, & je ne fais qu'introduire un peu plus ou un peu moins de petits coins diverfement épais entre le fil & le deffus de la pince, que je laiffe entre-ouverte, & que je ne ferme par le moyen de la vis H, que lorfque je fuis fatisfait. Je prends bien garde encore, fi le fil de pite conferve en haut toute fa foupleffe, & fi à force d'avoir été preffé par la pince, il n'a pas contracté quelque roideur qui nuife aux ofcillations.

Figure 43.

Figure 43.   7. La distance du point de suspension au centre de gravité du petit poids se trouve après cela de 36 pou. $7\frac{1}{30}$ lig. Le centre d'oscillation seroit un peu plus bas, par la raison que la partie inferieure du poids reçoit plus de mouvement que la superieure; si ce n'est que la pesanteur du fil, quoique petite, n'est pas absolument à négliger. Elle fait que le centre d'oscillation s'éleve & se rapproche non-seulement de celui de figure du petit poids, mais passe un peu au-dessus. Eu égard à tout le pendule est de 36 pouces $7\frac{15}{1000}$ lig. de longueur; ce qu'il me suffit d'avoir bien examiné une fois, parce que le fil de pite dont je me sers est toujours à peu près de la même finesse: 10 toises de ce fil pesent 4 grains; au lieu que le petit poids de cuivre pese une once 5 gros & 2 grains. J'ai d'ailleurs eu le soin de m'assurer que ce petit poids ne contenoit point de soufflure secrete qui nuisît à l'exactitude des résultats. Je l'ai renversé plusieurs fois, en réiterant mes expériences, pour voir si je trouverois toujours la même chose. J'ai la commodité de le suspendre par l'une ou l'autre extrêmité. Il est percé selon son axe, & j'ai un petit cilindre ou une broche pour remplir presque tout ce trou, & de plus un petit bouchon de cuivre que je mets de l'autre côté & qui est lui-même percé d'un trou très-fin, dans lequel j'introduis l'extrêmité du fil.

8. J'ai cru devoir me faire une loi de donner 2 pouces d'étendue aux premieres oscillations, que j'ai vû ensuite diminuer toujours sensiblement en progression Géometrique en tems égaux. Au sommet de Pichincha, 2434 toises au-dessus du niveau de la Mer, elles perdoient la moitié de leur amplitude en 22 ou 23 minutes: au lieu qu'au bord de la Mer il ne leur falloit que 14 ou 15 minutes pour faire la même perte. Enfin lorsqu'il s'agit de comparer leur durée à celles de l'Horloge qui est réglée sur le tems moyen ou dont au moins je connois la marche, j'appelle toujours à mon

secours l'usage de deux sens, l'ouïe & la vûe; car je Figure 43.
fais toujours l'expérience à assez peu de distance de
l'Horloge pour que j'en entende les battemens, pendant
que je regarde les allées & les venues du petit poids
doublement conique & que je les rapporte à une Echelle
que je mets un peu plus haut derriere le fil. C'est je
crois la meilleure façon de reconnoître si les deux mouvemens s'accordent. L'œil & l'oreille s'aident reciproquement, en partageant, pour ainsi-dire, le travail: &
l'Observateur moins embarassé, réussit plus aisément à
donner son attention à tout.

9. Le synchronisme exact cesse presque toujours au
bout d'un certain tems, & à la longue la différence va
jusqu'à une oscillation entiere. Alors les allées ou les
venues ne s'accordent plus avec les battemens de l'Horloge, qui dénotent des secondes d'un nombre pair ou
impair; mais elles se font avec des secondes d'une dénomination contraire. Je suis même en état de distinguer les fractions d'oscillation lorsque la différence est
moins considérable. La Figure 44 représente l'Echelle
que je place en bas derriere le fil du pendule simple
& qui partage en petites parties égales, non pas l'étendue de chaque balancement mais sa durée. La ligne
horisontale OO marque l'étendue des plus grands, &
les lignes comme RR qui sont au-dessous marquent
l'étendue de ceux qui sont déja diminués. La ligne verticale MN qui est exactement au milieu, répond au milieu de la durée de chacun; car la résistance de l'air
est si petite, que la différence qu'elle produit d'une demie oscillation à l'autre n'est pas sensible. Je donne
1000 parties à MO, je fais les intervalles O1, O2,
O3, O4 & O5, de 4 de ces mêmes parties, de 134,
de 293, de 500 & de 742; & toute la durée de l'oscillation se trouve ensuite divisée en douziémes. Ainsi
il suffit de remarquer en quel endroit répond le pendule d'expérience lorsque les battemens de l'Horloge se

font entendre, & on sçait exactement combien a gagné ou perdu le pendule.

10. Je crois qu'il n'est pas nécessaire d'insister davantage sur toutes ces choses. Il est tems de rapporter les expériences; & afin d'être plus court, je ne descendrai dans le détail des circonstances particulieres qu'à l'égard d'une seule. Je choisirai une de celles que je fis sur le sommet pierreux de Pichincha au mois d'Août 1737. La force de la pesanteur étoit non-seulement plus foible dans ce poste, parce que nous étions presque sur l'Equateur; mais encore parce que nous étions à une très grande hauteur au-dessus de la surface de la Mer; deux causes considérables de ralentissement dans les oscillations, & qui devoient rendre le pendule à secondes le plus court qu'il sera jamais possible de l'observer. Mais ce qui me détermine encore plus à choisir cette expérience & à la proposer pour exemple, c'est que j'aurai occasion de rectifier ce qui en a été dit dans le Recueil imprimé à Madrid. (page 327.)

11. L'extrême rigueur du poste où nous nous trouvions ne nous permettoit pas de faire suivre à peu près à l'Horloge par des tentatives réiterées, le mouvement du Ciel. Nous étions fort heureux de réussir à en connoître l'état avec assez d'exactitude. Nous manquâmes souvent de hauteurs correspondantes, & il nous fallut avoir recours à la Trigonométrie sphérique pour déterminer l'heure des observations, qui étoient assez multipliées, mais qui ne se trouvoient pas faites à des distances égales du Méridien. Le 31 Août le pendule retardoit par jour de 5′ 6″ sur le tems moyen. Tout étant préparé pour l'expérience, je mis à 9 heures 38′ du matin le pendule simple d'accord avec l'Horloge. Mais il gagna 11 oscillations en 58′; il en gagna 15 en 1 heure 19′, & il se trouva en avoir gagné 21 à 11 heures 27$\frac{1}{2}$′.

12. Ainsi il en eut gagné à proportion 274 ou 275 pendant les 24 heures de la pendule; c'est-à-dire que

pendant que celle-ci faisoit 86400 battemens, & qu'elle en eut fait 86707, si elle eut été exactement reglée sur le tems moyen, le pendule d'expérience faisoit 86675 vibrations. Ce dernier alloit donc encore un peu trop lentement, il manquoit 32 oscillations qu'il n'en fit assez en 86707 secondes ; & il étoit par conséquent un peu trop long. Pour sçavoir de combien il eut fallu le racourcir, il n'y a qu'à faire cette analogie ; le quarré de 86707 est à celui de 86675, comme la longueur 36 pouces $7\frac{15}{1000}$ lignes du pendule d'expérience est à 36 pouces $6\frac{62}{100}$ lignes. Ou bien pour trouver la même chose d'une maniere plus simple & presque aussi exacte, il n'y a qu'à retrancher autant de centiémes de ligne de la longueur du pendule qu'il y a d'oscillations de différence sur le nombre fait en 24 heures. On trouve de cette sorte que le pendule qui bat les secondes de tems moyen sur l'Equateur & dans l'endroit accessible de la terre le plus élevé, est de 36 pouces $6\frac{62}{100}$ lig. Je fis dans le même poste d'autres expériences qui s'accorderent avec celle-ci aussi exactement qu'il étoit possible ; de même que celles que fit D. Antonio de Ulloa, à qui je devois être ravi de prêter mes instrumens, & de procurer le plaisir de prendre part à une observation rare que l'occasion ne se présenteroit peut-être jamais de repéter. *

13. J'ai trouvé par les mêmes procédés & avec le secours des mêmes instrumens, la longueur du pendu-

* Il suffit de donner une des expériences de M. de Ulloa. Il la fit le 5 Septembre au soir, lorsque la marche un peu irréguliere de l'Horloge la faisoit retarder de 5′ 11″ par jour sur le tems moyen. Il commença à comparer les balancemens du pendule simple avec les battemens de l'Horloge à 4 heures $55\frac{1}{2}′$. Le pendule simple avoit gagné 6 oscillations à 5 heures $16\frac{1}{2}′$ il en avoit gagné 12 à 5 heures $47\frac{1}{2}′$ & 16 à 6 heures $7\frac{1}{2}′$. Ainsi il en eut gagné à proportion 280 ou 282 en 24 heures de l'Horloge. Et si on acheve le calcul en se ressouvenant que le pendule d'expérience étoit de 36 pouces $7\frac{15}{1000}$ lignes, lorsqu'on a égard à la distinction qu'il faut mettre entre le centre d'oscillation & celui de gravité, on trouvera par cette expérience que l'exacte longueur du pendule à secondes sur le sommet de Pichincha est de 36 pouces $\frac{715}{1000}$ lig.

le à Quito de 36 pouces 6 lignes & 82 ou 83 centièmes. C'est ce que j'ai vérifié en divers tems & dans toutes les saisons de l'année ; aux tems de l'Aphélie & du Périhélie, aux environs des Equinoxes, & lorsque le Soleil se trouvoit dans les points intermédiaires : les résultats extrêmes étoient 36 pouces 6.79 lig. & 36 pou. 6.85 lig. De sorte qu'il ne m'est toujours venu de différences, que celles que j'ai pû attribuer aux erreurs inévitables des observations. Le hasard même a voulu que j'eusse une démonstration incontestable, qu'il ne falloit pas assigner d'autre cause à ces petites inégalités. Car j'ai trouvé souvent les différences en des sens opposés, lorsque je me suis servi de divers instrumens. Je voulois voir si les révolutions diurnes de la Terre n'étoient pas sujettes à quelque irrégularité sensible par nos changemens de distance au Soleil, comme on pourroit le soupçonner. Il est certain que pour peu qu'on suppose de variation dans la promptitude de nos révolutions diurnes d'une saison à l'autre, les graves doivent participer plus ou moins aux effets de la force centrifuge ; ils doivent faire plus ou moins d'effort pour s'éloigner du centre, & cet effort doit détruire une plus grande ou une moindre partie de leur tendance vers la Terre. C'est l'objet d'un examen aussi important pour l'Astronomie que pour la Physique ; & s'il est un endroit au monde où l'on puisse s'en occuper avec plus d'apparence de succès, c'est à Quito, où la température de l'air est toujours sensiblement la même. Si l'on y observoit donc d'un tems à l'autre quelque différence dans la longueur du pendule, on ne pourroit pas douter qu'elle ne fût un effet universel & cosmique, qui dépendît de quelque inégalité dans la force même de la pesanteur. Mais dès le 15 Septembre 1737 j'avertis Messieurs Godin & de la Condamine, afin qu'ils pussent vérifier la chose, s'ils le jugeoient à propos, que malgré mes tentatives, je ne remarquois rien que de constant dans la

longueur

DE LA TERRE, VII. SECT. 337
longueur du pendule à secondes : j'ai depuis toujours trouvé la même chose en réiterant mes expériences dans mes séjours à la Ville, quoique j'employasse un pendule invariable dont je pouvois me promettre une grande précision. Cet instrument est décrit dans les Mémoires de 1735,* & je le fis raccomoder exprès à Quito pour cette vérification.

* Voyez la pag. 526. & suiv.

14. Lorsque je descendis vers la Mer du Sud en 1740, je portai avec moi toutes les pieces représentées dans la Figure 43, & je trouvai par plusieurs résultats qui ne différoient entr'eux que de 4 centiémes de ligne que le pendule à secondes étoit de 36 pou. $7\frac{7}{100}$ lig. Je n'étois éloigné de l'Equateur que de 14 à 15′, & j'étois à peine élevé de 40 toises au-dessus du niveau de la Mer. Toutes ces circonstances m'autorisent à regarder cette détermination comme celle du vrai pendule Equinoxial. Enfin j'ai trouvé au petit Goave qui est par 18ᵈ 27′ de latitude Septentrionale la longueur du pendule de 36 pou. $7\frac{1}{3}$ lig., & il me vient $1\frac{75}{100}$ lig. pour la petite quantité dont il est plus long à Paris qu'à Quito. C'est ce qui m'est encore mieux confirmé par l'usage d'un autre instrument que je fis faire à Quito avant mon départ de cette Ville, pour me tenir lieu de celui dont j'ai parlé, qui avoit été construit à Saint Domingue & qui n'étoit pas assez portatif. Je n'ai fait donner au second que 16 pouces de longueur, & j'ai fait placer sa lentille horisontalement, par des raisons que j'aurai peut-être occasion d'expliquer, dans quelque autre tems. Enfin je mets ici sous les yeux des Lecteurs les résultats de toutes mes expériences, en comprenant celles que je fis à Portobello, lorsque j'y passai pour aller au Pérou.

15.

		Longueurs fournies par l'expérience.		
Sous l'Equateur à	2434 toif. de hauteur abfolue.	36	pou. 6.70	lig.
	1466 toif. de hauteur abfolue.	36	pou. 6.83	lig.
	Au niveau de la Mer.	36	pou. 7.07	lig.
A Portobello par 9 deg. 34′ de latitude.		36	pou. 7.16	lig.
Au Petit-Goave par 18 deg. 27′ de latitude.		36	pou. 7.33	lig.
A Paris.		36	pou. 8.58	lig.

Réduction qu'il faut faire aux longueurs du Pendule trouvées immédiatement par l'expérience.

16. Si tous les Pays dans lesquels on cherche la longueur du pendule jouiſſoient de la même température, & qu'outre cela la conſtitution de l'Atmoſphére fût exactement la même par tout, on pourroit ſe diſpenſer de faire aucune réduction aux réſultats fournis immédiatement par l'expérience. Mais non-ſeulement les divers degrés de la chaleur doivent apporter de la différence dans la longueur des meſures & en faire paroître dans la longueur du pendule, l'air qui eſt plus ou moins condenſé dans chaque Région doit retarder inégalement la viteſſe des oſcillations, & obliger l'Obſervateur de racourcir ou d'allonger réellement le pendule pour le faire s'accorder avec la marche du Ciel. Ainſi il y a deux cauſes qui contribuent à faire trouver la longueur du pendule différente. La premiere ne change pas effectivement cette longueur, elle la fait ſeulement paroître différente, ſelon que les meſures dont on ſe ſert ſont diverſement alterées par le froid ou par le chaud: mais l'autre y apporte réellement de l'inégalité, puiſqu'elle produit à peu près le même effet que ſi la peſanteur devenoit réellement plus ou moins grande. On voit aſſez que c'eſt-là le ſujet de deux nouveaux examens qui nous intéreſſent.

17. J'ai déja dit quelque choſe des expériences que

j'ai faites au Pérou pour découvrir l'altération que peuvent souffrir les mesures par le chaud & par le froid. Il ne s'agit pas ici de ces changemens excessifs que produit la chaleur immédiate d'un Soleil ardent : car toutes les expériences sur la pesanteur se font dans des endroits retirés & fermés, où le degré du Thermométre est plus uniforme ; & puisque nous avons constaté l'état de nos mesures pour la température de Quito qui ne différe pas de celle de Paris au milieu du Printems, nous n'avons qu'à y rapporter tous nos résultats. C'est-à-dire que sans toucher aux longueurs du pendule trouvées dans ces deux Villes, nous n'avons qu'à corriger toutes les autres en les augmentant ou en les diminuant, selon que les regles de métal dont nous nous sommes servis ont été allongées par le chaud ou accourcies par le froid. Le fer acquerroit $\frac{15}{100}$ lig. de nouvelle extension sur 6 pieds, lorsqu'on le transportoit de Quito au bord de la Mer. La regle qui me servoit de mesure dût changer à proportion de $\frac{75}{1000}$ lig. Ainsi il faut ajouter cette petite quantité à la longueur du pendule que m'ont fourni les expériences dans l'Isle de l'Inca. Il a dû arriver tout le contraire lorsque je suis allé de Quito m'établir sur le sommet de Pichincha : la regle de fer s'est accourcie d'environ $\frac{5}{100}$ de lig. Ainsi le pendule se trouvoit réellement plus court que nous ne le pensions, de cette petite quantité qu'il faut soustraire de la longueur que nous lui attribuions. J'ai toujours pû de la même maniere en consultant le Thermométre de M. de Reaumur, lorsqu'il m'a été permis d'en disposer, trouver les petites corrections que je devois employer : j'estimois que $\frac{2}{100}$ de lig. répondoient sur la longueur du pendule à 3 degrés du Thermométre. Lorsque je n'ai pas pû disposer de ce dernier instrument, j'ai tâché d'y suppléer par d'autres de métal que j'ai fait construire.

18. Il n'y a gueres plus de difficulté à trouver l'altération que cause à la longueur du pendule le Milieu dans

lequel on fait les expériences. Ce milieu quoique subtil ou dense a une certaine pesanteur; & celle du petit poids de cuivre dont est formé le pendule devoit en être un peu diminuée. Le petit poids ne tend à se précipiter vers la Terre qu'avec l'excès de sa pesanteur sur celle de l'air qui l'environne. Ainsi nos pendules sont agités par une force un peu moindre que si l'on pouvoit faire les expériences dans le vuide; & la longueur du pendule à secondes que nous trouvons immédiatement par nos tentatives, est donc un peu trop courte, dans la même proportion.

L'usage du Barométre nous met en état de découvrir le rapport qu'il y a entre la pesanteur du mercure & celle de l'air dans tous les endroits de l'Atmosphére qui sont accessibles. Nous voyons combien il faut monter ou descendre de pieds pour que le Mercure change de hauteur d'une ligne. C'en est assez pour qu'on puisse toujours marquer au juste la pesanteur spécifique de l'air par rapport à celle de tous les autres corps. J'ai trouvé de cette sorte qu'il ne falloit exprimer la premiere que par l'unité sur le sommet de Pichincha si l'on exprimoit celle du cuivre par 11000. Or il suit de-là que le petit poids de mon pendule simple perdoit sur cette montagne la 11000me partie de sa pesanteur. Cette diminution ou cette perte produisoit le même effet que si elle se fût faite réellement sur la force motrice même; & par une suite naturelle je trouvois toujours le pendule à secondes trop court d'une 11000me partie. Pour corriger le défaut il faut ajouter $\frac{4}{100}$ lig., & il est visible que l'équation doit être un peu plus forte dans tous les autres lieux qui sont plus bas, puisque l'air y est plus condensé, par le poids de la partie superieure de l'Atmosphére. C'est la premiere fois qu'on a égard à cette petite correction dans les expériences dont il s'agit actuellement; mais nous ne pouvons pas la négliger si nous voulons pousser les choses jusqu'à la plus grande exactitude, & si d'un autre côté nous devons ajouter foi aux principes les plus certains de l'Hydrostatique.

20. Il reste encore, ce semble, un autre point de discussion. On peut soupçonner que l'air par la résistance qu'il fait aux corps qui le traversent diminue un peu la vitesse du pendule & augmente un peu la durée de chaque oscillation. Il est vrai que lorsque le petit poids descend, il a un peu moins de vitesse dans tous les points de l'arc qu'il décrit, que si le mouvement se faisoit dans le vuide. Ainsi la durée de chaque demi-oscillation descendante est certainement un peu augmentée; & il se peut faire que sur tout un jour ce petit excès multiplié plus de quatre-vingt mille fois, produise une quantité considérable. Il n'est pas difficile de s'assurer par les méthodes d'aproximation qui sont connues des Géometres, que cet excès est constant tant que l'étendue des oscillations diminue en progression géometrique, & qu'il dépend du rapport selon lequel se fait cette diminution. Il pourra en s'accumulant pendant 24 heures, former la valeur de 10 secondes & peut-être de 20. Mais en récompense les demi-oscillations ascendantes se font avec plus de promptitude, & leur durée diminue autant, que celle des autres est augmentée. Pour se convaincre d'une maniere bien simple qu'elles sont d'une durée plus courte, il n'y a qu'à considérer que si la résistance de l'air se trouvoit beaucoup plus grande, lorsque nous jettons un corps en haut, la vitesse de ce corps en seroit plûtôt éteinte, & que parconséquent ce corps s'éleveroit pendant moins de tems.

21. C'est la même chose du pendule lorsqu'il fait chaque demi-oscillation ascendante. Le petit poids continuellement contrarié par la résistance du milieu monte moins haut, & il a en chaque point de cette seconde partie de sa course une vitesse un peu plus grande que celle qu'il auroit dans le vuide s'il ne lui restoit que le même arc à parcourir. Nous disons de plus qu'il se

fait fenfiblement une compenfation exacte à l'égard de la vibration entiere ; parce que les viteffes font plus grandes dans les fecondes demi-ofcillations, de la même quantité qu'elles étoient trop petites dans les premieres ; ce qui eft vrai, quelque foit la loi que fuit la réfiftance du milieu, pourvû que la viteffe ne foit alterée dans les deux cas que d'une partie extrêmement petite. Pour nous expliquer encore plus clairement ; le mobile confideré au premier tiers ou au premier quart de l'arc qu'il décrit lorfqu'il defcend, n'aura par exemple que 999 degrés de viteffe au lieu de 1000 ; mais parvenu aux deux tiers ou trois quarts de l'autre arc qui fera un peu plus court, il aura 1001 degrés de viteffe au lieu de 1000 qui lui fuffiroient dans le vuide pour monter jufqu'au point où il s'arrêtera. Il eft d'ailleurs inconteftable que la fuppofition que nous faifons ne s'éloigne pas de la vérité & qu'elle doit même avoir fouvent lieu. Or il fuit de-là que les particules des deux arcs prifes conjointement, feront parcourues dans le même tems que fi le pendule avoit exactement 1000 degrés de viteffe dans l'une & dans l'autre. La différence ne fera que d'environ une millioniéme partie, qui demeure toujours infenfible malgré fa répétition. Nous n'avons donc aucune nouvelle correction à faire ; & il nous fuffit d'inferer ici les longueurs du pendule telles que nous les avons déjà réduites.

Longueurs réduites du Pendule à fecondes, ou telles qu'elles feroient fi les Pendules faifoient leurs ofcillations dans le vuide.

22.

Sous l'Equateur à { 2434 toif. de hauteur abfolue.	36 pou.	6.69	lig.
1466 toif. de hauteur abfolue.	36 pou.	6.88	lig.
Niveau de la Mer.	36 pou.	7.21	lig.
A Portobello par 9 deg. 34' latitude Septentrionale.	36 pou.	7.30	lig.
Au Petit-Goave par 18 deg. 27' latit. Septentrionale.	36 pou.	7.47	lig.
A Paris.	36 pou.	8.67	lig.

II.

Comparaison de la pesanteur & de la force centrifuge que contractent les graves par le mouvement de la Terre au tour de son axe, avec des remarques sur les effets de ces deux forces.

23. Nous nous proposons principalement de communiquer les faits que nous avons recueillis : cependant nous allons examiner le rapport qu'il y a entre la pesanteur & la force centrifuge & voir si cette derniere force est capable étant seule, de causer les différences que nous trouvons dans la premiere. Si la Terre étoit dans un parfait repos, comme le pensoient les Sectateurs de Ptolomée, nous éprouverions la pesanteur dans toute sa force & les corps tomberoient tout à fait avec la velocité que leur imprime la cause primitive de leur chute : mais la Terre tournant en 24 heures avec une extrême rapidité sur son propre centre, l'effort que font pour s'en éloigner tous les corps qui sont transportés avec tout ce mouvement, est à retrancher de la pesanteur, comme nous avons déja eu occasion de le dire ; puisque ces deux forces sont directement contraire l'une à l'autre, au moins sur l'Equateur. C'est le fameux M. Hughuens qui a pensé le premier à chercher le rapport qu'il y a entre les deux. Maintenant que nous connoissons mieux tous les Elémens qui entrent dans cette détermination, il est à propos de la vérifier & de voir si elle n'admet pas quelque leger changement.

24. Nous avons fixé à 36 pou. $7\frac{21}{100}$ lig. ou à 439. 21 lignes la longueur du pendule Equinoxial qui feroit ses oscillations dans le vuide. Nous pouvons en inférer aisément l'espace que parcourt un mobile dans la premiere seconde de sa chute, lorsqu'il tombe verticale-

ment. Le double de cet espace est à la longueur du pendule comme le quarré de la circonférence du cercle est au quarré du diamétre, ce qui donne 15 pieds 0 pou. $7\frac{41}{100}$ lig. pour l'espace que parcourroient les graves sous l'Equateur dans la premiere seconde de leur chute, si l'air ne faisoit absolument aucun obstacle à leur mouvement. Nous pouvons donc regarder cet espace comme *l'exposant* ou comme l'expression de la pesanteur, non pas de la pesanteur primitive, mais de l'actuelle, qui a déja été diminuée par la force centrifuge, & qui est la seule que nous puissions saisir immédiatement par nos expériences. Mais pendant que nous représentons ainsi la pesanteur actuelle par l'effet qu'elle produit, il faut que nous prenions pour la force centrifuge le petit espace qu'elle feroit parcourir aux graves dans le même tems, supposé qu'ils n'en fussent pas empêchés par la pesanteur qui est plus forte. Les graves, au lieu de décrire l'Equateur par le mouvement diurne, en suivroient exactement la tangente, & ils s'éloigneroient par conséquent du centre, de la petite partie de la sécante comprise entre la tangente & le cercle. C'est ce petit espace qui doit servir ici d'expression à la force centrifuge, pendant qu'on représente la pesanteur actuelle Equinoxiale par 15 pieds 0 pou. $7\frac{41}{100}$ lignes.

25. La connoissance que nous avons des dimensions de la Terre, nous donne $1435\frac{54}{100}$ pieds pour l'arc parcouru dans une seconde de tems moyen, & nous donne en même tems $7\frac{537}{1000}$ lignes pour la petite partie de la sécante dont nous venons de parler, & qui est sensiblement égale au Sinus verse correspondant. Ainsi la pesanteur primitive avant qu'elle puisse faire parcourir aux graves le grand espace 15 pieds 0 pouces $7\frac{41}{100}$ lig. elle doit d'abord leur faire faire le petit espace $7\frac{537}{1000}$ lig. pour vaincre la force centrifuge, ou pour faire passer le grave de la tangente jusqu'au cercle d'où nous commençons à compter la chute. C'est-à-dire que nous n'avons

vons qu'à ajouter les deux quantités enfemble ou les deux effets partiaux, fçavoir la partie comprife entre la tangente & le cercle, & de plus l'efpace que nous voyons réellement parcourir aux graves ; & nous aurons 15 pieds 1 pouce $2\frac{95}{100}$ lignes ou 2174.95 lig. pour la pefanteur primitive, pendant que 2167.41 lig. repréfentent la pefanteur actuelle & 7.54 lignes la force centrifuge. Or on trouvera en comparant ces quantités, que la pefanteur primitive eft à très-peu près à la force centrifuge comme $288\frac{17}{30}$ à 1, ce qui ne fait que confirmer la détermination de M. Hughuens, quoique ce Mathématicien la fondât fur les feules obfervations faites en Europe.

26. La chute entiere des graves dans une feconde feroit de 15 pieds 1 pou. $2\frac{95}{100}$ lig. fi la pefanteur agiffoit fans trouver d'oppofition. La force centrifuge qui retranche 7.54 lignes de cet efpace doit diminuer dans le même rapport la longueur du pendule à fecondes ; puifque les longueurs des pendules fynchrones font comme les gravités qui les agitent. Ainfi le pendule Equinoxial primitif, je veux dire le pendule qui battoit les fecondes fi rien ne fufpendoit une petite partie de l'effet de la pefanteur, feroit de 36 pouces $8\frac{74}{100}$ lignes. C'eft ce qu'on trouve par cette analogie ; 2167. 41 lig. eft à 2174.95 lignes qui font les deux chutes, comme 36 pouces $7\frac{21}{100}$ lignes eft à 36 pouces $8\frac{74}{100}$ lignes. Si le pendule à fecondes n'eft donc effectivement que de 36 pou. $7\frac{21}{100}$ lignes ; comme nous l'avons trouvé immédiatement par nos expériences après que nous les avons réduites, c'eft parce que la force centrifuge oblige de l'accourcir de $1\frac{53}{100}$ ligne. Il feroit originairement de 36 pouces $8\frac{74}{100}$ lignes aux environs de l'Equateur & au niveau de la Mer fi la terre n'étoit pas fujette à tourner au tour de fon axe ; & il faut regarder la petite quantité $1\frac{53}{100}$ ligne, comme l'effet particulier ou propre de la force centrifuge.

27. On peut de même comparer immédiatement la pesanteur qu'on éprouve à Paris avec la force centrifuge. Mais nous avons un moyen plus simple de trouver l'effet de cette derniere force pour tous les lieux de la Terre, parce que sa partie qui s'oppose à la pesanteur est proportionelle au quarré du Sinus complement de la latitude. La force centrifuge même est proportionelle aux rayons des cercles de révolutions ou aux rayons des parallèles. Plus le rayon du cercle que décrit un mobile dans le même tems est grand ou petit, plus aussi l'effort centrifuge absolu est grand ou petit selon le même rapport. Mais il faut remarquer outre cela que comme cet effort s'exerce sur le rayon même du parallele; il n'y en a qu'une partie qui tombe sur la direction de la pesanteur; ou qui y soit directement contraire. Au milieu de la Terre les directions des deux forces sont exactement opposées, & l'une de ces forces est entierement à retrancher de l'autre : mais ce n'est pas la même chose à quelque distance de l'Equateur ; la force centrifuge se décompose, & la partie qu'il faut considérer, devient plus petite, dans le même rapport que le Sinus complement de la

TABLE
Des accourcissemens causés aux Pendules à secondes par la force centrifuge qui résulte du mouvement de la Terre.

	Latitudes. Degrés.	Raccourc. lig. & cent.
	0	1.53
	5	1.52
Porto-Bello.	9d 34'	1.48
	10	1.47
	15	1.42
St. Domingue.	18.27'	1.38
	20	1.34
	25	1.25
	30	1.14
	35	1.02
	40	0.90
	45	0.76
Paris.	48d 50'	0.67
	50	0.63
Londres.	51.31	0.59
	55	0.51
	60	0.38
	65	0.27
Pello.	66.48'	0.24
	70	0.18
	75	0.10
	80	0.05
	85	0.01
	90	0.00

DE LA TERRE, VII. SECT. 347

latitude eſt moindre que le Sinus total. Ainſi la force centrifuge, en tant qu'elle détruit une partie de la peſanteur, ſuit la raiſon compoſée du rayon de l'Equateur au rayon du parallele, & du Sinus total au Sinus complement de la latitude : & comme ces deux raiſons ſont ſenſiblement égales, la partie de la force centrifuge qui eſt réellement contraire à la peſanteur, va en diminuant de l'Equateur au Pole comme les quarrés des Sinus complemens des latitudes. C'eſt ſur ce principe que j'ai calculé la petite Table qu'on voit ci à côté, qui indique les petites quantités dont le pendule à ſecondes eſt accourci en chaque lieu, par l'effet du mouvement diurne de la Terre.

Que la force centrifuge produite par le mouvement de la Terre autour de ſon axe ne ſuffit pas pour produire les différences obſervées dans la peſanteur.

28. Il ne faut que jetter les yeux ſur la Table précédente & ſur les réſultats que nous avons trouvés par nos expériences du pendule, pour reconnoître que la force centrifuge n'eſt pas la ſeule cauſe qui contribue à rendre la peſanteur moindre vers l'Equateur que par les grandes latitudes. La longueur du pendule n'eſt diminuée ſelon la Table que de $\frac{15}{100}$ de ligne de plus à l'Equateur qu'au Petit-Goave par la force centrifuge ; au lieu que nous avons trouvé la différence réelle entre les longueurs du pendule de $\frac{26}{100}$ lig. La choſe eſt encore bien plus marquée lorſqu'on conſidére les longueurs qu'a le pendule à Paris & ſous l'Equateur. La force centrifuge qui accourcit le pendule à Paris de $\frac{67}{100}$ lig. l'accourcit à l'Equateur de $1\frac{53}{100}$ lig. Ainſi le pendule ne devroit être plus court à l'Equateur qu'à Paris que de $\frac{86}{100}$ lig. Cependant j'ai trouvé la différence réelle de $1\frac{46}{100}$ ligne : & il eſt certain qu'on ne peut

pas attribuer cette non-conformité au défaut des expériences. Car qu'on pese l'exactitude de tous les Elémens qui entrent dans cette détermination, qu'on les suppose chargés de quelque petite erreur, il sera toujours vrai de dire, malgré cela, que l'accourcissement du pendule sous l'Equateur est trop grand, pour qu'on puisse le regarder comme l'unique effet de la force centrifuge. Cette force ne produit qu'environ le $\frac{3}{5}$ de la diminution à laquelle la pesanteur est sujette. Ainsi il faut nécessairement que les deux autres cinquiémes viennent de plus loin; & que la pesanteur primitive soit déja moindre, avant que d'avoir subi l'opposition de la force centrifuge qui la diminue encore.

29. Il a été un tems où l'on a pû croire que la pesanteur primitive vers l'Equateur étoit encore plus petite que nous ne la faisons. Les observations n'ont pas été faites dans tous les tems avec le même soin, & on en a quelquefois publié de bien grossieres. Pour nous, nous étions plusieurs Observateurs, nous avons souvent repeté nos expériences avec différens instrumens, les précautions que nous avons prises sont connues, & le travail que nous avons fait dans les lieux où nous nous sommes trouvés ensemble, sert comme de confirmation aux observations que nous avons faites séparement lorsque nous nous sommes trouvés seuls. Mais, quoique nous ayons exactement aprétié tout, le pendule Equinoxial se trouve plus court qu'à Paris d'environ une 300me partie, pendant que la force centrifuge ne peut l'accourcir que d'une 511me partie ou de la quantité dont elle est plus grande à l'Equateur qu'à Paris. On trouvera pareillement que le pendule sous le cercle Polaire ne devroit être plus long que sous l'Equateur que de $1\frac{29}{100}$ lig. & plus long qu'à Paris de $\frac{43}{100}$ lig. au lieu que les expériences immédiates faites dans le voyage du Nord ne permettent pas de douter que la différence ne soit beaucoup plus grande. Tout contribue donc à nous

montrer que les variétés de la pesanteur actuelle que nous indiquent les diverses longueurs du pendule, sont compliquées. Elles viennent d'un côté de la force centrifuge qui est différente, & outre cela de la différence qu'il y a dans la gravité primitive ou originaire qui est inégale dans les divers climats.

30. Au surplus il ne faut pas croire qu'on puisse s'empêcher d'admettre cette conséquence, en prétendant que nous ne connoissons pas assez exactement la loi que suivent les forces centrifuges relatives sur la surface de notre Globe. Il est vrai que dans la rigueur Mathématique la figure particuliere de la Terre influe sur les forces centrifuges, & qu'on peut imaginer tel sphéroïde, à l'égard duquel la différence entre ces forces seroit considérablement plus grande & le seroit assez pour répondre à toute celle que nous observons dans les longueurs du pendule. Si on jette les yeux sur la premiere de toutes nos Figures, & si on se ressouvient que tous les points M, m, μ, &c. qui sont par la même latitude dans les Méridiens de même genre, se trouvent exactement sur une ligne droite MM2 qui est oblique par rapport à l'axe CD2, on reconnoîtra que tous ces points sont sujets à des forces centrifuges très-différentes, vû la différente grandeur des cercles qu'ils décrivent. Mais la Physique reconnoît des bornes bien plus étroites que la Géométrie : il n'est pas ici question d'une possibilité purement Métaphysique. On ne peut dans la réalité faire varier que très-peu le rapport entre les deux axes : ce changement ne peut se faire que dans un certain sens, & n'en apportera aucun de sensible dans la force centrifuge absolue qui est elle-même très-petite dans tous les climats par rapport à la pesanteur. Pour mieux en juger, on n'a qu'à voir combien il s'en faut peu que les rayons des paralleles ou les degrés de ces cercles, qui sont marqués dans les Tables des NN. 32 & 38 de la Sec. précéd. ne suivent le rapport des Sinus com-

plemens des latitudes. Quant à la décomposition que souffre la force absolue, lorsqu'elle se réduit à la relative qui s'oppose directement à la gravité, elle se fait toujours précisement & rigoureusement selon le rapport du Sinus total au Sinus complement de la latitude. Ainsi quelque hypothése qu'on embrasse sur la Figure de la Terre, pourvû qu'elle ne soit pas absolument démentie par les observations, la force centrifuge relative changera sensiblement comme les quarrés des Sinus complemens des latitudes ; & elle sera toujours exprimée à quelques centiémes près par la petite Table du N. 27.

31. On sera peut-être tenté de croire après cela que la diminution que nous remarquons dans la pesanteur originaire ou primitive, vient simplement de ce que les parties de la surface de la Terre sont plus élevées entre les Tropiques que vers les Poles; & de ce que la pesanteur primitive est plus petite à mesure que les distances au centre sont plus grandes. On s'imaginera que cette force est différente, plus ou moins loin du point central, mais qu'elle est exactement la même sur tous les différens rayons dans tous les points de chaque surface sphérique qui a le point de tendance pour centre. C'est la pensée qui se présentera sans doute : car nous introduisons naturellement par tout le plus d'égalité que nous pouvons. Mais il suffit d'examiner la chose avec un peu de soin pour reconnoître que la différence des directions en met ici entre les forces, & que la pesanteur est originairement moindre sur les rayons de l'Equateur que sur l'axe, quoiqu'à la même distance du centre.

32. Si la différence des directions n'en mettoit pas dans la pesanteur primitive même, la Terre seroit bien moins applatie vers les Poles qu'elle n'est effectivement ; la différence entre ses axes comme nous le montrerons dans un instant ne seroit gueres que d'une 577me partie. Quoique cette masse ne forme pas un tout fluide, elle

est cependant sujette à certains égards aux mêmes loix que si elle étoit toute pénetrée d'eau. L'Océan l'environne, & nous voyons que le tout est dans toutes les Régions renfermé sous une même surface, si l'on excepte la hauteur des continens & ces inégalités que forment les montagnes qui ne sont ici d'aucune considération. D'ailleurs, si les eaux de l'Océan ne sont pour ainsi-dire, que superficielles, si elles n'ont que très-peu de profondeur, cela ne doit rien faire contre l'application des loix de l'Hydrostatique; par la même raison que le fond irrégulier d'un vase n'empêche pas que l'eau qu'il contient n'ait sa surface de niveau. Il suit de-là que l'équilibre doit être exactement le même à l'égard de la Mer que si on pouvoit la concevoir partagée en colomnes verticales qui aboutissent au centre de la Terre. La colomne étendue le long du rayon de l'Equateur est plus longue que celle qui est étendue le long de l'axe. Ainsi voilà par en haut un excès de pesanteur, & nous devons l'exprimer par 1×288, si prenant 179 pour la longueur du rayon de l'Equateur & 1 pour l'excès de longueur d'une colomne sur l'autre, nous nous ressouvenons que la pesanteur primitive est environ 288 fois plus grande que la force centrifuge. Il faut multiplier l'excès 1 de longueur de la colomne par la pesanteur 288, & nous aurons le poids de toute la partie excedente de la colomne. Il ne nous reste donc plus qu'à voir si la force centrifuge peut s'opposer efficacement à ce poids, & si elle est assez grande pour cela.

33. Cette seconde force n'est en haut que 1, & elle diminue le long du rayon proportionellement à la distance au centre où elle se réduit à rien. Par conséquent sa quantité moyenne n'est exprimée que par un demi qu'il faut multiplier par la longueur 179 du rayon, & on aura $\frac{1}{2} \times 179$ pour l'effort total qui tend à diminuer la pesanteur de la colomne & qui travaille à soutenir les 1×288 de l'excès du poids de l'une sur l'autre. Mais

la force centrifuge, quoiqu'elle agiſſe ſur tous les points du rayon, eſt, comme on le voit, très-éloignée de pouvoir ſoutenir le poids excédent 1×288. Il faut donc, pour qu'il y ait équilibre, que la peſanteur ſouffre quelqu'autre diminution, & qu'elle ſoit originairement moindre vers l'Equateur que vers les Poles dans l'interieur même de la Terre.

34. Non-ſeulement la force centrifuge n'eſt pas aſſez grande, lorſqu'on n'y ajoute rien, pour maintenir l'inégalité qui ſubſiſte entre les deux axes, elle ne rendroit le diametre de l'Equateur plus grand que l'autre, que d'une 577me partie, ſi les peſanteurs primitives qui s'exercent ſelon l'un & ſelon l'autre diametre étoient exactement égales à égale diſtance du centre. Si nous prenons toujours l'unité pour l'excès du rayon de l'Equateur ſur le demi-axe, mais que nous regardions les longueurs de ce rayon & du demi-axe comme inconnues, & que nous déſignons par R la premiere, nous aurons $\frac{1}{2} \times R$ pour la ſomme des forces centrifuges de tous les points du rayon; nous multiplions pour cela, comme nous l'avons déja fait, la longueur du rayon par la valeur moyenne $\frac{1}{2}$ de la force centrifuge. D'un autre côté nous aurons $1 \times 288 \frac{17}{30}$ pour la peſanteur de la partie excédente du même rayon par en haut, & il faut remarquer que nous prenons ſa plus petite valeur; car puiſqu'on ſuppoſe que la peſanteur va en diminuant vers le haut, elle ſeroit plus grande un peu plus bas, au milieu de la partie excédente. Mais nous voulons bien négliger cette différence; d'autant plus qu'il n'importe que la gravité aille en augmentant ou en diminuant, parce qu'elle ne peut jamais aſſez varier dans un petit eſpace qui eſt à peine d'une 200 ou 300me partie du rayon.

35. Il ne nous reſte plus donc qu'à comparer $\frac{1}{2} \times R$ avec $1 \times 288 \frac{17}{30}$ & à rendre ces deux quantités égales. Nous ne conſidérons pas la peſanteur totale des deux colomnes; parce que dans le cas que nous examinons,

on veut qu'elles soient égales, & qu'on prétend qu'il n'y a d'autre différence que celle qu'y met la force centrifuge. Mais de ce que le produit $\frac{1}{2} \times R$ est égal à $1 \times 288\frac{17}{30}$, il s'ensuivroit que R est égale à 577. Ainsi les deux axes seroient dans le rapport de 577 à 576; ce qui s'éloigne si fort de la vérité, qu'il faut absolument reconnoître qu'il y a quelqu'autre cause de différence dans la pesanteur. Tout ceci avoit pû être regardé comme probable, ou peut-être comme les suites d'une hypothése qui n'étoit prouvée que dans quelqu'unes de ses parties; mais ce ne sera plus désormais la même chose. Tout ce que nous venons d'établir est démontré, autant que le peuvent être des vérités de Physique.

Que la pesanteur primitive ne tend pas vers un point unique comme centre.

36. Nous pouvons faire un pas de plus qui nous fera découvrir une autre propriété très-singuliere de la pesanteur primitive. Nous n'avons parlé jusqu'à présent que de l'équilibre des colomnes qu'on peut concevoir depuis la surface de la Terre jusqu'à son centre; mais il est une autre loi qui ne doit pas moins être observée que la premiere. C'est que la direction de la pesanteur actuelle doit être exactement perpendiculaire à la surface de la Terre, afin que les fluides puissent en imiter la courbure, & rester stables; au lieu de couler vers un côté ou vers l'autre. Il faut remarquer que l'observation d'une de ces deux loix n'entraîne pas nécessairement celle de l'autre : & que ce seroit même quelquefois tout le contraire; ce seroit assez que l'une fût remplie pour que l'autre se trouvât violée; ce qui causeroit un boulversement continuel. L'équilibre dépend de la pesanteur des parties intérieures; au lieu que l'observation du second principe dépend uniquement de la pesanteur des parties superieures & du rapport qu'a en haut

cette pesanteur avec la force centrifuge. Ainsi l'équilibre peut subsister, & que les fils aplomb ne soient pas perpendiculaires à la surface extérieure. C'est ce qui arriveroit en particulier ici si la pesanteur primitive, inégale comme nous avons montré qu'elle l'est, n'avoit pour point de tendance qu'un centre unique. Je l'ai prouvé dans un Mémoire fait exprès en 1734, imprimé parmi ceux de l'Académie Royale des Sciences.

37. Je voyois que des Géometres d'ailleurs très-habiles se contentoient dans leurs spéculations sur la figure des Planetes, de faire attention à une seule des deux loix, sans avoir examiné préalablement si elles se concilioient dans les cas qu'ils discutoient. Ces Géometres pouvoient nous donner des solutions qui étoient exactes mais qui n'étoient pas légitimes, & qui n'étoient bonnes que par quelque espece de hasard. C'est ce qui m'invita à me tourner vers ce sujet, afin de distinguer les cas dans lesquels les deux loix sont compatibles. Je trouvai qu'elles sont nécessairement en contrariété toutes les fois que les pesanteurs qu'on regarde comme primitives tendent vers un seul centre & qu'elles sont inégales sur leurs différentes directions. Ainsi ce seroit ici un de ces cas, si les pesanteurs primitives ne tendoient pas vers différens points ; & il en naîtroit une foule d'inconvéniens ou de Phénomenes qui nous fraperoient, vû l'assez grande différence que nous trouvons entre la pesanteur primitive sur les rayons de l'Equateur & celle qui s'exerce sur les autres directions. La premiere des deux loix, travailleroit, comme on peut aisément s'en assurer par le calcul, à mettre un certain rapport entre les deux axes de la Terre, & la seconde tendroit à en introduire un autre. Elles ne pourroient pas manquer, comme causes méchaniques, puisque chacune agiroit à part par la nécessité Physique qui conviendroit à sa nature, de se donner réciproquement l'exclusion, en s'empêchant mutuellement d'être observée. Les Mers dont

la plus grande partie de la surface de notre Globe est couverte, ne pourroient prendre ni un parfait niveau, parce que l'équilibre entre les colomnes s'y opposeroit, ni observer l'équilibre entre les colomnes, parce que la surface, au lieu d'être de niveau, auroit une pente considérable; & l'inclinaison iroit même à plusieurs minutes dans le milieu des Zones temperés. C'est de-là que naîtroit ce boulversement dont nous avons parlé, & ce changement continuel d'état qui auroit même lieu à l'égard des liqueurs contenues dans les vases les plus étroits.

38. Mais l'inconvénient cesse absolument si la pesanteur tend originairement vers divers centres & qu'elle soit égale dans tous les points de la même surface sphérique qui environne chaque centre. Il suffit de supposer deux points centraux sur l'axe à égale distance de chaque Pole: la pesanteur que nous regardons comme primitive ne le sera plus absolument, elle sera *composée* elle-même; & elle se trouvera un peu moindre sur les rayons de l'Equateur à cause de l'obliquité des directions des deux pesanteurs réellement primitives qui la formeront par leur composition. Au lieu de deux points centraux, on peut en supposer une infinité, & qu'il naisse à peu près le même effet: c'est ce que nous ne rapportons que pour servir d'exemples. Mais ce sera encore la même chose, & même sans qu'il soit nécessaire de mettre aucune restriction, si l'on suppose avec M. Newton que chaque grain de matiere est un point central par rapport à tous les autres.

39. Il est vrai que si chaque corpuscule agissoit *en distance* & que la Terre ne tournât pas, la pesanteur que nous regardons comme primitive, celle qui résulte de toutes les petites actions particulieres seroit égale de tous les côtés; & la Terre formeroit une Sphére parfaite. Mais aussi-tôt que la Terre en tournant s'éleve vers l'Equateur, son changement de figure doit

mettre de la différence dans la pesanteur primitive même, ou dans l'action par laquelle chaque molécule est sollicitée par toutes les autres à descendre ; & il est démontré qu'alors la pesanteur qui tient lieu de primitive est moindre à la même distance du centre dans les rayons de l'Equateur. Ainsi il est plus facile à la force centrifuge d'achever de donner à la Terre tout le degré d'applatissement que nous avons trouvé qu'elle a : la pesanteur primitive devenue moindre & moindre d'une quantité sensible tout le long du rayon, s'oppose moins à l'élevation de toutes les parties de l'Equateur, & cette élevation doit donc être portée plus loin. D'un autre côté il y aura toujours un accord parfait entre les deux loix, celle de l'équilibre & celle du niveau de la surface : car il suffit pour que l'observation de l'une emporte celle de l'autre, que la gravité vers chaque point central, sans qu'il importe combien il y ait de ces points, soit parfaitement égale autour de chacun à une égale distance. Que le nombre des centres soit réellement infini comme nous croyons qu'on peut le supposer, la chose n'est pas démontrée en rigueur. La multitude des points qui forment ces lignes courbes que nous avons considérées & nommé gravicentriques, ne le prouve qu'à l'égard de la pesanteur actuelle, celle que nous n'éprouvons qu'après qu'elle a été alterée par la force centrifuge. Mais si la pesanteur originaire ou primitive ne tend pas aussi vers une infinité de centres, il est au moins désormais hors de doute qu'elle a plus d'un point de tendance ; & pourquoi n'en auroit-elle que 10 ou 12, plûtôt que 10000, ou 100000 ?

III.

Remarques sur la diminution que reçoit la pesanteur à différentes hauteurs au-dessus du niveau de la Mer.

40. Les expériences du pendule que nous avons faites à Quito & sur le sommet de Pichincha, nous aprennent que la pesanteur change aussi par les distances au centre de la Terre. Cette force va en diminuant à mesure qu'on s'éleve: j'ai trouvé à Quito le pendule plus court qu'au bord de la Mer de $\frac{13}{100}$ ligne ou d'une 1331me partie, & en montant sur le sommet de Pichincha le pendule s'est encore accourci de 19 centiémes de lig. & il s'est trouvé plus court d'une 845me partie qu'au bord de la Mer. On ne peut attribuer ces différences à la force centrifuge, qui étant plus grande en haut doit diminuer un peu davantage la pesanteur primitive. La force centrifuge n'est augmentée que d'une 1349me partie par la hauteur de la montagne; & comme elle n'est elle-même que la 289me partie de la pesanteur, il est clair que sa nouvelle augmentation ne répond gueres qu'à un millieme de ligne sur la longueur du pendule, & ne contribue en rien de sensible à la diminution de l'autre force.

41. Si l'on compare l'accourcissement que reçoit le pendule & les hauteurs où ont été faites les expériences, on verra que les pesanteurs ne diminuent pas en raison inverse simple des distances au centre de la Terre, mais qu'elles suivent plûtôt la proportion des quarrés. Quito est élevé au-dessus de la surface de la Mer de 1466 toises ou d'une 2237me partie du rayon de la Terre, mais la pesanteur s'est trouvé moindre d'une partie beaucoup plus considérable & presque double; puisqu'elle s'est trouvé moindre d'une 1331me partie.

C'est ce qui n'est pas extrêmement éloigné du rapport inverse des quarrés des distances : car on sçait que les quarrés des quantités qui diffèrent peu entr'elles, changent deux fois plus à proportion que ces quantités. Nous avons un second exemple dans l'expérience faite sur Pichincha. La hauteur absolue de cette montagne qui est de 2434 toises est d'une 1348me partie du rayon de la Terre. La diminution du pendule ou de la pesanteur devoit donc se trouver d'une 674me partie pour suivre la raison doublée des distances ; mais elle n'a pas tout à fait été si grande, elle n'a été que d'une 845me partie.

42. Cette diminution que souffre la pesanteur à mesure que nous nous élevons au-dessus du niveau de la Mer, est parfaitement conforme à ce que nous sçavons d'ailleurs. Nous pouvons comparer à la pesanteur que nous expérimentons ici bas, celle qui retient la Lune dans son orbite où qui l'oblige à décrire continuellement un cercle autour de nous. Ces deux forces sont exactement en raison inverse des quarrés des distances au centre de la Terre. Nous pouvons faire le même examen à l'égard des Planetes principales qui ont plusieurs Satellites, ou à l'égard du Soleil vers lequel pesent toutes les Planetes principales ; & nous trouverons toujours la loi du quarré. Mais pourquoi nos expériences nous donnent-elles donc constamment un rapport qui n'y est pas tout à fait conforme ? Faut-il attribuer à quelque erreur de notre part cette différence ; où seroit-il vrai que dans le voisinage des grosses masses comme la Terre, la loi dont il s'agit ne fut observée que d'une maniere imparfaite ?

43. Nous nous trouverons peut-être en état de résoudre cette difficulté, en remarquant que la Cordeliere sur laquelle nous étions placés forme comme une espèce de second Sol, & que ce doit être à certains égards la même chose, que si la surface de la Terre étoit portée à une plus grande hauteur, ou à une plus

grande distance du centre. Il y a bien lieu de croire que dans ce second cas, la pesanteur seroit un peu plus grande : car il est naturel de penser qu'elle dépend de la grosseur des masses vers lesquelles se fait la tendance. Il y a donc deux diverses attentions à avoir, lorsqu'il s'agit des expériences que j'ai rapportées sur le pendule. Ces expériences ont été faites à une plus grande distance de la Terre: par conséquent la pesanteur a dû se trouver un peu plus petite. Mais d'un autre côté, le groupe de montagnes sur lequel est placé Quito & sur lequel est élevé Pichincha & tous les autres sommets auxquels il sert comme de plinthe, doit produire à peu près le même effet que si la Terre en cet endroit, étoit plus grosse ou d'un plus grand rayon. La pesanteur a donc dû augmenter. Ainsi il dépendoit d'une espece de hasard, ou pour parler plus philosophiquement, il dépendoit de circonstances que nous ne connoissons pas encore, que la pesanteur à Quito se trouvât égale à celle du bord de la Mer, ou qu'elle se trouvât plus petite ou plus grande.

44. Supposons que le cercle ADD (Figure 45.) représente la circonférence de la Terre dont C est le centre, & que A a soit la quantité au-dessus du niveau de la Mer dont est élevé Quito situé en a. Qu'on conçoive après cela une nouvelle couche sphérique de matieres terrestres, qui occupe tout l'intervalle compris entre les deux surfaces concentriques ADD, add; ou ce qui revient au même qu'on s'imagine que la Terre augmente de rayon, & que Quito sans changer de place se trouve de niveau avec la Mer beaucoup plus haute. Il y a tout lieu de croire que la pesanteur se trouveroit ensuite plus grande à Quito qu'elle n'est actuellement en A ou en D, dans le rapport des rayons CA & Ca. Il faut cependant supposer pour cela que toute la couche de Terre renfermée entre les deux surfaces concentriques est du même degré de densité que tout le rester

Figure 45.

car si la densité étoit différente, l'augmentation ne se feroit plus dans le même rapport.

45. Je nomme r le rayon AC, & je désigne par Δ le degré de densité de la Terre, ou le quotient de sa quantité de matiere divisée par son volume. Ainsi j'aurai $r\Delta$ pour l'expression de la pesanteur dans tous les points A, D, &c. en supposant que la Terre s'y termine. Et si je nomme en même tems h la hauteur Aa, qui est comme on le sçait très-petite par rapport au rayon, la pesanteur en a se trouvera moindre qu'elle n'est actuellement en A, dans le rapport du quarré de CA au quarré de Ca; ou ce qui revient au même, sa diminution se fera comme $2h$ par rapport à r. C'est-à-dire que pendant que la pesanteur est $r\Delta$ en A, elle sera $\overline{r-2h}\times\Delta$ en a; & cela en supposant que la Terre n'a effectivement que CA pour rayon. Mais tout sera sujet à changer si on ajoute à notre Globe l'orbe AdD dont le degré de densité soit δ. Cet orbe ou cette nouvelle couche sphérique, si elle étoit de même densité que le reste, feroit augmenter la pesanteur à sa surface en même raison que le rayon de la Terre deviendroit plus grand; l'augmentation se feroit dans le rapport de r à $r+h$.

46. Ainsi l'orbe ajouté repareroit non-seulement la diminution $2h$ que souffre actuellement la pesanteur lorsqu'on s'éloigne de la Terre, en s'élevant de la hauteur A$a=h$; mais elle ajouteroit un nouveau degré à la pesanteur, égal à la moitié de la diminution, puisqu'elle feroit que la pesanteur qui est actuellement $r-2h$ au point a, deviendroit $r+h$. Il suit de-là que la pesanteur que la couche sphérique est capable de produire à sa surface exterieure en a, est exprimée par $3h$ ou par trois fois son épaisseur: mais il faut la multiplier par la densité δ; parce que nous supposons que celle de l'orbe & celle du total de la Terre ne sont point égales.

47. Pour résumer ceci; la pesanteur en A lorsque la Terre n'a que le rayon CA $= r$ est exprimée par $r\Delta$,

&

& en a à la hauteur h elle l'est par $\overline{r-2h}\times\Delta$. Mais si on ajoutoit à la Terre toute la couche sphérique AdD, la pesanteur seroit ensuite exprimée en a par $\overline{r-2h}\times\Delta + 3h\delta$.

48. Tout ce qui nous reste maintenant à remarquer c'est que la Cordeliere du Pérou, quelque grosse qu'elle soit, ne doit pas produire le même effet que la couche sphérique que nous venons de supposer. Si la base EE de la Cordeliere étoit exactement double de sa hauteur, & que cette masse eût comme la forme d'un toit de maison d'une longueur indéfinie, dans ce cas la Cordeliere ne produiroit en a que le quart de l'effet de la couche sphérique entiere, comme il est assez facile de le démontrer. Mais il y a bien des additions à faire, pour rendre plus exacte l'idée que nous donnons de la Cordeliere du Pérou. La base EE est 80 ou 100 fois plus grande que la hauteur Aa; ce qui augmente l'effet précisément en même raison que l'angle en a est plus grand. Cet angle n'est que de 90 degrés, lorsque nous trouvons que l'effet n'est que le $\frac{1}{4}$ de celui que produiroit une couche sphérique entiere; mais vû l'extrême largeur qu'a en bas la Cordeliere, l'angle en a est réellement de près de 170 degrés; ce qui double presque l'effet. Outre cela la Cordeliere ne se termine pas à la hauteur de Quito par une simple arrête comme le faîte d'une maison; elle est au contraire encore fort large en cet endroit; elle a plus de 10 ou 12 lieues de largeur. On peut donc sans risque de se tromper, supposer que l'effet est aussi grand qu'il est possible, lorsqu'il est produit par une chaîne de montagnes. Il est la moitié de celui que produiroit la couche sphérique, ce qui nous donne $\frac{3}{2}h\delta$ pour son expression. Et si on l'ajoute à la pesanteur $\overline{r-2h}\times\Delta$ que produit en a le Globe ADD, nous aurons $\overline{r-2h}\times\Delta + \frac{3}{2}r\delta$ pour la pesanteur à Quito, pendant que $r\Delta$ exprime celle qu'on

éprouve en bas au bord de la Mer.

49. La différence entre les deux est $2h\Delta - \frac{3}{2}h\delta$, qui nous fourniroit le sujet de diverses remarques assez curieuses. Si les matieres dont est formée la Cordeliere étoient plus compactes que celles qui composent le total de la Terre, & que leur densité fût à celle de l'intérieur comme 4 est à 3, la différence $2h\Delta - \frac{3}{2}h\delta$ deviendroit nulle, & la pesanteur à Quito seroit égale à celle qu'on éprouve au niveau de la Mer. Si la densité δ étoit encore plus grande, notre expression qui marque une diminution, changeroit de signe & indiqueroit une augmentation : De sorte que le pendule se trouveroit plus long à Quito qu'au bord de la Mer. Mais il s'en faut bien que les choses ne soient réellement dans cet état. La différence dans la longueur du pendule est assez considérable, pour nous faire voir que la densité des matieres dont est formée la Cordeliere, est beaucoup plus petite que celle du reste de notre Globe.

50. L'expérience nous a fait trouver une diminution d'une 1331me partie sur la longueur du pendule ou sur la pesanteur, lorsqu'on monte du bord de la Mer jusqu'à Quito. La fraction $\frac{1}{1331}$ répond donc à $2h\Delta - \frac{3}{2}h\delta$ comparée à $r\Delta$ qui exprime la pesanteur au bord de la Mer. C'est-à-dire que nous avons $\frac{1}{1331} = \frac{2h\Delta - \frac{3}{2}h\delta}{r\Delta}$.

Et si à la place de $\frac{h}{r}$ nous mettons le rapport $\frac{1}{2237}$ que nous fournit la hauteur de Quito comparée au rayon de notre Globe, nous aurons $\frac{1}{1331} = \frac{1}{2237} \times \frac{2\Delta - \frac{3}{2}\delta}{\Delta}$; &... nous en déduisons $\delta = \frac{850}{3993}\Delta$, ce qui nous apprend que la Cordeliere du Pérou, malgré toutes les matieres métalliques qu'elle contient, n'a pas le quart de la densité qu'a l'intérieur de la Terre.

51. Nous convenons que cette détermination peut se ressentir un peu des erreurs que nous avons pû com-

mettre dans le grand nombre d'Elémens que nous sommes obligés d'employer pour y parvenir. Cependant si on admet une fois que la pesanteur, lorsque les autres circonstances sont les mêmes, suit exactement le rapport direct des masses dans les corps qui servent de centre, il n'est pas possible de révoquer en doute que la Cordeliere du Pérou ne soit d'une densité considérablement moindre que celle du reste du Globe. Si l'on supposoit égales les deux densités Δ & $\mathcal{D}$, notre expression de la différence des pesanteurs à Quito & au bord de la Mer, deviendroit $\frac{h}{2r}\Delta$; ce qui donneroit la différence entre les longueurs du pendule quatre fois trop petite, ou comme les racines quarrées des distances au centre de la Terre, au lieu de la donner à peu près comme les quarrés. La pesanteur à Quito ne seroit moindre qu'au bord de la Mer que d'une 4474me partie, & le pendule ne seroit réellement plus court que de 9 ou 10 centiémes de ligne & en apparence de 2 ou 3, à cause de la différente constitution & temperature de l'air. La différence dans la longueur des pendules est certainement plus grande. Ainsi il faut convenir que la Terre est beaucoup plus compacte en bas qu'en haut, & dans l'interieur qu'à la surface. Car le sol de Quito est comme celui de tous les autres pays: il est mêlé de terre, de pierres & chargé tout au plus de quelques parties métalliques. C'est à une certaine profondeur que doit se faire le changement, & on ne peut pas douter qu'il ne soit très-considérable. Il paroît aussi, si nous osons porter quelque jugement, sur un sujet couvert pour nous d'une si grande obscurité, qu'il étoit beaucoup plus convenable d'augmenter la solidité de toutes les Planetes, afin de leur donner plus de force pour continuer leur mouvement dans les espaces célestes. Ces Physiciens qui supposoient au milieu de la Terre un grand vuide & qui vouloient que nous marchaffions fur une efpece de croute extrêmement mince n'y penfoient pas affez. On peut faire à peu près la même objection contre la grande maffe des eaux intérieures de Wodward. Mais continuons de nous borner aux faits, ou de nous renfermer dans les feules inductions immédiates qu'on en peut tirer. Ces inductions vont encore fe trouver confirmées par les obfervations dont je vais rendre compte dans l'écrit fuivant, auquel j'ai crû devoir laiffer la forme que je lui avois d'abord donnée au Pérou, pour l'envoyer en France.

IV.

Mémoire fur les attractions & fur la maniere d'obferver fi les montagnes en font capables. *

52. Il eft bien difficile de ne pas recevoir les attractions comme un principe de fait ou d'expérience : les Cartéfiens les plus rigides ne peuvent pas plus fe difpenfer, que tous les autres Philofophes de les admettre dans ce fens ; tout ce qu'ils peuvent faire de plus, c'eft de fe referver le droit de les expliquer & de faire attendre cette explication. La figure fphérique ou à peu près fphérique qu'ont toutes les Planetes, prouve que les mêmes loix s'obfervent inviolablement par tout à l'égard de la gravitation. Il faut encore néceffairement que pendant que toutes les Planetes circulent au tour du Soleil, il y ait une force, je ne dis pas qui les pouffe ou qui les attire, mais qui les tranfporte à chaque inftant vers cet Aftre ; autrement elles s'en éloigneroient bien-tôt, en allant fe perdre fans retour vers les extrêmités du monde, par leur mouvement rectiligne. Rien n'empêche en donnant à cette force le nom *d'attraction*, de tâcher de lui affigner une caufe Phyfique, en n'employant que les feuls principes de Méchanique connus de Def-

* Ce Mémoire fut lû à l'Académie des Sciences en Octobre 1739.

cartes, & c'est à quoi sans doute travaillerons encore long-tems les Sectateurs de ce grand homme. Mais si par une énumeration exacte de tous les moyens, on se convainc à la fin de l'impossibilité de toute explication, il faudra bien commencer dès-lors à regarder ces sortes de forces, comme un principe indépendant, ou comme un principe qui faisant lui même partie du Méchanisme, est du même ordre que les loix de la communication des mouvemens, & que celle de l'inertie.

53. On n'a garde de vouloir décider ici une question dont l'extrême difficulté partage aujourd'hui les plus sçavans Philosophes. C'est assez d'indiquer, quoiqu'on l'ait déja fait ailleurs, * les moyens qui paroissent conduire le plus surement à la connoissance de la vérité dans cette matiere. On ne vient à bout en fait de Physique, de prouver la nécessité d'un nouveau principe, qu'en démontrant l'insuffisance absolue de tous les autres: on n'admet plusieurs loix du mouvement, que parce qu'il est certain qu'une seule ou que même deux ne sont pas assez fécondes, pour produire par leur combinaison cette admirable variété qui est répandue dans l'Univers, & qui nous frappe continuellement. Ainsi on ne réussit pas à établir les attractions, en soutenant que Descartes & ses Sectateurs n'ont pas bien expliqué la plûpart des Phénomenes: on ne prouve rien davantage en montrant qu'on rend aisément raison de tout avec le secours de ces sortes de forces; & que c'est même assez que de les supposer pour se mettre en état de prévoir différentes singularités qu'on n'avoit point apperçûes, & qu'on a ensuite le plaisir de vérifier, en suivant la Nature de plus près. Tout cela encore une fois ne suffit pas; car peut-être que quelque Cartésien sera plus heureux par la suite. Il faut donc faire voir, il faut prouver par un dénombrement exact que toute explication dans le même genre est impossible. Cette impossibilité

* Dans les Entretiens sur la cause de l'inclinaison des orbites des Planetes.

démontrée une fois, & si on le veut à l'égard d'un seul fait, d'un seul Phénomene, comme la dureté des corps, leur gravité, ou le mouvement retrograde de quelques Cometes qui vont en sens directement contraire aux Planetes dans leur propre Région, la dispute sera terminée, du moins entre les Physiciens. Tous seront également obligés ensuite de convenir que les attractions sont un principe de Méchanique, ou un principe d'action dont la Nature se servoit à notre insçû. Il ne restera plus après cela que cette seule question de Métaphysique à discuter; de sçavoir si elles ne sont pas même antérieures, dans l'ordre des choses, aux loix du mouvement, & à celle de l'inertie que personne maintenant ne revoque en doute. *

54. En attendant que tout cela arrive, c'est contribuer à la perfection de la Physique que d'examiner plus particulierement les attractions comme un fait enseigné par l'expérience. Ce seroit faire beaucoup que de s'assurer si tous les corps y sont sujets. Il est certain qu'emportés qu'ils sont ici bas vers la Terre dont la masse est énorme, leur action mutuelle doit être souvent comme suspendue. Les montagnes les plus hautes ne sont extrêmement grosses que par rapport à nous : *ista magna credimus, quia parvi sumus*, s'écrioit un Ancien dans une rencontre à peu près semblable. Ce ne sont que des grains de sable placés de distance en distance sur la surface d'une boule d'un certain nombre de pieds de dia-

---

* Je crois avoir résolu cette question dans la nouvelle Edition des Entretiens que je viens de citer. L'inertie n'est qu'une des circonstances des loix générales des mouvemens, & ces loix sont, pour ainsi-dire, antérieures à l'institution de l'Univers. Mais quant aux attractions, elles ne peuvent constituer qu'une loi secondaire, puisque l'intensité de leur force dépend dans notre systême Solaire des diametres des orbites planetaires & de la promptitude des révolutions. L'Univers matériel a deux parametres ; l'un détermine les dimensions, & l'autre les vitesses ou les tems. L'attraction, quant au degré de sa force, est reglée en général sur ces deux parametres : au lieu que les loix du mouvement en sont absolument indépendantes & sont donc d'un ordre supérieur. Voyez pag. 58. & 59 des Entr. sur l'inclin. des orb. des Plan.

mètre : ainfi il n'y avoit pas lieu d'attendre qu'elles fuffent capables d'une action fenfible. Mais fi j'ai penfé fur cela comme tous les autres, tant que j'ai été en Europe; j'avoue que j'ai crû devoir changer d'avis à la vûe des montagnes du Pérou dont le fommet fe perd dans les nuës, & dont l'extrême hauteur eft affez indiquée par la neige continuelle qui les couvre, malgré la chaleur ordinaire à la Zone Torride. Le Pere Acofta ne fait point difficulté d'affurer qu'elles font par rapport aux Pyrenées, aux Alpes, &c. ce que font ordinairement dans les Villes les Tours par rapport aux Maifons. Comparaifon dont il n'y a rien à retrancher & qui eft très-propre à faire fentir combien font plus hautes ces montagnes que nous fommes actuellement obligés de parcourir & d'efcalader, à caufe de la fituation de notre Méridienne dans la Cordeliere même. Il m'a paru que fi tous les corps agiffoient *en diftance*, à proportion de la matiere qu'ils contiennent, & felon les autres loix qu'on fçait, de fi grandes maffes devoient produire un effet marqué. Je fçai bien qu'elles font encore très-petites eu égard à toute la Terre; mais on peut s'approcher auffi de leur centre beaucoup davantage; on peut s'en approcher mille fois & deux mille fois plus, & s'il eft vrai que l'attraction augmente non pas fimplement en même raifon que les diftances diminuent, mais en raifon réciproque de leurs quarrés, il doit fe faire une efpece de compenfation.

55. C'eft ce que je me contenterai de juftifier par l'exemple d'une feule montagne, nommée *Chimboraço*, au pied de laquelle on eft obligé de paffer lorfqu'on vient du côté de la Mer par Guayaquil & qu'on veut pénétrer dans la partie la plus habitée de la Province de Quito, qui eft renfermée entre les deux chaînes de montagnes dont la Cordeliere eft ici formée, & qui font éloignées l'une de l'autre de huit à neuf

lieues. Chimboraço doit avoir 3100, ou 3200 toiſes de hauteur au-deſſus de la ſurface de la Mer,* & en a plus de 17 ou 18 cents au-deſſus du ſol de la Province. Nous ſçavons exactement la hauteur par rapport les unes aux autres, de toutes les montagnes que nous avons vûes; mais n'ayant pû encore en comparer aucune au niveau de la Mer, nous ignorons leur hauteur abſolue à toutes. Celle dont il s'agit, a des racines qui s'étendent fort loin & qui ſe confondent avec celles des autres montagnes, ce qui fait qu'il eſt aſſez difficile de déterminer la juſte étendue de ſa baſe; elle doit avoir plus de 10 ou 12 mille toiſes de diamétre. Mais lorſqu'on monte le plus qu'on peut & qu'on s'arrête à l'endroit où commence la neige qui rend inacceſſible toute la partie ſuperieure, qui a ſeule environ 850 toiſes de hauteur, la montagne a encore de diamétre plus de 3500 toiſes. Le haut, au lieu de ſe terminer en pointe, eſt arrondi & même aſſez plat, & m'a paru d'en bas avoir trois ou quatre cents toiſes de largeur. On peut juger de la groſſeur de la maſſe par ces dimenſions. Il faut ſans doute n'avoir égard dans la recherche préſente, qu'à ſa hauteur au-deſſus du ſol, & non pas au-deſſus de la ſurface de la Mer; mais malgré cela elle doit avoir encore plus de 20000000000 toiſes cubiques de ſolidité. Cette ſolidité n'eſt qu'environ la 7400000000^{me} partie du Globe terreſtre, & l'effet de l'attraction ſeroit encore abſolument inſenſible, ſi l'on n'avoit égard qu'aux ſeules quantités de matieres. Mais comme on peut ſe placer à 17 ou 18 cents toiſes du centre de gravité de la montagne, ou qu'on peut ſe mettre à environ 19 cents fois moins de diſtance que du centre de la Terre, cette proximité doit augmenter l'effet environ 3600000 fois, & le multiplier aſſez, pour qu'il ne ſoit plus qu'environ 2000 fois moindre, que celui que peut produire la gravitation, ou l'attraction cauſée par la maſſe en-

* J'ai depuis trouvé cette hauteur de 3217 toiſes.

tiere

tiere de la Terre. C'est ce qu'on trouve en n'employant qu'un calcul grossier, & en mettant tout néanmoins sur le plus bas pied. Or la montagne agissant comme 1, pendant que la Terre n'agit que comme 2000, la direction de la pesanteur doit être sensiblement détournée de la vraie verticale. Cette direction doit se détourner vers la montagne d'environ 1′ 43″. Un fil aplomb qui se dirigeroit exactement vers le centre de la Terre, si son poids n'étoit exposé qu'à la seule action de la pesanteur, devroit donc s'incliner de cette même quantité, qui est, comme on le voit, très-considérable.

56. Mais comment la reconnoître cette inclinaison; car la direction de tous les graves doit y être également sujette, & on doit manquer de terme de comparaison? Il seroit inutile d'avoir recours à la surface unie des liqueurs les plus pesantes, puisque la pesanteur étant également alterée à leur égard, leur superficie, au lieu d'être parfaitement de niveau, doit souffrir la même inclinaison. On voit donc assez que pour juger de la quantité de cette alteration, il ne sert de rien de jetter la vûe autour de soi & qu'il faut nécessairement aller chercher au loin une autre ligne verticale, qui ne soit sujette à aucune action de la part de la montagne. Mais comment encore une fois comparer une verticale à l'autre; comment mesurer l'angle qu'elles font en se rencontrant vers le centre de la Terre, & cela avec une précision suffisante? Si, pendant qu'on est sur la montagne, on observe avec le quart de cercle la hauteur ou la dépression d'un point éloigné & opposé, & que se transportant à ce point, on mesure la hauteur de l'endroit où l'on étoit d'abord, il est vrai que par la différence de ces deux hauteurs, on pourra juger de la situation respective des deux lignes verticales; mais outre qu'il faudra sçavoir ensuite la distance d'un endroit à l'autre, il faudra supposer encore que le rayon visuel est une ligne droite; & il est non-seulement certain qu'il

ne l'eſt pas, il eſt certain qu'il eſt ſûjet à une courbure fort irréguliere par la réfraction. C'eſt cette courbure qu'il n'eſt pas aiſé & qu'il eſt peut-être impoſſible de demêler avec aſſez d'exactitude de l'effet de l'attraction. Il me paroît enfin qu'on ne peut pas ſe diſpenſer dans cette rencontre de chercher dans le Ciel un terme qui nous ſerve de regle. Mais par ce moyen nous vaincrons aiſément toute la difficulté; & ce qui nous paroiſſoit, il n'y a qu'un moment, comme impoſſible, deviendra tout d'un coup très-ſimple & très-facile à exécuter.

57. Il n'y aura qu'à ſe mettre au Nord ou au Sud d'une montagne; & à la moindre diſtance qu'il ſe pourra de ſon centre de gravité, & y obſerver la latitude. On ne pourra faire cette obſervation avec la derniere préciſion, qu'en ſe ſervant d'un quart de cercle ou de quelque autre inſtrument équivalent, dont le fil aplomb ſe détournera par en bas vers la montagne, & ce ſera la même choſe que ſi le Zénith s'en reculoit par en haut. On ſe tranſportera enſuite ſur la même ligne Eſt & Oueſt, juſqu'à une aſſez grande diſtance, pour qu'il n'y ait plus d'action à craindre: & ſi on obſerve la latitude dans ce ſecond endroit, avec le même ſoin & par les mêmes moyens que dans le premier, il eſt évident que toute la différence qu'on appercevra ſera dûe à l'attraction. Pour ſe mettre préciſément dans la ſeconde obſervation à l'Eſt ou à l'Oueſt du lieu de la premiere, il faudra obſerver l'azimuth du Soleil à ſon lever ou à ſon coucher, en comparant cet Aſtre à quelque point remarquable de l'horiſon. On ſera obligé pour cela de s'engager ſouvent dans des opérations qui ſuppoſeront la latitude connue; mais l'erreur qu'on pourra commettre dans cette ſuppoſition, ne ſçauroit jamais tirer à conſéquence, & il ſera toujours aiſé de faire enſorte que les deux ſtations ſoient ſi exactement ſur le même parallele à l'Equateur, qu'il n'y ait pas entr'elles une dif-

férence sur le Méridien de 3 ou 4 tierces. Ainsi la latitude se trouveroit précisément la même dans les deux endroits, si la ligne verticale n'étoit point altérée dans le premier. Supposé d'un autre côté que sans chercher la latitude, on observe simplement la hauteur méridienne d'une Etoile, la différence de ces deux hauteurs, indiquera également l'action à laquelle a été sujette la ligne verticale. Il est évident que tous les Astres qui passeront au Méridien au-dessus de la montagne, paroîtront plus bas dans la premiere Station; puisque le fil aplomb ne pourra pas s'approcher par en bas de la montagne, sans que le Zénith apparent ne s'en éloigne par en haut & ne s'éloigne en même tems de ces Astres. Ce sera tout le contraire de ceux qui passeront au Méridien du côté opposé, ils paroîtront plus hauts dans la premiere Station que dans la seconde.

58. Au lieu de faire les Stations toutes deux au Nord ou toutes deux au Sud, on pourroit les faire l'une au Nord & l'autre au Sud, & exactement sur la même Méridienne, & alors l'effet des attractions se doubleroit, & on en trouveroit par conséquent la somme. La ligne verticale s'inclineroit dans deux divers sens, dans les deux Stations; & les hauteurs des Etoiles qui seroient augmentées dans l'une, se trouveroient diminuées dans l'autre. L'effet Physique étant doublé, il deviendroit plus sensible, & il se refuseroit plus difficilement aux recherches de l'Observateur. Lorsque les deux points de Stations seroient également éloignés du centre de la montagne, l'action seroit égale dans les deux, & il n'y auroit donc pour avoir chacune en particulier, qu'à prendre la moitié de la quantité fournie par la comparaison des observations. Dans les autres cas, le partage seroit un peu plus difficile : cependant il suffiroit, comme nous le démontrerons plus bas, de partager toujours la somme, proportionellement aux produits de la quantité dont chaque Station est plus Nord ou plus Sud que

le centre de gravité de la montagne par le cube de la distance de l'autre Station au même centre. On se trouveroit de cette sorte dans la nécessité de sçavoir la situation de chaque point de Station par rapport à la montagne : mais on est obligé aussi de connoître la distance d'un de ces points à l'autre, afin de conclure géométriquement la différence en latitude qu'il y a entr'eux. Il est évident que cette différence doit apporter seule du changement dans la hauteur de l'Etoile ; & que ce ne sera qu'après qu'on y aura eu égard, qu'on pourra voir quel est le double effet de l'attraction. Pour obtenir aisément la différence en latitude des deux endroits, il suffiroit pour l'ordinaire de mesurer à l'Est ou à l'Ouest de la montagne une base dirigée à peu près Nord & Sud, & de former sur cette base deux triangles qui se terminassent aux deux points de Station.

59. Ce moyen de faire les deux observations de différens côtés de la même montagne afin de rendre l'effet des attractions plus sensible, me paroît d'un usage d'autant plus commode, qu'il dépend moins des circonstances des lieux. Mais on pourra quelques fois doubler également l'effet Physique des attractions, en faisant la première observation au Nord d'une montagne, & la seconde au Sud d'une autre. Si les deux points de Stations ne sont pas exactement sur la même ligne Est & Ouest, il n'y aura qu'à déterminer géométriquement leur différence en latitude, & en tenir compte dans la comparaison des hauteurs d'Etoiles.

60. Enfin ce n'est pas seulement par des observations faites au Nord ou au Sud, qu'on peut découvrir si les montagnes sont capables d'agir *en distance* ; c'est aussi par des observations faites à l'Orient ou à l'Occident ; avec cette seule différence qu'il ne sera plus question d'observer la latitude, ou de prendre des hauteurs méridiennes d'Etoiles & qu'il ne s'agira que de la détermination exacte de l'heure. Cette dernière méthode qui peut avoir

son utilité, me paroîtroit souvent préférable aux précédentes, sans qu'elle exige toujours le concours de deux Observateurs. Supposons que le premier soit situé sur le côté Oriental d'une montagne, & le second sur le côté Occidental d'une autre montagne ou de la même : si chacun de ces Observateurs prend soin de regler une pendule par des hauteurs correspondantes, il est évident que toutes ces hauteurs étant alterées par l'attraction que souffre la ligne verticale, chaque pendule sera reglée comme si le Méridien n'étoit pas exactement vertical, & comme s'il s'étoit approché par en bas de la montagne, & éloigné par conséquent par en haut. Supposé outre cela que l'attraction soit d'une minute de degré & que les deux montagnes soient sur l'Equateur, la premiere Horloge marquera le midi 4 secondes de tems trop tôt & l'autre 4 secondes trop tard. Ainsi faisant abstraction de la différence des longitudes qu'on découvrira aisément en mesurant par la Trigonométrie la distance des deux Observateurs & en l'évaluant en degrés & minutes, il y auroit 8 secondes de tems de différence entre les deux pendules. Si les deux montagnes au lieu d'être placées aux environs de l'Equateur étoient par 60 degrés de latitude, chaque minute d'inclinaison que produiroit l'attraction dans la ligne verticale apparente, peut apporter 8″ de différence dans le midi, & il y en auroit donc 16 entre les deux Horloges. Enfin pour juger de la quantité de l'attraction, il n'y auroit qu'à sçavoir exactement la différence qu'il y auroit entre les deux Horloges; & il suffiroit toujours, pour la découvrir, de convenir d'un signal de feu ou de quelqu'autre signal dont on pût saisir l'instant; & remarquer de part & d'autre la minute & la seconde de son apparition.

61. Je reviens aux premiers moyens, parce qu'ils me paroissent plus simples; c'est-à-dire que je suppose qu'on se place toujours au Nord ou au Sud de la montagne

& qu'on se borne aux observations de la latitude. Il est évident que si on ne prend dans chaque Station que la hauteur Méridienne d'une seule Etoile, il faudra connoître dans la derniere exactitude l'état du quart de cercle dont on se servira. On ne manque pas de méthodes pour vérifier cet instrument; mais il en est une qui est extrêmement avantageuse dans la rencontre présente, parce qu'en même tems qu'on travaillera à la vérification du quart de cercle, on travaillera aux observations mêmes qui doivent décider la question; & en abrégeant ainsi les opérations, on évitera les occasions de se tromper. C'est de prendre la hauteur Méridienne d'un égal nombre d'Etoiles vers le Nord & vers le Sud; & pourvû que l'état de l'instrument ne change point entre ces observations, il n'importe qu'il change d'un jour à l'autre. S'il fait paroître plus grande la hauteur des Etoiles qui sont d'un côté du Zénith, il produira le même effet à l'égard des autres qui seront de l'autre côté. Ainsi le changement n'influera que sur la somme des hauteurs ou des complemens des hauteurs; & il n'alterera en rien la différence de ces hauteurs prises de divers côtés. L'attraction au contraire qui ne changera rien dans la somme alterera seulement la différence, puisqu'en même tems qu'elle fera paroître plus hautes les Etoiles d'un côté, elle fera paroître plus basses celles qui seront du côté opposé. Il sera donc toujours facile de demêler ces deux différentes causes, sans qu'il soit jamais possible d'attribuer à l'une ce qui appartiendra à l'autre. Pour dégager enfin tout d'un coup l'effet de l'attraction, sans être obligé de connoître l'état du quart de cercle, ni les déclinaisons des Etoiles, il n'y aura simplement qu'à examiner si les différences des hauteurs Méridiennes prises vers le Nord ou vers le Sud, sont les mêmes dans les deux Stations, ou si elles sont sujettes à une seconde différence. Il faut seulement remarquer que les hauteurs étant augmentées d'un côté pendant qu'elles font diminuées de l'autre; c'est la moitié de cette seconde différence qui marque l'effet Physique de l'attraction, aussi-bien lorsque cet effet est simple que lorsqu'il est double. Dans ce dernier cas, il faudra partager ensuite l'effet total, selon le rapport que doivent avoir les effets particuliers.

62. Pour découvrir ce rapport, nous supposerons que MSN (Fig. 45) est une montagne dont C est le centre de gravité que nous confondons ici avec le centre d'attraction, & nous supposons pour une plus grande généralité, que les deux Stations A & B, au lieu de se faire exactement sur la Méridienne ED de la montagne, se font à quelque distance de cette ligne. Des points A & B, j'abaisse des perpendiculaires AD & BE sur la Méridienne, & je considere que les attractions en A & B, étant en raison inverse des quarrés des distances AC & BC, elles sont l'une à l'autre comme $\overline{BC}^2$ est à $\overline{AC}^2$; mais qu'il y a une déduction à faire, parce que ces forces agissent selon les directions mêmes AC & BC; & qu'on ne doit par les observations des hauteurs d'Etoiles, appercevoir que la seule partie qui s'exerce dans le sens du Méridien. Ainsi $\overline{BC}^2$ exprimant l'action entiere ou absolue en A, il nous faut faire cette analogie;

$CA : CD :: \overline{BC}^2 : \frac{\overline{BC}^2 \times CD}{AC}$ pour avoir la partie de l'attraction dont il s'agit ici. Nous trouverons de la même maniere $\frac{\overline{AC}^2 \times CE}{BC}$ pour la partie de l'action qu'on ressent en B dans le sens du Méridien. Or ces deux forces relatives $\frac{\overline{BC}^2 \times CD}{AC}$ & $\frac{\overline{AC}^2 \times CE}{BC}$ sont en même raison que $\overline{BC} \times CD$ & $\overline{AC}^3 \times CE$; c'est-à-dire qu'elles sont en chaque endroit comme le produit de la quantité dont cet endroit est plus Nord & plus Sud que le centre, par le cube de la distance de l'autre Station au même centre.

Figure 46.

Figure 46.

C'est donc selon le rapport de ces deux produits qu'il faut partager l'effet de l'attraction lorsqu'il est doublé. Il est également clair que lorsque les deux Stations se font toutes deux au Nord ou toutes deux au Sud de la même montagne, & que la seconde Station n'est pas assez éloignée pour que l'attraction soit insensible, on ne trouve pas alors par les observations la quantité absolue de cette force ; mais seulement la quantité dont elle est plus grande dans un endroit que dans l'autre. C'est-à-dire qu'au lieu de découvrir la force qui répond à $\overline{BC}^3 \times CD$, on ne trouve que celle qui est exprimée par $\overline{BC}^3 \times CD - \overline{AC}^3 \times CE$.

63. Il n'est pas nécessaire, ce me semble, d'insister davantage sur tout ceci, ce que je viens de dire suffit, pour montrer qu'on peut toujours découvrir aisément l'effet de l'attraction, s'il est vrai que cette force ait lieu. Mais le droit de M. Newton est tel, que c'est assez pour l'établir, qu'il soit justifié une seule fois ; au lieu que l'observation peut manquer dix & vingt fois, sans qu'on en puisse rien conclure contre les attractions. La plûpart des montagnes contiennent des concavités qui diminuent extrêmement leur masse ; & indépendament de cela, il se peut faire que le Globe terrestre soit 7 à 8 fois plus dense à proportion que les montagnes qui le sont le plus, & qui sont entierement solides, & il pourroit même l'être 15 ou 16 fois & ne contenir que des matieres métalliques de l'espece de celles que nous connoissons. Le Pérou est vraisemblablement, comme je l'ai déja dit, l'endroit du Monde où les montagnes ont le plus de hauteur, & cependant il n'y en a que très-peu où l'on puisse faire l'observation, avec quelque apparence de succès. Il est vrai aussi que presque toutes ont été sujettes à quelque eruption de flammes, & que c'est la plus forte raison d'exclusion. Quoique je

n'aye

n'aye encore parcouru la Cordeliere que dans un espace d'environ 60 lieues, je compte déja 6 ou 7 Volcans, tous éteints actuellement, si on en excepte celui de *Macas* qui jette continuellement des torrens de fumée & de flammes, mais qui ne sont pas moins formés de pierres calcinées, & qui contiennent toujours sans doute des concavités considérables, ce qui n'est encore que trop prouvé par les fréquens tremblemens de terre qu'on ressent ici. Pichincha qui étant à la porte de Quito eût été si commode, & sur lequel j'ai passé à différentes fois près de trois mois pour d'autres observations, paroît s'être partagé par ses fréquentes eruptions en plusieurs pyramides ou sommets dont chacun n'est pas assez considérable. De tous ces Volcans éteints, celui qui offre une plus grande masse, est situé sur la chaîne du côté de l'Est & se nomme *Cotopaxi*. C'est un cone tronqué dont toute la partie d'en haut a été emportée; & on reconnoît aisément d'en bas que son sommet doit avoir la forme d'un grand bassin. Lorsque nos opérations nous ont conduit sur cette montagne, nous y avons trouvé des marques d'incendie auxquelles il n'est pas possible de se tromper : nous avons vû qu'elle étoit toute couverte de pierres noires & calcinées, aussi legeres que les pierres ponces, jusques à plusieurs pieds de profondeur. Ainsi quoiqu'elle ait de très-grandes dimensions & que sa partie continuellement couverte de neige ait seule plus de 600 toises de hauteur, il y a tout lieu de croire qu'elle n'a pas beaucoup de solidité, & qu'elle ne seroit capable que de très-peu d'effet par rapport à l'attraction.

Je suis outre cela monté exprès sur quelques autres montagnes, quoique nos triangles ne s'y terminassent pas. J'ai visité, par exemple, *Tongouragoua* qui est du même côté mais plus vers le Sud, & dont la figure réguliere ne pouvoit pas me faire soupçonner ce que j'ai appris depuis, que cette montagne fit de grands ravages en 1640 & qu'elle les renouvella en 1645. Cette montagne dont toute la partie inférieure est couverte d'arbres & qui est située dans un lieu tout à fait bas, s'éleve à une grande hauteur, & sa forme conique est seulement un peu alterée au sommet, où il y a cinq ouvertures dont la fumée sort encore de tems en tems. Toutes les circonstances contribuent à rendre cette montagne remarquable. Elle est un terme dont la position exacte peut être de quelque utilité pour la Géographie : toutes les eaux renfermées entre les deux chaînes de montagnes dans un espace d'environ 40 lieues aussi-bien celles qui viennent du Nord que du Sud, se rendent à son pied. On les voit le cotoyer par le Septentrion ; & c'est en se resserrant dans un lit qui n'a pas cinq pas communs de largeur, quoiqu'elles soient en quantité très-considérable, qu'elles réussissent à se déboucher, & qu'après avoir formé différentes cataractes & un cours particulier de plus de 80 lieues depuis la montagne, elles vont se jetter dans la fameuse riviere des Amazones, pour parvenir à l'Océan. On pense ordinairement que pour passer du plus grand chaud au plus extrême froid, il faut parcourir tout l'intervalle qui sepáre la Zone torride des Zones froides ; au lieu qu'il suffit ici de monter mille ou douze cents toises. Les climats les plus contraires s'y donnent pour ainsi-dire la main ; pendant que le haut est toujours couvert de neige & que la neige y a en certains endroits plus de 100 pieds d'épaisseur, on trouve en bas des Jardins, & tous ces fruits qui ne viennent que dans les endroits les plus chauds ; les Bananes, les Canes à sucre, &c. Enfin pour ne pas insister davantage sur des circonstances étrangeres à l'examen que j'avois en vûe, je remarquai que toute la partie inférieure étoit commandée par d'autres éminences, qui étant trop voisines pouvoient nuire par leur action particuliere. Je montai avec les plus grandes difficultés, en pénetrant les bois qui occupent tout l'intervalle compris entre la neige & les endroits cultivés. Je me faisois précéder par des Indiens avec des hâches: car souvent il ne m'étoit pas possible de faire un pas autrement; tous les passages étant fermés. Mais malgré une recherche opiniâtre continuée sept à huit jours, je ne trouvai point d'endroit assez commode, où on put établir un Observatoire & faire porter les instrumens nécessaires. C'est ce qui me fit renoncer au dessein que j'avois de doubler l'effet de l'attraction, par le moyen de cette montagne & de celle qui est située vis-à-vis sur la Cordeliere opposée & dont j'ai rapporté les dimensions au commencement de ce Mémoire. Je me bornai donc alors absolument à cette derniere, qui est découverte par le pied & que je connoissois déja assez, pour être bien sûr que je pourrois y faire les observations que je me proposois, pourvû que je me contentasse d'observer l'effet simple.

Examen des attractions sur Chimboraço.

65. Je ne montai pas seul sur cette montagne, comme sur la précedente. Il y avoit déja long-tems que j'avois communiqué mon dessein & toutes mes vûes à M. de la Condamine, & sur le point de les exécuter je ne pouvois pas manquer d'en parler à M. de Ulloa, celui des deux Lieutenans de Vaisseau qui a toujours assisté à nos observations à M. de la Condamine & à moi, depuis notre entrée sur les terres de S. M. Catholique. Ces Messieurs s'offrirent obligeamment à m'accompagner, non-seulement dans l'examen préparatoire, mais aussi dans le séjour qu'il falloit faire sur la montagne; & comme je sçavois l'avantage qu'en recevroient les observations, je me hâtai d'accepter l'offre. J'avois toujours pensé que Chimboraço auroit à peu près les conditions que je demandois: je sçavois qu'il étoit d'un accès assez facile: on le voit de Quito ou plûtôt de Pi-

chincha dont il est éloigné d'environ 75000 toises, & j'avois déja mesuré sa hauteur. On le voit de très-loin à la Mer, quoiqu'il soit plus de 40 lieues dans les terres. Je connoissois aussi sa figure, & je me souvenois d'avoir remarqué en passant à son pied, qu'il paroissoit entierement formé de bancs de rochers. Tout cela me déterminoit à m'en servir & nous partîmes pour nous y rendre de Riobamba, petite Ville qui est auprès, le 29 Novembre dernier. Dès le lendemain nous y montâmes : nous le fîmes à cheval ou à mule pendant environ deux heures & demie ; mais il nous fallut ensuite faire le chemin à pied : nous marchions sur des éboulemens de terres & de pierres, quelques fois sur des bancs de neige, & jamais marche ne fut plus penible que la nôtre. On en jugera aisément, quand on sçaura que nous fûmes plus de 10 heures sur pieds, & que nous trouvant surpris par la nuit dans notre descente, nous courûmes risque de coucher sans abri dans des endroits que nous avions vûs le matin couverts de gelée. Enfin pour abréger un recit qu'on trouve peut-être déja trop long, nous nous établîmes le 4 Décembre au Sud de la montagne au bas du terme constant de la neige, 829 toises, il est vrai, plus bas que le sommet, mais environ 2400 au-dessus de la surface de la Mer & exactement 910 toises au-dessus de l'endroit de Quito où j'ai toujours observé, & 344 toises au-dessus de cet endroit de Pichincha où il y a une croix qu'on voit de toutes les parties de la Ville, & où je passai quelques jours au mois de Mars 1737, pour y examiner les réfractions Astronomiques. Je ne dis rien du froid & des autres incommodités que nous ressentîmes ; la neige couvrit notre tente & toute la terre des environs à plus de 8 ou 9 cents toises au-dessous de nous, & nous fit craindre de nous voir ensevelis sous son poids : il nous falloit être sans cesse en action pour éviter cet accident. Nous réussîmes au bout de quelques jours à regler une pendule, & nous prîmes quelques hauteurs méridiennes d'Etoiles. M. de Ulloa en prit avec nous, lesquelles ont servi à confirmer les autres observations que nous avons faites depuis: mais sa santé ne fut pas assez forte; il tomba malade, & fut enfin obligé de descendre le 15 Décembre.

66. Restant seuls M. de la Condamine & moi, nous continuâmes à observer la hauteur de dix Etoiles que nous avions choisies, quatre du côté du Sud & six du côté du Nord. Il observoit Acarnar, la seconde corne du Bélier, Aldebaran, Sirius & la seconde tête des Gemeaux; & j'observois la queue de la Baleine, la premiere corne d'Ariès, Capella, Canopus & la premiere tête des ♃. Entre les observations que nous avons faites les premiers jours, nous sommes sûrs qu'il y en a plusieurs de bonnes; mais comme nous n'en jugeons principalement que par celles des deux derniers jours, je me contenterai de rapporter celles-ci. Le quart de cercle porté différentes fois hors de la tente, peut avoir changé d'état d'un jour à l'autre; mais nous avons eû grand soin que rien ne put le déranger pendant les observations de chaque nuit. Il faisoit paroître les objets trop hauts de 2′6″ le 14 Décembre. Voici ces hauteurs qui sont affectées de l'erreur de l'instrument & de la réfraction; je mets celles des Etoiles les moins élevées les premieres. Nous avons toujours assisté M. de la Condamine & moi réciproquement aux observations l'un de l'autre: on trouvera ici le milieu entre nos deux estimes, qui ont souvent été les mêmes & qui n'ont jamais gueres différé que de 5 secondes.

67. *Hauteurs Méridiennes observées dans la premiere Station.*

Du côté du Nord.

	Le 14 Décemb.			Le 15 Décemb.		
Capella.	42^d	50′	42$\frac{1}{2}$″	42^d	50′	30″
Tête précéd. de ♓				56	6	5
Tête suiv. ♓	59	53	55	59	53	57$\frac{1}{2}$
Corne suiv. d'♈	66	18	15	66	18	50
Corne précéd. d'♈	69	0	20	69	0	17$\frac{1}{2}$
Aldebaram.	72	33	42$\frac{1}{2}$	72	33	57$\frac{1}{2}$

Du côté du Sud.

Acarnar.	32	58	10	32	58	25
Canopus.	38	58	52$\frac{1}{2}$	38	58	55
Queue Baleine.	72	6	36$\frac{1}{2}$	72	6	35
Sirius.	75	9	12$\frac{1}{2}$	75	9	40

68. Nous observâmes la hauteur méridienne du Soleil trois fois. M. de la Condamine la trouva du bord inferieur le 15 Décembre de 67^d 54′ 26″. Cette hauteur qui est corrigée de l'erreur de l'instrument, mais qui est affectée de la réfraction & de la parallaxe, donne 1^d 29′ 53″ pour la latitude méridionale de l'endroit où nous étions. Je l'avois observée le 5 & le 12. Le 5 nous n'avions encore ni pendule réglée, ni méridienne tracée, & je trouvai 1^d 30′ 16″. Le 12 j'observai la hauteur apparente du bord inferieur du Soleil de 68^d 5′ 34″, ce qui donne 1^d 30′ 6″.

69. J'avois aussi-tôt notre établissement sur Chimboraço, envoyé une tente à environ une lieue & demie à l'Ouest de nous dans un endroit nommé *l'Arénal*, pour servir à la seconde Station. Je sçavois bien qu'on ne pourroit pas la mettre exactement à l'Ouest; mais pour ne point perdre le tems en tentatives, j'avois donné ordre qu'on la mit le plus près de la direction con-

DE LA TERRE, VII. SECT.   383

venable qu'il feroit poſſible, & qu'on plaçât enſuite un
ſignal à quelque diſtance de la tente ſur la même Mé- Figure 47.
ridienne. Nous obſervâmes de la premiere Station, en
mettant le quart de cercle horiſontalement, l'angle entre la tente & le ſignal de 3ᵈ 40′ 24″. Dans la Figure
47, MSN repréſente *Chimboraço* dont C eſt le centre.
A eſt le lieu de la premiere Station qui eſt un peu à
l'Oueſt de la Méridienne CD; le point B marque le lieu
de la ſeconde Station, & H le ſignal placé au Sud ſur
la même Méridienne IBH; de ſorte, que c'eſt l'angle
BAH que nous trouvâmes de 3ᵈ 40′ 24″. Le lieu B de
la ſeconde Station étoit abaiſſé de 2ᵈ 49′ 16″ au-deſſous
de l'horiſon par rapport à la premiere. Nous déterminâmes auſſi la direction AB d'une Station à l'autre, par
deux différentes obſervations de l'azimuth du Soleil, lorſque cet Aſtre le ſoir étoit près de l'horiſon. Le 12 Décembre à 6 heures 7′ 22″ de tems vrai, ſon bord Septentrional étoit plus Sud que le milieu de la tente B de 14ᵈ 52′
45″; & à 6ʰ 10′ 52″ qu'on voyoit encore le Soleil, nous
trouvâmes la même diſt. de 14ᵈ 49′ 50″. Il ſuit de ces deux
obſervations que la direction AB déclinoit de l'Occident
vers le Sud de 8 deg. 7′ 31″, ou qu'elle faiſoit un angle
BAI de cette quantité avec la ligne Eſt ou Oueſt AI.
Ainſi pour ſçavoir combien l'endroit B deſtiné à ſervir
de ſeconde Station, étoit éloigné du parallele ou de la
ligne Eſt & Oueſt de la premiere, il n'y avoit qu'à meſurer actuellement l'intervalle BH compris entre la tente
B & le ſignal H, & faire cette analogie; la différence
des tangentes des deux angles IAB & IAH eſt à BH,
comme la tangente de l'angle IAB eſt à la quantité re-
quiſe BI. Lorſque nous paſſâmes à la ſeconde Station,
nous meſurâmes avec ſoin la diſtance BH & nous la
trouvâmes de 232 toiſes 2 pieds; mais cette diſtance n'é-
toit pas exactement dirigée Nord & Sud; elle déclinoit
du Septentrion vers l'Occident d'environ 1ᵈ 40′. J'ai eu
égard à cette différence, & le calcul m'a donné un peu

moins de 505 toises pour la quantité BI dont la feconde Station B eft plus vers le Sud que la premiere A. Il eft évident qu'on ne peut pas par cette méthode fe tromper d'une feule toife fur BI. Il eft facile de découvrir auffi par la réfolution du triangle BAH la diftance d'une Station à l'autre; mais avec moins de précifion, parce qu'il s'agit de conclure un affez grand côté, par le moyen d'un petit. On trouve la diftance AB de 3570 toifes. J'ai dû négliger ici la différence qu'il y a entre AI confiderée, ou comme partie d'un grand cercle terreftre, ou comme partie d'un petit cercle. Il fuffit d'avoir égard à cette différence, lorfque les obfervations fe font loin de l'Equateur, & lorfque AI eft d'une longueur confidérable.

70. Enfin nous nous rendîmes le 16 Décembre à la feconde Station. Nous paffions dans un endroit environ 174 toifes plus bas, & nous nous imaginions qu'en nous éloignant de la montagne & de la neige, nos incommodités alloient ceffer, & nous experimentâmes au contraire combien le vent les augmentoit, & combien entr'autres chofes, il contribuoit à rendre le froid infuportable. Nous étions dans notre premiere Station à l'abri par une partie de la montagne, du vent qui vient prefque toujours de l'Eft; au lieu que dans la feconde, nous le fentions dans toute fa force; il nous rempliffoit les yeux de fable, & il étoit continuellement fur le point d'enlever notre tente. Le grand chemin paffe auprès de ce lieu, & tous les jours les Cavaliers y font renverfés; on n'a auffi que trop d'exemples de perfonnes qui y périffent de froid, lorfqu'elles ont le malheur de s'y trouver engagées de nuit. Nous fûmes entierement occupés les premiers jours, du foin de nous mettre à couvert, de même que notre quart de cercle, & de regler notre pendule, en attendant que le Ciel nous permît de l'obferver. Les vis même du pied du quart de cercle qui tournoient aifément de jour, réfiftoient à l'effort

d'un

DE LA TERRE, VII. SECT.

d'un levier pendant les observations, & il étoit nécessaire de mettre du feu autour. Voici les observations que nous obtîmes à la fin.

Hauteurs Méridiennes observées dans la seconde Station.

Du côté du Nord.	Le 21 Décem.	Le 22 Décem.
Capella.	42ᵈ 48' 40"	42ᵈ 48' 45"
Premiere tête ♊		
Tête suivante ♊		59 52 52½
Corne suivante d'♈	66 16 27½	66 16 45
Corne précéd. d'♈	68 58 35	68 58 40
Aldebaran.	72 32 0	72 32 5

Du côté du Sud.		
Acarnar.	32 57 27½	32 57 2½
Canopus.	38 57 50	38 58 10
Queue Baleine.	72 5 20	72 5 22½
Sirius.	75 8 32½	75 8 40

72. Mais ces observations ont été faites dans un endroit trop Sud de 505 toises qui valent 32", si nous supposons que le degré est de même grandeur qu'en France, comme je crois que nous le devons faire, jusqu'à ce que nous ayons achevé les opérations qui nous ont conduit au Pérou. Ainsi il nous faut augmenter toutes les hauteurs des Etoiles observées vers le Nord de ces 32", & diminuer de la même quantité les hauteurs des autres Etoiles, afin de les réduire toutes à la latitude de la premiere Station. Il y a encore une autre attention à faire. Les réfractions Astronomiques que j'avois observées à Quito moindres qu'au bord de la Mer, & qui s'étoient trouvées sensiblement plus petites sur Pichincha qu'à Quito, se sont encore trouvées considérablement moin-

dres sur Chimboraço, parce que l'endroit où nous étions est plus élevé que la croix de Pichincha de 344 toises, comme je l'ai déja dit. Le Soleil paroissant proche de l'horison & la pendule étant reglée, j'en ai profité pour examiner de nouveau cette matiere, & par des observations faites depuis 8 degrés de hauteur, jusqu'à plus d'un degré de dépression apparente au-dessous de l'horison, j'ai vérifié une troisiéme fois & à une élévation beaucoup plus grande au-dessus de la surface de la Mer, que les deux premieres, tout ce que j'avois avancé sur ce sujet dans le Mémoire que j'ai eu l'honneur d'envoyer à l'Académie. Or les réfractions ayant dû être plus grandes dans la seconde Station, & les Etoiles paroître plus élevées, il faut retrancher de leur hauteur l'excès de la réfraction, & il n'y a pour cela qu'à voir combien 174 toises produisent de différence, à proportion de celles que j'ai marquées pour 500 toises dans ma Table des réfractions pour Quito. Ayant égard à tout, les hauteurs rapportées ci-dessus se réduisent aux suivantes, lesquelles seroient donc parfaitement conformes à celles de la premiere Station, si celles-ci n'avoient souffert aucune altération par l'action de la montagne.

Du côté du Nord.	Le 21 Décem.			Le 22 Décem.		
Capella.	42^d	49'	10"	42^d	49'	15'''
Premiere tête ⊢						
Tête suivante ⊢				59	53	23$\frac{1}{2}$
Corne suivante ♈	66	16	59	66	17	16
Corne précéden. ♈	68	59	6	68	59	11
Aldebaran.	72	32	31$\frac{1}{2}$	72	32	36$\frac{2}{3}$
Du côté du Sud.						
Acarnar.	32	56	53	32	56	28
Canopus.	38	57	16	38	57	36
Queue Baleine.	72	4	47$\frac{1}{2}$	72	4	50
Sirius.	75	8	0	75	8	7$\frac{1}{2}$

73. Ainsi il ne nous reste plus désormais qu'à comparer ces dernieres hauteurs avec celles que nous avons observées dans la premiere Station. Cette comparaison se peut faire de différentes manieres; mais la plus naturelle, la plus simple & celle qui dispense d'en faire aucune autre, c'est de comparer les hauteurs moyennes de chaque Etoile dans les deux Stations. On verra qu'elles sont constamment plus petites dans la seconde, ce qui montre que le quart de cerclé n'étoit pas parfaitement dans le même état. On remarquera aussi quelques irrégularités qui viennent sans doute des obstacles que nous avons eu à surmonter; car tout conspiroit, ce semble, à nous faire abandonner notre entreprise. De la part même des Etoiles, il ne laissoit pas aussi que de se trouver quelques difficultés. Canopus paroît toujours si grand, qu'on a de la peine à estimer assez exactement son centre pour y pointer; & la grande hauteur de Sirius produisoit une incommodité d'un autre genre.

Excès des hauteurs de la premiere Station sur celles de la seconde, après que ces dernieres ont été réduites.

Du côté du Nord.

Pour	Capella	1′ 24″
	Prem. tête	H
	Seco. tête	H
	Cor. suiv. ♈	1 25
	Cor. préc. ♈	1 10
	Aldebaran	1 6

Du côté du Sud.

Acarnar	1′ 37½″
Canopus	1 28
Queue Ba.	1 48
Sirius	1 22½

74. Les observations auxquelles de mon côté je défférerois le plus, ce sont celles de la queue de la Baleine & de la corne précédente du Belier. Mais je me suis précautionné même à mon égard contre toute partialité, & j'ai crû que dans une matiere aussi délicate, au lieu de me permettre un choix dans lequel je favorise-

rois, peut-être, un des partis, je devois plûtôt ne rejetter aucune des observations que j'ai faites dans les circonstances convenables ; & cela afin d'être comme entraîné dans la conclusion la plus légitime. Il me semble enfin qu'on ne peut pas s'empêcher de reconnoître que l'excès des hauteurs observées dans la premiere Station sur celles que nous avons prises dans la seconde & que j'ai réduites, est plus grand vers le Sud que vers le Nord; & comme la même chose arrive, quelque combinaison qu'on fasse, je ne crois pas qu'on puisse l'attribuer à quelque défaut des observations. Quelques-unes donnent un plus grand excès & d'autres un moindre; mais toutes ensemble doivent décider. Elles donnent environ $1'\ 19''$ pour l'excès moyen du côté du Nord, & $1'\ 34''$ pour celui du côté du Sud. La seconde différence est $15''$; c'est au Lecteur à juger si une pareille quantité est suffisamment constatée par les moyens que nous avons employés. Mon quart de cercle dont nous nous servions a environ deux pieds & demi de rayon; & il faut remarquer que les erreurs qui peuvent se trouver dans sa graduation, ne tirent point à conséquence ici; puisqu'il ne s'agit pas des hauteurs mêmes, mais de leur différence. Supposé qu'on admette les $15''$, ce sera $7\frac{1}{2}''$ pour l'effet de l'attraction; & on en trouveroit beaucoup plus, en comparant la queue de la Baleine avec la premiere corne d'Ariès. Cependant ce n'est pas là encore l'effet complet ou absolu : car si les attractions ont réellement lieu, la montagne devoit être capable de quelque action dans la seconde Station. Nous y étions à environ 4572 toises du centre de la montagne & au S. $61\frac{1}{2}$ deg. O. Dans la premiere Station nous étions à peu près au S. 16 deg. O. & à 1753 toises de distance. Avec ces données, on trouve que l'action rélative à laquelle nous étions exposés dans l'endroit le plus voisin, est à celle que nous devions éprouver dans l'autre, comme 1358 est à 100, ou à peu près comme $13\frac{7}{12}$ à 1. Or puisque nos obfervations n'ont dû nous donner que la fimple différence des deux actions, il faut augmenter d'environ une treiziéme ou une quatorziéme partie, les $7\frac{1}{2}'''$, pour avoir l'effet total.

75. Il faut avouer que cet effet eft bien différent de celui auquel nous pouvions nous attendre. Mais nous fçavons fi peu qu'elle eft la denfité de la Terre; & d'un autre côté celle des montagnes peut être fi différente de celle que nous leur attribuons, qu'il n'y a lieu de s'étonner de rien. Nous avons remarqué auffi fur Chimboraço quelques pierres calcinées, & depuis que nous en fommes defcendus on m'a dit & on l'a auffi confirmé à M. de la Condamine, que c'étoit une tradition affez établie, que cette montagne avoit été Volcan, avant l'entrée des Efpagnols dans le Pays; & on nous a ajouté qu'on voyoit une de fes bouches du côté du NNO. Peut-être trouveroit-on mieux de quoi fe décider fur une montagne moins groffe & plus maffive; mais malheureufement c'eft par des tentatives femblables à celles que nous venons de faire, qu'on peut s'en affurer, & je n'ai pas affez montré combien celle-ci nous avoit coûté de peines. Dans toute l'étendue de la Cordeliere que je connois, depuis Los Paftos jufqu'au Sud de Riobamba, il n'y a gueres qu'une autre montagne nommée *Cayambour* qui eft environ 33000 toifes à l'ENE de Quito, fur laquelle on puiffe faire un autre effai. Elle eft fort groffe par fon fommet, fa partie couverte de neige eft extrêmement haute; je n'ai point entendu dire jufqu'à préfent, quoique je m'en fois informé, qu'elle ait été fujette à aucune éruption, & on prétend au contraire qu'elle eft riche en métaux; ce qui doit augmenter fa maffe. Au lieu d'attendre que les obfervations qu'elle me donnera, peut-être, occafion de faire me procurent quelque connoiffance de plus, j'ai cru que je devois me hâter de communiquer cet écrit. Il y a beaucoup d'apparence qu'on trouvera en France ou en Angleterre quelque

montagne d'une groffeur fuffifante, principalement fi l'on en double l'action; & je ferai ravi d'apprendre à mon retour que les effais qu'on aura faits ou confirment les miens ou qu'ils apportent de nouvelles lumieres. *A Riobamba au Pérou le 30 Décembre 1738.*

Additions au Mémoire précédent.

76. J'ai reconnu depuis, en vifitant la Cordeliere dans un efpace de plus de 160 lieues, qu'on ne pouvoit gueres y repéter avec quelque apparence de fuccès les obfervations faites fur Chimboraço. J'ai parcouru le pied de Cayambourc & j'ai efcaladé exprès quelques autres montagnes comme Imbaboura; mais le trop grand voifinage où elles font toutes les unes des autres, & la direction qu'elles affectent, qui ne s'éloigne gueres du Méridien, font ordinairement caufe qu'elles ne laiffent pas de vallées affez profondes entr'elles, où l'Obfervateur puiffe fe placer avatangeufement, pour reffentir une partie confidérable de leur action. C'eft ce qui m'a obligé de renoncer au Pérou à faire de nouvelles obfervations fur cette matiere, quelque envie que j'euffe de la vérifier derechef. Peut-être réuffiroit-on mieux à chercher toujours dans les Pays de montagnes, non pas la quantité de l'attraction, mais fon défaut, fur le bord de quelque canal extrêmement profond, formé par le lit particulier de quelque Riviere. On auroit l'avantage de pouvoir fe camper dans des endroits bas & commodes; au lieu qu'il faut affronter toutes les horreurs des Zones glacées, lorfqu'on veut faire l'expérience fur une montagne; parce qu'il faut toujours fe loger très-haut. J'ai trouvé une de ces Rivieres entre Pafto & Popayan, nommée Jouanambouc, renfermée entre des côtes extrêmement élevées; & j'y euffe hafardé un nouvel effai, fi je m'étois trouvé muni d'un quart de cercle.

77. Pour revenir aux obfervations faites fur Chim-

boraço, il paroît assez qu'on peut dire en se renfermant dans le fait simple, que les montagnes agissent *en distance*, mais que leur action est bien moins considérable que le promet la grandeur de leur volume. Chimboraço peut contenir quelques concavités, mais cependant on ne peut pas supposer qu'il soit creux comme Cotopaxi. Cette derniere montagne ouverte par en haut, forme comme une immense chaudiere, dont le pourtour doit avoir très-peu d'épaisseur. Ce pourtour peut se soutenir comme une muraille circulaire dont la stabilité consiste principalement dans l'aplomb. C'est aussi ce qui a paru assez : car, les flammes ne discontinuant pas de sortir par en haut, il s'est fait au mois de Décembre 1742 une nouvelle ouverture par le côté; ce qu'on ne peut pas attribuer à un nouvel effort de la part du feu, mais à l'éboulement des pierres & des terres de quelque endroit du pourtour qui étoit déja trop mince. Ce ne doit pas être la même chose à l'égard de Chimboraço, vû le total de sa forme exterieure, & l'endroit où est située sa bouche, s'il est vrai que cette montagne en ait une. C'est beaucoup que de supposer son volume diminué de moitié par les concavités qu'elle peut avoir, & il s'ensuivra que malgré ses bancs de rochers vifs, elle sera encore six ou sept fois moins compacte que notre Globe. Après tout, il n'y a rien en cela qui repugne. Il suffisoit que les matieres métalliques dont nous avons l'usage, restassent ensevelies pour nous quelque centaine de toises plus bas dans les entrailles de la Terre, pour que nous n'en eussions aucune connoissance. Ainsi nous ne devons pas absolument juger de la densité qu'a notre Planete dans son intérieur, par la densité des corps que nous trouvons à sa surface.

78. Tout ce que nous avons dit ci-devant de l'effet d'une couche sphérique qui environne un Globe dont la densité est plus grande, doit avoir son application ici. Le Globe ADD (Figure 45.) représente l'espece de

noyau que contient la Terre; & la couche sphérique ajoutée AdD qui est d'une moindre densité, & d'une densité 5 ou 6 fois moindre, forme le sol sur lequel nous marchons. Nous avons vû (N. 47) que si $r\Delta$ exprime la pesanteur en A à la distance $AC = r$ du centre C, on aura $\overline{r - 2h} \times \Delta + 3h\delta$ pour celle qui se fait ressentir en a à la distance extrêmement petite h du noyau: l'augmentation de cette force, lorsqu'on considere le point a, est donc $3h\delta - 2h\Delta$, qui se convertira en une quantité négative & qui deviendra réellement une diminution $-7h$, si l'on substitue à la place des densités Δ & δ leurs valeurs 5 & 1. Ainsi la pesanteur qui augmenteroit tout le long du rayon dans l'interieur de la Terre, à mesure que la distance au centre est plus grande, si la Terre étoit parfaitement homogène ou si les densités Δ & δ étoient égales, diminue au contraire au-dehors du noyau. Ceci doit être exactement vrai si le passage d'une densité à l'autre se fait brusquement. Dans l'autre cas, ou lorsque le changement est amené par des degrés insensibles, il n'y aura pas de saut dans la loi de la pesanteur; mais cette force souffrira toujours un changement considérable. Elle n'augmentera en s'éloignant du centre que jusqu'à une certaine distance, & elle ira ensuite en diminuant vers la surface.

79. On réussira peut-être à faire des expériences sur ces particularités. Celles que nous avons faites par le moyen du pendule y ont déja rapport. Car si la pesanteur diminue à mesure qu'on s'éleve sur les montagnes, le premier terme de cette diminution n'est pas le niveau de la Mer, la diminution doit commencer plus bas, & celle qui se fait au-dessus de la surface n'est qu'une suite de l'autre, mais modifiée par d'autres circonstances. Si l'on peut jamais descendre jusqu'à une certaine profondeur, on découvrira encore selon toutes les apparences une autre singularité bien remarquable. C'est que le noyau qui a une certaine éllipticité doit
être

être chargé vers chaque Pole d'une couche encore plus dense qui perde de son épaisseur en avançant vers l'Equateur, ou bien il doit être recouvert vers l'Equateur d'une Zone de matiere moins dense, mais néanmoins plus compacte que celle de la surface. D'une maniere ou d'autre, la matiere plus dense de l'interieur de la Terre doit s'approcher davantage de la superficie vers les Poles que vers l'Equateur, & il paroît qu'il faut distinguer au moins trois différens degrés de densité dans notre Planete, puisque le noyau que nous devons concevoir au-dedans, ne doit pas être homogène, mais qu'il doit être plus compacte vers les Poles, afin que la figure applatie du sphéroide que nous trouvons, se concilie avec l'inégalité que reçoit la pesanteur lorsqu'on change de latitude.

80. Le tems & les observations en apprendront davantage : cependant on ne pourra se flatter jamais que de mieux connoître les forces qui conspirent actuellement à conserver à la Terre sa figure & non pas celles qui la lui ont effectivement procurée. Tant qu'on n'a fait aucune évaluation un peu exacte de la densité des parties interieures de notre Globe, on n'a pas craint de supposer que le tout avoit été assez mol ou assez fluide pour changer de figure par la force centrifuge. On n'a pas fait attention que les parties solides se froissant les unes contre les autres & ne cedant pas avec assez de facilité, la Terre devoit s'arrêter à une forme très-éloignée de celle qui convenoit, & qu'il en pouvoit naître les plus grands inconvéniens. Les eaux pouvoient se dégager & venir occuper les parties de la surface destinées à l'habitation des hommes. La difficulté est encore bien plus grande lorsqu'on sçait que la Mer ne fait qu'une très-petite portion de la masse totale & que cette masse est au moins quatre ou cinq fois plus dense à proportion dans l'interieur. Convenons donc que le Méchanisme qui est établi, est bien suffisant pour entretenir les choses dans

l'état où nous les voyons, mais qu'il n'eût jamais pû feul les y porter. On n'ignore pas que les eaux par leur choc impétueux ne puiffent degrader les terres, les charier & les tranfporter des régions les plus élevées, & les plus reculées jufques dans le baffin de l'Océan ; fouvent auffi les feux fouterains foulevent le fol, & forment des montagnes dans le fond même de la Mer. La Terre par des changemens très-peu confidérables, prend ainfi pour nous qui la voyons de très-près, des faces toutes différentes. Mais fi elle avoit été originairement un affemblage confus de matieres entaffées les unes fur les autres, & de matieres auffi denfes que folides, nous ne connoiffons aucune caufe feconde qui eût été capable, nous ne difons pas fimplement de mettre la diftribution néceffaire entre les différentes denfités, mais d'abattre les angles de ce tas informe & de donner au fphéroide la figure précife & réguliere que nous fçavons qu'il a.

Fin de la feptiéme & derniere Section.

ERRATA.

Page xli, ligne 24. *lisez* font peut-être la plûpart de ces.
Page 25, ligne 18. *lisez* égal à IH.
Page 39, ligne 4. *lisez* de l'un ou de.
Page 44, ligne 4 de la note, *lisez* 6274 toises.
Page 53, ligne 9 *au lieu* de 798. *lisez* 789.
Page 59, ôtez les deux points qui sont à la fin de la septième ligne & de la quatorzième.
Page 67, ligne 32. *lisez* donner la même attention à toutes.
Page 78, lig. 8. *lisez* on donnera.
Page 79, ligne 14. *lisez* fautes de détail.
Page 82, ligne 23 & 24. *lisez* puisqu'outre que la.
Page 84, ligne 13. *lisez* logistique.
Page 85, ligne 25. *au lieu* de additives ou positives, *lisez* positives ou négatives.
Page 89, ligne 6. *au lieu de* qui a, *lisez* & il a.
Page 94, ligne derniere, *lisez* le triangle.
Page 101, ligne 14. *lisez* nous ont été propres.
Page 106, ligne 2. *au lieu de* 43" *lisez* 45".
Page 112, *pour le premier angle du XXXI triangle*, *lisez* $16^d\ 31'\ 7''$.
Page 146, ligne 3. *lisez* $17^d\ 16'\ 54''$.
Page 162, ligne 8. *lisez* d'un pendule.
Page 164, ligne 31. *lisez* pour une autre.
Page 170, ligne 16. *lisez* font pouffés.
Page 178, ligne 5 & 6. *lisez* fouffroit.
Page 188, ligne 30. *lisez* avantage plus d'un côté que de l'autre.
Page 189, ligne 8. *lisez* qu'on adapte.
Page 194 lig. prem. *lisez* rendroit.
Page 199, ligne 7. *lisez* plus facile aussi de.
Page 206, ligne 8. *lisez* depuis C.

Page 218, ligne 19. *lisez* cette regularité.
Page 220, dans la note *lisez* page 182.
Page 234, ligne 5 du parag. 11. *lisez* pouvoit.
Page 243, ligne 28. *au lieu de* 4" 14". *lisez* 4' 14", &
ligne 32 *au lieu de* $\frac{1}{2}'$ *lisez* $\frac{1}{2}'''$
Page 250, ligne 9. *lisez* le petit espace.
Page 252, ligne 9. *lisez* nous le devons.
Page 255, ligne 7. *effacez* Si.
Page 261, ligne 3. *effacez* comme je l'ai déja dit.
Page 268, *au lieu de la premiere date des observ.* 19
Novembre, *lisez* 29 Novembre, & *pour l'observ.
suiv. du* 30, *lisez* $+ 0' 49\frac{1}{2}''$.
Page 282, ligne 17. *lisez* ou leur diminution.
Page 283, ligne 3. *effacez* — m.
Page 297, ligne 10. *lisez* 90me sur le premier, en faisant le 90me de.
Page 303, ligne 3. *lisez* de découvrir celui.
Page 360, ligne 26. *lisez* il adjouteroit, ligne 27. *lisez* puisqu'il.
Page 361, ligne 29. *lisez* est réellement aussi grand.
Page 375, ligne 8. *lisez* (Fig. 46.)
Page 377, ligne 3. *lisez* si on excepte.

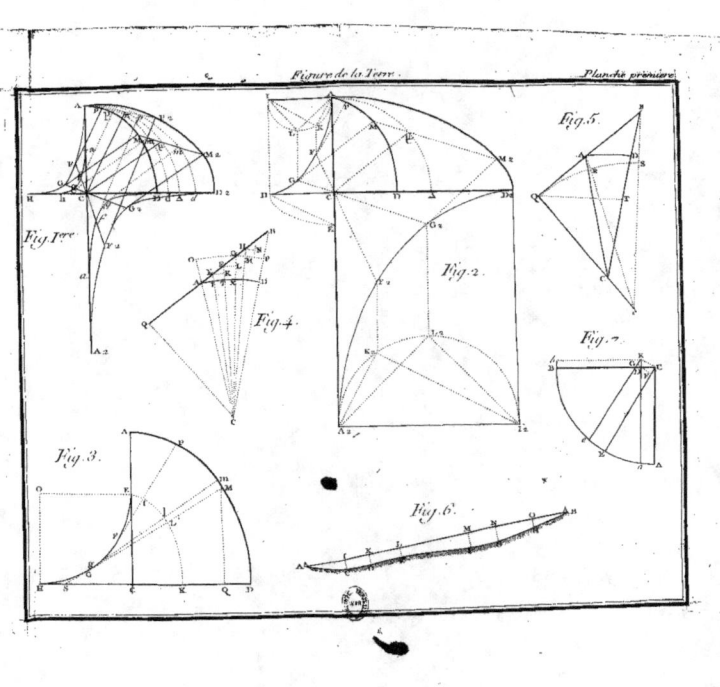

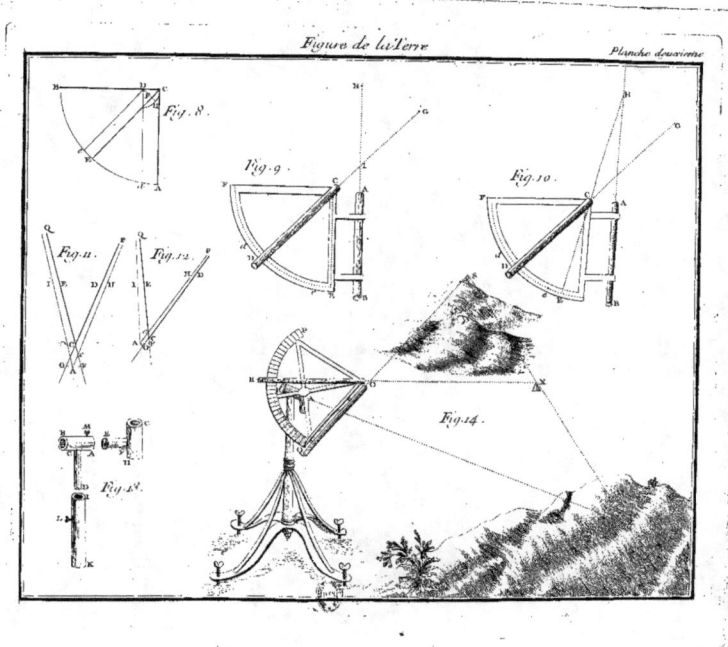

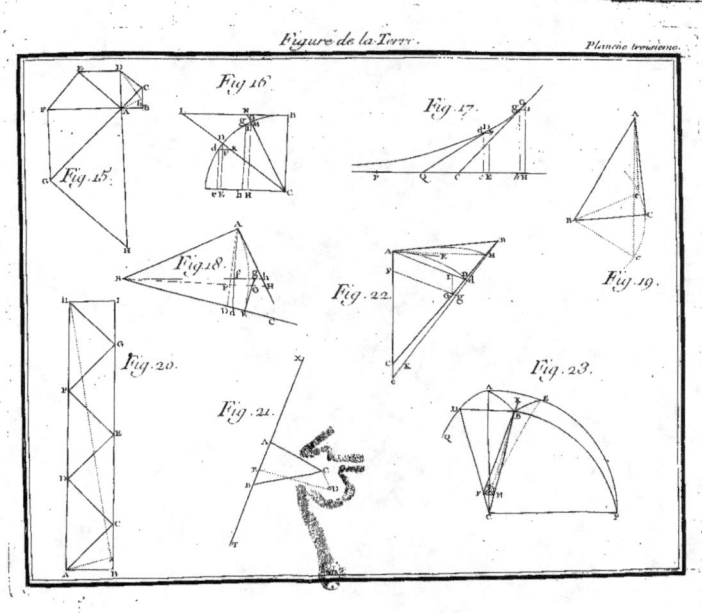
Figure de la Terre. Planche troisieme.

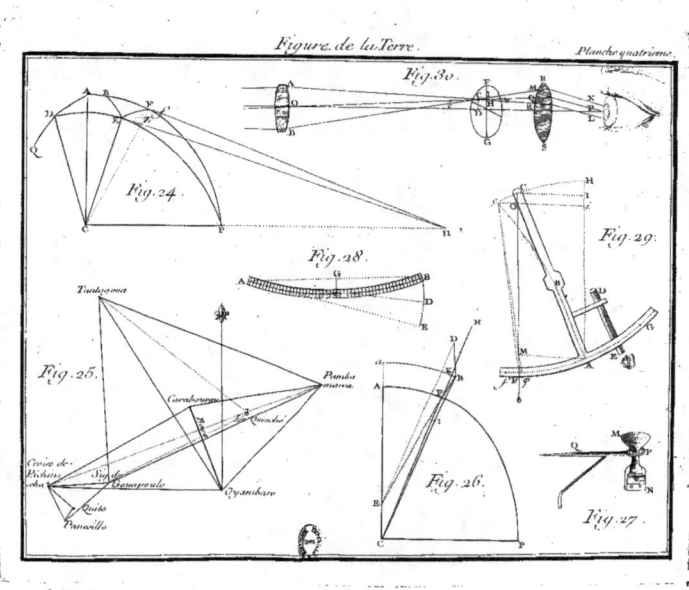

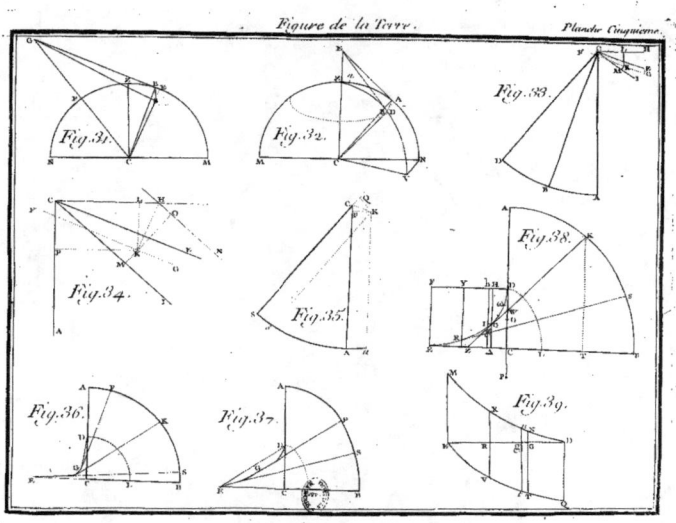

Figure de la Terre. Planche Cinquième.

Fig. 31. Fig. 32. Fig. 33. Fig. 34. Fig. 35. Fig. 38. Fig. 36. Fig. 37. Fig. 39.

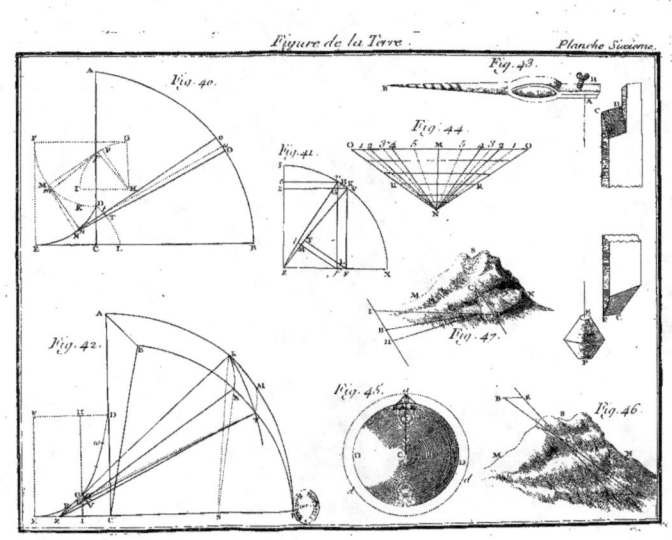

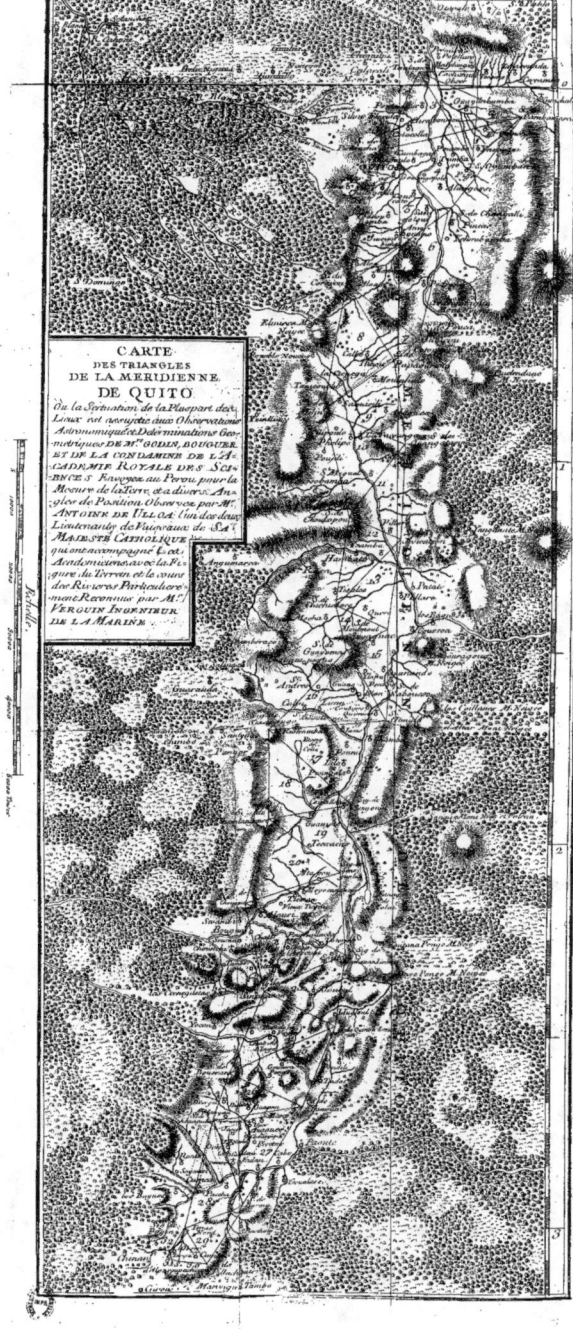

www.ingramcontent.com/pod-product-compliance
Lightning Source LLC
Chambersburg PA
CBHW060754230426
43667CB00010B/1566